"十三五"职业教育国家规划教材

公差配合与技术测量

（第二版）

主　编　彭琪波　崔　璨

副主编　吕　龙　李琳琳　陈燕军

　　　　欧赵福　吴　昊

南京大学出版社

内容简要

本书从职业岗位实际需求紧密结合,以项目为单元,以工作任务教学载体,将具体内容按照教学目标、任务引入、任务分析、相关知识、任务实施、知识扩展和习题与思考的形式进行编排。本书共分五个项目,内容包括公差与测量技术基础、尺寸公差配合与检测、几何公差及其检测、表面粗糙度及其检测和典型零部件的公差配合及其检测。本书重点介绍了各类公差选择、标注、查表与解释,以及几何量的常见检测方法和数据处理。

本书可作为高等职业院校制造大类专业的教材,也可作为从事机械设计、机械制造、计量等技术人员的培训教材和参考用书。

图书在版编目(CIP)数据

公差配合与技术测量 / 彭琪波,崔璨主编. — 2 版
. — 南京 : 南京大学出版社,2022.5(2022.12 重印)
ISBN 978 - 7 - 305 - 25695 - 0

Ⅰ. ①公… Ⅱ. ①彭… ②崔… Ⅲ. ①公差-配合②
技术测量 Ⅳ. ①TG801

中国版本图书馆 CIP 数据核字(2022)第 080772 号

出版发行　南京大学出版社
社　　址　南京市汉口路 22 号　　　　　邮　编　210093
出 版 人　金鑫荣

书　　名　**公差配合与技术测量**
主　　编　彭琪波　崔　璨
责任编辑　吕家慧　　　　　　　　编辑热线　025 - 83597482

照　　排　南京南琳图文制作有限公司
印　　刷　盐城市华光印刷厂
开　　本　787×1092　1/16　印张 17.5　字数 426 千
版　　次　2022 年 5 月第 2 版　2022 年 12 月第 2 次印刷
ISBN 978 - 7 - 305 - 25695 - 0
定　　价　45.80 元

网址:http://www.njupco.com
官方微博:http://weibo.com/njupco
微信服务号:njuyuexue
销售咨询热线:(025) 83594756

第二版前言

本书第一版于2019年6月出版,获得广大高等职业院校装备制造大类专业教师与学生及专业技术人员的好评,并入选"十三五"职业教育国家规划教材。为了适应国内外装备制造类相关产业的迅速发展,符合相关专业教学需要,满足读者的学习需求,对第一版教材进行了修订。

本次修订《职业院校教材管理办法》保持上一版教材特色,组织结构和内容体系基本不变,主要做的是细节方面的修订工作,具体如下:

(1)增加立德树人的内容编写及其案例,强化了育人功能。

(2)按最新国家标准《产品几何技术规范(GPS)线性尺寸公差ISO代号体系》第1部分:公差、偏差和配合的基础(GB/T 1800.1—2020)、第2部分:标准公差带代号和孔、轴的极限偏差表(GB/T 1800.2—2020),和《产品几何技术规范(GPS)几何公差形状、方向、位置和跳动公差标注》(GB/T 1182—2018)以及《产品几何技术规范(GPS)极限与配合 公差带和配合的选择》(GB/T 1801—2009)的废止,对有关内容进行了更新、增补。

(3)调整了实践案例,注意实用性和针对性;增加相关添加可视性强的动态图例,形成可听、可视、可练的数字化模式教材。

(4)修正了第一版中的错误和不当之处,力求做到概念准确、表述正确、数据精确。使得教材更加完善。

根据党的二十大报告,本书在原有基础上增加了工程案例与分析并将"工程创举""价值塑造"等关键词作为知识点与二十大精神融入点。

在修订中参考了相关国家标准和一些同类教材,在此对有关单位和作者表示衷心感谢。

由于编者水平有限,书中仍然可能存在疏漏和不妥之处,恳请各教学单位、企业和读者批评指正,以便进一步修改和完善。

编者

前　言

　　《公差配合与技术测量》课程是高职院校制造大类专业中实践性强、应用广的专业基础课，其内容涉及机械产品的设计、制造、检验、质量控制，以及产品的维修等多方面。

　　本书采用项目驱动的方式，根据岗位的实际工作任务，引出专业知识，结合职业能力的培养规律构建项目内容，每个任务均按照"教学目标—任务引入—任务分析—相关知识—拓展知识—思考练习"的顺序编排，体现知识与技能在工作中的实际应用。在实施过程中，强调"教、学、做一体化"。本书共分五个项目，内容包括公差与测量技术基础、尺寸公差配合与检测、几何公差及检测、表面粗糙度及检测和典型零部件的公差配合及检测。

　　本书是在智能制造的背景下，运用了现代信息技术改进教学方式方法，注重职业教育的特点，按技术技能型、应用型人才培养模式进行设计构思。完全按照企业真实的测量环境，针对实物零件，按照图纸要求设置检测项目，突出学生知识点的掌握和技能的培养，利用真实的典型案例培养学生的实际应用能力。力求知识面适当拓宽，使知识内容与标准技术同步更新。

　　本书由湖北科技职业学院彭琪波和益阳职业技术学院崔璨担任主编，湖北科技职业学院吕龙、李琳琳、江西现代职业技术学院陈燕军、湖南生物机电职业技术学院欧赵福、湖北科技职业学院吴昊任副主编，全书由彭琪波统稿。本书在收集资料和编写过程中参考了相关国家标准、相关资料和一些同类教材，也得到许多单位和个人的大力支持，谨此致谢！

　　由于编写水平有限，书中难免有不妥之处，恳请广大读者批评指正。

编者

目 录

项目一　公差与技术测量概述 ……………………………………………… 1

　　任务 1　互换性概述 ……………………………………………………… 1

　　任务 2　技术测量基础 …………………………………………………… 9

　　项目综合知识技能——工程案例与分析 ……………………………… 31

项目二　尺寸公差配合与检测 …………………………………………… 32

　　任务 1　零件图的尺寸公差与检测 …………………………………… 32

　　任务 2　装配图的配合公差与检测 …………………………………… 49

　　任务 3　尺寸公差与配合的选择 ……………………………………… 60

　　项目综合知识技能——工程案例与分析 ……………………………… 74

项目三　几何公差及检测 ………………………………………………… 77

　　任务 1　几何公差的基本知识 ………………………………………… 77

　　任务 2　几何公差的标注 ……………………………………………… 84

　　任务 3　几何公差及几何误差检测 …………………………………… 101

　　任务 4　尺寸公差与几何公差的关系 ………………………………… 134

　　任务 5　几何公差的选择 ……………………………………………… 153

项目综合知识技能——工程案例与分析 ……………………………… 169

项目四　表面结构评定规则及方法 …………………………… 171

任务 1　零件图的表面粗糙度 ………………………………… 171

任务 2　表面粗糙度的选用 …………………………………… 184

项目综合知识技能——工程案例与分析 ……………………………… 191

项目五　典型零部件的公差配合及检测 ……………………… 193

任务 1　螺纹的公差配合及检测 ……………………………… 193

任务 2　滚动轴承的公差配合及检测 ………………………… 210

任务 3　键的公差配合及检测 ………………………………… 222

任务 4　圆柱齿轮的公差配合及检测 ………………………… 238

项目综合知识技能——工程案例与分析 ……………………………… 268

附录 …………………………………………………………………… 270

参考文献 ……………………………………………………………… 271

项目一

公差与技术测量概述

任务 1 互换性概述

【学习目标】

1. 掌握互换性的概念及其在机械制造和产品维修方面的作用。
2. 了解互换性与公差、检测的相互关系。
3. 掌握标准化与优先数系的基本概念。

【任务引入】

在日常生活中,人们经常会遇到这样的情况:家里的灯泡坏了,自行车上的螺栓丢了,买一个相同规格的换上即可正常使用,非常方便、快捷。

常见的机械传动装置—齿轮减速器,如图 1-1 所示,请思考这些零件维修时的相互替换是如何实现的,其中机械零件如何进行设计、生产才能实现快速维修或更换。

【任务分析】

图 1-1 所示的圆柱齿轮减速器是由非标准件——箱体、齿轮轴、端盖(轴承盖)、输出轴、齿轮、轴套等以及标准件——滚动轴承、平键、密封圈、螺栓等组成。各个合格的零部件不需选择、修配即可装配成满足由电机或其他原动机(经联轴器等)驱动输入轴,通过系列传动,由输出轴降速增矩驱动其他工作机械的使用功能。当减速器使用中突然出现零部件损坏现象或按计划定期更换时,要求迅速更换修复且满足使用功能。组成现代技术装置和日用机电产品的各种零件,一般应遵守互换性原则。

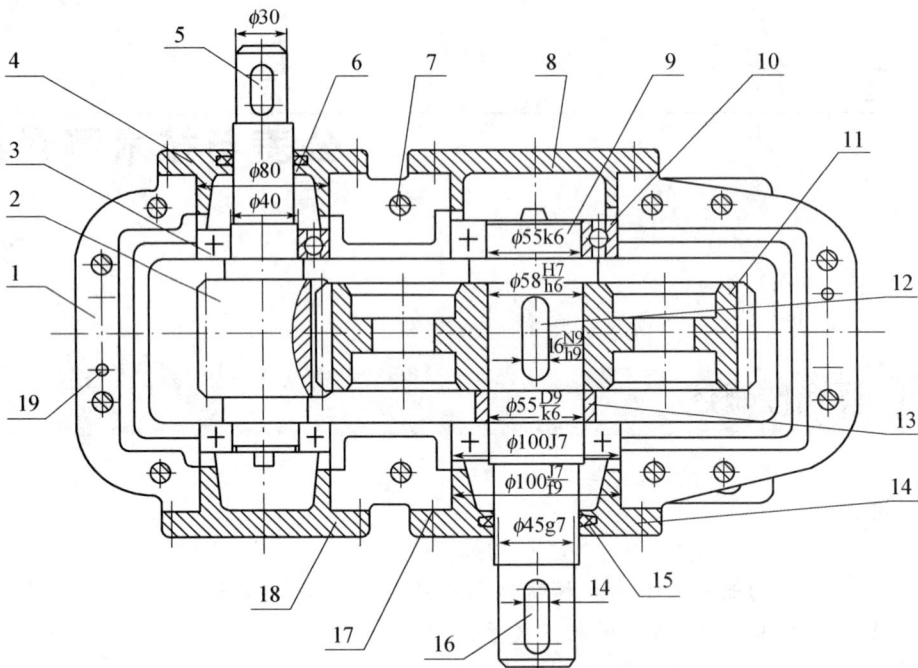

图 1-1 圆柱齿轮减速器

1—箱体;2—齿轮轴;3—滚动轴承;4—端盖;5—平键;6—密封圈;7—螺栓;8—端盖;9—输出轴;10—滚动轴承;11—大齿轮;12—平键;13—轴套;14—端盖;15—密封圈;17—垫片;18—端盖;19—定位销配作

【相关知识】

一、互换性

1. 互换性的含义

所谓互换性,是指机械产品在装配时,同一规格的零部件不经选择、修配或调整就能保证机械产品使用性能要求的一种特性。能够保证产品具有互换性的生产,称为遵守互换性原则的生产。

互换性分为广义的互换性和狭义的互换性。广义的互换性是指机器的零部件在各种性能方面都具有互换性,如零件的几何参数、物理性能、化学性能等。而狭义的互换性是指零部件只满足几何参数的要求,如尺寸大小、几何形状、位置和表面粗糙度的要求。本课程研究的是狭义的互换性。

2. 互换性的种类

(1) 按决定的参数或使用的要求分

① 几何参数互换性(主要保证装配):几何参数互换仅指零部件的尺寸、形状、位置及表面结构参数的互换。

② 功能互换性(保证使用):功能互换包括零部件的几何参数、物理性能、化学性能及力学性能等方面的互换。

（2）按同种零部件加工好后的互换程度分

① 完全互换是指同一规格的零部件装配前不经选择，装配时也无须修配和调整，装配后即可满足预定的使用要求。如螺栓、圆柱销等标准件的装配大都属于此类情况。

② 不完全互换是指零部件加工好后，在装配前需要挑选、分组、调整和修配等才能满足使用要求。

当装配精度要求较高时，采用完全互换将使零件制造精度要求太高，造成加工困难，甚至成本剧增，因此可适当降低零件的制造精度，使之便于加工，再对加工后的零件进行精密测量，按测得尺寸大小将对应零件从大到小分为若干组，组号相同的零件相装配，这种降低加工难度、保证装配精度的装配互换称为分组装配法。

一般来讲，产品功能要求与零件制造水平、经济效益相适应时，可采用完全互换，反之采用不完全互换；不完全互换常用在制造厂内部对部件或机构的装配采用，而厂外协作大都要求完全互换；凡装配时需要附加修配的零件都不具有互换性。

3. 互换性的作用

在机械工业中，遵循互换性原则，对产品的设计、制造、使用和维修具有重要的技术经济意义。

（1）便于产品的设计：由于采用具有互换性的标准件、通用件，可使设计工作简化，缩短设计周期，并便于用计算机辅助设计。

（2）便于产品的制造：当零件具有互换性时，可以采用分散加工、集中装配，这样有利于组织专业化协作生产，有利于使用现代化的工艺装备，有利于组织流水线和自动线等先进的生产方式。装配时，无须辅助加工和修配，既能降低工人的劳动强度，又能缩短装配周期，还可使装配工作按照流水作业的方式进行，从而保证产品质量，提高劳动生产率和经济效益。

（3）便于产品的使用、维修：当机器的零件突然损坏或按计划定期更换时，可在最短时间内用备件加以替换，从而提高机器的利用率和延长机器的使用寿命。

在其他方面：例如，战场上使用的武器，保证零（部）件的互换性是绝对必要的。在这些场合，互换性所起的作用难以估量。

互换性不仅在大量生产中广为采用，随着现代生产逐步向多品种、小批量的综合生产系统方向转变，互换性也为小批生产，甚至单件生产所要求（零件只能采用单配才能制成除外）。总之，在机械制造中遵循互换性原则，不仅能极大地提高生产效率，而且能保证产品质量和降低生产成本。所以，互换性已经成为现代化机械制造业普遍遵守的一条原则。

二、实现互换性的条件

在加工中零件的几何参数不可避免地会产生误差，不可能、也没有必要制造出完全一样的零件。要实现零件的互换性，必须将零件的几何参数误差限制在一定的范围内。

零件的实际几何参数误差是否在规定的范围内，需要通过技术测量加以判断，因此要实现互换性生产必须合理确定公差并正确进行检测。

1. 加工误差与公差

（1）加工误差

加工误差是由工艺系统的诸多误差因素所造成的，如加工方法的原理误差，工件装夹定

3

位误差,夹具、刀具的制造误差与磨损,机床的制造、安装误差与磨损,切削过程中的受力、受热变形和摩擦振动,还有毛坯的几何误差及加工中的测量误差等。本书中的加工误差主要是指尺寸误差、形状误差、位置误差和表面粗糙度等。

① 尺寸误差:尺寸误差指零件加工后的实际尺寸对理想尺寸的偏离程度。理想尺寸是指图样上标注的最大、最小两极限尺寸的平均值,即尺寸公差带的中心值。

② 形状误差:形状误差指加工后零件的实际表面形状对于其理想形状的差异(或偏离程度),如圆度、直线度等。

③ 位置误差:位置误差指加工后零件的表面、轴线或对称平面之间的相互位置对于其理想位置的差异(或偏离程度),如同轴度、位置度等。

④ 表面粗糙度:表面粗糙度指加工后的零件表面上由较小间距和峰谷所组成的微观几何形状误差。零件表面微观不平度用表面粗糙度的评定参数值表示。

(2) 公差

同规格的零部件的零件几何参数误差允许的变动范围称为公差,它包括尺寸公差、形状公差、位置公差表面粗糙度等。公差是从使用、设计的角度提出的,规范限制了误差,体现出对产品精度的保证。公差值的大小会影响制造与测量的可能性及成本,因此,在满足使用要求的前提下,应尽量选择较大的公差值。

合理地确定公差、限制零件误差范围并正确进行检测,是实现互换性的手段和前提条件。

2. 几何量检测

检测是检验和测量的统称。几何量的检验是指确定所加工零件的几何参数是否在规定的极限范围内,并做出合格与否的判断,而不必得出被测量值的具体数值。测量是将被测几何量与作为计量单位的标准量进行比较,以确定其具体数值的过程。

检测是机械制造的"眼睛"。检测不仅可用于评定产品质量,而且可用于分析产品不合格的原因,从而及时调整加工工艺,预防废品的进一步产生,以达到降低产品成本的目的。

因此,产品质量的提高,除设计和加工精度的提高外,往往更有赖于检测精度的提高。所以,合理地确定公差与正确进行检测是保证产品质量、实现互换性生产的两个必不可少的条件和手段。

3. 标准与标准化

社会化生产机械产品要共同遵守互换性原则,而每种产品中都有若干几何参数和因素影响其互换性。实现产品几何量互换性是一项要求高度统一的非常繁重的工作。这就要求互换性产品的技术参数必须规范和简化,具有权威的标准和标准化,因此,标准与标准化是实现互换性的基础。

(1) 标准与标准化的概念

标准是人们对需要协调统一的具有重复性特征的事物(如零部件)和概念(如定义术语、规则方法、度量单位等)做出的科学统一的权威规定。它以科学、技术和实践经验的综合成果为基础,经有关方面协商一致,由主管机构批准,以特定形式发布,作为共同遵守的准则和依据。

标准化是指标准的制定、发布和贯彻实施的全部活动过程,包括从调查标准化对象开始,经试验、分析和综合归纳,进而制定和贯彻标准,以后还要修订标准,等等。标准化是以标准的形式体现的,也是一个不断循环、不断提高的过程。它是组织现代化生产的重要手段和有力武器,是国家现代化水平的重要标志之一。

(2) 标准的分类

标准按性质不同可以分为三大类:技术标准、管理标准和工作标准。它们分别是对标准化领域中需要协调统一的技术、管理和工作事项所制定的标准。我们通常所说的标准大多是指技术标准。

技术标准可分为基础标准、产品标准、方法标准、安全卫生与环境保护标准等。本课程所研究的公差标准属于基础标准。基础标准是指在一定范围内作为其他标准的基础,被普遍使用并具有广泛指导意义的标准,如计量单位、优先数系、机械制图、极限与配合、形状和位置公差及表面粗糙度等标准。

(3) 标准的级别

我国标准分为四个级别:国家标准(GB)、行业标准(如 JB)、地方标准(DB)和企业标准(QB)。全国统一制定的标准为国家标准,在全国同一行业内制定的标准为行业标准,在省、自治区、直辖市范围内制定的标准为地方标准,在企业内部制定的标准为企业标准。后三个级别的标准不得与国家标准相抵触,其优先顺序依次为国家标准,行业标准,地方标准,企业标准。

我国的国家标准和行业标准又分为强制性标准和推荐性标准两大类。一些关系到人身安全、健康、卫生及环境保护等标准属于强制性标准,国家用法律、行政和经济等手段强制执行;大量的标准(80%以上)为推荐性标准,要求积极遵守。如:推荐性的国家标准代号为GB/T。

从世界范围看,标准有国际标准和国际区域性标准两级。国际标准是指由国际标准化组织(ISO)和国际电工委员会(IEC)制定发布的标准。国际区域性标准是指由国际地区(或国家集团)性组织,如:欧洲标准化委员会(CEN)和欧洲电工标准化委员会(CENELEC)等制定并发布的标准。

4. 优先数与优先数系

在机械设计与制造中,产品的性能、尺寸规格等参数都要通过数值来表达,而这些数值又会向与它相关的一系列参数传递。如图 1-2 所示,某一螺栓的尺寸会影响与之相配合的螺母的尺寸、制造螺栓的刀具尺寸、检验螺栓的量具尺寸等。

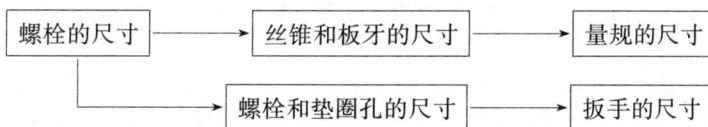

图 1-2　数值参数指标的扩展

由此可见,工程技术中的参数数值不可以杂乱和冗余。否则经过传播可造成尺寸规格的繁杂,给生产的组织和管理带来困难。

优先数和优先数系就是对各种技术参数的数值进行协调和科学统一的数值标准,使产品参数的选择一开始就纳入标准化轨道。在确定机械产品的技术参数时,应尽可能地选用《优先数和优先数系》(GB/T 321—2005)中的数值。

优先数系是一种无量纲的分级数值,它是十进制等比数列,适用于各种量值的分级,数系中的每一个数都为优先数。

工程上各种技术参数的简化、协调和统一是标准化的一项重要内容。优先数是由一些十进制等比数列构成,其代号为 Rr,R 是优先数系创始人法国人雷诺姓氏的第一个字母,r 代表 5、10、20、40、80 等项数。等比数列的公比为 $q_r = \sqrt[r]{10}$,其含义是在同一个等比数列中,每隔 r 项的后项与前项的比值增大 10 倍。GB/T 321—2005 规定了 5 个等比数列,它们的公比分别为 $\sqrt[5]{10}$、$\sqrt[10]{10}$、$\sqrt[20]{10}$、$\sqrt[40]{10}$、$\sqrt[80]{10}$,分别用系列符号 R5、R10、R20、R40、R80 表示,其中前 4 个为基本系列,R80 为补充系列,后者仅用于分级很细的特殊场合。

按公比计算得到的优先数的理论值,除 10 的整数次幂外,都是无理数,工程技术上应用时采用圆整后的近似值,按圆整的精确程度,这些数值分为以下两类:

(1) 计算值:计算值取 5 位有效数字,供精确计算用;

(2) 常用值:常用值取 3 位有效数字,即经常使用的、通常所称的优先数。

1～10 范围内基本系列的常用值和计算值见表 1-1。如将表中所列优先数乘以 10、100⋯⋯或乘以 0.1、0.01⋯⋯即可得到大于 10 或小于 1 的优先数。

为了满足生产需要,优先数系还有派生系列。派生系列是指从某系列中按一定项差取值可构成的系列,如 R10 系列中,每 3 项取一值得到 R10/3 系列,其公比为 R10/3 = $(\sqrt[10]{10})^3 \approx 2$,即 1,2,4,8,⋯⋯;1.25,2.5,5,10,⋯⋯。

优先数系分档科学合理,不仅对数值的协调、简化起着重要的作用,而且是制定其他标准的依据,在设计中也广泛使用。本课程所涉及的有关标准中,如尺寸分段、公差分级及表面粗糙度的参数系列等,基本上采用优先数系。如标准公差值是按照 R5 系列确定的,表面粗糙度标准中规定的取样长度分段是采用 R10 系列的派生数系 R10/5 确定。标准规定的五种优先数系的公比及常用数值见表 1-1。

表 1-1　优先数系基本系列的公比及常用数值(R80 略)

基本系列	公比	1～10 的优先数值
R5	$\sqrt[5]{10} \approx 1.60$	1.00　1.60　2.50　4.00　6.30　10.00
R10	$\sqrt[10]{10} \approx 1.25$	1.00　1.25　1.60　2.00　2.50　3.15　4.00　5.00　6.30　8.00　10.00
R20	$\sqrt[20]{10} \approx 1.12$	1.00　1.12　1.25　1.40　1.60　1.80　2.00　2.24　2.50　2.80　3.15　3.55　4.00　4.50　5.00　5.60　6.30　7.10　8.00　9.00　10.00
R40	$\sqrt[40]{10} \approx 1.06$	1.00　1.06　1.12　1.18　1.25　1.32　1.40　1.50　1.60　1.70　1.80　1.90　2.00　1.12　2.24　2.36　2.50　2.65　2.80　3.00　3.15　3.35　3.55　3.75　4.00　4.25　4.50　4.75　5.00　5.30　5.60　6.00　6.30　6.70　7.10　7.50　8.00　8.50　9.00　9.50　10.00

【任务实施】

公差用于协调机器零件使用要求与制造经济性之间的矛盾,而配合则是反映零件组合时相互之间的关系。因此,公差与配合决定了机器零部件相互配合的条件和状况,它直接影响产品的精度、性能和使用寿命,是评定产品质量的重要技术指标之一。对本课程来说,暂不考虑材料性能等其他因素,只考虑零部件的几何量因素,科学地确定公差和配合是产品实现互换性高性价比的前提。

一、认识互换性原则在机械制造中的应用

在机械装备中,齿轮减速器产量为批量生产,只有遵循互换性原则,不仅能极大地提高生产效率,而且能保证产品质量和降低生产成本。

由齿轮减速器的装配图(图1-1)可知,该齿轮减速器由二十多种零部件装配而成,其中标准零部件有轴承、键、销、螺栓、密封圈、垫片等,非标准件有箱座、箱盖、输入轴、输出轴、端盖和套筒等。这些零部件中,轴承是由专业化的轴承厂制造,键、销、螺栓、密封圈、垫片等由专业化的标准件厂生产,非标准件一般由各机器制造厂加工。

在生产线上装配时,各个企业在制造零部件时采用统一的技术标准,极易将合格零件装配成部件,再由部件迅速总装成满足产品性能的合格品。

二、认识优先数在机械制造中的应用

在标准化工作中,几乎所有参数都是按优先数系确定的。

只有科学合理地设计、确定各处配合及工作要求的部位和表面精度,才能实现互换性原则。如图1-1所示减速器案例中二十几种标准与非标准零部件,几十处影响互换性的尺寸及公差都必须按标准的优先数系确定。齿轮减速器中部分孔和轴配合的公差配合设计:输入轴端尺寸与公差为:$\phi 20js6$;输出轴箱体孔尺寸与公差为:$\phi 47J6$;输出轴与齿轮的配合代号$\phi 32H7/h6$ 等。

【拓展知识】

面向现代制造的先进测试技术及其进展

扫码见拓展视频
"大国工匠"

一、现代制造与先进测试技术

先进测试技术是对被测对象的参量进行测量,将测量信息进行采集、变换、存储、传输、显示和控制的技术,是能大量储存和快速处理信息的计算机技术和传输信息的通信技术的综合。

现代制造技术在向精密化、极端化、集成化、智能化、网络化、数字化、虚拟化方向的发展过程中,促进了相应的先进测试技术的发展。同时,现代制造技术快速进步引发了许多新型测试问题,并将推进传感器、测试技术、测试仪器系统与现代制造系统的协同发展,相互支持,构建集成一体化的现代制造集成系统。

二、精密机械加工未来发展预测

随着制造业的发展,现在的精密机械加工正在从微米、亚微米级工艺发展,在今后的加

工中,普通机械加工、精密加工与超精密加工精度可分别达到 1 μm、0.01 μm、0.001 μm(即 1 nm),而且超精密加工正在向原子级加工精度逼近(0.1 nm)。随着极限加工精度的不断提高,为科学技术的发展和进步创造了条件,也为机械冷加工提供了良好的物质手段。

三、精密测试技术和仪器研究与应用展望

面向现代制造系统,需要重点研究的问题是:在过计算机网络环境下的系统集成技术控制下,利用新型传感原理的创新和测试传感器的开发,加强零废品生产中的测试控制技术,尤其是在高档数控机床加工系统的在线精密测试技术及精度补偿技术、加工测试一体化技术、非接触及数字化测试技术与设备。工件加工前快速准确地对机床加工设备进行校检的技术方法;生产过程中对工件进行在线测试;从精度理论方面需要研究动态精度理论,包括动态精度的评价技术。通过在线测试数据分析加工和测试过程中误差分布的动态特性,进行加工质量预测,做到质量超前控制。

【思考练习】

一、填空题

1. 互换性是指产品零部件在装配时要求:装配前_____,装配中_____,装配后_____。

2. 实行专业化协作生产必须遵守_____原则。

3. 保证互换性生产的基础是_____。

4. R5 系列中 10~100 的优先数是 10、_____、_____、_____、63、100。

5. 优先数系 R10 系列中在 1~10 的进段中包含_____个优先数。

二、选择题

1. 互换性的零件应是( )。

    A. 相同规格的零件   B. 不同规格的零件   C. 相互配合的零件

2. 本课题研究的是零件( )方面的互换性。

    A. 物理性能   B. 几何参数

    C. 化学性能   D. 尺寸

3. 不安全互换性一般用于( )的零部件,适合于部分场合。

    A. 生产批量大、装配精度高   B. 生产批量大、装配精度低

    C. 生产批量小、装配精度高   D. 生产批量小、装配精度低

三、判断题

1. 为了使零件具有完全互换性,必须使各零件的几何尺寸完全一致。   ( )

2. 有了公差标准,就能保证零件的互换性。   ( )

3. 对大批量生产的同规格零件要求有互换性,单件生产则不必遵循互换性原则。

                                                                       ( )

4. 标准化是通过制定、发布和实施标准,并达到统一的过程,因而标准是标准化活动的核心。   ( )

四、综合题

1. 互换性的意义及作用?

2. 什么是标准、标准化？按标准颁发的级别分，我国有哪几种？

3. 完全互换和不完全互换有什么区别？各应用于什么场合？

任务2 技术测量基础

【学习目标】

1. 掌握有关测量的基本概念和量块的基本知识。
2. 了解测量器具的分类及基本技术指标的概念。
3. 了解测量器具与测量方法的分类，掌握测量误差产生的原因。
4. 会用常见量具对零件尺寸进行测量，能对测量数据进行分析处理并判断合格性。

【任务引入】

在标准温度下，学生分别用千分尺、游标卡尺对图 1-1 所示的减速器中齿轮轴 2（输入轴）ϕ40k6 上直径尺寸进行多次测量（在此取 15 次等精度测量）。试对测得数据进行处理，从而得出测量该处直径尺寸的测量结果。

【任务分析】

要完成此任务，学生需掌握计量器具和测量方法的分类，测量误差与数据处理。零件的几何量（尺寸、形位误差及表面粗糙度等）只有经过检测才能知道其结果，判断其是否符合设计要求。

【相关知识】

一、测量的概念

测量就是将被测量与具有计量单位的标准量在数值上进行比较，从而确定两者比值的实验认知过程。

测量过程包含四个要素：测量对象、计量单位、测量方法和测量精度，其中最重要的是测量方法（包括测量原理、计量器具和测量条件）。

1. 测量对象

本课程研究的测量对象是几何量，包括长度、角度、表面粗糙度和形位误差等。

2. 计量单位

用以度量同类量值的标准量。我国法定计量单位是：长度单位是米（m），其他常用单位有毫米（mm）、微米（μm）和纳米（nm）；角度单位是弧度（rad）、度（°）、分（′）和秒（″）。

3．测量方法

测量方法是指测量时所采用的原理、计量器具和测量条件的总和。根据给定的测量原理，在实际测量中运用该测量原理和实际操作，以获得测量数据和测量结果。

4．测量精度

测量精度是指测量结果与真值的一致程度。测量结果与真值之间总是存在着差异，任何测量过程不可避免地会出现测量误差。测量误差小，测量精度就高；相反，测量误差大测量精度就低。

测量是互换性生产过程的重要组成部分，由于测量值并非真值，测量基本要求是在测量过程中保证计量单位的统一和量值的准确，通过测量结果判断其是否合格。

二、长度单位、基准和量值传递系统

1．长度单位和基准

我国的法定计量单位中，长度计量单位为米(m)，与国际单位一致。机械制造中常用的长度计量单位为毫米(mm)，$1 \text{ mm} = 10^{-3} \text{ m}$。在精密测量中，长度计量单位采用微米($\mu$m)，$1 \mu\text{m} = 10^{-3} \text{ mm}$。在超精密测量中，长度计量单位采用纳米(nm)，$1 \text{ nm} = 10^{-3} \mu\text{m}$。

米的定义：米是光在真空中在 1/299 792 458 s 的时间间隔内所传播的距离。用光波的波长作为长度基准，不便于在生产中直接应用。为了保证量值的准确和统一，必须把长度基准的量值准确地传递到生产中所应用的计量器具和工件上。

2．量值传递系统

长度量值由国家基准波长开始，通过两个平行系统(线纹量具、端面量具)向下传递，如图 1-3 所示。因此，量块和线纹尺都是量值传递媒介，其中尤以量块的应用更为广泛。

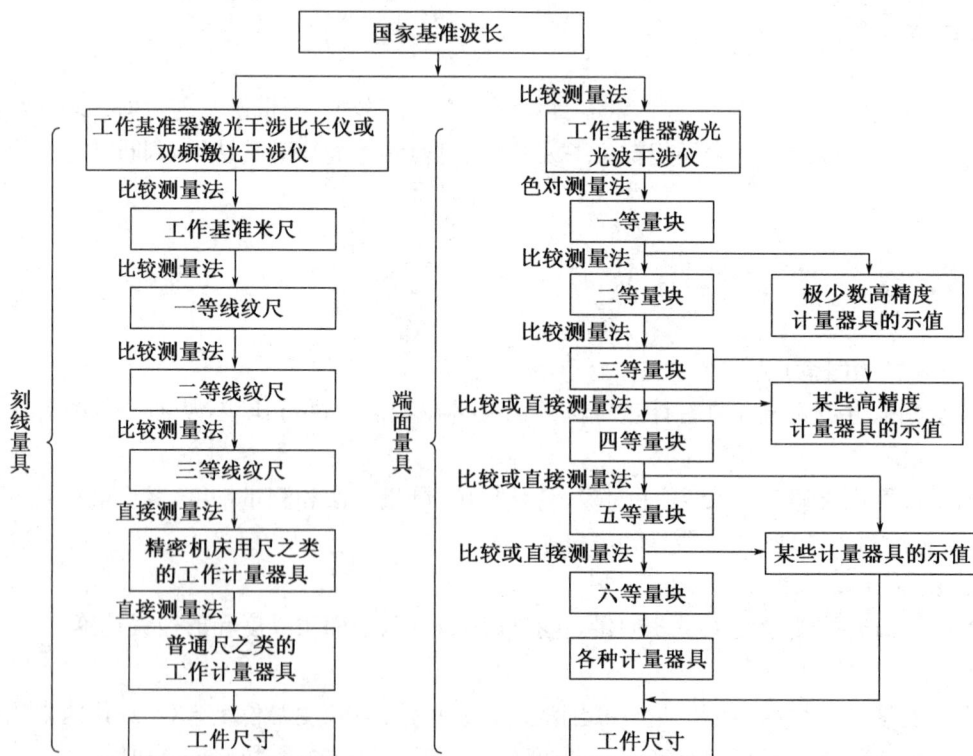

图 1-3　量值传递系统

3. 量块的基本知识

（1）量块的材料、形状和尺寸

量块（又称块规）是没有刻度的平面平行的端面量具,用铬、锰、钢等特殊合金钢制成,具有线膨胀系数小、性质稳定、耐磨性好等特点,是长度量值传递系统中重要的媒介。它除了作传递长度量值的基准之外,还可以用来调整仪器、调整机床或直接检测工件。

量块的形状是长方体,有两个平行的测量面,其余为非测量面。测量面极为光滑、平整,两测量面之间的距离即为量块的工作长度（标称长度）,如图 1-4(a)所示。量块的长度 l,是指量块的一个测量面上的任意点到与其相对的另一测量面相研合的辅助体表面之间的垂直距离,辅体的材料和表面质量应与量块相同,如图 1-4(b)所示。

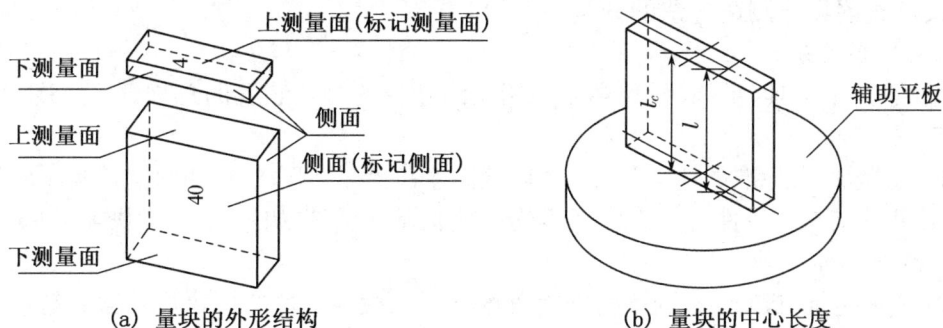

（a）量块的外形结构　　　　　　　　（b）量块的中心长度

图 1-4　量块的形状尺寸

（2）量块的级与等

量块的"级"和"等"是从成批制造和单个检定两种不同的角度出发,对其精度进行划分的两种形式。

① 量块的分"级":根据 GB/T 6093—2001 的规定,量块按其制造精度分为 5 级,即 0,1,2,3 和 K 级,其中 0 级精度最高,3 级最低,K 级为校准级,主要根据量块长度极限偏差、长度变动量允许值来划分的;量块按"级"使用时,以量块的标称长度为工作尺寸,该尺寸包含了量块的制造误差,并将被引入到测量结果中。

② 量块的分"等":国家计量局标《量块　检定规程》(JJG 146—2003)按检定精度将量块分为六等,即 1,2,3,4,5,6 等,其中 1 等精度最高,6 等精度最低,"等"主要依据量块中心长度测量的极限偏差和平面平行性允许偏差来划分的。按"等"使用时,必须以检定后的实际尺寸作为工作尺寸,该尺寸不包含制造误差,但包含了检定时的测量误差。

就同一量块而言,检定时的测量误差要比制造误差小得多。所以,量块按"等"使用时其精度比按"级"使用要高。

（3）量块的构成与使用

量块是定尺寸量具,一个量块只有一个尺寸。为了满足一定范围的不同要求,量块可以利用其研合性,将多个量块研合在一起,组合使用。我国生产的成套量块有 91 块、83 块、46块、38 块等几种规格。

为了减少量块的组合误差,应尽量减少量块的组合块数,一般不超过 4 块。选用量块时,应从所需组合尺寸的最后一位数开始,每选一块至少应减去所需尺寸的一位尾数。如图1-5 所示,从 83 块一套的量块中选取尺寸为 28.785 mm 的量块组,选择的量块组合是由标称尺寸分别为 1.005 mm、1.28 mm、6.5 mm 和 20 mm 的量块构成。

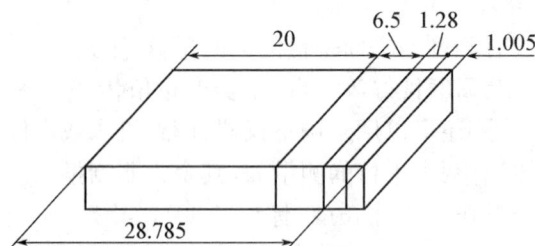

图 1-5　量块的组合使用

三、计量器具与测量方法的分类

1. 计量器具分类

计量器具是量具、量规、量仪和其他用于测量目的测量装置的总称。按用途、特点可分为：

(1) 标准量具：标准量具只有某一个固定尺寸，通常是用来校对和调整其他计量器具或作为标准用来与被测工件进行比较，它又分为定值基准量具（如量块、角度块等）和变值基准量具（如线纹尺等）两类。

(2) 极限量规：极限量规是一种没有刻度的用于检验零件的尺寸和形位误差的专用计量器具，用这种工具不能得出被检验工件的具体尺寸，但能确定被检验工件是否合格。如光滑极限量规和螺纹量规等。

(3) 检验夹具：检验夹具也是一种专用计量器具，它与有关计量器具配合使用，有以方便、快速地测得零件的多个几何参数。如检验滚动轴承的专用检验夹具可同时测得内、外圈尺寸和径向与端面圆跳动误差等。

(4) 通用计量器：计量仪器（量仪）通常是指具有传动放大系统的、能将被测量的量值转换成可直接观察的指示值或等效信息的计量器具。如游标卡尺、千分尺、百分表、激光干涉仪等。

2. 计量器具的技术性能指标

(1) 刻度间距：刻度间距是指刻度尺或刻度盘上相邻两刻线中心线间的距离。其通常是等距刻线，为了便于读数及估计一个刻线间距内的小数部分，刻线间距也不宜太小。刻线间距一般为 0.75～2.5 mm。

(2) 分度值：分度值也称刻度值，计量器具标尺上每个刻线间距所代表的量值即分度值。长度量仪中常用的分度值有 0.1 mm、0.01 mm、0.02 mm、0.05 mm、0.001 mm、0.000 5 mm 等。如千分尺的分度值为 0.001 mm，百分表的分度值为 0.01 mm。图 1-6 所示的计量器具的分度值是 1 μm。

(3) 示值范围：示值范围是指由计量器具全部刻度所显示或指示的最低值到最高值的范围。例如，机械比较仪的示值范围为 ±0.1 mm。

(4) 测量范围：测量范围是指计量器具允许误差内所显示或指示的最小值到最大值的范围。如图 1-6 所示，机械式比较仪的测量范围为 0～180 mm。

(5) 灵敏度：灵敏度是指计量器具对被测量变化的反应能力。

(6) 测量力：测量力是指在测量过程中，计量器具与被测表面之间的接触力。在接触测量时,测量力可保证接触可靠,但过大的测量力会使量仪和被测零件变形和磨损,而测量力的变化会使示值不稳定,影响测量精度。

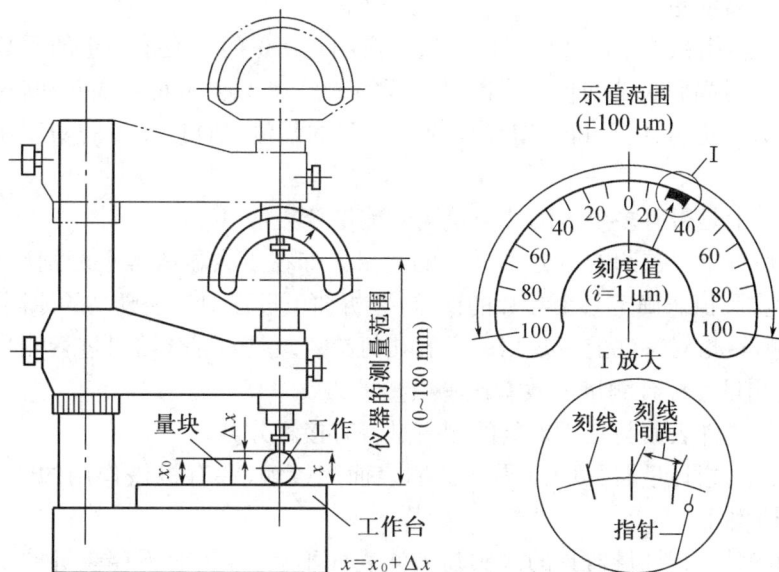

图 1-6 机械式比较仪示意图

(7) 示值误差:示值误差是指测量仪器的示值与被测量真值之差。

(8) 示值变动:示值变动是指在测量条件不变的情况下,对同一被测量进行多次重复测量(一般 5～10 次)时,各测得值的最大差值。

(9) 回程误差:回程误差是指在相同条件下,对同一被测量进行往返两个方向测量时,测量示值的变化范围。

(10) 修正值:修正值是指为了消除或减少系统误差,用代数法加到未修正测量结果上的数值。修正值等于示值误差的负值。例如,若示值误差为 -0.003 mm,则修正值为 $+0.003$ mm。

(11) 测量不确定度:测量不确定度是指由于测量误差的影响而使测量结果不能肯定的程度。不确定度用误差界限表示。

3. 测量方法的分类

测量方法是指测量原理、测量器具和测量条件的总和。但在实际工作中,往往从获得测量结果的方式来划分测量方法的种类。

(1) 按计量器具的示值是否被测量的全值分类

① 绝对测量:指测量时从计量器具上直接得到被测参数的整个量值。如用游标卡尺或千分尺测量孔或轴的直径就属于绝对测量。

② 相对测量:又称为比较测量,是指计量器具的示值只表示被测量相对于已知标准量的偏差值,而被测量为已知标准量与该偏差值的代数和。如在比较仪上测量轴径 x(图 1-6),先用量块(标准量)x_0 调整零位,然后测量被测量,实测后获得的示值 Δx 就是轴径相对于量块(标准量)的偏差值,实际轴径 $x = x_0 + \Delta x_0$。通常相对测量的精度比绝对测量的精度高。

（2）按实测几何量是否就是被测几何量分类

① 直接测量：指被测几何量的量值直接由计量器具读出。例如，用外径千分尺测量轴的直径就属于直接测量。

② 间接测量：指欲测量的几何量的量值由实测几何量的量值按一定的函数关系式运算后获得。如采用弓高弦长法间接测量圆弧样板的半径 R，只要测得弓高 h 和弦长 L 的量值，然后按照有关公式进行计算，可获得样板的半径 R 的量值。直接测量的精度比间接测量的精度高。

（3）按工件上是否有多个被测几何量同时测量分类

① 单项测量：指对被测的量分别进行的测量。如在工具显微镜上分别测量中径、螺距和牙型半角的实际值。确定每个参数的误差，分析加工过程中产生废品的原因等。

② 综合测量：指对零件上一些相关联的几何参数误差的综合结果进行测量。如对齿轮的综合误差的测量。综合测量的效率比单项测量的效率高。

（4）按被测工件表面与计量器具的测头是否有接触分类

① 接触测量：指计量器具的测头与被测表面相接触，并有机械作用的测量力的测量。如用比较仪测量轴径。

② 非接触测量：指计量器具的测头与被测表面不接触，因而不存在机械作用的测量力的测量。如用光切显微镜测量表面粗糙度。

（5）按测量结果对工艺过程所起的作用分类

① 被动测量：指对加工后的零件进行的测量，测量结果仅限于发现并剔除不合格品。

② 主动测量：指在零件加工过程中进行的测量，此时测量结果可直接用来控制加工过程，以防止废品的产生。如在磨削滚动轴承内外圈的外、内滚道过程中，测量头测量磨削直径尺寸，当达到尺寸合格范围时，则停止磨削。

（6）按被测零件在测量中所处的状态分类

① 静态测量：指在测量时，被测表面与测头相对静止的测量。如用千分尺测量零件的直径。

② 动态测量：指在测量时，被测表面与测头之间有相对运动的测量。它能反映被测参数的变化过程。如用电动轮廓仪测量表面粗糙度。

主动测量和动态测量是测量技术的主要发展方向，前者能将加工和测量紧密结合起来，从根本上改变测量技术的被动局面；后者能较大地提高测量效率并保证零件的质量。

四、测量误差与数据处理

1. 测量误差的概念

测量误差是指测得值与被测量的真值之差。测量误差可用绝对误差和相对误差来表示。

（1）绝对误差。绝对误差 δ 是指被测量的实际值 x 与其真值 x_0 之差，即

$$\delta = x - x_0$$

绝对误差是代数值，即它可能是正值、负值或零。

（2）相对误差。相对误差 δ 是指绝对误差的绝对值与被测量的真值（或用约定测得值 x 代替真值 x_0）之比，即

$$\varepsilon = \frac{|\delta|}{x_0} \times 100\% \approx \frac{|\delta|}{x}$$

当被测量的大小相同时,可用绝对误差的大小来比较测量精度的高低;而当被测量的大小不同时,则用相对误差的大小来比较测量精度的高低。在长度测量中,相对误差应用较少,通常所说的测量误差,一般是指绝对误差。

2. 测量误差的来源

在测量过程中,产生测量误差的因素很多,可归纳为以下几个方面。

(1) 计量器具误差。计量器具误差是指计量器具本身所存在的误差而引起的测量误差,具体地说,是由于计量器具本身的设计、制造以及装配、调整不准确而引起的误差,一般可用计量器具的示值误差或不确定度来表示。

(2) 方法误差。方法误差是指测量方法不完善所引起的误差。例如,测量方法选择不当、工件安装不合理、计算公式不精确、采用近似的测量方法或间接测量方法等造成的误差。

(3) 环境误差。环境误差是指由于各种环境因素与规定的标准状态不一致而引起的测量装置和被测量本身的变化所造成的误差,如湿度、温度、振动、气压和灰尘等环境条件不符合标准条件所引起的误差,其中以温度对测量结果的影响最大。在长度计量中,规定标准温度为 20 ℃。

(4) 人员误差。人员误差是指由于测量者受分辨能力的限制,因工作疲劳引起的视觉器官的生理变化,固有习惯引起的读数误差,以及精神上的因素产生的一时疏忽等所引起的误差。

3. 测量误差的分类

测量误差按其性质可分为三类,即系统误差、随机误差和粗大误差。

(1) 系统误差

在同一条件下,多次测量同一量值时,绝对值的大小和符号保持不变,或在条件改变时,按一定规律变化的误差称为系统误差。

系统误差有定值系统误差和变值系统误差两种。例如使用零位失准的千分尺测量工件,对每次测量结果的影响都相同,属于定值系统误差;在测量过程中,若温度产生均匀变化,则引起的误差为线性系统变化,属于变值系统误差。

对于定值系统误差的消除可用修正值法。可以取其反向值作为修正值,加到测量列的算术平均值上进行反向补偿,该定值系统误差即可被消除。例如,0～25 mm 千分尺两测量面并拢时读数没有对准零位,而是+0.005 mm,用此千分尺测量零件时,每个测得值都将大0.005 mm。此时可用修正值-0.005 mm 对每个测量值进行修正。

对于变值系统误差的发现,可使用残余误差观察法。残余误差观察法是将残余误差按测量顺序排列,然后观察它们的分布规律:若残余误差大体上呈正、负相间出现且无显著变化规律,则不存在变值系统误差,如图 1-7(a)所示;若残余误差按近似的线性规律递增或递减,且在测量开始与结束时误差符号相反,则可判定存在线性变值系统误差,如图 1-7(b)所示;若残余误差的符号有规律地逐渐由正变负,再由负变正,且循环交替重复变化,则可判定存在周期性变值系统误差,如图 1-7(c)所示。

对于线性系统误差的消除可采用对称法,对于周期性系统误差的消除可采用半周期法。

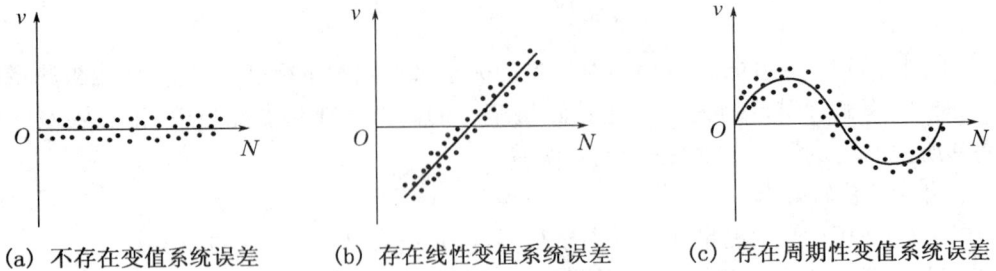

(a) 不存在变值系统误差　　(b) 存在线性变值系统误差　　(c) 存在周期性变值系统误差

图 1-7　变值系统误差的发现

（2）随机误差

在同一测量条件下，多次测量同一量值时，绝对值和符号以不可预定的方式变化着的误差称为随机误差。例如，仪器仪表中零部件配合的不稳定性、零部件的变形、零件表面油膜不均匀以及摩擦等引起的示值不稳定。随机误差是不可避免的，对每一次具体测量来说，随机误差无规律可循，但对于多次重复测量来说，误差出现的整体是服从统计规律的。

大量实验表明，随机误差符合正态分布规律。正态分布曲线如图 1-8 所示，横坐标 δ 表示随机误差，纵坐标 y 表示概率密度。

从图中可以看出，随机误差具有以下四个分布特性。

① 对称性：绝对值相等的正误差与负误差出现的概率相等。

② 单峰性：绝对值小的随机误差比绝对值大的随机误差出现的概率大，曲线有最高点。

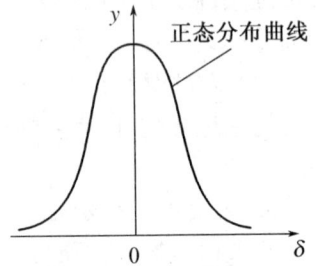

图 1-8　正态分布曲线

③ 有界性：在一定的测量条件下，随机误差的绝对值不会超越某一确定的界限。

④ 抵偿性：随着测量次数的增加，随机误差的算术平均值趋近于零。因为绝对值相等的正误差和负误差之间可以相互抵消。

对于有限次测量，随机误差的算术平均值是一个有限小的量，而当测量次数无限增大时，它趋向于零。根据概率论原理，正态分布曲线的数学表达式为

$$y = \frac{1}{\sigma\sqrt{2\pi}} e^{-\frac{\delta^2}{2\sigma^2}}$$

式中，y——概率密度函数；δ——随机误差；e——自然对数的底数，$e=2.718\,28$；σ——标准偏差，可按下式计算：

$$\sigma = \sqrt{\frac{\delta_1^2 + \delta_2^2 + \cdots + \delta_n^2}{n}} = \sqrt{\sum_{i=1}^{n} \delta_i^2}$$

式中，n——测量次数。

由图 1-8 可以看出，当 $\delta=0$ 时，概率密度最大，且有 $y_{max} = \dfrac{1}{\sigma\sqrt{2\pi}}$，概率密度的最大值 y_{max} 与标准偏差 σ 成反比，即 σ 越小 y_{max} 越大，分布曲线越陡峭，测得值越集中，亦即测量精度越高；反之，σ 愈大，y_{max} 值愈小，曲线愈平坦，测得值愈分散，亦即测量精度愈低。如图

1-9所示为三种不同的正态分布曲线，$\sigma_1 < \sigma_2 < \sigma_3$，而 $y_{1max} > y_{2max} > y_{3max}$。所以标准偏差 σ 表征了同一被测量的几项测量测得值分散性的参数，也就是测量精度的高低。由实验可知，评定随机误差时以 $\pm 3\sigma$ 作为单次测量的极限误差，即 $\delta_{lim} = \pm 3\sigma$。可以认为 $\pm 3\sigma$ 是随机误差的实际分布范围，即有界性的界限为 $\pm 3\sigma$。

（3）粗大误差

超出在规定条件下预期的误差称为粗大误差。此误差值较大，明显歪曲测量结果，如测量时对错了标志、读错或记错了数、使用有缺陷的仪器以及在测量时因操作不细心而引起的过失性误差等。如已存在粗大误差，应予以剔除。常用的方法为，当 $|\delta_i| > 3\sigma$ 时，测得值 x_i 就含有粗大误差，应予以剔除。3σ 即作为判断粗大误差的界限，此方法称 3σ 准则。

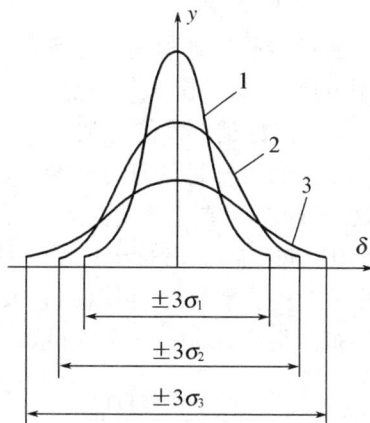

图 1-9 三种不同 σ 的正态分布曲线

4. 测量精度的分类

反映测量结果与真值接近程度的量，称为精度，它与误差的大小相对应，因此可用误差大小来表示精度的高低，误差小则精度高，误差大则精度低。可将精度进一步分为：

① 精密度：反映测量结果中随机误差的影响程度。若随机误差小，则精密度高。

② 正确度：反映测量结果中系统误差的影响程度。若系统误差小，则正确度高。

③ 准确度：反映测量结果中系统误差和随机误差综合的影响程度。若系统误差和随机误差都小，则准确度高。

如图 1-10 所示，反映了测量误差与精密度、正确度和准确度的对应关系。

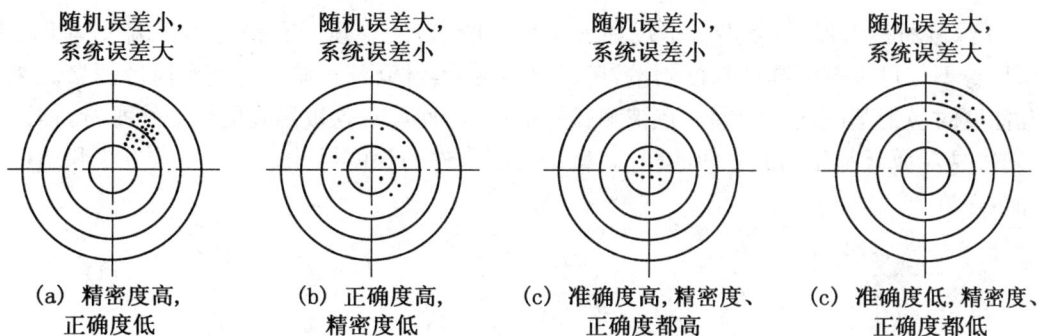

图 1-10 精密度、正确度和准确度示意图

【任务实施】

常用长度测量器具及使用

一、通用计量器使用

在各种几何量的测量中，长度测量是最基础的。几何量中形状、位置、表面粗糙度等误差的测量大都是以长度值来表示的，它们的测量实质上仍然是以长度测量为基础的。

1. 游标类量具

游标类量具是利用游标读数原理制成的一种常用量具,它具有结构简单、使用方便、测量范围大等特点。

扫码见"游标卡尺"动画

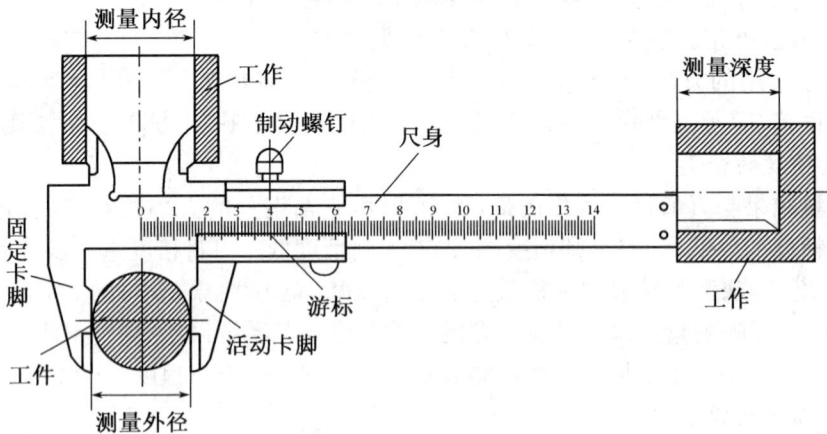

（1）游标类卡尺的种类

常用的游标量具有游标卡尺、深度游标尺、高度游标尺,它们的读数原理相同,所不同的主要是测量面的位置不同。

① 游标卡尺:游标卡尺是一种常用的量具,具有结构简单、使用方便、精度中等和测量的尺寸范围大等特点,可以用它来测量零件的外径、内径、长度、宽度、厚度、深度和孔距等,应用范围很广,如图 1-11 所示。

图 1-11 三用游标卡尺

② 深度游标卡尺:深度游标卡尺如图 1-12 所示,尺身顶端有普通型顶端及钩型顶端。钩型尺身不仅可进行标准的深度测量,还可对凸台阶或凹台阶、阶差深度和厚度测量。测量内孔深度时应把基座的端面紧靠在被测孔的端面上,使尺身与被测孔的中心线平行,伸入尺身,则尺身端面至基座端面之间的距离,就是被测零件的深度尺寸。它的读数方法和游标卡尺完全一样。

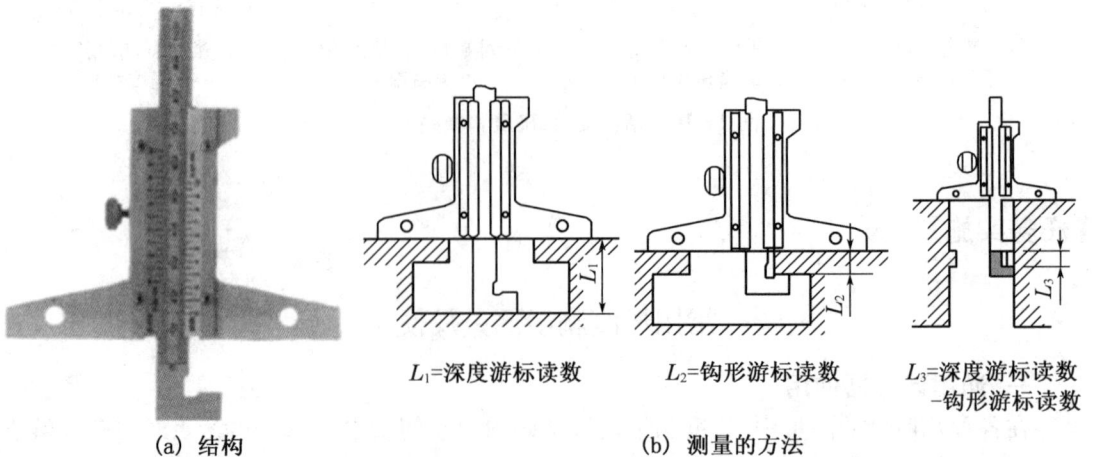

L_1=深度游标读数 L_2=钩形游标读数 L_3=深度游标读数
－钩形游标读数

（a）结构   （b）测量的方法

图 1-12 深度游标卡尺

③ 高度游标尺:高度游标卡尺简称高度尺,如图 1-13 所示,高度游标卡尺可分为普通游标式和电子数显式两大类。用于精密划线的高度游标卡尺又叫划线游标卡尺,可划线原理与读数方法,同普通卡尺。测量零件高度的高度游标尺配有双向电子测头,并带有数据保持与输出功能,确保了测量的高效性和稳定性,分辨力为 0.001 mm。

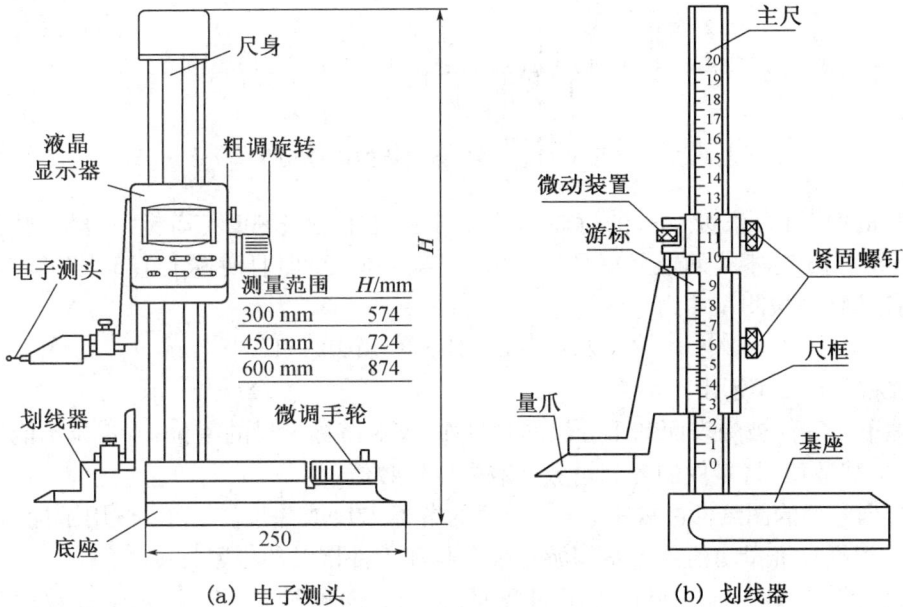

测量范围	H/mm
300 mm	574
450 mm	724
600 mm	874

(a) 电子测头　　　　　　　　(b) 划线器

图 1-13　高度游标尺

④ 数显卡尺和带表卡尺:为方便读数,有的游标卡尺上装有测微或数显表头,如图 1-14(a)、(b)所示,测微表是通过机械传动装置,将两测量爪相对移动转变为指示表的回转运动,并借助尺身刻度和指示表,对两测量爪相对移动所分隔的距离进行读数。电子数显卡尺,它具有非接触性电容式测量系统,由液晶显示器显示读数。

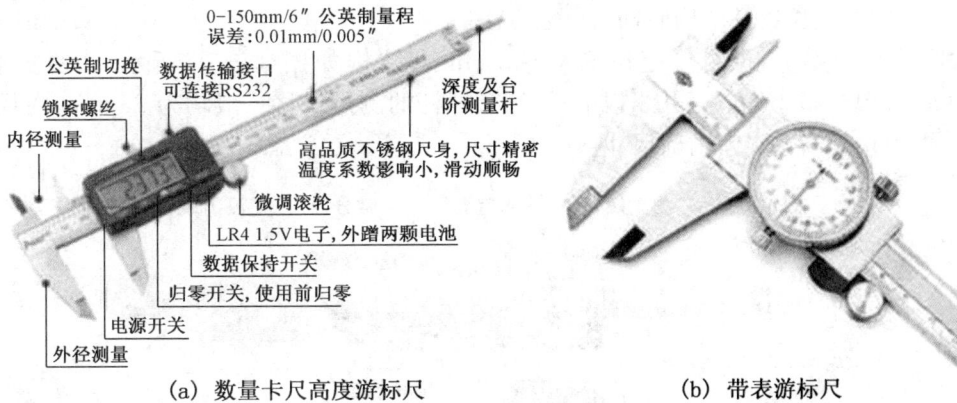

(a) 数量卡尺高度游标尺　　　　　　(b) 带表游标尺

图 1-14　数显与带表游标尺

（2）结构原理与读数方法

如图 1-15 所示，游标卡尺制造时，使游标卡主尺上 $n-1$ 格刻度的宽度与游标上 n 格的宽度相等，即主体上每格刻度与游标上每格刻度的差距为一固定值，通常为 0.02、0.05 等。

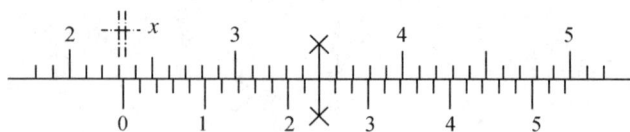

图 1-15　游标卡尺读数原理

以游标读数值为 0.02 mm 的游标卡尺为例，主体上每格刻度与游标上每格刻度的差距为 0.02 mm，当游标零线的位置在尺身刻线"12"与"13"之间，且游标上第 8 根刻线与主体尺身刻线对准时，则被测尺寸为

$$12+x=12+8×0.02=12+8×0.02=12.16 \text{ mm}$$

（3）游标卡尺的使用

① 擦干净零件被测表面和千分尺的测量面；校对游标卡尺的零位，若零位不能对正时，记下此时的代数值，将零件的各测量数据减去该代数值。

② 根据零件的图纸标注要求，选择合适的游标卡尺或深度游标卡尺；用游标卡尺测量标准量块，根据标准量块值熟悉掌握游标尺卡脚和工件接触的松紧程度。

③ 如果测量外圆，应在圆柱体不同截面、不同方向测量 3～5 点，记下读数；若测量长度，可沿圆周位置测量几点，记录读数；测量外圆时，可用不同分度值的计量器具测量，对结果进行比较，判断测量的准确性。

④ 剔除粗大误差实测值后，将其余数据取平均值并和图纸要求比较，判断合格性。

2. 螺旋测微类量具

螺旋测微类量具又称千分尺。可分为外径千分尺、内径千分尺、深度千分尺、杠杆千分尺、螺纹千分尺、齿轮公法线千分尺等。

（1）螺旋测微类量具结构原理与读数方法

常用外径千分尺的测量范围有 0～25 mm（结构如图 1-16 所示）、25～50 mm、50～75 mm 以至几米以上，但测微螺杆的测量位移一般均为 25 mm，内径千分尺用来测 50 mm 以上实体内部尺寸。

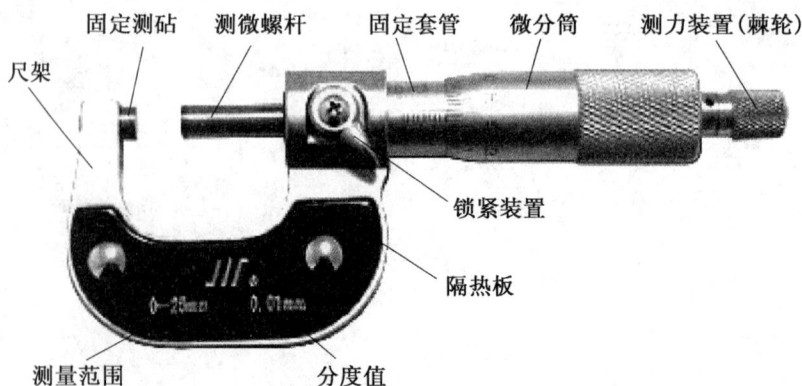

扫码见"千分尺
测量"动画

固定测砧　测微螺杆　固定套管　微分筒　测力装置（棘轮）

尺架

锁紧装置

隔热板

测量范围　　分度值

图 1-16　游标量具

螺旋测微类量具原理是利用测微杆与微分筒间的螺旋副传动将角度位移转化为直线位移,进行尺寸测量读数。

如一测微杠螺距为 0.5 mm,固定套筒上刻度也是 0.5 mm,螺旋副微分筒圆锥面上均匀刻有 50 等分的圆周刻度,当微分筒转动一格时,测微杆移动 0.5 mm 的 1/50,即 0.01 mm,千分尺的分度值为 0.01 mm。千分尺读数如图 1-17 所示。

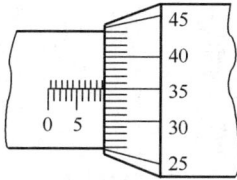

(a) 读数数值为9.851 mm (b) 读数数值为14.678 mm (c) 读数数值为14.765 mm

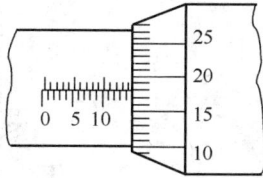

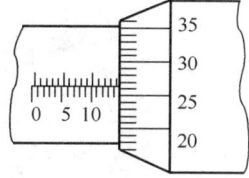

图 1-17 千分尺读数

(2) 外径千分尺使用步骤

① 将被测物擦干净,外径千分尺使用时轻拿轻放。

② 松开外径千分尺锁紧装置,校准零位,转动旋钮,使测砧与测微螺杆之间的距离略大于被测物体。

③ 测量时,一只手拿外径千分尺的尺架,先将测砧与工件接触,然后转动微分筒,缓慢进给测微螺杆,在测量面将要接触工作件时,应通过转动测力装置渐渐接近量面,听见"咔嗒"二到三声,表明测量面已接触上,测力装置卸荷有效。

④ 旋紧锁紧装置(防止移动外径千分尺时测微螺杆转动),即可读数。先以微分筒的端面为准线,读出固定套管下刻度线的分度值。

3. 机械量仪

百分表,是应用最广的机械量仪,是一种精度较高的比较量具,它只能测出相对数值,不能测出绝对数值,主要用于测量形状和位置误差,也可用于机床上安装工件时的精密找正。百分表的示值范围有 0~3 mm、0~5 mm、0~10 mm 三种。

(1) 结构原理与读数方法

百分表结构如图 1-18 所示,读数原理是百分表的测量杆移动推动齿轮传动系统转动,测量杆移动 1 mm,通过齿轮传动系统带动大指针转一圈,小指针转一格。刻度盘在圆周上有 100 个等分格,各格的读数值为 0.01 mm。小指针每格读数为 1 mm。测量时指针读数的变动量即为尺寸变化量,刻度盘可以转动,以便测量时大指针对准零刻线。百分表的读数方法为:先读小指针转过的刻度线(即毫米整数),再读大指针转过的刻度线(即小数部分),并乘以 0.01,然后两者相加,即得到所测量的数值。

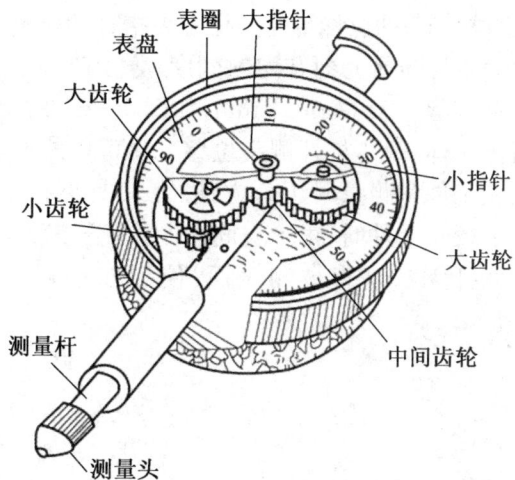

图 1-18 百分表的结构

（2）使用注意事项

① 使用前,应检查测量杆活动的灵活性,为方便读数,在测量前一般都让大指针指到刻度盘的零位;使用时,必须把百分表固定在可靠的夹持架上,如图 1-19 所示;测量时,不要使测量杆的行程超过它的测量范围,不要使表头突然撞到工件上,也不要用百分表测量表面粗糙度或有显著凹凸不平的工作台。

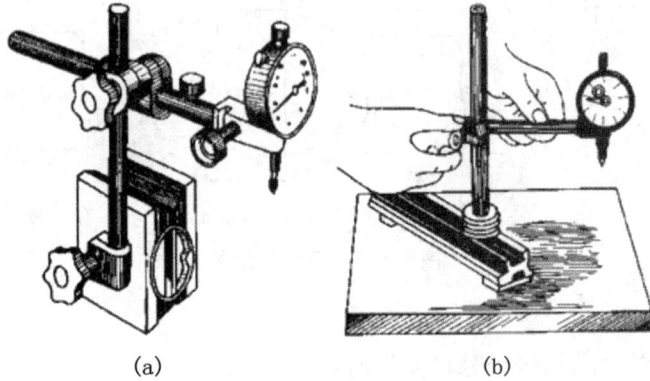

（a）　　　　　　　　（b）

图 1-19　百分表安装

② 测量平面时,百分表的测量杆要与平面垂直,测量圆柱形工件时,测量杆要与工件的中心线垂直,否则,将使测量杆活动不灵或测量结果不准确。

③ 百分表不用时,应使测量杆处于自由状态,以免使表内弹簧失效。

（3）内径百分表

内径指示表是用相对法测量孔径、深孔、沟槽等内表面尺寸的量具。它可测量 6~1 000 mm 的内孔尺寸,特别适合于测量深孔,如图 1-20 所示,它主要由百分表和表架等组成。测量前应使用与工件同尺寸的环规（或千分尺）标定表的分度值（或零位）,然后再进行比较测量。

（4）杠杆百分表,又称靠表,它通过机械传动系统把杠杆侧头的位移转变为指示表指针的转动,杠杆百分表表盘圆周上刻有均匀刻度,分度值为 0.01 mm,示值范围一般为 ±0.4 mm,如图 1-21 所示。杠杆百分表体积小,杠杆侧头位移方向可以改变,因此在校正工件和测量时十分方便,尤其对小孔量测和机床上校正零件时,由于空间限制,百分表放不进去或量侧杆无法垂直被测表面,使用杠杆百分表十分方便。

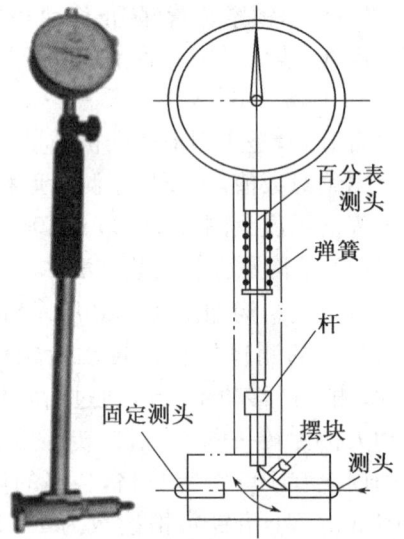

图 1-20　内径百分表

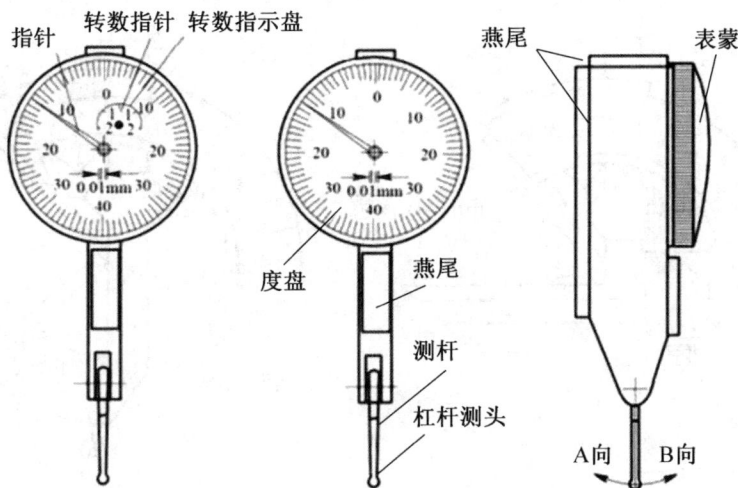

图 1-21　杠杆百分表

二、角度类量具

角度类量具应用较广泛的有万能角度尺、水平仪、正弦规等,下面重点介绍万能角度尺。

万能角度尺是一种结构简单的通用角度量具,其读数原理类同于游标卡尺。对于精度要求不太高的圆锥零件,通常用万能角度尺直接测量其斜角或锥角。万能角度尺可测量 $0°\sim320°$ 的任意角度值,分度值有 $2'$ 和 $5'$ 两种。

如图 1-22 所示,万能角度尺由尺身、游标尺、90°角尺架、直尺等组成,直尺可在 90°角尺架上的夹子中活动和固定。用基尺、角尺和直尺的不同组合,可以进行 $0°\sim320°$ 角度的测量,主要用接触法测量工件的内、外角度。

1. 万能角度尺的读数方法

先读出游标尺零刻度前面的整读数,读"度"数;再看游标尺第几条刻线和尺身刻线对齐,从游标上读"分"数,然后将两者相加。

2. 测量步骤

根据被测角度的大小,按图 1-23 所示的 4 种组合方式之一调整好万能角度尺。分别测量 $0°\sim50°$、$50°\sim140°$、$140°\sim230°$、$230°\sim$

扫码见"万能角度尺测量角度"动画

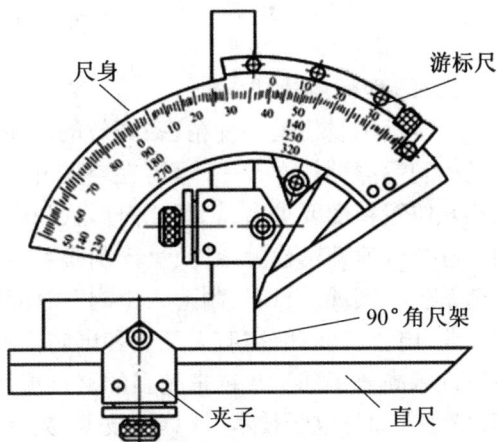

图 1-22　万能角度尺

$320°$。松开万能角度尺锁紧装置,用角度尺的基尺和直尺与被测工件角度的两边贴合好,旋转制动头,以固定游标,再取下工件读出角度值;在不同的部位测量若干次(6～10 次),按一般尺寸的判定原则判断其合格性。

(a)

(b)

(c)

(d)

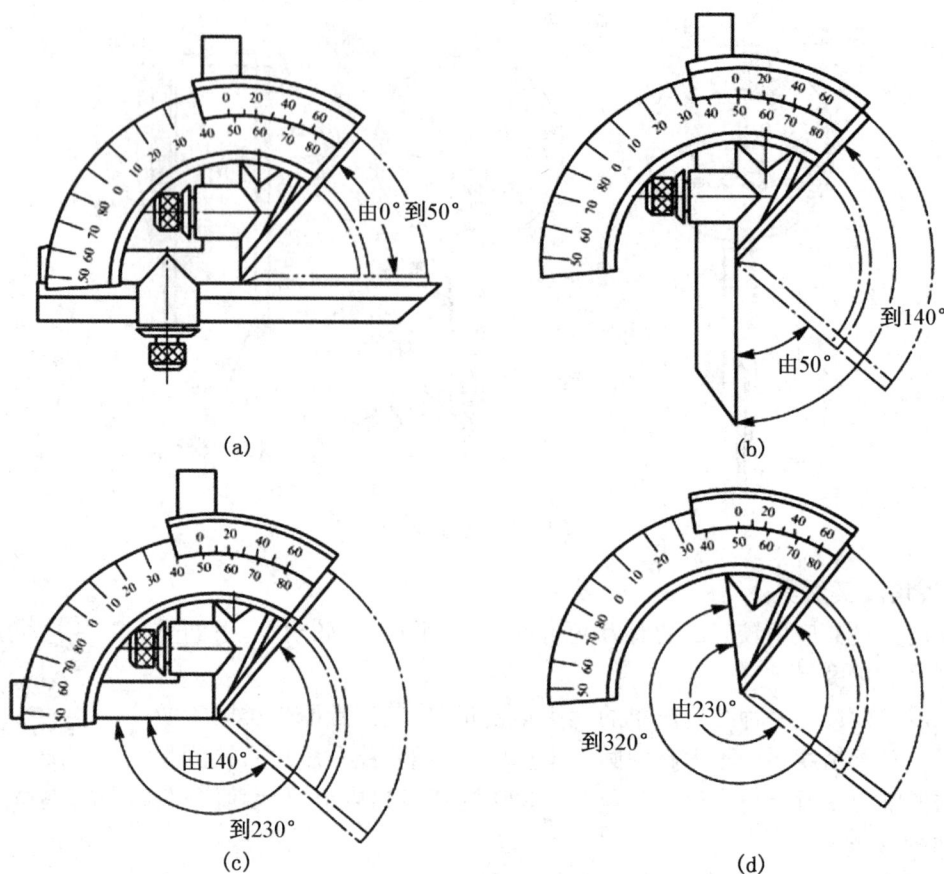

图 1-23 万能角度尺

三、三坐标测量机

三坐标测量机是一种精密、高效的测量仪器。它集光、机、电、计算机和自动控制等多种技术于一体,可在空间相互垂直的 3 个坐标上对测量长度和相互位置精度要求高、轮廓几何形状和空间曲面复杂的机械零件、模型和制品进行快速精密检测,是质量控制必不可少的设备,也是数控加工和柔性制造系统中实现"设计—制造—检测"一体化的重要单元,目前已被广泛用于机械制造业、汽车工业、电子工业、航空航天工业和国防工业等各部门。它之所以出现,一方面是自动机床、数控机床高效率加工及越来越多的复杂形状零件加工需要有快速且可靠的测量设备与之配套;另一方面是电子技术、计算机技术、数字控制技术及精密加工技术的发展为三坐标测量机的产生提供了技术基础。

扫码见"三坐标使用"动画

1. 三坐标测量机的类型

三坐标测量机根据应用场合一般可分为高精度型、中精度型和低精度型 3 类。它们是按三坐标测量机单轴示值精度在 1 m 测量范围内的误差值($\pm 2\sigma$)划分的,低精度的误差值大于 $\pm 15\ \mu m$,中精度的误差值为 $\pm(5\sim15)\mu m$,高精度的误差值小于 $\pm 5\ \mu m$。

三坐标测量机根据测量范围可分为小型测量机(X 轴的测量范围在 600 mm 以下)、中型测量机(X 轴的测量范围为 600~1 200 mm)和大型测量机(X 轴的测量范围在 1 200 mm

以上);根据精度一般可分为生产型和精密型;根据布局结构可分为桥式(属于大型机)、龙门式(属于中型机)和悬臂式(属于小型机)。

　　2. 三坐标测量机的组成及工作原理

　　三坐标测量机由主机(包括工作台、导轨、驱动系统、位置测量系统等)、测头系统、控制系统、计算机及其软件、终端设备、工作台及附件等几部分组成。悬臂式三坐标测量机如图1-24所示。测量时,测量头沿着被测工件的几何型面移动,测量机随时给出测量头的位置,从而获得被测几何型面上各测点的坐标值。根据这些坐标值,计算机算出待测的尺寸或几何误差。

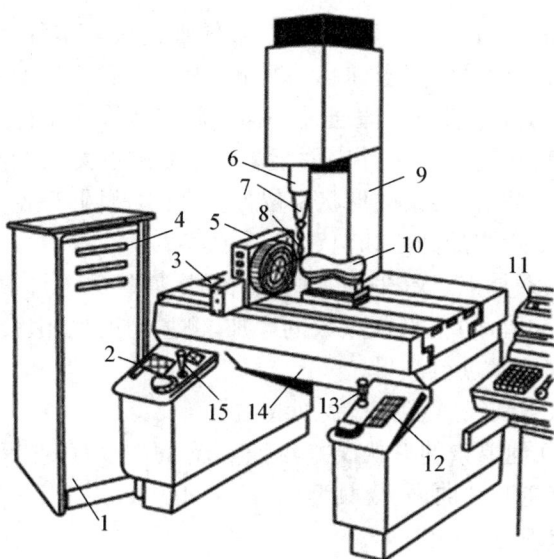

图 1-24　悬臂式三坐标测量机

1—控制箱;2—操作键盘;3—工作台;4—数显器;5—分度头;6—测杆;7—三维测头;8—测针;9—立柱;10—工件;11—记录仪、打印机等外部设备;12—程序调用键盘;13、15—控制 X、Y、Z 运动方向的操作手柄;14—机座

　　三坐标测量机工作台一般采用花岗石。导轨一般在 X、Y、Z 方向均采用气浮导轨,移动时摩擦阻力小,轻便灵活,工作平稳,精度高。位置测量系统是三坐标测量机的重要组成部分,对测量精度影响很大,一般采用自动发讯数字式连续位移系统。该系统由标尺光栅、指示光栅和光电转换器组成。当指示光栅相对标尺光栅移动时,由光栅副产生的莫尔条纹随之移动,其位移量由光电转换器转换成周期电信号,电信号经放大整形处理成计数脉冲,送入数显器或计算机中。

　　三坐标测量机的关键部件是测量头,测量头对测量机的功能、精度和效率影响很大。测量头根据测量方法不同分为接触式和非接触式;根据结构不同分为机械式、光学式和电气式。接触式测量头在测量时用测量头的下端与工件直接接触。非接触式测量头多为光学式或电气式,测量时没有测量力,故可对软材料和易变形材料进行精确测量。测量头在测杆上一般可以沿前、后、左、右和下 5 个方向安装。也可以同时安装几个测量头,以便同时进行各个面的测量。如测量复杂曲面,测量头还可以在水平面或垂直面内旋转。

　　三坐标测量机最常用的测量头是电气式测量头,电气式测量头分为点位测量电子测头和连续扫描测量电子测头两类。测头工作时不能离开工件。连续扫描测量电子测头工作时,可以在通过测头中心的断面内或垂直测头中心的平面内扫描轮廓型面。测头内含有 3

套辅助伺服控制系统,用来保证测头始终贴在零件的表面上。连续扫描测量电子测头可对三维空间的曲线、曲面进行连续扫描测量。点位测量电子测头工作时,测头接触工件后发出采样信号,多头电子测头由5个三向过零发讯的电子测头分别装在测头主体的前、后、左、右、下5个位置上。因为点位测量电子测头是由不同形状和不同长度的测头组成的,所以可以在不更换测头和不改变测头状态的情况下一次完成所有方向上的测量。

3. 三坐标测量机的应用

三坐标测量机通过软件控制测头(传感器),可以连续、可靠地进行测量,其主要用途是将加工好的零件与图样进行比较。三坐标测量机一般用于连续扫描测量和各种几何量的测量。其中,三坐标测量机对几何量的测量一般针对以下内容:

(1)自动找正。测量前,先在标准块上校对测头,然后可将工件任意放在工作台上,用计算机找正。这时有工件坐标系和测量机坐标系两个坐标系。测量时先将工件坐标系中的基准点坐标送入计算机,计算机自动将各测量点的坐标值通过平移和旋转转换成工件坐标系中的坐标值。三坐标测量机通常采用点位测量,在工件表面上采样一系列有意义的空间点,经数据处理,计算出由这些点组成的特定几何要素的形状和位置。例如,测圆,理论上三点定圆,在测量点大于三点后可给出最小二乘圆的圆心和位置。

(2)基本几何元素测量。基本几何元素如点、线、平面、球、圆、圆柱、圆锥等。计算时,计算机按最小二乘法给出各基本几何参数值,随着采样点数的增加,测量精度也相应地提高。任何复杂的工件均可分解为基本几何要素进行测量。

(3)距离测量。例如,可测量点到点、点到线、点到面、线到线的距离。

(4)几何误差测量。例如,测量各种几何要素的形状误差,测量线到面的垂直度,等等。

(5)轮廓测量。测量曲线、曲面,如测量叶片曲面、模具型面等。

(6)其他测量。如测量螺纹、齿轮、滚道等。

四、测量训练

试对标准量块和如图1-25所示零件的外圆、内孔直径、深度、长度等尺寸进行测量,将测量结果填入表1-2,并填写测量体会。

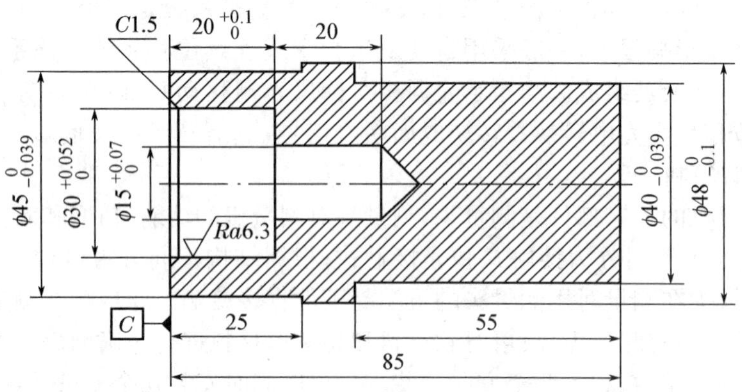

图 1-25 尺寸测量零件图

1. 用游标卡尺、外径千分尺对轴径进行测置

(1) 读零件图,获取技术信息,明确待测轴径尺寸要求。

(2) 检测前准备。选择测量器具,检查测量器具,清洁测量器具和工件待测表面,游标卡尺或千分尺校对零位等。

(3) 采集数据。按测量器具的操作规程,在工件待测表面的不同位置(不同截面、不同方位)多次测量($n=10$),记下读数。

(4) 数据处理及误差分析。对所采集到的数据进行数据处理和误差情况分析(随机误差、系统误差、粗大误差)。

(5) 完成测量记录;整理现场。

2. 用内径百分表对孔径进行相对测量

(1) 读零件图,获取技术信息,明确待测孔径尺寸要求。

(2) 检测前准备。

① 选择测量器具,检查测量器具,清洁测量器具和工件待测表面。

② 按量块操作规程组合量块组。

③ 将百分表(或千分表)装夹在表架上,用量块组调整百分表(或千分表)零位。

(3) 采集数据。移去量块组,换上待测工件,在工件待测表面的不同位置(不同截面、不同方位)多次测量($n=10$),记下百分表(或千分表)的读数,该读数加上量块组的尺寸即所采集的轴径尺寸。

(4) 数据处理及误差分析。对所采集到的数据进行数据处理和误差情况分析(随机误差、系统误差、粗大误差)。

(5) 完成测量记录;整理现场。

表 1-2 测量数据表

实验项目	图样要求	计量器具	实　测					平均值	结　论
			1	2	3	4	5		
外国									
内孔									
长度									
密度									

【拓展知识】

直接测量列的数据处理

对测量结果进行数据处理,是为了找出被测量包含的各种误差,以求消除或减小测量误差的影响,提高测量精度。

1. 测量列随机误差的处理

（1）算术平均值 $\bar{x}$。在相同条件下对同一被测量进行多次等精度测量,其值分别为 x_1,x_2,……,x_n,称为"测量列"。

$$\bar{x} = \frac{x_1 + x_2 + \cdots + x_n}{n} = \frac{1}{n}\sum_{i=1}^{n} x_i$$

式中,n 为测量次数。

随机误差

$$\delta_1 = x_1 - x_0, \delta_2 = x_2 - x_0, \cdots\cdots, \delta_n = x_n - x_0$$

相加则为

$$\delta_1 + \delta_2 + \cdots + \delta_n = (x_1 + x_2 + \cdots + x_n) - nx_0$$

即

$$\sum_{i=1}^{n} \delta_i = \sum_{i=1}^{n} x_i - nx_0$$

其真值

$$x_0 = \frac{1}{n}\sum_{i=1}^{n} x_i - \frac{1}{n}\sum_{i=1}^{n} \delta_i$$

由随机误差抵偿性知,当 $n \to \infty$ 时,

$$\frac{1}{n}\sum_{i=1}^{n} \delta_i = 0$$

$$\bar{x} = x_0$$

在消除系统误差的情况下,当测量次数很多时,算术平均值就趋近于真值。即用算术平均值来代替真值不仅是合理的,而且也是可靠的。

（2）残差 v_i。每个测得值与算术平均值的代数差,即

$$v_i = x_i - \bar{x}$$

残差具有下述两个特性:

① 残差的代数和等于零,即

$$\sum_{i=1}^{n} v_i^2 = 0$$

② 残差的平方和最小,即 $\sum_{i=1}^{n} v_i^2$ 最小

当残差平方和为最小时,按最小二乘法原理知,测量结果是最佳值。这也说明了 $\bar{x}$ 是 x_0

的最佳估值。

（3）测量列中任一测得值的标准偏差 σ。由于真值不可知，随机误差 δ_i 也未知，标准偏差 σ 无法计算。在实际测量中，标准偏差 σ 用残差来估算，常用贝赛尔公式计算，即

$$\sigma \approx \sqrt{\frac{1}{n-1} \sum_{i=1}^{n} v_i^2}$$

任一测得值 x，其落在 $\pm 3\sigma$ 范围内的概率（P）为 99.73%，常表示为

$$x = \bar{x} \pm 3\sigma (P = 99.73\%)$$

（4）测量列算术平均值的标准偏差 $\sigma_{\bar{x}}$。在多次重复测量中，是以算术平均值作为测量结果的，因此要研究算术平均值的可靠性程度。

$$\sigma_{\bar{x}} = \sqrt{\frac{\sigma^2}{n}} = \frac{\sigma}{\sqrt{n}} \approx \sqrt{\frac{1}{n(n-1)} \sum_{i=1}^{n} v_i^2}$$

（5）测量列算术平均值的极限误差和测量结果。

测量列算术平均值的极限误差为

$$\delta_{\lim}(\bar{x}) = \pm 3\sigma_{\bar{x}}$$

测量列的测量结果可表示为

$$x_0 = \pm \delta_{\lim}(\bar{x}) = \bar{x} \pm 3\sigma_{\bar{x}} (P = 99.73\%)$$

2. 数据处理举例

【例】 对同一几何量等精度测量 15 次，所得数据列表如下（表 1-3），假设测量中不存在定值系统误差。试求其测量结果。

表 1-3　数据列表

序号	测得值 x_i/mm	残差 $v_i (= x_i - \bar{x})$/μm	残差的平方 v_i^2/$(\mu m)^2$
1	40.039	-2	4
2	40.043	$+2$	4
3	40.040	-1	1
4	40.042	$+1$	1
5	40.041	0	0
6	40.043	$+2$	4
7	40.039	-2	4
8	40.040	-1	1
9	40.041	0	0
10	40.042	$+1$	1
11	40.041	0	0
12	40.041	0	0
13	40.039	-2	4
14	40.043	$+2$	4
15	40.041	0	0
	$\bar{x} = 40.041$	$\sum_{i=1}^{15} v_i = 0$	$\sum_{i=1}^{15} v_i^2 = 28$

解:(1)求算术平均值:

$$\bar{x} = \frac{1}{n} \sum_{i=1}^{15} x_i = 40.041 \text{ mm}$$

(2)求残余误差平方和:

$$\sum_{i=1}^{15} v_i = 0, \quad \sum_{i=1}^{n} v_i^2 = 28 \ \mu m$$

(3)判断变值系统误差:根据残差观察法判断,测量列中的残差大体上呈正、负相间,无明显规律的变化,所以认为无变值系统误差。

(4)计算标准偏差 σ:

$$\sigma = \sqrt{\frac{1}{n-1} \sum_{i=1}^{n} v_i^2} = 1.41 \ \mu m$$

(5)判断粗大误差:由标准偏差知,可求得粗大误差的界限 $|\delta_i| < 3\sigma = 4.23 \ \mu m$,故不存在粗大误差。

(6)求任一测得值的极限误差:

$$\delta_{\lim} = \pm 3\sigma = \pm 4.23 \ \mu m$$

(7)求测量列算术平均值的标准偏差:

$$\sigma_{\bar{x}} = \frac{\sigma}{\sqrt{n}} = 0.36 \ \mu m$$

(8)求算术平均值的测量极限误差

$$\delta_{\lim}(\bar{x}) = \pm 3\sigma_{\bar{x}} = \pm 1.08 \ \mu m \approx \pm 1 \ \mu m$$

测量结果

$$x_0 = \bar{x} \pm \delta_{\lim}(\bar{x}) = 40.041 \pm 0.001 \text{ mm} (P = 99.73\%)$$

【思考练习】

一、填空题

1. 由于测量器具零位不准出现的误差属于＿＿＿＿＿＿＿＿＿＿＿误差。

2. 随机误差的特性有＿＿＿＿＿、＿＿＿＿＿、＿＿＿＿＿、＿＿＿＿＿。

3. 测量误差按性质可分为＿＿＿＿＿＿＿＿＿、＿＿＿＿＿＿＿＿＿＿和＿＿＿＿＿＿＿＿＿。

4. 量块按级使用时包含了＿＿＿＿＿＿＿＿＿＿＿＿＿＿＿＿＿＿误差,量块按等使用时采用了＿＿＿＿＿＿＿＿＿＿＿尺寸,量块按级使用时比按等使用时精度＿＿＿＿＿。

二、选择题

1. 用内径千分表测量孔的直径属于（　　）。

    A. 直接测量和相对测量　B. 间接测量和相对测量　C. 直接测量和绝对测量

2. 要测量箱体上两孔的孔心距,应采用的测量方法是（　　）。

    A. 直接测量　　　　　　B. 间接测量　　　　　　C. 相对测量

3. 表示系统误差和随机误差综合影响的是（　　）。

    A. 精密度　　　　　　　B. 正确度　　　　　　　C. 准确度

三、简答题

1. 何谓测量？完整的测量过程包括哪些要素？
2. 何谓尺寸传递系统？建立尺寸传递系统有何意义？

四、计算题

1. 用游标卡尺测量箱体的中心距 L，如题图 1-1 所示，有如下三种测量方案：① 测量孔 d_1、d_2 和孔边距 L_1；② 测量孔 d_1、d_2 和孔边距 L_2；③ 测量孔边距 L_1、L_2。若已知它们的测量极限误差 $\Delta d_{1\lim} = \Delta d_{2\lim} = \pm 40~\mu m$，$\Delta L_{1\lim} = \pm 60~\mu m$，$\Delta L_{2\lim} = \pm 70~\mu m$，试计算三种测量方案的测量极限误差。

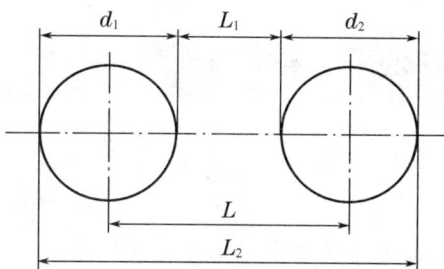

题图 1-1

2. 试用 38 块套别的量块组成 59.995 mm 的尺寸。

项目综合知识技能 ——工程案例与分析

航空报国的爱国主义精神

"精度"是《公差配合与技术测量》课程当中的重要概念，机械加工一般要求到"丝"，一丝即 0.01 mm，大约是成人头发的 1/6。

在机械领域中，丝毫的差错就可能导致机毁人亡的严重事故。在许多零件都能实现自动化生产的今天，仍有一些战机零件因为数量少、加工精度高、难度大，还是需要手工打磨。中航工业首席技能专家方文墨为歼-15 舰载机加工高精度零件，方文墨的加工精度可达 0.003 mm，高于标准中手工锉削精度最高为 0.010 mm，中航工业将这一精度命名为"文墨精度"。方文墨和他的工友们又把文墨精度提高了 4 倍多，达到 0.000 68 mm，制造出歼-15 舰载机上近 70% 的标准件，助力中国战机一飞冲天，惊艳世界。

工匠精神：发扬严谨认真、精益求精、追求完美、勇于创新

项目二

尺寸公差配合与检测

任务 1　零件图的尺寸公差与检测

【学习目标】

1. 理解有关尺寸、公差、偏差等的基本术语及定义。
2. 掌握标准中有关标准公差、公差等级的规定、基本偏差代号及其分布规律。
3. 掌握公差带的概念及其图示方法，能熟练查公差表及基本偏差表，能进行有关计算。
4. 了解标准中关于未注公差的线性尺寸公差的规定。
5. 初步学会公差的正确选用，并能正确标注在图中。

【任务引入】

减速器（图 1-1）在零件加工制造中，首先要能识读零件图及图样中尺寸公差的标注，读懂其尺寸精度要求。例如，理解图 1-1 中 ϕ55k6 和 ϕ45g7 是零件图中轴的尺寸公差，以及 ϕ100J7 和 ϕ56H7 零件图中箱体的尺寸公差等标注的含义，选择合适的测量工具进行精度检测，并出具检测报告。

【任务分析】

互换性要求尺寸的一致性并不是要求零件都准确地制成一定的尺寸，而是要求这些零件的尺寸处在某一合理的范围之内。对于相互结合的零件，这个范围既要保证相互结合的尺寸之间形成一定的关系，以满足不同的使用要求，同时在制造上也是经济合理的，这就形成了"极限与配合"的概念。

【相关知识】

一、公差配合的术语及定义

1. 孔和轴的术语及定义

（1）孔

孔通常指工件的圆柱形内表面，也包括非圆柱形内表面（由两平行平面或切面形成的包容面）。

（2）轴

轴通常指工件的圆柱形外表面，也包括非圆柱形外表面（由两平行平面或切面形成的被包容面）。

孔、轴的定义在标准中是指广义的概念。从装配上来讲，孔是包容面，轴是被包容面从加工过程看，随着材料余量的去除，孔的尺寸由小变大，轴的尺寸由大变小。如图 2-1 所示，圆柱的直径、键的宽度都是轴，圆柱孔的直径、键槽的宽度都是孔。

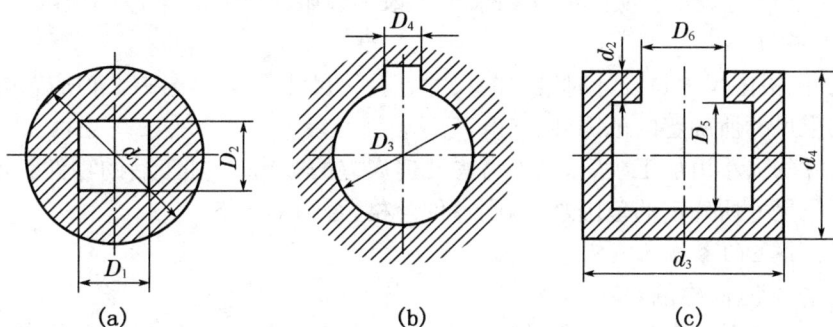

图 2-1　孔和轴的示意图

2. 尺寸的术语及定义

（1）尺寸

以特定单位表示线性尺寸的数值称为尺寸。尺寸由数字和长度单位组成，在机械制图中，通常以 mm 为长度单位，此时省略单位 mm，只书写数字，如长度为 20、65 等。

（2）公称尺寸

通过它应用上、下偏差可以计算得出极限尺寸的尺寸称为公称尺寸。孔的直径尺寸用 D 表示，轴的直径尺寸用 d 表示。基本尺寸是根据零件的功能要求，经过强度、刚度等设计计算及结构、工艺设计，计算出的或通过试验和类比等方法确定的。公称尺寸可以是一个整数值或一个小数，应尽量按标准系列选取，以减少定值刀具、夹具、量具的规格和数量。公称尺寸一经确定，便成为确定孔和轴尺寸偏差的起始点。

（3）提取要素局部尺寸

提取组成要素的局部尺寸是一切提取组成要素上两对应点之间距离的统称（它类似于旧国标中的实际尺寸）。孔和轴的提取组成要素的局部尺寸分别用 D_a、d_a 表示，如图 2-2 所示。提取要素上两对应点之间的距离即提取要素局部尺寸，可通过测量得到，用两点法测量。

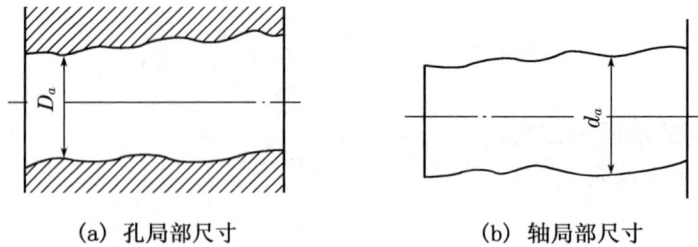

(a) 孔局部尺寸　　　　　　　　　　(b) 轴局部尺寸

图 2‐2　提取要素局部尺寸

由于存在测量误差,提取要素局部尺寸并非是被测尺寸的真值,它只是接近真实尺寸的一个随机尺寸,并且由于零件存在形状误差,同一表面不同部位的提取要素局部尺寸也不尽相同。

(4) 极限尺寸

极限尺寸是尺寸允许变动的两个极限值。允许的最大尺寸称为最大极限尺寸,允许的最小尺寸称为最小极限尺寸。孔和轴的最大极限尺寸分别用 D_{max} 和 d_{max} 表示,最小极限尺寸分别用 D_{min} 和 d_{min} 表示。实际尺寸如果小于最大极限尺寸且大于最小极限尺寸,则零件的尺寸是合格的。

公称尺寸、极限尺寸是设计时给定的尺寸。公称尺寸可以在极限尺寸所确定的范围内,也可以在极限尺寸所确定的范围外。

实际尺寸的大小由加工决定,当不考虑几何误差的影响时,加工后的零件获得的实际尺寸若在两极限尺寸所确定的范围之内,则零件合格,否则不合格。

3. 偏差、公差的术语及定义

(1) 尺寸偏差(简称偏差)

某一尺寸减去其基本尺寸所得的代数差,称为偏差。偏差可为正值、负值或零。偏差可分为极限偏差和实际偏差。

① 极限偏差:极限偏差是极限尺寸减去其基本尺寸所得的代数差。

最大极限尺寸减其基本尺寸所得的代数差称为上极限偏差;最小极限尺寸减其基本尺寸所得的代数差称为下极限偏差。孔的上、下极限偏差分别用 ES 和 EI 表示(用于内尺寸要素),轴的上、下极限偏差分别用 es 和 ei 表示(用于外尺寸要素)。用公式表示如下:

孔的上、下极限偏差为

$$ES = D_{max} - D, EI = D_{min} - D \qquad (2-1)$$

轴的上、下极限偏差为

$$es = d_{max} - d, ei = d_{min} - d \qquad (2-2)$$

国家标准规定:标注极限偏差时,上极限偏差标在公称尺寸的右上角,下极限偏差标在公称尺寸的右下角。

② 实际偏差:实际偏差是实际尺寸减其基本尺寸所得的代数差。实际偏差可能会是正值、零或负值,只要位于极限偏差范围内,则零件尺寸是合格的。

孔和轴的实际偏差分别用 Δ_a 和 δ_a 表示。

$$\Delta = D_a - D, \delta_a = d_a - d \qquad (2-3)$$

孔的尺寸合格条件为
$$D_{\min} \leqslant D_a \leqslant D_{\max} \tag{2-4}$$

轴的尺寸合格条件为
$$d_{\min} \leqslant d_a \leqslant d_{\max} \tag{2-5}$$

（2）尺寸公差

公差是尺寸公差的简称。公差是最大极限尺寸减最小极限尺寸之差，或上偏差减下偏差之差，它是允许尺寸的变动量。加工误差是不可避免的，公差是用来限制误差的，工件的误差在公差范围内，为合格件；超出了公差范围，为不合格件。因此，公差不存在负值，也不允许为零。

孔的公差为
$$T_D = |D_{\max} - D_{\min}| = |ES - EI| \tag{2-6}$$

轴的公差为
$$T_d = |d_{\max} - d_{\min}| = |es - ei| \tag{2-7}$$

极限尺寸、公差与偏差三者之间的关系如下：

① 公差是绝对值，且不能为零；偏差是代数值，可为正、为负或为零。

② 公差用于限制尺寸误差，极限偏差用于限制提取偏差。

③ 对于单个零件只能测出尺寸的提取偏差，对于一批零件可以统计出尺寸误差。

④ 公差表示制造精度，反映加工难度；偏差取决于加工机床的调整，不反映加工难易程度。

⑤ 公差反映公差带大小，影响配合精度；极限偏差反映公差带位置，影响配合松紧程度。

（3）公差带图和公差带

图2-3反映了基本尺寸、极限尺寸、极限偏差及公差之间的关系。

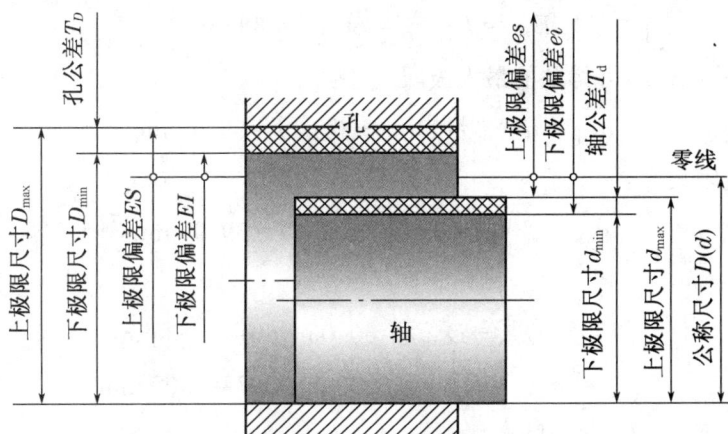

扫码见
"公差带图"

图2-3　轴和孔的上、下极限尺寸示意图

由于公差和偏差的数值与尺寸数值相差太远，不能按同一比例画在同一图上，为简化起见，不画出孔和轴的全部，而只画出公差带来分析，如图2-4所示，被称为公差带图。

① 公差带图由零线和公差带组成。

a. 零线。它是在公差带图中代表基本尺寸并确定偏差的一条基准直线，即零偏差线，并标注为"0"。偏差由此零线算起，零线以上为正偏差，零线以下为负偏差，分别标注"＋""－"，若为零，则不标注。

b. 公差带。在公差带图中,用与零线平行的直线表示上、下极限偏差(图中以微米或毫米为单位标出,单位省略不写),两条直线之间的区域叫作公差带。公差带在与零线垂直方向上的宽度代表公差值,沿零线方向的长度可适当选取。通常,孔的公差带用由右上角向左下角的斜线表示,轴的公差带用由左上角向右下角的斜线表示(注:轴的公差带也可用点或空白表示)。

② 公差带包括大小和位置两个要素。

a. 大小。即公差值,称为标准公差。

标准公差:公差与配合国家标准中所规定的用以确定公差带大小的任一公差值。

b. 位置。位置由基本偏差确定。

图 2-4 公差带示意图

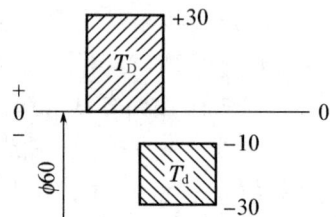

基本偏差:用以确定公差带相对于零线位置的上极限偏差或下极限偏差,数值均已标准化,一般为靠近零线的那个极限偏差。当公差带在零线以上时,下极限偏差为基本偏差;当公差带在零线以下时,上极限偏差为基本偏差。

【例 2-1】 已知轴 $\phi 60^{-0.01}_{-0.03}$ mm,孔 $\phi 60^{+0.03}_{0}$ mm,求孔、轴的极限尺寸和公差。

解:对于孔,由式(2-1)可得孔的最大极限尺寸:

$$D_{max}=D+ES=60+0.03=60.03 \text{ mm}$$

孔的最小极限尺寸:

$$D_{min}=D+EI=60+0=60 \text{ mm}$$

对于轴:由式(2-2)可得轴的最大极限尺寸:

$$d_{max}=d+es=60+(-0.01)=59.99 \text{ mm}$$

轴的最小极限尺寸:

$$d_{min}=d+ei=60+(-0.03)=59.97 \text{ mm}$$

其孔、轴公差为

$$T_D=|D_{max}-D_{min}|=60.03-60=0.03 \text{ mm}$$

$$T_d=|d_{max}-d_{min}|=59.99-59.97=0.02 \text{ mm}$$

公差带图的画法步骤:

(1) 画零线,标注出"0""+""−",用箭头指在零线的左侧并注出基本尺寸。

(2) 选适当比例,画出孔、轴公差带,并将极限偏差数值标注出来,如图 2-5 所示。偏差的单位是 μm。

二、标准公差系列——公差带大小

国家标准"极限与配合"对公差带的大小和位置进行了标准化。公差带的大小由标准公差加以确定,位置由基本偏差来确定。

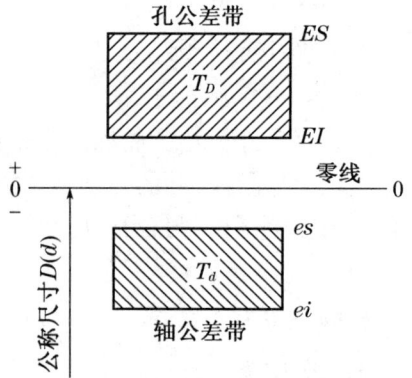

图 2-5 公差带示意图

标准公差(IT)是国家标准规定的极限制中列出的任一公差数值。标准公差系列是按国家标准制定的一系列标准公差值,它包含标准公差等级和标准公差数值两项内容。标准公差的数值与标准公差等级和基本尺寸分段有关。

1. 标准公差等级

标准公差等级用来确定尺寸精确的程度,用字母 IT(ISO Tolerance 的缩写)和数字表示。一共有 20 个等级,用符号 IT01、IT0、IT1、IT2、IT3、……、IT18 表示,从 IT01 至 IT18 公差等级依次降低。

2. 尺寸分段

从理论上来看,每个公称尺寸都对应一个相应的标准公差值。在实际生产中,公称尺寸很多,导致编制的公差表格会非常庞大,这样既给生产、设计带来不少麻烦和困难,又不利于公差值的标准化、系列化。当公称尺寸变化不大时,其公差值很接近。为了减少标准公差的数目、统一公差值、简化公差表格、便于实际应用,国家标准对公称尺寸进行了分段,对同一尺寸段内所有的公称尺寸,在相同公差等级情况下,规定相同的标准公差。

使用标准公差表时,应注意基本尺寸所处的段落。某一尺寸段内的基本尺寸是指包括尺寸段的终了尺寸,不包括尺寸段的起始尺寸。

注意:

① 在同一尺寸分段内、同一公差等级,各基本尺寸的标准公差值是相同的。

② 同一公差等级对所有基本尺寸的一组公差被认为具有同等精度要求。

例如:基本尺寸 ϕ30 mm,应在大于 18～30 mm 的尺寸段内,而不应在大于 30～50 mm 的尺寸段内。

3. 标准公差数值

在公称尺寸相同的条件下,标准公差数值随公差等级的降低而依次增大。同一公差等级、同一尺寸分段内各公称尺寸的标准公差数值是相同的。同一公差等级对所有公称尺寸的一组公差也被认为具有同等精确程度。

表 2-1 列出了国家标准 GB/T 1800.1—2020 规定的机械制造行业常用尺寸(基本尺寸至 500 mm)的标准公差数值。

在实际应用中,只要选定了精度等级,就可用查表法确定公差数值。查表步骤如下:

① 根据基本尺寸,找到所在尺寸段(如第一列);

② 根据标准公差等级,找到 IT 所在位置(如第二行);

③ 列与行的交叉点数值即所查标准公差数值。

表 2-1　公称尺寸至 500 mm 的标准公差数值(摘自 GB/T 1800.2—2020)

公称尺寸 /mm		标准公差等级																		
		IT01	IT0	IT1	IT2	IT3	IT4	IT5	IT6	IT7	IT8	IT9	IT10	IT11	IT12	IT13	IT14	IT15	IT16	IT17	IT18
大于	至	标准公差值																		
		μm												mm						
—	3	0.3	0.5	0.8	1.2	2	3	4	6	10	14	25	40	60	0.1	0.14	0.25	0.4	0.6	1	1.4
3	6	0.4	0.6	1	1.5	2.5	4	5	8	12	18	30	48	75	0.12	0.18	0.3	0.48	0.75	1.2	1.8
6	10	0.4	0.6	1	1.5	2.5	4	6	9	15	22	36	58	90	0.15	0.22	0.36	0.58	0.9	1.5	2.2

（续表）

公称尺寸 /mm		标准公差等级																			
		IT01	IT0	IT1	IT2	IT3	IT4	IT5	IT6	IT7	IT8	IT9	IT10	IT11	IT12	IT13	IT14	IT15	IT16	IT17	IT18
大于	至	标准公差值																			
		μm												mm							
10	18	0.5	0.8	1.2	2	3	5	8	11	18	27	43	70	110	0.18	0.27	0.43	0.7	1.1	1.8	2.7
18	30	0.6	1	1.5	2.5	4	6	9	13	21	33	52	84	130	0.21	0.33	0.52	0.84	1.3	2.1	3.3
30	50	0.6	1	1.5	2.5	4	7	11	16	25	39	62	100	160	0.25	0.39	0.62	1	1.6	2.5	3.9
50	80	0.8	1.2	2	3	5	8	13	19	30	46	74	120	190	0.3	0.46	0.74	1.2	1.9	3	4.6
80	120	1	1.5	2.5	4	6	10	15	22	35	54	87	140	220	0.35	0.54	0.87	1.4	2.2	3.5	5.4
120	180	1.2	2	3.5	5	8	12	18	25	40	63	100	160	250	0.4	0.63	1	1.6	2.5	4	6.3
180	250	2	3	4.5	7	10	14	20	29	46	72	115	185	290	0.46	0.72	1.15	1.85	2.9	4.6	7.2
250	315	2.5	4	6	8	12	16	23	32	52	81	130	210	320	0.52	0.81	1.3	2.1	3.2	5.2	8.1
315	400	3	5	7	9	13	18	25	36	57	89	140	230	360	0.57	0.89	1.4	2.3	3.6	5.7	8.9
400	500	4	6	8	10	15	20	27	40	63	97	155	250	400	0.63	0.97	1.55	2.5	4	6.3	9.7

注：公称尺寸小于或等于 1 mm 时，无 IT4～IT8。

三、基本偏差系列——公差带位置

基本偏差是指用来确定公差带相对于零线位置的那个极限偏差，它可以是上偏差或下偏差，一般为靠近零线的那个偏差。

1. 基本偏差代号

国标规定了孔和轴各有 28 种基本偏差。基本偏差的代号用拉丁字母表示，大写表示孔，小写表示轴。在 26 个拉丁字母中去掉 5 个易与其他参数相混淆的字母：I、L、O、Q、W（i、l、o、q、w），增加 7 个双写字母：CD、EF、FG、ZA、ZB、ZC（cd、ef、fg、za、zb、zc）及 JS（js），如图 2-6 所示。

2. 基本偏差的主要特征

在图 2-6 的基本偏差系列图中，对所有公差带，当位于零线上方时，基本偏差为下偏差；当位于零线下方时，基本偏差为上偏差。

（1）孔和轴的同字母的基本偏差相对零线基本呈对称分布。孔与轴基本偏差的正负号相反，即 $EI=es$，$ES=ei$。

A～H 的孔基本偏差为下偏差 EI；P～ZC 的孔基本偏差为上偏差 ES。

a～h 的轴基本偏差为上偏差 es；p～zc 的轴基本偏差为下偏差 ei。

从 A～H（a～h）离零线越来越近，即基本偏差的绝对值越来越小；从 K～ZC（k～zc）离零线越来越远，即基本偏差的绝对值越来越大。

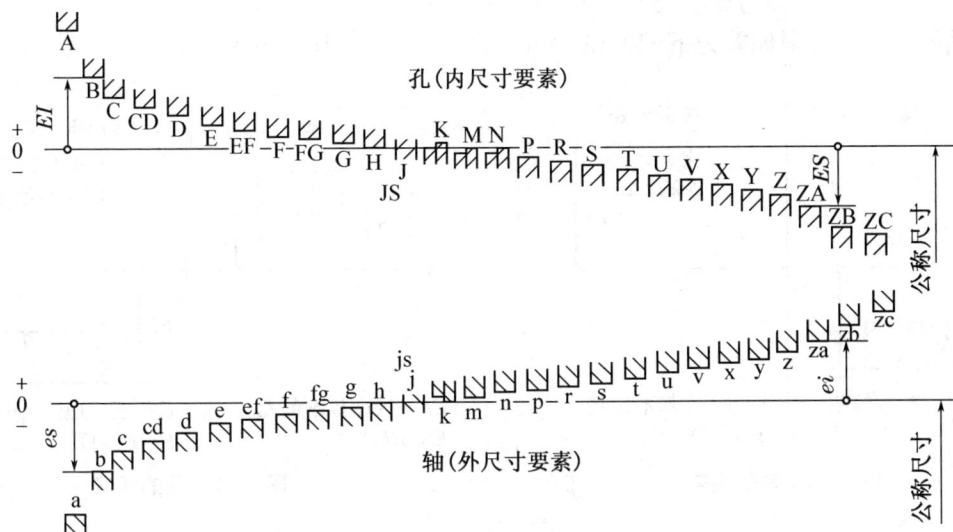

图 2-6　基本偏差系列

（2）H 和 h 的基本偏差数值都为零,H 孔的基本偏差为下偏差 $EI=0$,h 轴的基本偏差为上偏差 $es=0$。

（3）JS(js)公差带完全对称地跨在零线上。上、下偏差值为 $\pm IT/2$,如图 2-7 所示。上、下偏差均可作为基本偏差。〔注:公差带 JS(js)7 至 JS(js)11,若 IT_n 数值是奇数,则取偏差 $=\pm\dfrac{IT_{n-1}}{2}$〕。

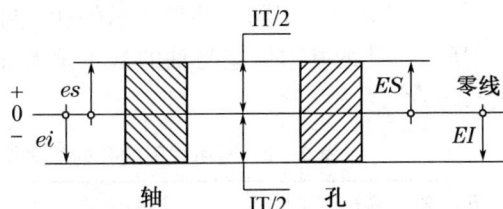

图 2-7　偏差 js 和 JS

（4）一般情况下,基本偏差的大小与公差等级无关,而 JS(js)、J(j)、K(k)、M、N 的基本偏差随公差等级变化。

（5）各公差带只画出基本偏差一端,而另一个极限偏差没有画出,因为另一端表示公差带的延伸方向,其确切位置由标准公差数值的大小确定。

3. 基本偏差的数值

基本偏差的数值是经过经验公式计算得到的,计算结果的数值已列成表,使用时可直接查表。

（1）轴的基本偏差数值

查表 A-1,确定轴的基本偏差后,查表 2-1,确定标准公差,就可求出轴的另一个偏差（上偏差或下偏差）,如图 2-8 所示。

当公差带在零线下时: $\qquad ei=es-IT$

当公差带在零线上时: $\qquad es=ei+IT$

【例 2-2】　根据标准公差数值表（表 2-1）和轴的基本偏差数值表（表 A-1）,确定 50f6 的极限偏差。

解:从表 A-1 查得轴的基本偏差为上偏差,$es=-25\ \mu m$

从表 2-1 查得轴的标准公差 IT6＝16 μm

轴的另一个极限偏差为下偏差，$ei=es-\text{TS}=(-25-16)\ \mu\text{m}=-41\ \mu\text{m}$

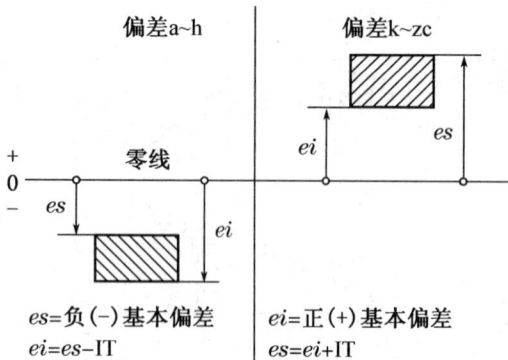

图 2-8　轴的偏差

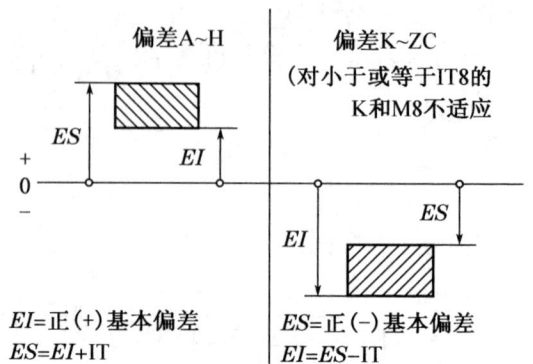

图 2-9　孔的偏差

（2）孔的基本偏差数值

在公称尺寸不大于 500 mm 时，孔的基本偏差按以下两种规则换算：

① 通用规则。用同一字母表示的孔、轴的基本偏差数值的绝对值相等，符号相反，如图 2-9 所示。孔的基本偏差与轴的基本偏差相对于零线对称分布，即呈倒影关系，换算关系见表 2-2。

表 2-2　通用规则的孔的基本偏差与轴的基本偏差之间的换算关系

孔的基本偏差代号	孔的公差等级	孔的基本偏差与轴的基本偏差的换算关系
A~H	所有等级	$EI=-es$
J~N	低于 8 级	$ES=-ei$
P~ZC	低于 7 级	

② 特殊规则。特殊规则是指孔的基本偏差等于用通用规则换算得到的基本偏差再加上一个修正值 Δ。其中，Δ 为孔的公差等级比轴低一级是，两者标准公差值的差值，即

$$\Delta=\text{IT}_n-\text{IT}_{n-1} \tag{2-8}$$

式中，$\text{IT}_n(\mu\text{m})$ 为某一级孔的标准公差，$\text{IT}_{n-1}(\mu\text{m})$ 为比某一级孔高一级的轴的标准公差。

特殊规则的孔的基本偏差与轴的基本偏差之间的换算关系见表 2-3。

表 2-3　特殊规则的孔的基本偏差与轴的基本偏差之间的换算关系

孔的基本偏差代号	孔的公差等级	孔的基本偏差与轴的基本偏差的换算关系
K、M、N	低于 8 级	$ES=-ei+\Delta$
P~ZC	低于 7 级	

当孔的基本偏差确定后，孔的另一个极限偏差可以根据下列公式计算：

当公差带在零线下时：　　　　　　　$EI=ES-\text{IT}$ 　　　　　　　　（2-9）

当公差带在零线上时：　　　　　　　　$ES=EI+IT$　　　　　　　　　　　（2-10）

实际生产中,孔、轴基本偏差数值直接查表即可。

【例 2-3】 利用标准公差数值表和轴的基本偏差数值表,确定 $\phi12g6$ 的轴的极限偏差数值。

解：查表 2-1,IT6＝11 μm；查表 A-1,基本偏差 $es=-6$ μm

所以 $ei=es-IT6=[(-6)-11]\mu$m$=-17$ μm,在图样上可标注为 $\phi12_{-0.017}^{-0.006}$、$\phi12g6$ 或 $\phi12g6(_{-0.017}^{-0.006})$。

【例 2-4】 利用标准公差数值表和孔的基本偏差数值表,确定 $\phi60P6$ 孔的极限偏差数值。

解：查表 2-1,IT6＝19 μm。

查表 A-2,基本尺寸处于＞50～65 mm 尺寸分段内,本题公差等级为 6,故应按照表中的说明,在该表的右端查找出 $\Delta=6$ μm。

所以 $ES=-32+\Delta=(-32+6)\mu$m$=-26$ μm 而 $EI=ES-IT6=(-26-19)\mu$m$=-45$ μm,在图样上可标注为 $\phi60_{-0.045}^{-0.026}$、$\phi60P6$ 或 $\phi60P6(_{-0.045}^{-0.026})$。

4. 公差带代号及标注

（1）公差带代号

公差带代号由基本偏差代号和公差等级数字表示,公差带相对零线的位置由基本偏差确定,公差带的大小由公差等级确定。例如,H8、F7、J7、P7、U7 等为孔的公差带代号,h7、g6、r6、p6、s7 等为轴的公差带代号。

$\phi100F7$ 可解释为基本尺寸为 $\phi100$ mm(狭义孔),基本偏差代号为 F,公差等级为 7 级的孔公差带。100h9 可解释为基本尺寸为 100 mm(广义轴)基准轴,基本偏差代号为 h,公差等级为 9 级的轴公差带。

（2）尺寸公差带代号在零件图中的标注形式

尺寸公差的标注形式有两种：一是标注公差尺寸的表示,二是未注公差尺寸的表示。

零件图上公差带的标注为在公称尺寸后面标注配合代号,可根据实际要求按下列三种形式标注,如图 2-10(a)中标注的孔 $\phi25H7$ 以及图 2-10(b)所示中标注的轴 $\phi25s6$。可在公称尺寸后面标注上、下极限偏差数值,或同时标注公差带代号及上、下极限偏差数值,以及在公称尺寸和公差带代号。当上、下极限偏差绝对值相等而符号相反时,则在极限偏差数值前面标注"±"号,如 $\phi10JS5(\pm0.003)$。在实际生产中,零件图上公差带一般采用前两种表示方法。

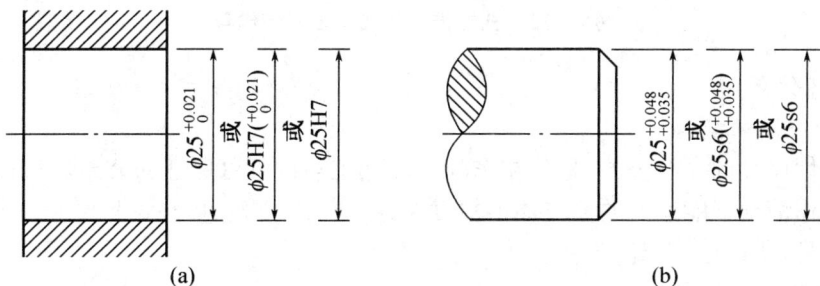

图 2-10　尺寸公差带代号的标注形式

（3）国家标准推荐选用的公差带

根据国家标准规定的 20 个等级的标准公差和轴、孔各 28 种基本偏差代号，从理论上讲，可组成 560 种公差带。公差带种类过多会使公差带表格过于庞大而不便使用，生产中需要配备相应的刀具和量具，这显然不经济。为了减少定值刀具、量具和工艺装备的数量和规格，国家标准国标《产品几何技术规范（GPS）线性尺寸公差 ISO 代号体系》（GB/T1800.1—2020）对公差带种数加以限制。

说明：公差带代号仅应用于不需要对公差带代号进行特定选取的一般性用途（如键槽需要特定选取），在特定应用中若有必要，偏差 js 和 JS 可被相应的偏差 j 和 J 替代。

① 轴公差带

轴公差带代号应尽可能从图 2－11 中选取，推荐选用的公差带 50 种，其中，框中所示的有 17 种公差带代号应优先选取。

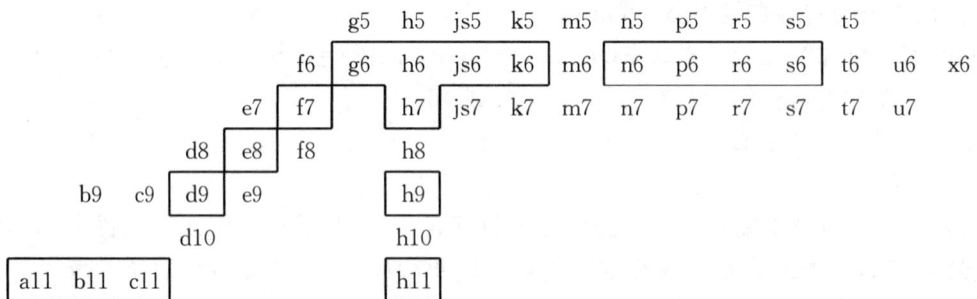

图 2－11 轴的推荐和优先公差带代号

② 孔公差带

孔公差带代号尽可能从图 2－12 中选取，推荐选用的公差带 45 种，其中，框中所示的有 17 种公差带代号应优先选取。

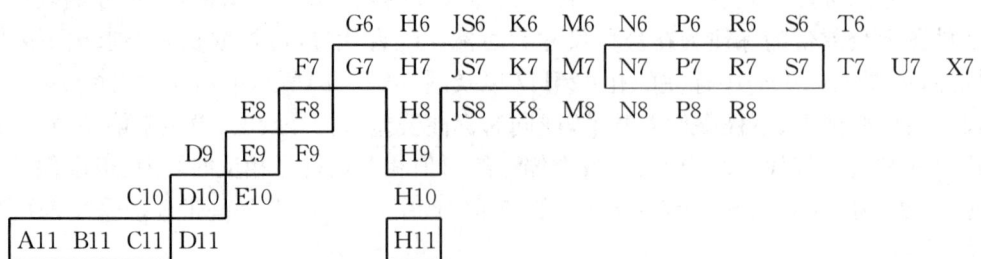

图 2－12 孔的推荐和优先公差带代号

四、一般公差

1. 一般公差的概念

所谓线性尺寸的一般公差，是指在车间一般加工条件下可保证的公差，是机床设备在正常维护和操作情况下能达到的经济加工精度。采用一般公差时，在该尺寸后不标注极限偏差或其他代号，所以也称未注公差。

2. 一般公差的特点

（1）图样清晰易懂。采用一般公差时，在图样上只标注基本尺寸不标注公差，可清楚地判断出必须保证的精度(标注出公差),同时明确加工重点。

(2)节省设计时间。一是节省了图样设计时间,二是简化制图工作。

(3)降低检验成本。一般公差可由车间加工精度条件保证,由工人凭经验判断,一般不检验,若对其合格性发生争议,再参照表中的标准解决。只有当零件的功能受到损害时,超出一般公差的工件才能被拒收。

3. 国家标准中的有关规定

在 GB/T 1804—2000 中,对一般公差规定了 4 个公差等级,其公差等级从高到低依次为精密级(f)、中等级(m)、粗糙级(c)、最粗级(v)。

线性尺寸一般公差的公差等级及其极限偏差数值见表 2-4。

表 2-4 线性尺寸的未注极限偏差的数值(摘自 GB/T 1804—2000)(mm)

公差等级	尺寸分段							
	0.5~3	>3~6	>6~30	>30~120	>120~400	>400~1 000	>1 000~2 000	>2 000~4 000
f(精密级)	±0.5	±0.05	±0.1	±0.15	±0.2	±0.3	±0.5	—
m(中等级)	±0.1	±0.1	±0.2	±0.3	±0.5	±0.8	±1.2	±2
c(粗糙级)	±0.2	±0.3	±0.5	±0.8	±1.2	±2	±3	±4
v(最粗级)	—	±0.5	±1	±1.5	±2.5	±4	±6	±8

4. 线性尺寸一般公差的表示方法

当采用一般公差时,在图样上只标注基本尺寸,不标注极限偏差,而在图样上、技术文件中用线性尺寸的一般公差标准号和公差等级符号来表示,例如选用中等级(m)时,表示为 GB/T 1804—m。这表明图样上凡未注公差的线性尺寸均按中等级(m)加工和检验。在正常情况下,一般不必检验。一般公差适用于金属切削加工的尺寸及一般冲压加工的尺寸,对非金属材料和其他工艺方法加工的尺寸亦可参照采用。

但是,当要素的功能允许一个比一般公差大的公差,且注出更为经济时,如装配所钻盲孔的深度,则相应的极限偏差值要在尺寸后注出。

【任务实施】

零件图的尺寸公差

一、标准公差和基本偏差的解读

标准公差的数值由基本尺寸和公差等级定。

基本偏差就是标准中确定公差带相对于零线位置的极限偏差。一般指靠近零线的那个偏差,如图 2-13 所示。

当公差带位于零线上方时,基本偏差为下偏差。

当公差带位于零线下方时,基本偏差为上偏差。

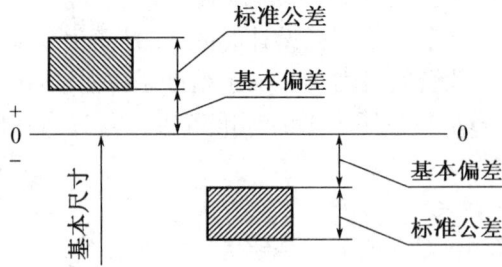

图 2－13　标准公差和基本偏差位置图

二、基本尺寸与公差等级的关系

在基本尺寸一定的情况下：

(1) 公差等级愈高,标准公差值愈小,尺寸的精确度就愈高,难加工。

(2) 公差等级愈低,标准公差值愈大,尺寸的精确度就愈低,易加工。

(3) 公称尺寸和公差等级相同的孔与轴,它们的标准公差相等。

(4) 同一公差等级的标准公差数值,对所有基本尺寸,虽数值不同。但均有同等的精确程度。

如:基本尺寸为 10 mm,标准公差为 7 级(IT7)的尺寸,其公差值为 15 μm;基本尺寸为 100 mm,标准公差为 7 级(IT7)的尺寸,其公差值为 35 μm;按照规定它们的尺寸精度是相等的。

三、零件图的尺寸公差标注读解

识读齿轮轴零件图(图 2－14),对照图样要求,查标准公差数值表、基本偏差数值表,绘制公差带图。

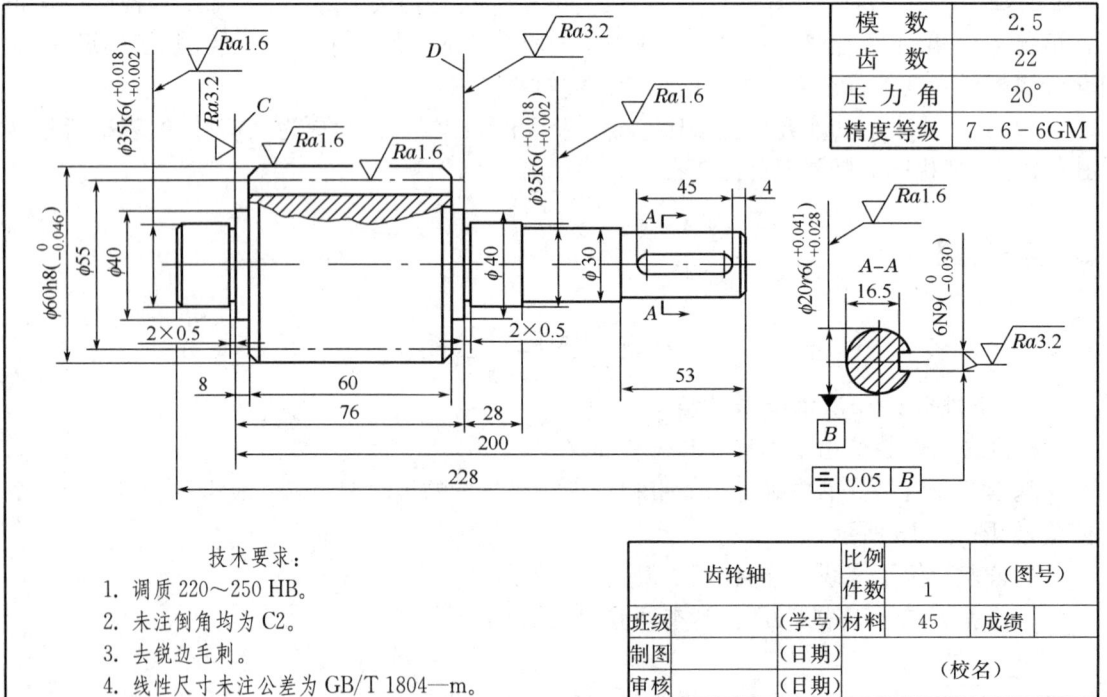

图 2－14　齿轮轴

表 A – 1　轴的基本偏差数值（摘自 GB/T 1800.1—2020）

（基本偏差单位为 μm）

上极限偏差 es 对应 a～h、js、j、k（部分）；下极限偏差 ei 对应 j～zc。js 列：$偏差 = \pm \dfrac{IT_n}{2}$，式中 IT_n 是标准公差数值。

公称尺寸 大于	至	a	b	c	cd	d	e	ef	f	fg	g	h	j (IT5和IT6)	j (IT7)	j (IT8)	k (IT4至IT7)	k (≤IT3,>IT7)	m	n	p	r	s	t	u	v	x	y	z	za	zb	zc
—	3	-270	-140	-60	-34	-20	-14	-10	-6	-4	-2	0	-2	-4	-6	0	0	+2	+4	+6	+10	+14		+18		+20		+26	+32	+40	+60
3	6	-270	-140	-70	-46	-30	-20	-14	-10	-6	-4	0	-2	-4		+1	0	+4	+8	+12	+15	+19		+23		+28		+35	+42	+50	+80
6	10	-280	-150	-80	-56	-40	-25	-18	-13	-8	-5	0	-2	-5		+1	0	+6	+10	+15	+19	+23		+28		+34		+42	+52	+67	+97
10	14	-290	-150	-95		-50	-32		-16		-6	0	-3	-6		+1	0	+7	+12	+18	+23	+28		+33		+40		+50	+64	+90	+130
14	18	-290	-150	-95		-50	-32		-16		-6	0	-3	-6		+1	0	+7	+12	+18	+23	+28		+33	+39	+45		+60	+77	+108	+150
18	24	-300	-160	-110		-65	-40		-20		-7	0	-4	-8		+2	0	+8	+15	+22	+28	+35		+41	+47	+54	+63	+73	+98	+136	+188
24	30	-300	-160	-110		-65	-40		-20		-7	0	-4	-8		+2	0	+8	+15	+22	+28	+35	+41	+48	+55	+64	+75	+88	+118	+160	+218
30	40	-310	-170	-120		-80	-50		-25		-9	0	-5	-10		+2	0	+9	+17	+26	+34	+43	+48	+60	+68	+80	+94	+112	+148	+200	+274
40	50	-320	-180	-130		-80	-50		-25		-9	0	-5	-10		+2	0	+9	+17	+26	+34	+43	+54	+70	+81	+97	+114	+136	+180	+242	+325
50	65	-340	-190	-140		-100	-60		-30		-10	0	-7	-12		+2	0	+11	+20	+32	+41	+53	+66	+87	+102	+122	+144	+172	+226	+300	+405
65	80	-360	-200	-150		-100	-60		-30		-10	0	-7	-12		+2	0	+11	+20	+32	+43	+59	+75	+102	+120	+146	+174	+210	+274	+360	+480
80	100	-380	-220	-170		-120	-72		-36		-12	0	-9	-15		+3	0	+13	+23	+37	+51	+71	+91	+124	+146	+178	+214	+258	+335	+445	+585
100	120	-410	-240	-180		-120	-72		-36		-12	0	-9	-15		+3	0	+13	+23	+37	+54	+79	+104	+144	+172	+210	+254	+310	+400	+525	+690
120	140	-460	-260	-200		-145	-85		-43		-14	0	-11	-18		+3	0	+15	+27	+43	+63	+92	+122	+170	+202	+248	+300	+365	+470	+620	+800
140	160	-520	-280	-210		-145	-85		-43		-14	0	-11	-18		+3	0	+15	+27	+43	+65	+100	+134	+190	+228	+280	+340	+415	+535	+700	+900
160	180	-580	-310	-230		-145	-85		-43		-14	0	-11	-18		+3	0	+15	+27	+43	+68	+108	+146	+210	+252	+310	+380	+465	+600	+780	+1000
180	200	-660	-340	-240		-170	-100		-50		-15	0	-13	-21		+4	0	+17	+31	+50	+77	+122	+166	+236	+284	+350	+425	+520	+670	+880	+1150
200	225	-740	-380	-260		-170	-100		-50		-15	0	-13	-21		+4	0	+17	+31	+50	+80	+130	+180	+258	+310	+385	+470	+575	+740	+960	+1250
225	250	-820	-420	-280		-170	-100		-50		-15	0	-13	-21		+4	0	+17	+31	+50	+84	+140	+196	+284	+340	+425	+520	+640	+820	+1050	+1350
250	280	-920	-480	-300		-190	-110		-56		-17	0	-16	-26		+4	0	+20	+34	+56	+94	+158	+218	+315	+385	+475	+580	+710	+920	+1200	+1550
280	315	-1050	-540	-330		-190	-110		-56		-17	0	-16	-26		+4	0	+20	+34	+56	+98	+170	+240	+350	+425	+525	+650	+790	+1000	+1300	+1700
315	355	-1200	-600	-360		-210	-125		-62		-18	0	-18	-28		+4	0	+21	+37	+62	+108	+190	+268	+390	+475	+590	+730	+900	+1150	+1500	+1900
355	400	-1350	-680	-400		-210	-125		-62		-18	0	-18	-28		+4	0	+21	+37	+62	+114	+208	+294	+435	+530	+660	+820	+1000	+1300	+1650	+2100
400	450	-1500	-760	-440		-230	-135		-68		-20	0	-20	-32		+5	0	+23	+40	+68	+126	+232	+330	+490	+595	+740	+920	+1100	+1450	+1850	+2400
450	500	-1650	-840	-480		-230	-135		-68		-20	0	-20	-32		+5	0	+23	+40	+68	+132	+252	+360	+540	+660	+820	+1000	+1250	+1600	+2100	+2600
500	560					-260	-145		-76		-22	0				0	0	+26	+44	+78	+150	+280	+400	+600							
560	630					-260	-145		-76		-22	0				0	0	+26	+44	+78	+155	+310	+450	+660							
630	710					-290	-160		-80		-24	0				0	0	+30	+50	+88	+175	+340	+500	+740							
710	800					-290	-160		-80		-24	0				0	0	+30	+50	+88	+185	+380	+560	+840							
800	900					-320	-170		-86		-26	0				0	0	+34	+56	+100	+210	+430	+620	+940							
900	1000					-320	-170		-86		-26	0				0	0	+34	+56	+100	+220	+470	+680	+1050							
1000	1120					-350	-195		-98		-28	0				0	0	+40	+66	+120	+250	+520	+780	+1150							
1120	1250					-350	-195		-98		-28	0				0	0	+40	+66	+120	+260	+580	+840	+1300							
1250	1400					-390	-220		-110		-30	0				0	0	+48	+78	+140	+300	+640	+960	+1450							
1400	1600					-390	-220		-110		-30	0				0	0	+48	+78	+140	+330	+720	+1050	+1600							
1600	1800					-430	-240		-120		-32	0				0	0	+58	+92	+170	+370	+820	+1200	+1850							
1800	2000					-430	-240		-120		-32	0				0	0	+58	+92	+170	+400	+920	+1350	+2000							
2000	2240					-480	-260		-130		-34	0				0	0	+68	+110	+195	+440	+1000	+1500	+2300							
2240	2500					-480	-260		-130		-34	0				0	0	+68	+110	+195	+460	+1100	+1650	+2500							
2500	2800					-520	-290		-145		-38	0				0	0	+76	+135	+240	+550	+1250	+1900	+2900							
2800	3150					-520	-290		-145		-38	0				0	0	+76	+135	+240	+580	+1400	+2100	+3200							

基本尺寸小于或等于 1 mm 时，基本偏差 a 和 b 均不采用。

表 A-2 孔的基本偏差数值（摘自 GB/T 1800.1—2020）

（基本偏差单位为 μm）

公称尺寸 mm 大于	至	下极限偏差 EI（所有标准公差等级）												上极限偏差 ES									P至ZC													Δ值					
		A	B	C	CD	D	E	EF	F	FG	G	H	JS	J IT6	J IT7	J IT8	K ≤IT8	K >IT8	M ≤IT8	M >IT8	N ≤IT8	N >IT8	P	R	S	T	U	V	X	Y	Z	ZA	ZB	ZC	IT3	IT4	IT5	IT6	IT7	IT8
—	3	+270	+140	+60	+34	+20	+14	+10	+6	+4	+2	0	±IT/2	+2	+4	+6	0	0	−2	−2	−4	−4	−6	−10	−14		−18		−20		−26	−32	−40	−60	0	0	0	0	0	0
3	6	+270	+140	+70	+46	+30	+20	+14	+10	+6	+4	0		+5	+6	+10	−1+Δ	0	−4+Δ	−4	−8+Δ	−4	−12	−15	−19		−23		−28		−35	−42	−50	−80	1	1.5	1	3	4	6
6	10	+280	+150	+80	+56	+40	+25	+18	+13	+8	+5	0		+5	+8	+12	−1+Δ	0	−6+Δ	−6	−10+Δ	−4	−15	−19	−23		−28		−34		−42	−52	−67	−97	1	1.5	2	3	6	7
10	14	+290	+150	+95		+50	+32	+22	+16		+6	0		+6	+10	+15	−1+Δ	0	−7+Δ	−7	−12+Δ	−4	−18	−23	−28		−33		−40		−50	−64	−90	−130	1	2	3	3	7	9
14	18	+290	+150	+95		+50	+32	+22	+16		+6	0		+6	+10	+15	−1+Δ	0	−7+Δ	−7	−12+Δ	−4	−18	−23	−28		−33	−39	−45		−60	−77	−108	−150	1	2	3	3	7	9
18	24	+300	+160	+110		+65	+40	+25	+20		+7	0		+8	+12	+20	−2+Δ	0	−8+Δ	−8	−15+Δ	−5	−22	−28	−35	−41	−47	−54	−63	−73	−98	−136	−188	1.5	2	3	4	8	12
24	30	+300	+160	+110		+65	+40	+25	+20		+7	0		+8	+12	+20	−2+Δ	0	−8+Δ	−8	−15+Δ	−5	−22	−28	−35	−41	−48	−55	−64	−75	−112	−160	−218	1.5	2	3	4	8	12
30	40	+310	+170	+120		+80	+50		+25		+9	0		+10	+14	+24	−2+Δ	0	−9+Δ	−9	−17+Δ	−7	−26	−34	−43	−48	−60	−68	−80	−94	−136	−200	−274	1.5	3	4	5	9	14
40	50	+320	+180	+130		+80	+50		+25		+9	0		+10	+14	+24	−2+Δ	0	−9+Δ	−9	−17+Δ	−7	−26	−34	−43	−54	−70	−81	−97	−114	−148	−242	−325	1.5	3	4	5	9	14
50	65	+340	+190	+140		+100	+60		+30		+10	0		+13	+18	+28	−2+Δ	0	−11+Δ	−11	−20+Δ	−9	−32	−41	−53	−66	−87	−102	−122	−144	−180	−300	−405	2	3	5	6	11	16
65	80	+360	+200	+150		+100	+60		+30		+10	0		+13	+18	+28	−2+Δ	0	−11+Δ	−11	−20+Δ	−9	−32	−43	−59	−75	−102	−120	−146	−174	−210	−360	−480	2	3	5	6	11	16
80	100	+380	+220	+170		+120	+72		+36		+12	0		+16	+22	+34	−3+Δ	0	−13+Δ	−13	−23+Δ	−10	−37	−51	−71	−91	−124	−146	−178	−214	−258	−385	−585	2	4	5	7	13	19
100	120	+410	+240	+180		+120	+72		+36		+12	0		+16	+22	+34	−3+Δ	0	−13+Δ	−13	−23+Δ	−10	−37	−54	−79	−104	−144	−172	−210	−254	−310	−415	−690	2	4	5	7	13	19
120	140	+460	+260	+200		+145	+85		+43		+14	0		+18	+26	+41	−3+Δ	0	−15+Δ	−15	−27+Δ	−12	−43	−63	−92	−122	−170	−202	−248	−300	−365	−460	−800	3	4	6	7	15	23
140	160	+520	+280	+210		+145	+85		+43		+14	0		+18	+26	+41	−3+Δ	0	−15+Δ	−15	−27+Δ	−12	−43	−65	−100	−134	−190	−228	−280	−340	−415	−520	−900	3	4	6	7	15	23
160	180	+580	+310	+230		+145	+85		+43		+14	0		+18	+26	+41	−3+Δ	0	−15+Δ	−15	−27+Δ	−12	−43	−68	−108	−146	−210	−252	−310	−380	−465	−580	−1000	3	4	6	7	15	23
180	200	+660	+340	+240		+170	+100		+50		+15	0		+22	+30	+47	−4+Δ	0	−17+Δ	−17	−31+Δ	−14	−50	−77	−122	−166	−236	−284	−350	−425	−520	−660	−1150	3	4	6	9	17	26
200	225	+740	+380	+260		+170	+100		+50		+15	0		+22	+30	+47	−4+Δ	0	−17+Δ	−17	−31+Δ	−14	−50	−80	−130	−180	−258	−310	−385	−470	−575	−740	−1250	3	4	6	9	17	26
225	250	+820	+420	+280		+170	+100		+50		+15	0		+22	+30	+47	−4+Δ	0	−17+Δ	−17	−31+Δ	−14	−50	−84	−140	−196	−284	−340	−425	−520	−640	−820	−1350	3	4	6	9	17	26
250	280	+920	+480	+300		+190	+110		+56		+17	0		+26	+36	+55	−4+Δ	0	−20+Δ	−20	−34+Δ	−14	−56	−94	−158	−218	−315	−385	−475	−580	−710	−920	−1550	4	4	7	9	20	29
280	315	+1050	+540	+330		+190	+110		+56		+17	0		+26	+36	+55	−4+Δ	0	−20+Δ	−20	−34+Δ	−14	−56	−98	−170	−240	−350	−425	−525	−650	−790	−1000	−1700	4	4	7	9	20	29
315	355	+1200	+600	+360		+210	+125		+62		+18	0		+29	+39	+60	−4+Δ	0	−21+Δ	−21	−37+Δ	−16	−62	−108	−190	−268	−390	−475	−590	−730	−900	−1150	−1900	4	5	7	11	21	32
355	400	+1350	+680	+400		+210	+125		+62		+18	0		+29	+39	+60	−4+Δ	0	−21+Δ	−21	−37+Δ	−16	−62	−114	−208	−294	−435	−530	−660	−820	−1000	−1300	−2100	4	5	7	11	21	32
400	450	+1500	+760	+440		+230	+135		+68		+20	0		+33	+43	+66	−5+Δ	0	−23+Δ	−23	−40+Δ	−17	−68	−126	−232	−330	−490	−595	−740	−920	−1100	−1450	−2400	5	5	7	13	23	34
450	500	+1650	+840	+480		+230	+135		+68		+20	0		+33	+43	+66	−5+Δ	0	−23+Δ	−23	−40+Δ	−17	−68	−132	−252	−360	−540	−660	−820	−1000	−1250	−1600	−2600	5	5	7	13	23	34
500	560					+260	+145		+76		+22	0					0		−26		−44		−78	−150	−280	−400	−600													
560	630					+260	+145		+76		+22	0					0		−26		−44		−78	−155	−310	−450	−660													
630	710					+290	+160		+80		+24	0					0		−30		−50		−88	−175	−340	−500	−740													
710	800					+290	+160		+80		+24	0					0		−30		−50		−88	−185	−380	−560	−840													
800	900					+320	+170		+86		+26	0					0		−34		−56		−100	−210	−430	−620	−940													
900	1000					+320	+170		+86		+26	0					0		−34		−56		−100	−220	−470	−680	−1050													
1000	1120					+350	+195		+98		+28	0					0		−40		−66		−120	−250	−520	−780	−1150													
1120	1250					+350	+195		+98		+28	0					0		−40		−66		−120	−260	−580	−840	−1300													
1250	1400					+390	+220		+110		+30	0					0		−48		−78		−140	−300	−640	−960	−1450													
1400	1600					+390	+220		+110		+30	0					0		−48		−78		−140	−330	−720	−1050	−1600													
1600	1800					+430	+240		+120		+32	0					0		−58		−92		−170	−370	−820	−1150	−1850													
1800	2000					+430	+240		+120		+32	0					0		−58		−92		−170	−400	−920	−1300	−2000													
2000	2240					+480	+260		+130		+34	0					0		−68		−110		−195	−440	−1000	−1450	−2300													
2240	2500					+480	+260		+130		+34	0					0		−68		−110		−195	−460	−1100	−1600	−2500													
2500	2800					+520	+290		+145		+38	0					0		−76		−136		−240	−550	−1250	−1850	−2900													
2800	3150					+520	+290		+145		+38	0					0		−76		−136		−240	−580	−1350	−2000	−3200													

注（JS）：偏差＝±$\frac{IT_n}{2}$，式中 IT_n 是 IT 值数；

P 至 ZC：在大于 IT7 的相应数值上增加一个 Δ 值。

注：
(1) 公称尺寸≤1 mm 时，不适用基本偏差 A 和 B，不使用公差带代号 M6，ES＝−9（计算结果不是−11 μm），不使用公差等级＞IT8 的基本偏差 N。
(2) 特例：对于公称尺寸大于 250 mm～315 mm 的公差带代号 M6，ES＝−9 μm（计算结果不是−11 μm）。
(3) 对于标准公差等级至 IT8 的 K、M、N 和标准公差等级至 IT7 的 P～ZC 的基本偏差值的确定，应考虑装在右边几列中的 Δ 值。

示例 1：注有公差的孔的尺寸 18 mm～30 mm 的孔 IT7，IT7＝21 μm，Δ＝8 μm，
对于公称尺寸大于 18 mm～30 mm 的孔 IT7，IT7＝21 μm，
K、M、N：上极限偏差 ES＝−2＋Δ＝−2＋8＝＋6 μm，下极限偏差 EI＝ES−IT＝＋6−21＝−15 μm，可得：20K7（带 $20K7^{+0.006}_{-0.015}$）

示例 2：注有公差的孔的尺寸 40 U6
对于公称尺寸大于 30 mm～50 mm 的 IT6，IT6＝16 μm，Δ＝5 μm，
U：上极限偏差 ES＝−60＋Δ＝−60＋5＝−55 μm；下极限偏差 EI＝ES−IT＝−55−16＝−71 μm，
可得：50U6＝$40^{-0.055}_{-0.071}$
（对于过盈配合，已特意省略包容要求。对于大过盈配合，没必要应用包容要求。）

如图 2-14 所示,齿轮轴的尺寸公差标注在零件图上,说明零件的几何参数允许变动范围,即最大、最小极限值。$\phi 60h8(^{0}_{-0.046})$、$\phi 35k6(^{+0.018}_{+0.002})$ 是按照标注公差尺寸的标注形式标注的,而轴长 228 mm 和轴肩宽 8 mm、$\phi 40$ mm 的尺寸公差未注出,这类尺寸称为一般公差-线性尺寸。

(1) 如图 2-14 所示,齿轮轴的尺寸 $\phi 60h8(^{0}_{-0.046})$,实测轴的尺寸为 $d_a = 59.955$ mm,问该尺寸是否合格。

(2) 理解齿轮轴的直径为 $\phi 60h8$ 的标注,进行尺寸分析:

① 基本尺寸:$\phi 60$ mm;

② 公差等级:尺寸的公差等级为 IT8;查表 2-1 得 IT8=0.046 mm;

③ 基本偏差:基本偏差代号为 h,基本偏差(为轴的上偏差)$es = 0$;

④ 极限偏差:下极限偏差 $ei = es - T_D = -0.046$ mm;

⑤ 最大极限尺寸:$d_{max} = 60 + 0 = 60$ mm;

⑥ 最小极限尺寸:$d_{min} = 60 - 0.046 = 59.954$ mm;

⑦ 零件合格的条件:$d_{max} = 60$ mm $> d_a = 59.955$ mm $> d_{min} = 59.954$ mm,零件合格。

(3) 绘制公差带图,如图 2-15 所示。

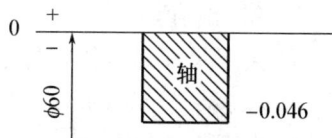

图 2-15　$\phi 60h8$ 公差带图

【拓展知识】

加工分析

已知 $d_1 = \phi 100$ mm,$d_2 = \phi 8$ mm,$T_{d1} = 35$ μm,$T_{d2} = 22$ μm,确定两轴加工的难易程度。

解:通过查表 2-1 可得,轴 1 的公称尺寸属于尺寸分段 80~120 mm,由于其公差值为 35 μm,可知轴 1 的标准公差等级为 IT7;轴 2 的公称尺寸属于尺寸分段 6~10 mm,由于其公差值为 22 μm,可知轴 2 的标准公差等级为 IT8;所以轴 1 比轴 2 的公差等级高,精度高,因而轴 1 比轴 2 难加工。

【思考练习】

一、填空题

1. 公差带的大小由_____确定,公差带的位置由_____确定。

2. 图样上标注的孔尺寸为 $\phi 80JS8$,已知 IT8=63 μm,则基本偏差为_____,最大实体尺寸为_____,最小实体尺寸为_____。

3. 实际尺寸是通过_____得到的尺寸,但它并不一定是被测尺寸的真实大小。

4. 在国家标准中,尺寸公差带包括了_____与_____两个参数。

5. H5、H6、H7 的_____相同,_____不同;F5、G6、H7 的_____相同,_____不同。

6. $\phi 45^{+0.005}_{0}$ 孔的基本偏差数值为 _____ mm，$\phi 45^{-0.009}_{-0.034}$ 轴的基本偏差数值为 _____ mm。

7. 判断零件合格与否,主要视其实际尺寸在 _____ 和 _____ 之间,或者零件的 _____ 应在上极限偏差和下极限偏差之间。

二、选择题

1. 某尺寸实际偏差为零,下列结论正确的是( )。

   A. 该实际尺寸为基本尺寸,一定合格

   B. 该实际尺寸为基本尺寸,为零件的真实尺寸

   C. 该实际尺寸等于基本尺寸

   D. 该实际尺寸大于基本尺寸

2. 公差是( )。

   A. 正值 B. 负值 C. 代数值 D. 绝对值

3. 实际尺寸是具体零件上尺寸的测得值( )。

   A. 某一位置的 B. 整个表面的 C. 部分表面的

4. $\phi 30f6$、$\phi 30f7$、$\phi 30f8$ 三个公差带( )。

   A. 上极限偏差相同且下极限偏差相同

   B. 上极限偏差相同但是下极限偏差不同

   C. 上极限偏差不同但是下极限偏差相同

   D. 上、下极限偏差各不相同

三、判断题

1. 机械设计时,零件的尺寸公差等级越高越好。 ( )

2. 零件的实际尺寸越接近基本尺寸越好。 ( )

3. 零件尺寸基本偏差越小,加工越困难。 ( )

4. 某尺寸的公差越小,则尺寸精度越高。 ( )

5. 同一公差等级的孔和轴的标准公差数值一定相等。 ( )

6. 尺寸公差值大的一定比尺寸公差值小的公差等级低。 ( )

7. 实际尺寸就是真实的尺寸,简称真值。 ( )

8. 偏差可为正、负或零值,而公差为正值。 ( )

9. $\phi 40^{+0.025}_{0}$ 相当于 $\phi 40.025$。 ( )

10. $\phi 40F7$ 与 $\phi 40f7$ 的基本偏差绝对值相等,符号相反。 ( )

11. $\phi 40F6$、$\phi 40F7$ 与 $\phi 40F8$ 下偏差是相等的,上偏差不同。 ( )

12. 公差是允许零件的最大偏差。 ( )

13. 标准公差的数值取决于公差等级,与基本偏差无关。 ( )

14. 上偏差的数值为正,下偏差的数值为负。 ( )

15. 标准公差的数值与公差等级和基本尺寸有关,而与基本偏差无关。 ( )

16. 尺寸的公差带的位置是由基本偏差和公差的等级确定的。 ( )

四、计算题

根据下表中提供的数据,求出空格中应有的数据并填如空格内(单位:mm)。

基本尺寸	最大极限尺寸	最小极限尺寸	上偏差	下偏差	公差	尺寸标注
孔 φ35	35.064	35.025				
轴 φ25	24.978				0.033	
孔 φ85			−0.037	−0.072		
轴 φ45				−0.010	0.025	
φ20H6						
φ50m7						

任务2 装配图的配合公差与检测

【学习目标】

1. 掌握极限与配合标准中的术语定义。
2. 掌握零件图样中上下极限偏差、配合精度与配合种类。
3. 熟练地查表并计算极限尺寸、配合尺寸、极限间隙或过盈,并能绘制公差带图。
4. 了解公差与配合的标准及其在机械设计中的应用。

【任务引入】

机械产品中轴、孔的公差与配合是其几何量互换性的关键因素。

如图 1−1 所示,减速器的箱体孔、输入输出轴轴颈与轴承,大齿轮内孔与输出轴轴颈结合中,其配合质量和性质(如可动配合的松紧程度或不可动配合的紧固程度等)由相互配合的轴和孔的公差带位置与大小决定。说明公差与配合在不同场合的标注方法。

【任务分析】

减速器中的箱体 1 孔与端盖 14 的配合尺寸为 φ100J7/f9,套筒 13 与输出轴 9 轴颈的配合尺寸 φ55D9/k6,大齿轮 11 内孔与输出轴 9 轴颈的配合尺寸 φ58H7/h6,公差与配合的设计直接关系到产品的性能、制造与互换性。

保证减速器产品的性能、性价比和几何量互换性,核心就是科学、合理地选用输入输出轴轴颈及与其匹配件的公差与配合,主要工作包括基准制的选择与应用设计,尺寸精度设计,配合的选择与应用设计。

【相关知识】

一、配合的术语定义

1. 配合

配合是指基本尺寸相同的、相互结合的孔和轴公差带之间的关系。配合指一批孔、轴的装配关系,而不是指单个孔和单个轴的结合关系,所以只有用公差带关系来反应配合关系才比较准确。

2. 间隙与过盈

间隙或过盈是指孔的尺寸减去相配合的轴的尺寸所得的代数差。此差值为正时是间隙,用 X 表示,为负时是过盈,用 Y 表示。

3. 配合的种类

配合分为间隙配合、过盈配合和过渡配合三类。

(1) 间隙配合具有间隙(包括最小间隙等于零)的配合。间隙配合必须保证同一规格的一批孔的直径大于或等于相互配合的一批轴的直径。其配合特点是:孔的公差带在轴的公差带之上,如图 2-16 所示。

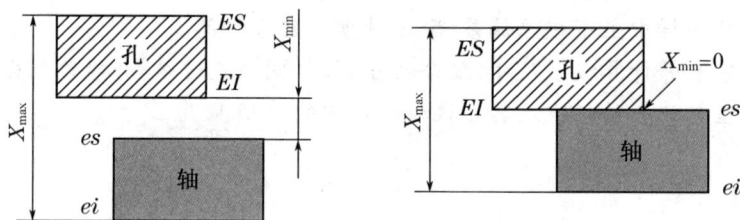

图 2-16 间隙配合

由于孔、轴的实际尺寸允许在最大极限尺寸和最小极限尺寸之间变动,所以,孔、轴配合后的间隙也是变动的。当孔为最大极限尺寸而轴为最小极限尺寸时,配合为最松状态,此时的间隙为最大间隙,用 X_{max} 表示。当孔为最小极限尺寸、轴为最大极限尺寸时,配合为最紧状态,此时的间隙为最小间隙,用 X_{min} 表示。

最大间隙:
$$X_{max} = D_{max} - d_{min} = ES - ei \qquad (2-11)$$

最小间隙:
$$X_{min} = D_{min} - d_{max} = EI - es \qquad (2-12)$$

(2) 过盈配合具有过盈(包括最小过盈等于零)的配合。过盈配合必须保证同一规格的一批孔的直径小于或等于相互配合的一批轴的直径。其配合特点是:孔的公差带在轴的公差带之下,如图 2-17 所示。

由于孔、轴的实际尺寸允许在最大极限尺寸和最小极限尺寸之间变动,所以配合后形成的实际过盈也是变动的。当孔为最小极限尺寸、轴为最大极限尺寸时,配合处于最紧状态,此时的过盈为最大过盈,用 Y_{max} 表示。当孔为最大极限尺寸、轴为最小极限尺寸时,配合处于最松状态,此时的过盈称为最小过盈,用 Y_{min} 表示。

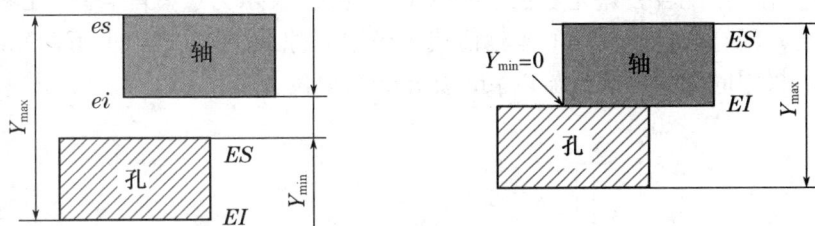

图 2-17 过盈配合

最大过盈：
$$Y_{max} = D_{min} - d_{max} = EI - es \qquad (2-13)$$

最小过盈：
$$Y_{min} = D_{max} - d_{min} = ES - ei \qquad (2-14)$$

（3）过渡配合 可能具有间隙或过盈的配合。若为过渡配合，则同一规格的一批孔的直径可能大于、小于或等于相互配合的一批轴的直径。其配合特点是：孔的公差带与轴的公差带相互交叠，如图 2-18 所示。

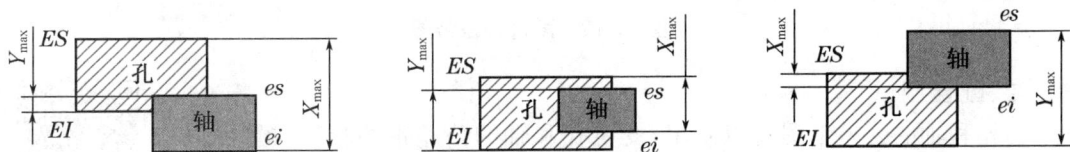

图 2-18 过渡配合

过渡配合中，若孔的尺寸大于轴的尺寸时形成间隙，反之形成过盈。孔的最大极限尺寸减轴的最小极限尺寸得到最大间隙 X_{max}，见式（2-11），是孔、轴配合的最松状态。孔的最小极限尺寸减轴的最大极限尺寸得到最大过盈 Y_{max}，见式（2-13），是孔、轴配合的最紧状态。

4. 配合公差和配合公差带图

组成配合的孔、轴公差之和称为配合公差。它是设计人员根据配合部位的使用要求对配合松紧变动程度给定的允许值，即允许间隙或过盈的变动量，用 T_f 表示。

扫码见"公差带配合图"

对于间隙配合，配合公差等于最大间隙与最小间隙之代数差的绝对值：
$$T_f = |X_{max} - X_{min}| = (D_{max} - d_{min}) - (D_{min} - d_{max}) = T_D + T_d \qquad (2-15)$$

对于过盈配合，配合公差等于最小过盈与最大过盈之代数差的绝对值：
$$T_f = |X_{max} - Y_{max}| = (D_{max} - d_{min}) - (D_{min} - d_{max}) = T_D + T_d \qquad (2-16)$$

对于过渡配合，配合公差等于最大间隙与最大过盈之代数差的绝对值：
$$T_f = |Y_{min} - Y_{max}| = (D_{max} - d_{min}) - (D_{min} - d_{max}) = T_D + T_d \qquad (2-17)$$

从上式看出，不论是哪一类配合，配合公差的大小为两个界值的代数差的绝对值，也等于相配合孔的公差和轴的公差之和，取绝对值表示配合公差。
$$T_f = T_D + T_d \qquad (2-18)$$

该式说明：配合精度要求越高，则孔、轴的精度也应越高（公差值越小）、配合精度要求越低，则孔、轴的精度也越低（公差值越大）。

配合公差带图（图 2-19）直观地表示配合精度和配合性质，画配合公差带图的规则与画孔、轴公差带图一样，配合公差带图用一长方形区域表示。配合公差完全在零线以上的为

正,表示为间隙配合;配合公差完全在零线以下的为负,表示为过盈配合;跨在零线上、下两侧为过渡配合。配合公差带两端的坐标值代表极限间隙或极限过盈,上下两端之间距离为配合公差值。极限间隙和极限过盈以 μm 或 mm 为单位。

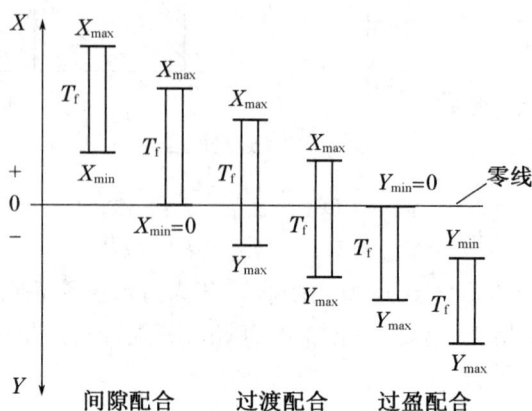

图 2-19 配合公差带图

二、配合制

由孔和轴的公差带图可以看出,变更孔和轴的公差带的相对位置可以组成不同性质、不同松紧的配合。为了设计与制造上的方便,国家标准 GB/T 1801—2009 对配合规定了两种基准制,即基孔制与基轴制。

配合制即基准制,是指同一公称尺寸的两个相配合的零件中的一个零件为基准件,并对其选定标准公差带,将其公差带位置固定,而改变另一个零件的公差带位置,从而形成各种配合的一种制度。

扫码见"基准制、基孔制、基轴制"动画

1. 基孔制

基孔制即基本偏差为一定的孔的公差带,与不同基本偏差的轴的公差带形成各种配合的一种制度,如图 2-20(a)所示。

基孔制中的孔称为基准孔,用 H 表示。基准孔的基本偏差为下偏差 EI,且数值为零,即 $EI=0$。上偏差为正值,其公差带偏置在零线上侧。

基孔制配合的孔是基准孔,它是配合的基准件,而轴为非基准件。基孔制配合中由于轴的基本偏差不同,使它们的公差带和基准孔公差带形成以下不同的配合情况。

（1）H/(a～h)为间隙配合;

（2）H/(js～m)为过渡配合;

（3）H/(n、p)为过渡或过盈配合;

（4）H/(r～zc)为过盈配合。

2. 基轴制

基轴制即基本偏差为一定的轴的公差带,与不同基本偏差的孔的公差带形成各种配合的一种制度,如图 2-20(b)所示。

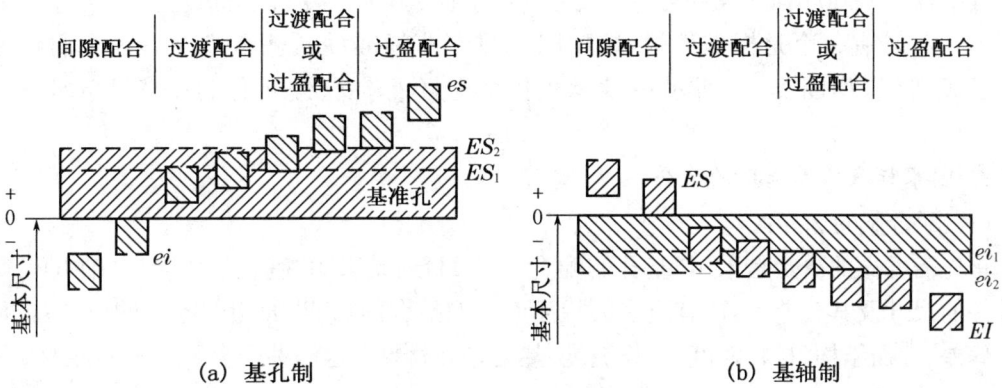

图 2-20 基准制

基轴制中的孔称为基准轴,用 h 表示。基准轴的基本偏差为上偏差 es,且数值为零,即 $es=0$。下偏差为负值,其公差带偏置在零线下侧。

基轴制中的轴为基准轴,它是配合的基准件,而孔为非基准件。基轴制配合中由于孔的基本偏差不同,使它们的公差带和基准轴公差带形成以下不同的配合情况。

(1)(A~H)/h 为间隙配合;

(2)(JS~M)/h 为过渡配合;

(3)(N、P)/h 为过渡或过盈配合;

(4)R~ZC/h 为过盈配合。

不难发现,由于基本偏差的对称性,配合 H7/m6 和 M7/h6、H8/f7 和 F8/h7 具有相同的极限过盈、间隙指标。基准制可以转换,亦称为同名配合。

三、配合代号及标注

1. 配合代号及在装配图上的标注形式

标准规定,装配图上公差带的标注为在公称尺寸后标注配合代号,配合代号由孔与轴的公差带代号组合而成。配合代号用孔和轴的公差带代号以分数形式表示。装配图上公差带的标注方法有以下 3 种,如图 2-21 所示,其中,分子为孔的公差带代号,分母为轴的公差带代号,如 $\phi30H8/f7$ 或 $\phi30\dfrac{H8}{f7}$。$\phi30H8/f7$ 可解释为基本尺寸为 $\phi30$,基孔制,由孔公差带 H8 与轴公差带 f7 的组成间隙配合。

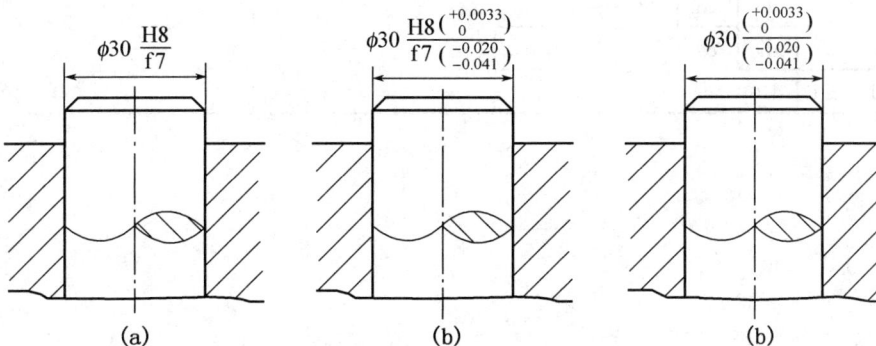

图 2-21 装配图上公差带的标注方法

其中,第一种应用最广,后两种一般分别用于批量生产和单件小批量生产。

当孔与轴有一个是标准件的,装配图上只在非标准件的基本尺寸后标注出偏差代号与公差等级,如图 1-1 所示中轴承内圈内径不标注公差带代号,$\phi 55k6$ 即为配合代号。

2. 国家标准推荐选用的配合

(1) 配合制的选择:

首先需要做的决定是采用"基孔制配合"(孔 H)还是采用"基轴制配合"(轴 h)。除相配零件的尺寸及其公差外,还有更多的特征可影响配合的功能,如相配零件的形状、方向和位置偏差、表面结构、材料密度、工作温度、热处理和材料。这两种配合制对于零件的功能没有技术性的差别,因此应基于经济因素选择配合制。

通常情况下,应选择"基孔制配合"。这种选择可避免工具(如铰刀)和量具不必要的多样性。"基轴制配合"应仅用于那些可以带来切实经济利益的情况(如需要在没有加工的拉制钢棒的单轴上安装几个具有不同偏差的孔的零件)。

(2) 确定配合的方法:

① 依据经验确定特定配合:对于孔和轴的公差等级和基本偏差(公差带的位置)的选择,应能够以给出最满足所要求使用条件对应的最小和最大间隙或过盈。

对于通常的工程目的,只需要许多可能的配合中的少数配合。为了使配合的种类集中统一,GB/T 1800.2—2020《产品几何技术规范(GPS) 线性尺寸公差 ISO 代号体系》规定了基孔制常用配合 45 种,优先配合 16 种,见表 2-5;基轴制常用配合 38 种,其中优先配合 18 种,见表 2-6。配合应优先选择框中所示的公差带代号。

表 2-5 基孔制配合的优先配合

基准孔	轴公差带代号														
	间隙配合						过渡配合				过盈配合				
H6					g5	h5	js5	k5	m5		n5	p5			
H7				f6	g6	h6	js6	k6	m6	n6	p6	r6	s6	t6	u6	x6
H8			e7	f7		h7	js7	k7	m7				s7		u7
		d8	e8	f8		h8									
H9		d8	e8	f8		h8									
H10	b9	c9	d9	e9		h9									
H11	b11	c11	d10			h10									

表 2–6　基轴制配合的优先配合

基准轴	孔公差带代号																
	间隙配合							过渡配合				过盈配合					
h5					G6	H6	JS6	K6	M6		N6	P6					
h6			F7	G7	H7		JS7	K7	M7	N7	P7	R7	S7	T7	U7	X7	
h7		E8	F8		H8												
h8	D9	E9	F9		H9												
		E8	F8		H8												
h9	D9	E9	F9		H9												
	B11	C10	D10		H10												

②　依据计算确定特定配合:在某些特定功能的情形下,需要计算由相配零件的功能要求所导出的允许间隙和/或过盈。由计算得到的间隙和/或过盈以及配合公差应转换成极限偏差,如有可能,转换成公差带代号。

【任务实施】

装配图尺寸公差与配合标注

配合公差带是由代表极限间隙或极限过盈的两条直线所限定的区域称为配合公差带。配合公差带的大小表示配合精度;配合公差带相对于零线的位置表示配合的松紧。

标准公差及基本偏差数值表应用举例:查表确定图中配合尺寸的公差,画出公差带图,分析配合性质。

计算下列三种孔、轴配合的极限间隙或过盈、配合公差,并绘制公差带图:

(1) 孔 $\phi 30H8$ 与轴 $\phi 30f7$ 配合。

(2) 孔 $\phi 30H8$ 与轴 $\phi 30k7$ 配合。

(3) 孔 $\phi 30H8$ 与轴 $\phi 30u7$ 配合。

解:有三对相互配合的孔和轴,孔 $\phi 30H8$ 形成基孔制配合。$\phi 30H8/f7$ 为间隙配合;$\phi 30H8/k7$ 为过渡配合;$\phi 30H8/u7$ 为过盈配合。$\phi 30$ 是基本尺寸,H8 代表孔的公差带,f7、k7、u7 代表配合轴的公差带。公差带代号由数字和字母组成,其中数字 8、7 代表公差等级,H 代表孔的基本偏差,f、k、u 代表轴的基本偏差(基本偏差是指构成公差带的两个极限偏差中离公称尺寸较近的那个偏差)。

1. 查表确定图中配合尺寸的公差

查表得 $T_D=IT8=0.033$ mm,$T_d=IT7=0.021$ mm

$\phi 30H8$ 基本偏差(下偏差):$EI=0$,上偏差:$ES=0+0.033=+0.033$ mm

$\phi 30f7$ 基本偏差(上偏差):$es=-0.020$ mm,下偏差:$ei=-0.020-0.021=-0.041$ mm

$\phi 30k7$ 基本偏差(下偏差):$ei=+0.002$ mm,上偏差:$es=+0.002+0.021=+0.023$ mm

$\phi 30u7$ 基本偏差（下偏差）：$ei = +0.048$ mm，上偏差：$es = +0.048 + 0.021 = +0.069$ mm

2. 计算配合尺寸的公差

(1) 最大间隙：$X_{max} = ES - ei = +0.033 - (-0.041) = +0.074$ mm

最小间隙：$X_{min} = EI - es = 0 - (-0.020) = +0.020$ mm

平均间隙：$X_{av} = (X_{max} + X_{min})/2 = (+0.074 + 0.020)/2 = +0.047$ mm

配合公差：$T_f = |X_{max} - X_{min}| = |+0.074 - 0.020| = 0.054$ mm

或 $T_f = T_D + T_d = 0.033 + 0.021 = 0.054$ mm

(2) 最大间隙：$X_{max} = ES - ei = 0.033 - (+0.002) = +0.031$ mm

最大过盈：$X_{max} = EI - es = 0 - (+0.023) = -0.023$ mm

平均间隙：$X_{av} = (X_{max} + Y_{max})/2 = [0.031 + (-0.023)]/2 = +0.004$ mm

配合公差：$T_f = |X_{max} - Y_{max}| = |+0.031 - (-0.023)| = 0.054$ mm

或 $T_f = T_D + T_d = 0.033 + 0.021 = 0.054$ mm

(3) 最小过盈：$Y_{min} = ES - ei = +0.033 - 0.048 = -0.015$ mm

最大过盈：$Y_{max} = EI - es = 0 - 0.069 = -0.069$ mm

平均过盈：$Y_{av} = (Y_{min} + Y_{max})/2 = [-0.015 - 0.069]/2 = -0.042$ mm

配合公差：$T_f = |Y_{min} - Y_{max}| = |-0.015 - (-0.069)| = 0.054$ mm

或 $T_f = T_D + T_d = 0.033 + 0.021 = 0.054$ mm

3. **画出公差带图（图 2-22）和配合公差带图（图 2-23）**

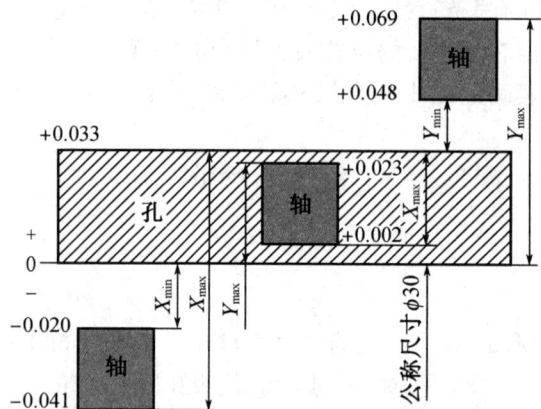

图 2-22 公差带图

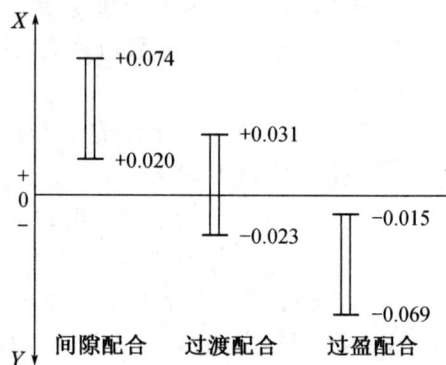

图 2-23 配合公差带图

【拓展知识】

基本偏差系列之孔的基本偏差及特殊规则

一、特殊规则孔的基本偏差

特殊规则是指孔的基本偏差和轴的基本偏差符号相反，绝对值相差一个 △ 值。在较高的公差等级中常采用异级配合（配合中孔的公差等级常比轴低一级），因为相同公差等级的孔比轴难加工。对于公称尺寸大于 3～500 mm 的基孔制或基轴制配合中，给定某一公差等级的孔要与更精一级的轴相配(例如 H7/p6 和 P7/h6),并要求具有同等的间隙或过盈(图 2-22),标准公差大于或等于 IT8 的 J、K、M、N 的标准公差小于或等于 IT7 的 P~ZC,孔的基本偏差 ES 适用特殊规则。即计算的孔的基本偏差应附加一个 △ 值:

$$ES = ei + \Delta \tag{2-19}$$

式中

$$\Delta = IT_n - IT_{n-1} \tag{2-20}$$

△ 值是某一尺寸段内给定的某一标准公差等级 IT_n 与更精一级的标准公差 IT_{n-1} 的差值。

例如:公称尺寸段 18 mm~30 mm 的 P7:

$$\Delta = IT_n - IT_{n-1} = IT7 - IT6 = 21 - 13 = 8 \ \mu m$$

按照换算原则,要求两种配合制的配合性质相同。下面以过盈配合为例证明式(2-19)。

证明:过盈配合中,基孔制和基轴制的最小过盈与轴和孔的基本偏差有关,所以取最小过盈为计算孔基本偏差的依据。

在图 2-23 中,最小过盈等于孔的上极限偏差减去轴的下极限偏差所得的代数差,即

基孔制:

$$Y_{min} = T_D - ei$$

基轴制:

$$Y'_{min} = ES + T_d$$

根据换算原则可得

$$Y_{min} = Y'_{min}$$

即

$$T_D - ei = ES + T_d$$

$$ES = -ei + T_D - T_d$$

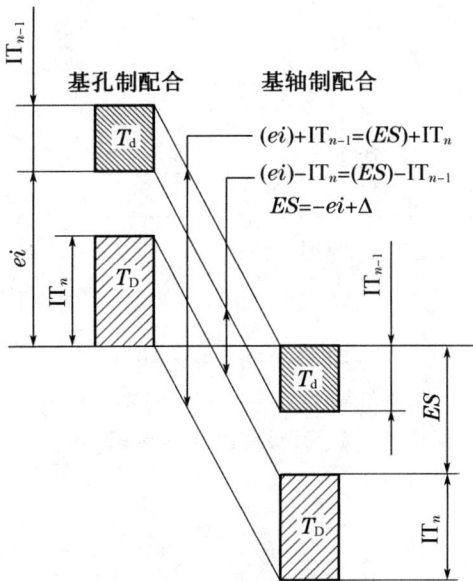

图 2-24 给定规则的图解

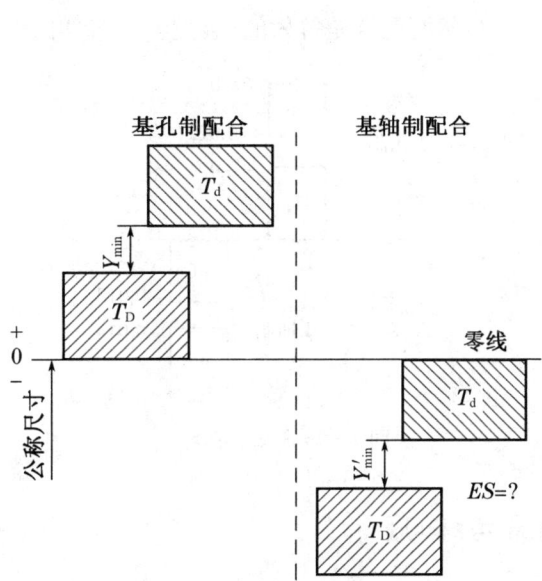

图 2-25 过盈配合特殊规则计算

一般 T_D 和 T_d 公差等级相差一级,即 $T_D = IT_n$,$T_d = IT_{n-1}$

令 $T_D - T_d = IT_n - IT_{n-1} = \Delta$

所以 $ES = -ei + \Delta$

过渡配合经过类似的证明,也可得出式(2-19)的结果。

孔的另一个偏差,可根据孔的基本偏差和标准公差的关系,按照 $EI = ES - IT$ 或 $ES = EI + IT$ 计算得出。

按照轴的基本偏差计算公式和孔的基本偏差换算原则,国家标准列出了轴和孔基本偏差数值表。在孔、轴基本偏差数值表中查找基本偏差时,不要忘记查找表中的修正值"Δ"。

二、基孔制与基轴制的转换

基孔或基轴制中,基本偏差代号相当,孔、轴公差等级同级或孔比轴低一级的配合称同名配合。所有基孔或基轴制的同名的间隙配合的配合性质相同。

基孔或基轴制的同名的过渡和过盈配合只有公差等级组合符合国标在换算孔的基本偏差时的规定,配合性质才能相同。

【例 2-5】 由基孔制配合 $\phi 25 H7/p6$ 中轴的基本偏差 p,计算对应基轴制配合 $\phi 25 P7/h6$ 孔的基本偏差 P,并比较两个配合(此时 $IT6 = 13\ \mu m$,$IT7 = 21\ \mu m$)。

解: P7 属于前述的例外情况计算(公差等级≤IT7、基本偏差代号为 P~ZC):

因为 p6 轴的基本偏差 p 为 $ei = +22\ \mu m$

所以 P7 孔的基本偏差 P 为 $ES = -ei + \Delta = -22 + (21 - 13) = -14\ \mu m$

则 P7 孔的下偏差为 $EI = ES - IT7 = -14 - 21 = -35\ \mu m$

作基孔制配合 $\phi 25 H7/p6$ 的公差带图,如图 2-26 所示。其极限过盈为

$$Y_{min} = -1\ \mu m, Y_{max} = -35\ \mu m$$

作基轴制配合 $\phi 25 P7/h6$ 的公差带图,如图 2-26 所示。其极限过盈为

$$Y_{min} = -1\ \mu m, Y_{max} = -35\ \mu m$$

显然两配合是等效的,装配公差带如图 2-27 所示。

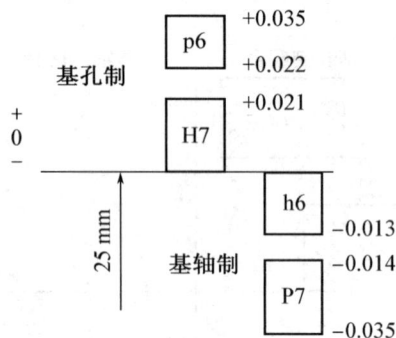

图 2-26　公差带图

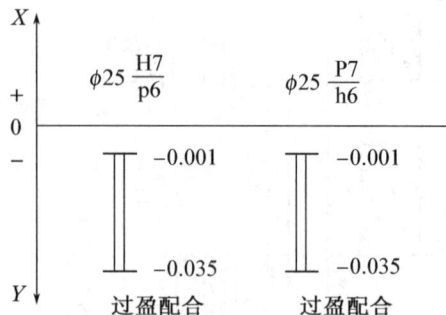

图 2-27　过盈配合装配公差带图

【思考练习】

一、填空题

1. 配合是指＿＿＿＿＿＿相同的、＿＿＿＿＿＿孔和轴＿＿＿＿＿＿之间的关系。

2. 孔的公差带在轴的公差带之上为＿＿＿＿配合;孔的公差带与轴的公差带相互交叠为＿＿＿＿配合;孔的公差带在轴的公差带之下为＿＿＿＿配合。

3. 配合公差等于_____,其数值应该是_____值。

4. 标准规定,基孔制配合中,基准孔以_____为基本偏差,其值等于_____;基轴制配合中,基准轴以_____偏差为基本偏差,其数值等于_____。

5. 国家标准规定了_____、_____两种标准制。一般情况下优先选用_____。

6. 已知 $\phi40H7(^{+0.025}_{0})/g6(^{-0.009}_{-0.025})$,$\phi40g7$ 的极限偏差为_____。

7. 若某配合的最大间隙为 13 μm,孔的下偏差为-11 μm,轴的下偏差为-16 μm,公差为-16 μm,则其配合公差为_____。

8. 若某配合的最大过盈为 34 μm,配合公差为 24 μm,则该配合为_____配合。

二、选择题

1. 本偏差为一定孔的公差带,与不同( )轴的公差带形成各种配合的一种制度。

    A. 基本偏差的   B. 基本尺寸的

    C. 实际偏差的   D. 不能确定的

2. ( )为一定的轴的公差带,与不同基本偏差的孔的公差带形成各种配合的一种制度。

    A. 基轴制是实际偏差   B. 基轴制是基本偏差

    C. 基孔制是实际偏差   D. 基孔制是基本偏差

3. a~h 的轴与基准孔配合一定形成( )。

    A. 间隙配合   B. 过渡配合

    C. 过盈配合   D. 不能确定

4. 配合精度高,表明( )。

    A. 轴的公差值大于孔的公差值

    B. 轴的公差值小于孔的公差值

    C. 轴、孔公差值之和小

    D. 轴孔公差值之和大

5. 公差与配合标准的应用,主要是对配合的种类、基准制和公差等级进行合理的选择。选择的顺序应该是( )。

    A. 基准制、公差等级、配合种类

    B. 配合种类、基准制、公差等级

    C. 公差等级、基准制、配合种类

    D. 公差等级、配合种类、基准制

6. 正确的论述有( )。

    A. $\phi20g8$ 比 $\phi20h7$ 的精度高

    B. $\phi50^{+0.013}_{0}$ 比 $\phi25^{+0.013}_{0}$ 精度高

    C. 国家标准规定不允许孔、轴公差带组成非基准制配合

    D. 零件的尺寸精度高,则其配合间隙小

三、判断题

1. 有间隙的配合一定属于间隙配合。   ( )

2. 孔和轴的加工精度越高,则其配合精度也越高。   ( )

3. 基孔制即先加工孔,然后以孔配轴。 （　　）

4. 基孔制的间隙配合,轴的基本偏差一定为负值。 （　　）

5. 配合公差总是大于孔或轴的尺寸公差。 （　　）

6. 过渡配合可能有间隙,因此,过渡配合可以是间隙配合。 （　　）

7. 配合公差主要是反映配合的松紧程度。 （　　）

8. 有相对运动的配合应选用间隙配合,无相对运动的配合均选用过盈配合。 （　　）

9. 间隙配合说明配合之间有间隙,因此只适用于有相对运动场合。 （　　）

10. 过盈配合中,过盈量越大,越能保证装配后的同心度。 （　　）

四、简答题

1. $\phi60F8/h7$ 表示的意义是什么?（基本尺寸、基准制、配合类别）

2. 不查表,试直接判别下列各组配合的配合性质是否完全相同。

（1） $\phi60H6/f5$ 与 $\phi60F6/h5$；（2） $\phi70H7/m5$ 与 $\phi70M7/h6$；（3） $\phi80H8/t7$ 与 $\phi80T8/h7$。

五、计算题

填写下表并画出配合的公差带图。

配合代号	基准制	配合性质	公差代号	公差等级	公差/μm	极限偏差 上	极限偏差 下	极限尺寸 最大	极限尺寸 最小	间隙 最大	间隙 最小	过盈 最大	过盈 最小	X_{av}或Y_{av}	T_f
$\phi40\dfrac{P7}{h6}$			孔												
			轴												
$\phi25\dfrac{K7}{h6}$			孔												
			轴												
$\phi35\dfrac{H8}{f7}$			孔												
			轴												

任务 3　尺寸公差与配合的选择

【学习目标】

1. 掌握配合制的选择原则、公差等级的选择及配合类型的选择方法。

2. 根据零件被测要素的要求,熟练、正确查用国家公差与配合标准内容。

3. 具备配合公差设计以及对零件尺寸测量的能力。

【任务引入】

车床尾座的装配图如图 2-28 所示。车床尾座的作用主要是以顶尖顶持工件或安装钻头钻孔,且承受切削力,尾座顶尖与主轴顶尖有严格的同轴度要求,但在加工和装配过程中不可避免地会出现误差,若误差过大,则影响车床的零件加工质量。因此,对车床尾座在加工和装配过程中给定合理的尺寸精度要求非常重要。

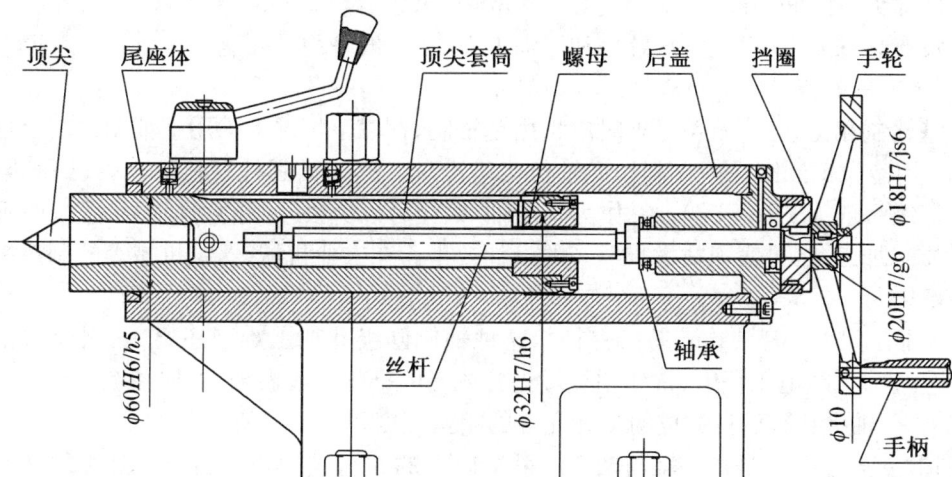

图 2-28 车床尾座装配图

【任务分析】

顶尖套筒的外圆柱面与尾座体上 $\phi 60H6/h5$ 孔的配合是尾座上直接影响使用功能的最重要配合。套筒要求能在孔中沿轴向移动,并且移动时套筒(连带顶尖)不能晃动,否则会影响工作精度,这就要求必须合理设计零件的尺寸精度。

【相关知识】

一、基准配合制的选择原则

基准配合制的选择主要考虑两方面的因素:一是零件的加工工艺可行性及检测经济性,二是机械设备及机械产品结构形式的合理性。

基准配合制的选择原则:优先采用基孔配合制,其次采用基轴配合制,特殊场合应用非基准制。

1. 一般情况优先选用基孔制

基准制的选择主要从加工工艺经济性考虑。因为加工轴工艺比较简单,只需车削或磨削即可,所用刀具车刀和砂轮也非定值刀具,测量轴径时使用一般通用量具或量规即可;但是孔的加工工艺相对轴较复杂,除钻孔外,还需铰、拉、镗、磨等多种扩孔工艺,使用刀具和量具多为价格较贵的定值刀、量具。

比较如下列三对分别为基孔制和基轴制的等效配合:

基孔制配合 $\phi 30H7/g6$,$\phi 30H7/k6$,$\phi 30H7/js6$,只用一种规格的定值刀量具;

基轴制配合 $\phi 30G7/h6$,$\phi 30K7/h6$,$\phi 30JS7/h6$,需用三种规格的孔用定值刀量具。

因此,采用基孔制可以减少孔用刀具、量具的品种、规格和数量,降低生产成本,提高加

61

工工艺的经济性。

图1-1所示减速器中,输出轴与大齿轮的配合为一般情况,即优先采用基孔配合制,选用最小间隙为0的间隙配合,配合代号为$\phi56H7/h6$。

对没有特殊要求的场合,从统一和习惯上考虑,一般采用基孔制。

2. 宜选用基轴制的场合

与基孔制相比,经济效益显著时应选用基轴制,在以下情况下采用基轴制比较合理:

(1)用冷拉钢制圆柱型材制作光轴作为基准轴。这一类圆柱型材的规格已标准化,尺寸公差等级一般为IT7～IT9。它作为基准轴,轴径可以免去外圆的切削加只需按照不同的配合性质来加工孔,可实现技术与经济的最佳效果。在农业机械、纺织机械等的制造中应用较为广泛。

(2)加工尺寸小于1 mm的精密轴。这种轴比同级孔加工难度还要大,因此在仪器制造、钟表生产、无线电工程中,常使用经过光轧成形的钢丝直接做轴,更加经济。

(3)"一轴多孔",而且构成的多处配合的松紧程度要求不同的场合。

所谓"一轴多孔",是指一轴与两个或两个以上的孔组成配合。在同一公称尺寸的轴上同时装配几个具有不同配合要求的零件时应用基轴制。如图2-29(a)所示内燃机中活塞部件装配就属于此类情况,其使用要求:活塞销与活塞孔之间的配合为过渡配合,而其与连杆套孔之间的配合为间隙配合,它们组成三处两种性质的配合。如图2-29(b)所示采用基孔配合制,轴为阶梯轴,且两头大中间小,既不便加工,也不便装配。若选用基轴制,如图2-29(c)所示,活塞销采用光轴,既方便加工及装配,同时轴的加工成本也降低。

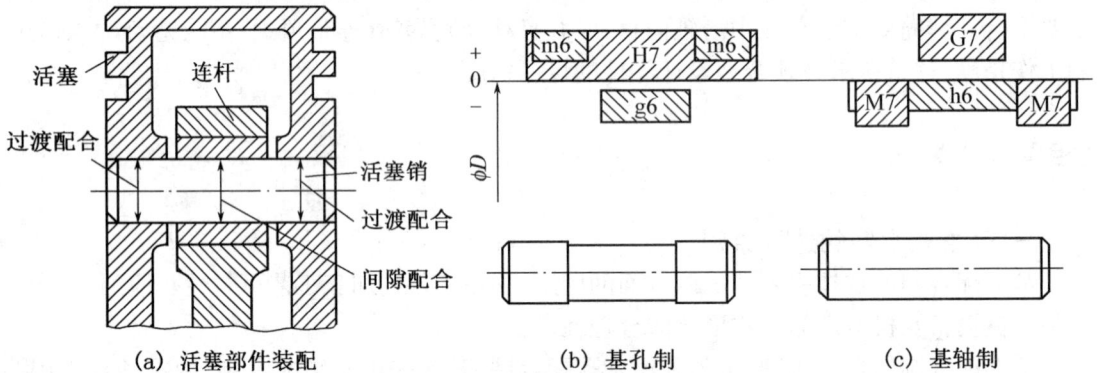

(a) 活塞部件装配   (b) 基孔制   (c) 基轴制

图2-29　发动机活塞部件装配

3. 与标准件配合时基准制的选用

若与标准件配合,应以标准件为基准件来确定采用哪种基准制。

当设计的零件与标准件相配时,基准制的选择应按标准件而定。例如,滚动轴承是标准件,与滚动轴承内圈配合的轴应按基孔制加工;而与滚动轴承外圈配合的孔,则应按基轴制加工。如图2-30所示,滚动轴承为标准件,滚动轴承外圈与外壳孔的配合采用基轴制配合,外壳孔按$\phi52J7$加工;滚动轴承内圈与轴颈的配合采用基孔制配合,轴颈按$\phi25k6$加工。

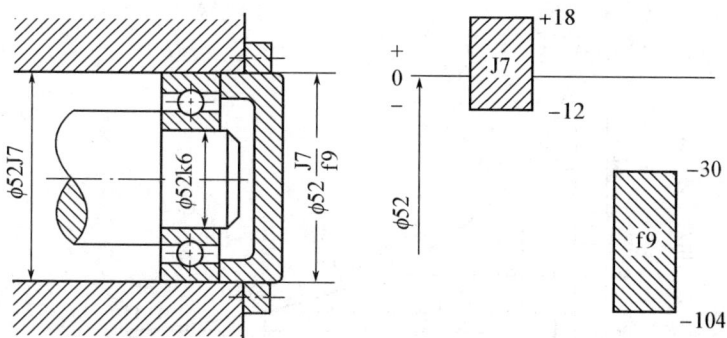

图 2-30 滚动轴承配合及端盖与箱体的配合

如图 1-1 所示减速器中的轴承外圈外径与箱座孔的配合 ϕ100J7,输出轴上的键与输出轴上的键槽的配合 16N9/h8 和键与齿轮轮毂槽的配合 16JS9/h8 均采用基轴配合制。

国家标准对滚动轴承公差有专门规定:只标注与轴承配合的轴径和外壳孔的公差,不标注轴承公差。

4. 特殊要求可以采用非基准制

为了满足配合的特殊要求,允许采用非基准制配合。非基准制的配合是指相配合的两零件既无基准孔 H 又无基准轴 h 的配合。也就是相配合的孔、轴都不是标准件。

如图 2-30 所示为轴承座孔同时与滚动轴承外径和端盖的配合,滚动轴承是标准件,它与轴承座孔的配合应为基轴制过渡配合,选轴承座孔公差带为 ϕ52J7;但是轴承端盖经常拆卸,显然这种配合过于紧密,而应选用间隙配合为好,轴承座孔与端盖的配合应为较低精度的间隙配合,座孔公差带已定为 J7,现在只能对端盖选定一个位于 J7 下方的公差带,以形成所要求的间隙配合。考虑到端盖的性能要求和加工的经济性,采用 f9 的公差带,最后确定端盖与轴承座孔之间的配合为 ϕ52J7/f9。此例使用上要求保证其轴向定位,而无定心要求,宜取较大间隙,利于装配。

二、公差等级的选择

1. 公差等级的选择原则

选择公差等级就是解决制造精度与制造成本之间的矛盾,如图 2-31 所示。公差等级与生产成本之间的关系为在低精度区精度提高成本增加不多,而在高精度区,公差越小,精度越高,加工越难,精度的小幅度提高往往伴随着成本的急剧增加,同时产品的废品率急剧增加。因此,选择公差等级的基本原则是在满足使用要求的前提下,尽量选用精度较低的公差等级,以利于降低加工成本。

2. 公差等级的选择方法

(1) 计算法:是指根据一定的理论和计算公式计算后,再根据尺寸公差与配合的标准确定合理的公差等级。即根据工作条件和使用性能要求确定配合部位的间隙或过盈允许的界限,然后通过计算法确定相配合的孔、轴的公差等级。计算法多用于较重要的配合。

(2) 类比法(经验法):就是参考经过实践证明合理的类似产品的公差等级,将所设计的机械(机构、产品)的使用性能、工作条件、加工工艺装备等情况与之进行比较,从而确定合理的公差等级。对初学者来说,多采用类比法,此法主要是通过查阅有关参考资料、手册,并进

63

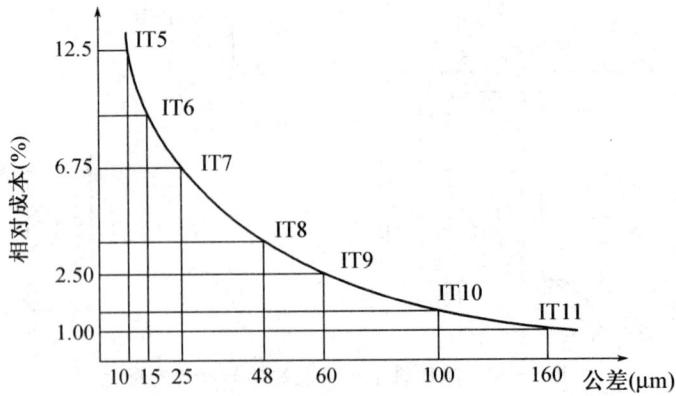

图 2-31　标准公差等级与生产成本的关系曲线

行分析比较后确定公差等级。类比法多用于一般要求的配合。

3. 确定公差等级应考虑的几个问题

(1) 一般的非配合尺寸要比配合尺寸的公差等级低。配合精度要求不高时,允许孔、轴公差等级相差 2~3 级,以降低加工成本。如图 1-1 所示的 $\phi 100J7/f9$ 和 $\phi 55D9/k6$。

(2) 了解各个公差等级的应用范围,见表 2-7;选用时可参考常用配合尺寸公差等级的应用举例,见表 2-8。

表 2-7　公差等级应用范围

应用场合			公差等级 IT																		
			01	0	1	2	3	4	5	6	7	8	9	10	11	12	13	14	15	16	17	18
量块			━━━																		
量规	高精度			━━━━━																
	低精度							━━━━												
配合尺寸	个别精密配合		━━																	
	特别重要	孔				━━━━														
		轴			━━━															
	精密配合	孔						━━━━											
		轴					━━━━												
	中等精密	孔							━━━									
		轴						━━━										
	低精度配合										━━━━							
非配合尺寸												━━━━━━━					
原材料尺寸								━━━━━									

表 2-8 常用配合尺寸公差等级的应用

公差等级	主要应用实例
IT01～IT1	一般用于精密标准量块。IT1 也用于检验 IT6 和 IT7 级轴用量规的校对量规。
IT2～IT7	用于检验工件 IT5～IT16 的量规的尺寸公差。
IT3～IT5 (孔为 IT6)	用于精度要求很高的重要配合,例如机床主轴与精密滚动轴承的配合、发动机活塞销与连杆孔和活塞孔的配合。 配合公差很小,对加工要求很高,应用较少。
IT6(孔为 IT7)	用于机床、发动机和仪表中的重要配合。例如机床传动机构中的齿轮与轴的配合,轴与轴承的配合,发动机中活塞与汽缸、曲轴与轴承、气阀杆与导套的配合等。 配合公差较小,一般精密加工能够实现,在精密机械中广泛应用。
IT7,IT8	用于机床和发动机中不太重要的配合,也用于重型机械、农业机械、纺织机械、机车车辆等的重要配合。例如机床上操纵杆的支承配合、发动机活塞环与活塞环槽的配合、农业机械中齿轮与轴的配合等。 配合公差中等,加工易于实现,在一般机械中广泛应用。
IT9,IT10	用于一般要求,或长度精度要求较高的配合。某些非配合尺寸的特殊需要,例如飞机机身的外壳尺寸,由于质量限制,要求达到 IT9 或 IT10。
IT11,IT12	多用于各种没有严格要求,只要求便于连接的配合。例如螺栓和螺孔、铆钉和孔等的配合。
IT12～IT18	用于非配合尺寸和粗加工的工序尺寸上。例如手柄的直径、壳体的外形和壁厚尺寸,以及端而之间的距离等。

(3) 在满足设计要求的前提下,应尽量考虑工艺的可能性和经济性,各种加工方法所能达到的公差等级可见表 2-9。

表 2-9 各种加工方法所能达到的公差等级

应 用	公差等级(IT)																			
	01	0	1	2	3	4	5	6	7	8	9	10	11	12	13	14	15	16	17	18
研磨	■	■	■	■	■	■	■													
珩磨						■	■	■	■											
圆磨							■	■	■	■										
平磨							■	■	■	■										
金刚石车							■	■	■											
金刚石镗							■	■	■											
拉削							■	■	■	■										
铰孔								■	■	■	■	■								
车									■	■	■	■	■							
镗									■	■	■	■	■							
铣										■	■	■	■							

（续表）

应　用	公差等级(IT)																			
	01	0	1	2	3	4	5	6	7	8	9	10	11	12	13	14	15	16	17	18
刨、插												▬	▬							
钻孔												▬	▬	▬	▬					
滚压、挤压												▬	▬							
冲压												▬	▬	▬	▬	▬				
压铸													▬	▬	▬	▬				
粉末冶金成型								▬	▬											
粉末冶金烧结									▬	▬										
砂型铸造																▬	▬	▬		
锻造																	▬	▬		
气割																	▬	▬	▬	▬

（4）孔和轴的工艺等价性。工艺等价性是指孔和轴的加工难易程度相同。

对于基本尺寸≤500 mm 有较高公差等级的配合，当标准公差≤IT8 时，因孔比同级轴难加工，为使孔、轴的加工难易程度相同，即具有工艺等价性，国标推荐孔比轴低一级相配合，通常 IT6、IT7、IT8 级的孔与 IT5、IT6、IT7 级的轴配合；但对低精度 IT>IT8 级或基本尺寸>500 mm 的配合，采用孔、轴同级配合。见表 2-10。

表 2-10　按工艺等价性选择的孔和轴的公差等级

配合类别	孔的公差等级	轴应选的公差等级	实　例
间隙配合 过渡配合	≤IT8	轴比孔高一级	H7/f6
	>IT8	轴与孔同级	H9/f9
过盈配合	≤IT7	轴比孔高一级	H7/p6
	>IT7	轴与孔同级	H8/s8

（5）过渡配合或过盈配合的公差等级不能太低。一般孔的公差等级≤IT8，轴的公差等级≤IT7；对间隙配合，间隙小的公差等级较高，间隙大的公差等级可低些。

（6）相配合零部件的精度要匹配。注意与相配合零部件的精度协调，与标准零件或部件相配合时应与标准件的精度相适应。

例如，与轴承配合的孔和轴，其公差等级由轴承的精度等级来决定；与齿轮孔相配的轴，其配合部位的公差等级由齿轮的精度等级决定。如图 1-1 所示，大齿轮孔的公差等级是按照齿轮的精度等级选取的，因而与齿轮孔相配合的轴颈的公差等级应与齿轮孔的公差等级相匹配为 φ56h6，配合代号 φ56H7/h6。

（7）非基准制配合（混合制）。在满足配合要求的前提下，孔、轴的公差等级可以任意组合，不受工艺等价原则的限制。

如图 1-1 所示轴承盖与轴承孔的配合要求很松，其联接可靠性主要是靠螺钉联接来保证的，对配合精度要求很低，相配合的孔件和轴件既没有相对运动，又不承受外界负荷，所以轴承盖的配合外径采用 IT9 是经济合理的。孔的公差等级是由轴承的外径精度所决定的，如果轴承盖的配合外径按工艺等价原则采用 IT6，则反而是不合理的。这样做势必要提高制造成本，同时对提高产品质量又起不到任何作用。

三、配合的选择

配合的选择就是根据功能、工作条件和制造装配的要求确定配合的种类和精度，即确定配合代号。

1. 选择配合的任务

配合的选用就是在确定了基准制的基础上，首先根据使用要求确定配合类型，并根据使用中允许间隙或过盈的大小及其变化范围（配合公差 T_f），选定非基准件（配合件——基孔制配合中的轴或基轴制配合中的孔）的基本偏差代号（已经确定了基准件与非基准件的公差等级）。应尽可能地选用优先配合，其次是常用配合。

2. 确定基本偏差的方法

（1）试验法。试验法是指从几种配合的实际试验结果中找出最佳的配合方案的方法。试验法主要用于对产品性能影响大而又缺乏经验的场合。试验法比较可靠，但周期长，成本高，应用也较少。

（2）计算法。计算法是根据使用要求通过理论公式计算来选定配合的方法。影响间隙和过盈的因素很多，因而理论上的计算只能是近似的。所以，在实际应用中还需经过试验来确定。一般情况下很少使用计算法。只有重要的配合部位才采用计算法。

（3）类比法。在机械精度设计中，类比法就是以同类型机器或机构中经过生产实践验证的配合作为参照，并结合所设计产品的使用要求和应用条件来确定配合的方法。该方法应用最广，但要求设计人员掌握充分的参考资料并具有相当的经验，如要掌握各种配合的特征和应用场合，尤其是对国家标准所规定的优先配合要非常熟悉。

3. 选择配合的步骤

采用类比法选择配合时，可以按照下列步骤。

（1）确定配合的大致类别。根据配合部位的功能要求确定配合的类别，选择时，应根据具体的使用要求确定是间隙配合还是过渡或过盈配合。功能要求及对应的配合类别见表 2-11，可按表中的情况选择。

表 2-11　配合类别的选择

			永久结合	较大过盈的过盈配合
无相对运动	要传递转矩	可拆结合	要精确同轴	转型过盈配合、过渡配合或基本偏差为 H(h)[1] 的间隙配合加紧固件[2]
			不要精确同轴	间隙配合加紧固件[2]
	不需要传递转矩，要精确同轴			过渡配合或轻的过盈配合
有相对运动	只有移动			基本偏差为 H(h)、G(g)[1] 等间隙配合
	转动或转动和移动的复合运动			基本偏差 A～F(a～f)[1] 等间隙配合

注：① 指非基准件的基本偏差代号。

② 紧固件指键、销钉和螺钉等。

（2）选择较合适的配合。根据配合部位具体的功能要求,通过查表、比照配合的应用实例以及参考各种配合的性能特征,采用类比法确定较合适的配合。各种配合的性能特征分别见表 2-12～表 2-15。

表 2-12　尺寸在≤500 mm 基孔制常用和优先配合的特征及应用

配合类型	配合代号	应用
间隙配合	H11/c11	该配合间隙非常大,用于很松的、转动很慢的动配合,要求大公差与大间隙的外露组件,要求装方便且很松的配合。
	H9/h9	该配合属于间隙很大的自由转动配合,用于精度非主要要求时,或有大的温度变化、高转速或大的轴颈压力时的配合。
	H8/f7	该配合用于间隙不大的转动配合,用于中等转速与中等轴颈压力的精确转动;也用于装配容易的中等定位配合。
	H7/g6	该配合用于间隙很小的滑动配合,用于不希望自由转动,但可自由移动和滑动并精密定位的配合;也可用于要求明确的定位配合。
	H7/h6、H8/h7、H9/h9、H11/h11	该配合为间隙定位配合,零件可自由装拆,而工作时一般相对静止不动。在最大实体条件下的间隙为零,在最小实体条件下的间隙由公差等级决定。
过渡配合	H7/k6	该配合用于精密定位配合。
	H7/n6	该配合用于允许有较大过盈的更精密定位配合。
过盈配合	H7/p6	该配合为过盈定位配合,即小过盈配合,用于定位精度特别重要时,能以最好的定位精度达到部件的刚性及对中性要求,而对内孔承受压力无特殊要求,不依靠配合的紧固性传递摩擦负荷的配合。
	H7/s6	该配合为中等压入配合,适用于一般钢件,或用于薄壁件的冷缩配合,用于铸铁件可得到最紧的配合。
	H7/u6	该配合为压入配合,适用于可以承受高压入力的零件或不易承受大压入力的冷缩配合。

表 2-13　间隙配合下的基本偏差的比较与选择

基本偏差	a、b(A、B)	c(C)	d(D)	e(E)	f(F)	g(G)	h(H)
间隙大小	特大间隙	很大间隙	大间隙	中等间隙	小间隙	较小间隙	很小间隙
配合松紧程度	松						紧
定心要求	无对中、定心要求					略有定心功能	有一定的定心功能
润滑性能	差		好			差	
相对运动情况	—	慢速转动	高速转动		中速转动	精密低速转动或手动移动	

表 2-14 过渡配合基本偏差的比较与选择

基本偏差	js(JS)	k(K)	m(M)	n(N)
盈、隙情况	过盈率很小稍有平均间隙	过盈率中等平均过盈接近为零	过盈率较大平均过盈较小	过盈率大平均过盈稍大
定心要求	要求较好定心	要求定心精度较高	要求精密定心	要求更精密定心
装配与拆卸情况	木槌装配拆卸方便	木槌装配拆卸比较方便	最大过盈时需相当的压入力，可以拆卸	用锤或压力机装配拆卸较困难

表 2-15 过盈配合基本偏差的比较与选择

基本偏差	p(P)、r(R)	s(S)、t(T)	u(U)、v(V)、x(X)、y(Y)、z(Z)
过盈程度选择根据	较小或小的过盈	中等与大的过盈	很大与特大的过盈
传递扭矩的大小	加紧固件传递一定的扭矩与轴向力,属轻型过盈配合。不加紧固件可用于准确定心仅传递小扭矩需轴向定位(过盈配合时)。	不加紧固件可传递较小的扭矩与轴向力,属中型过盈配合。	不加紧固件可传递大的扭矩与轴向力、特大扭矩和动载荷,属重型、特重型过盈配合。
装卸情况	用于需要拆卸时,装入时使用压入机。	用于很少拆卸时。	用于不拆卸时,一般不推荐使用。对于特重型过盈配合(后三种)需经试验才能应用。

4. 选择配合时应考虑的因素

（1）孔、轴定心精度：相互配合的孔、轴定心精度要求高时，不宜用间隙配合，多用过渡配合，也可采用过盈配合。

（2）受载荷情况：若载荷较大，对过盈配合过盈量要增大，对过渡配合要选用过盈概率大的过渡配合。

（3）拆装情况：经常拆装的孔和轴的配合比不经常拆装的配合要松些。配合件的材料当配合件中有一件是铜或铝等塑性材料时，因它们容易变形，选择配合时可适当增大过盈或减小间隙。

（4）对于一些薄壁套筒的装配，要考虑装配变形的影响。如图 2-32 所示薄壁零件，套筒外表面与机座内孔配合为过盈配合 $\phi60H7/s6$，套筒内表面与轴的配合为间隙配合 $\phi38H7/f7$，套筒压入机座后，内孔会变形缩小，影响套筒内孔与轴的间隙配合。所以，套筒内孔加工时，尺寸可以加工得稍大些，以补偿套筒压入机座时内孔的变形缩小，或待套筒压入机座后再精加工套筒内孔。

（5）工作温度当工作温度与装配温度相差较大时，选择配合时要考虑到热变形的影响。

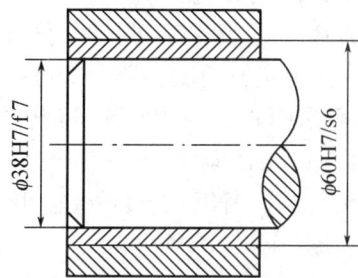

图 2-32 薄壁零件

（6）生产类型在大批生产时，加工后的尺寸通常按正态分布。但在单件小批生产时，一般采用试切法，加工后孔的尺寸多偏向下极限尺寸，轴多偏向上极限尺寸。这样，单件生产的装配效果就会偏紧一些。因此，对于图 2-32 所示的薄壁零件，大批生产时套筒外表面与

机座内孔的配合选 $\phi 60 \text{H}7/\text{js}6$，单件小批生产时则应选 $\phi 60 \text{H}7/\text{h}6$。

因此，要分析零件的具体的工作条件及使用要求（表 2-16），合理调整配合的间隙与过盈。

表 2-16　工作情况以及过盈或间隙的影响

具体条件	过盈量	间隙量	具体条件	过盈量	间隙量
材料强度小	减	—	装配时可能歪斜	减	增
经常拆卸	减	增	旋转速度增高	增	增
有冲击载荷	增	减	有轴向运动	—	增
工作时孔温高于轴温	增	减	润滑油黏度增大	—	增
工作时轴温高于孔温	减	增	表面趋向粗糙	增	减
配合长度增长	减	增	单件生产相对于成批生产	减	增
配合面形状和位置误差增大	减	增			

【任务实施】

读图学习极限与配合的选用

扫码见"极限配合示意图"

极限与配合的选用主要包括配合制、公差等级和配合种类的选择。要正确地选择极限与配合，通常要通过生产实践不断积累经验，才能逐步提高这方面的工作能力。一般来说，选择极限与配合须考虑以下几个方面因素：要深入地掌握极限与配合国家标准，又要对产品的工作条件、技术要求进行分析，对生产制造条件进行分析。

一、极限与配合的分析

识读减速器装配图（图 1-1），分析箱体孔与滚动轴承和轴承端盖的配合尺寸的配合制、公差等级、配合性质。

1. 确定减速器输出轴轴颈与大齿轮孔内径的配合

分析：为了保证该对齿轮的正常传递运动和转矩，要求齿轮在减速器中装配位置正确，才能正常啮合，减小磨损，延长使用寿命。因此，$\phi 58 \text{ mm}$ 输出轴轴颈与齿轮孔的配合有以下要求。

（1）定心精度。$\phi 58 \text{ mm}$ 输出轴的轴线与齿轮孔轴线的同轴度要高，即输出轴与齿轮孔之间要求同心（对中），而且配合的一致性要高。因为输入轴上齿轮与带孔齿轮的相对位置是由输入轴与轴承、输出轴与轴承、轴承与箱体孔的配合及箱体上轴承的孔轴线的相对位置来确定的。所以，$\phi 58 \text{ mm}$ 输出轴与齿轮孔的配合很大程度上决定齿轮在箱体内的空间位置精度。

（2）$\phi 58 \text{ mm}$ 输出轴与齿轮孔之间无相对运动，传递运动由键实现。

（3）应便于减速器的装配和拆卸、维修。

2. 根据上述分析选择配合

（1）基准制的选择。输出轴与齿轮均是非标准件，属于一般场合，应选择基孔制，即孔的基本偏差代号为 H。

（2）尺寸公差等级的选择。$\phi 58\,\mathrm{mm}$ 齿轮孔的尺寸公差等级是依据齿轮齿面精度等级确定的（参见项目五任务 4）。由于齿面精度等级最高级为 7 级，孔的公差等级为 IT7；$\phi 58\,\mathrm{mm}$ 输出轴轴颈的公差等级按照工艺等价原则选择 IT6。

（3）基本偏差的选择。根据 $\phi 58\,\mathrm{mm}$ 输出轴与齿轮孔的配合要求，它们之间应无相对运动，有精确的同轴度要求，且由键传递转矩，需要拆卸等。

首先确定配合的大致类别。由表 2-11 可知，选择"基本偏差代号为 h 的间隙配合加紧固件"，即 $\phi 58\,\mathrm{mm}$ 输出轴与齿轮孔的配合代号为 $\phi 58\mathrm{H7/h6}$，它们是由基准件组成的，既是基孔制，也是基轴制，它是优先选用的配合。$\phi 58\,\mathrm{mm}$ 输出轴与齿轮孔的配合如图 2-33 所示。

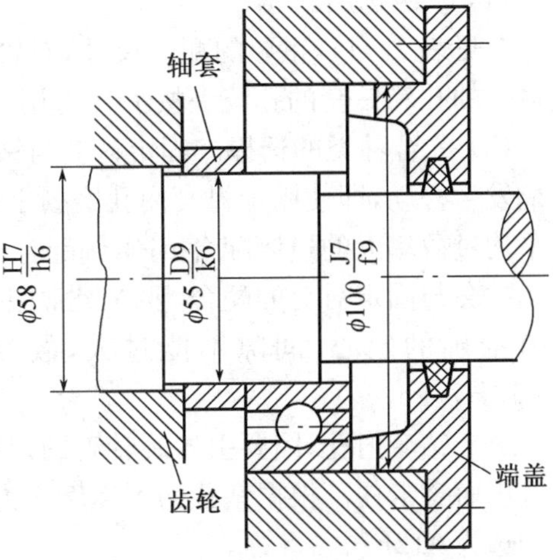

二、极限与配合的选用

识读减速器装配图（图 1-1），箱体孔与滚动轴承和轴承端盖的配合，学习极限与配合标准、配合制、公差系列、基本偏差系列。对照图 2-33 的要求，查标准公差数值表、基本偏差数值表，绘制公差带图。

图 2-33　箱体孔与滚动轴承和轴承端盖的配合

【拓展知识】

配合公差设计与尺寸测量

一、钻模板上装有固定衬套配合的设计

钻模板上装有固定衬套，钻套与固定衬套配合，在工作中要求钻套能迅速更换。若用图 2-34(a)所示的钻模来加工工件上的 $\phi 12\,\mathrm{mm}$ 孔，试选择固定衬套与钻模板、钻套与固定衬套及钻套的内孔与钻头之间的配合。

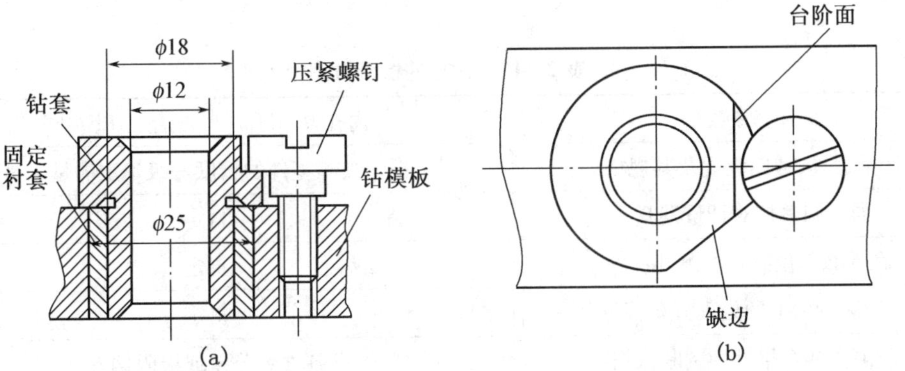

图 2-34　钻模（部分）

解 (1)基准制的选择。对于固定衬套与钻模板的配合及钻套与固定衬套的配合,因结构无特殊要求,按国标规定应优先选用基孔制。对于钻头与钻套内孔的配合,因钻头属于标准刀具,故应采用基轴制配合。

(2)公差等级的选择。参见表2-8,钻模夹具各元件的连接可按用于配合尺寸的IT5~IT12级选用。

参见表2-11,重要的配合尺寸,对轴可选IT6,对孔可选IT7。本例中钻模板的孔、固定衬套的孔和钻套的孔统一按IT7选用。而固定衬套的外圆、钻套的外圆则按IT6选用。

(3)配合种类的选择。固定衬套与钻模板的配合,要求连接牢靠,在轻微冲击和负荷下不能发生松动,即使固定衬套内孔磨损了,需更换拆卸的次数也不多。因此参见表2-12可选平均过盈率大的过渡配合 n,本例配合选为$\phi25H7/n6$。

钻套与固定衬套的配合,要求经常用手更换,故需一定间隙来保证更换迅速。但因又要求有准确的定心,间隙不能过大,故参见表2-13可选精密滑动的配合 g,本例选为$\phi18H7/g6$。

至于钻套内孔,因要引导旋转着的刀具进给,故既要保证一定的导向精度,又要防止间隙过小而被卡住。根据钻孔切削速度多为中速,参见表2-13应选中等转速的基本偏差 F,本例选为$\phi12F7$。

必须指出,钻套与固定衬套内孔的配合,根据上面分析本应选$\phi18H7/g6$,考虑到为了统一钻套内孔与固定衬套内孔的公差带,规定了统一的公差带F7,因而钻套与固定衬套内孔的配合应选相当于H7/g6的配合F7/k6,两种配合的公差带图解如图2-35所示。因此,本例中钻套与固定衬套内孔的配合应为$\phi18F7/k6$(非基准制配合)。

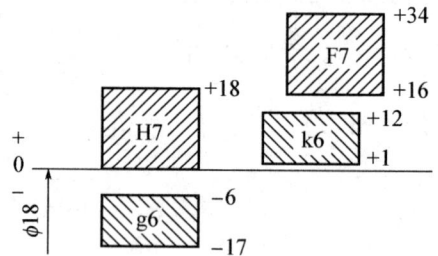

图2-35 两种配合的公差带图解

二、选择测量工具进行精度检测

1. 制定衬套的检测方案

通过内容的分析,解释衬套在其配合件的装配中标注的$\phi25H7/n6$、$\phi18F7/k6$所采用的基准制、配合的性质,计算出间隙或过盈量。制定衬套的检测方案,衬套的检测方案见表2-17。

表2-17 衬套的检测方案

衬套参数	内孔$\phi25H7/n6$,配合$\phi18F7/k6$
计量器具、辅助装置及其规格	根据被测零件的精度等级确定测量工具
如何调整校对计量器具	自定
在什么部位测量? 测几次?	自定
测量数据的处理方式	自定
所测参数合格性的判断依据	各参数公差或极限偏差
检测场地	理实一体化教室

2. 检测衬套并填写检测报告

在理实一体化教室,以班级为单位分成若干小组,每小组单独检测。阅读计量器具的使用手册,仔细观看教师示范,完成检测任务并填写检测报告单,衬套检测报告见表 2-18。

表 2-18 衬套检测报告

被测件名称			
检测项目	图纸要求	使用器具规格	实测结果
内径			
合格性判断(自检结果)			

3. 评价检测报告

检查根据检测数据对零件的合格性的判断是否正确等,如发现有不合理的请予以改正。

【思考练习】

一、填空题

1. 公差等级的选用原则是在满足_____的前提下,尽量选用_____的公差等级。

2. 基准配合制的选择原则:优先采用_____,其次采用_____,特殊场合应用非基准制。

3. 配合的选择就是根据功能、工作条件和制造装配的要求确定_____的种类和精度,即确定_____。

二、选择题

1. 下列配合零件应优先选用基孔制的有( )。

    A. 滚动轴承内圈与轴配合

    B. 同一轴与多孔相配,且有不同的配合性质

    C. 滚动轴承外圈与外壳孔的配合

    D. 轴为冷圆钢,不需再加工

2. 当孔、轴之间有相对运动且定心精度要求较高时,它们的配合应选择为( )。

    A. H7/m6   B. H8/g8   C. H7/g6   D. H7/b6

3. 用同一方法加工 ϕ450H7 孔与 ϕ100H6 孔应理解为( )。

    A. 前者加工困难   B. 后者加工困难

    C. 两者加工难易相当   D. 加工难易程度无法比较

4. 公差与配合标准的应用,主要是对配合的种类,基准制和公差等级进行合理的选择。选择的顺序应该是( )。

    A. 基准制、公差等级、配合种类   B. 配合种类、基准制、公差等级

    C. 公差等级、基准制、配合种类   D. 公差等级、配合种类、基准制

5. 配合精度高,表明( )。

    A. 轴的公差值大于孔的公差值   B. 轴的公差值小于孔的公差值

    C. 轴、孔公差值之和小   D. 轴孔公差值之和大

6. 以下各种情况中,应选用间隙配合的有( )。

    A. 要求定位精度高   B. 工作时无相对运动

    C. 不可拆卸   D. 转动、移动或复合运动

7. 下列配合零件,应选用过盈配合的有( )。

    A. 需要传递足够大的转矩   B. 不可拆连接

    C. 有轴向运动   D. 要求定心且常拆卸

三、判断题

1. 只要孔和轴装配在一起,就必然形成配合。 ( )

2. 配合公差的数值愈小,则相互配合的孔、轴公差等级愈高。 ( )

3. 键为标准件,故与键配合的轴槽和轮毂槽按基轴制加工。 ( )

4. 在孔与轴的配合中,常用间隙配合或过渡配合并在结构上做些改变(如加入销、键等联接件)来代替过盈配合,从而达到传递扭矩和便于使用中常装拆目的。 ( )

5. 优先选用基孔制是因为孔比轴难加工,所以应该先加工孔,后加工轴。 ( )

四、计算题

有一 $\phi30$ 链轮孔与轴的配合,如题图 2-1 所示,链轮与轴无相对运动、不常拆卸、定位精度要求不高,孔精车,轴精车,试设计该尺寸的配合公差。

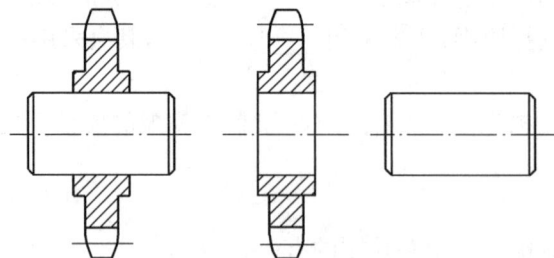

题图 2-1 链轮孔与轴的配合

项目综合知识技能 ——工程案例与分析

尺寸中差概念在机械零件加工及装配中的使用

项目研究对象:轴承座零件加工及装配。

一、三种配合在生产中的使用

在机械装配中,公差配合的实际应用有三种配合关系:

(1)间隙配合。两个相互滑动或滚动的零件及为方便装配及拆卸的零件,在机械装配中最为普遍,间隙的大小决定了装配时的难易程度,就是间隙大装起来比间隙小装起来

容易。

（2）过盈配合。多用在需要传递较大扭矩和承受轴向载荷机构中，如联轴节与传动轴的配合；在机械装配中过盈配合采用"温差法"进行装配。通过加热或冷冻使其零件膨胀或收缩，来获得装配间隙。

（3）过渡配合。是一些定位要求较高但承受载荷不大的零件装配，常用在滚动轴承和其相关的轴与轴承座之间的配合。过渡配合由于配合间隙或过盈较小（称之"零对零"配合），截面积较小的零件装配可以采用打装和压装法进行装配；对于截面积较大的零件，仍需用温差法来获得装配间隙。

二、项目问题分析

1. 轴承座装配

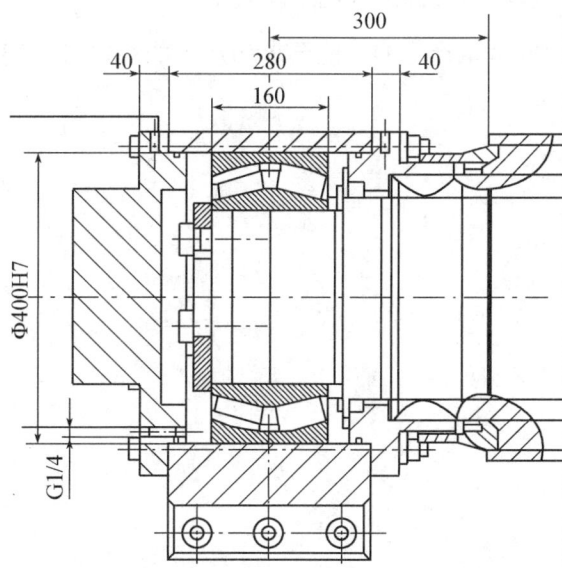

案例图 2-1　轴承装配示意图

如案例图 2-1 所示轴座孔的尺寸 $\Phi400H7$，经查表可知，$ES=+0.063，EI=0$。滚动轴承外圈的尺寸公差带不等同于一般基轴制的公差带，我们视它的上下偏差均为 0。因此：

最大配合间隙＝$ES-ei=0.063$ mm；最小间隙＝$EI-es=0$

当最小间隙为 0，同时轴承座孔存在着形位公差，此条件下轴承无法装入轴承座内。由于操作侧轴承座装配后需要在轴向有一定的窜动量，轴承座不能使用温差法装配。

通常我们会手工抛磨轴承座内孔来获得装配必要的间隙。手工打磨不仅效率低而且在抛磨直径稍大的孔时，也不能保证轴承座内孔的形位公差。

2. 尺寸极限公差在加工中的优化——建立尺寸中差理念

在机械加工时，如果无特殊要求，操作者只要将零件尺寸加工到下偏差就是一个合格的零件，但加工到下差的零件配合间隙小装配困难。因此，在尺寸上下偏差之间取一平衡点定为尺寸中差。孔与轴的中差代号分别用 $EM=\dfrac{ES+EI}{2}$、$em=\dfrac{es+ei}{2}$ 表示。

三、实例验证

（1）将案例图 2-1 中 Φ400H7 上、下偏差尺寸代入公式，$EM = \dfrac{ES + EI}{2} = \dfrac{0.063 + 0}{2} = +0.0315$ mm

Φ400H7 优化后的实际尺寸便是 400.031 5 ~ 400.063，从而我们可以得知轴承座内孔与轴承外圈最小配合间隙 0.0315 mm 可以装配。

（2）典型的间隙配合与过盈配合优化后的效果

从中我们能看出优化后的最小间隙、最小过盈均被放大。这样会改变装配时"该松的不松""该紧的不紧"的局面。增大了配合间隙，提高了装配时的效率。

建立尺寸中差理念，看似增加了零件加工的难度，只不过是将尺寸下偏差做了上移，提升机械零件加工及装配的质量，提高装配的工作效率。

精益求精的专业精神：满足产品的功能要求和加工的经济性，培养节约环保、成本质量和可持续发展等意识

项目三

几何公差及检测

【学习目标】

1. 了解几何公差的研究对象及在机械制造中的作用。
2. 理解零件几何要素的分类,掌握几何公差的几何特征项目及符号。

【任务引入】

如图 3-1 所示,加工一根轴零件,任意方向所测直径全部在尺寸公差范围 $\phi 20f7$ 内,装配时却装不进去,原因是轴存在直线度误差。

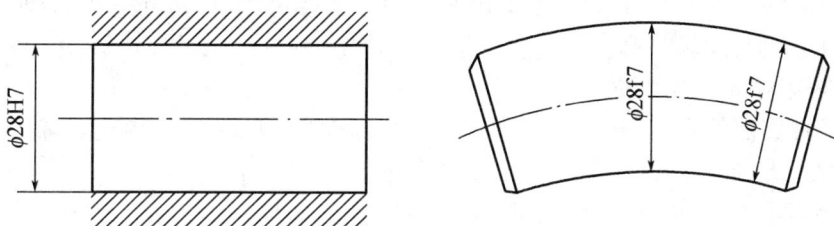

图 3-1 直线度误差影响装配

【任务分析】

在机械制造中,零件加工后其表面、轴线、中心对称面等的实际形状、方向和位置相对于所要求的理想形状、方向和位置不可避免地存在着误差。零件不仅会产生尺寸误差,还会产生要素形状、要素与要素的相对方向、位置误差(即几何误差)。在配合时由于形成零件的实际要素(现称提取要素)与理想要素(现称拟合要素)的相符合程度不能满足装配要求,也可能装配不上。

【相关知识】

一、几何误差的产生及其影响

1. 几何误差的产生

机械零件在加工过程中(图 3-2),机床、夹具、刀具和工件组成的工艺系统本身的制造、调整误差,以及加工工艺系统的受力变形、热变形、振动和磨损等因素的影响,都会使加工后的零件不仅有尺寸误差,而且构成零件几何特征的表面、中心线、中心面等的实际形状、方向和位置相对于所要求的理想形状、方向和位置,不可避免地存在着误差,此误差是由于机床精度、加工方法等多种因素形成的,叫作几何误差。

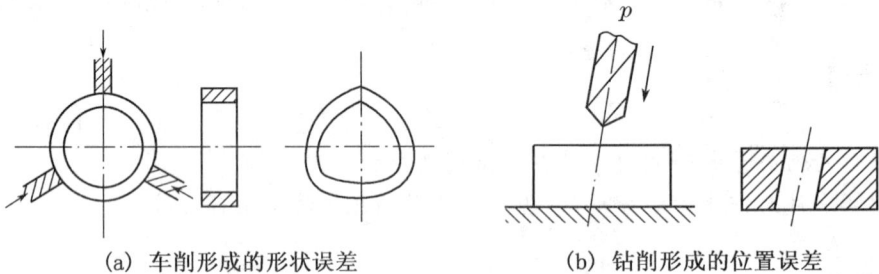

(a) 车削形成的形状误差   (b) 钻削形成的位置误差

图 3-2　机械加工过程形成的误差

2. 几何误差对零件使用性能的影响

(1) 影响零件的功能要求

例如:机床导轨表面的直线度、平面度影响刀架的运动精度;齿轮箱上各轴承孔的位置误差影响齿面接触、齿侧间隙。

(2) 影响零件的配合性质

例如:圆柱表面的形状误差影响配合间隙或过盈的大小,从而影响运动副零件磨损、寿命及运动精度。

(3) 影响零件的互换性(自由装配)

例如:轴承盖上螺钉孔(与机座紧固)位置影响自由装配,从而影响轴承盖的互换性。

可见,几何误差影响着零件的使用性能,进而会影响到机器的质量,为了保证机械产品的质量和互换性,满足零件装配后的功能要求,保证零件的互换性和经济性,因此,设计时,必须规定几何公差,选定的公差值按规定的标准符号标注在图样上。

二、几何公差的研究对象

任何形状的机械零件都是由点(圆心、球心、中心点和交点等)、线(素线、轴线、中心线和曲线等)、面(平面、中心平面、圆柱面、圆锥面、球面和曲面等)组合而成的,如图 3-3 所示。

几何公差的研究对象是构成零件几何特征的点、线、面,这些点、线、面统称为几何要素,简称要素。一般在研究形状公差时涉及的对象有线和面两类要素,在研究位置公差时涉及的对象有点、线和面三类要素,几何公差就是研究这些要素在形状及其相互间方向或位置方面的精度问题。

三、几何要素的范畴及分类

(一)几何要素的范畴

1. 设计的范畴

设计的范畴指设计者对未来工件的设计意图的一些表述,包括公称组成要素、公称导出要素。

2. 工件的范畴

工件的范畴指物质和实物的范畴,包括实际组成要素、工件实际表面。

3. 检验和评定的范畴

检验和评定的范畴通过用计量器具进行检验来表示,以提取足够多的点来代表实际工件,并通过滤波、拟合、构建等操作后对照规范进行评定,包括提取组成要素、提取导出要素、拟合组成要素和拟合导出要素。

(二)几何要素的分类

1. 按结构特征分类

(1)组成要素:也称轮廓要素,是指构成零件外形的直接为人们感觉到的点、线、面各要素,如平面、圆柱面、球面、曲线和曲面等。如图 3-3(a)所示零件上的球面、圆锥面、圆柱面、环状端平面、圆柱面的素线及图 3-3(b)所示零件上的两平行平面。

(2)导出要素:也称中心要素,是指由一个或几个尺寸要素的对称中心得到的中心点、中心线或中心平面。导出要素虽然不能为人们直接感觉到,但随着相应轮廓要素的存在而客观存在着。如图 3-3(a)所示零件上的圆柱面的轴线、球面的球心和图 3-3(b)所示两平行平面的中心平面。

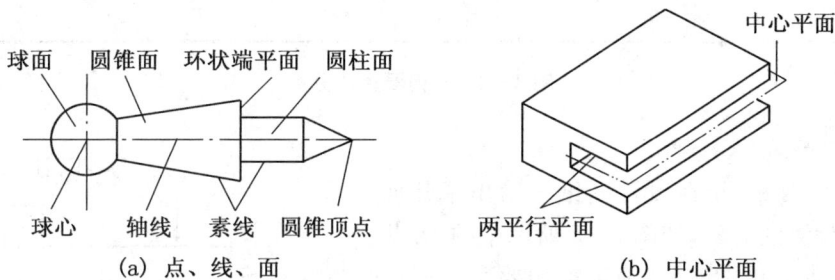

图 3-3 零件几何要素

2. 按存在状态分类(图 3-4)

(1)公称要素(理想要素):具有几何学意义的要素,它没有任何误差,在实际零件上是不存在的。图样上表示设计意图的要素(没有误差的纯几何学的点、线、面)均为理想要素。

(2)公称导出要素:指由一个或几个公称组成要素导出的中心点、轴线或中心面。

(3)实际要素:零件上实际存在的要素,加工形成后由测量反映,有误差。

3. 按检测评定流程分类(图 3-4)

(1)提取要素:检验时测量所得是提取要素,包括提取组成要素和提取导出要素。

① 提取组成要素。提取组成要素是指按规定方法由实际要素提取有限数目的点所形成的实际要素的近似替代。

② 提取导出要素。提取导出要素是指由一个或几个提取组成要素得到的中心点(如提

取球心)、中心线(如提取轴线)或中心面(如提取中心面)。

(2) 拟合要素:为了对工件进行评定,应对实际要素进行拟合。拟合要素有拟合组成要素和拟合导出要素。

① 拟合组成要素。拟合组成要素是按规定方法由提取要素形成的并具有理想形状的要素。

② 拟合导出要素。拟合导出要素是由一个或几个拟合组成要素导出的中心点、轴线或中心平面。

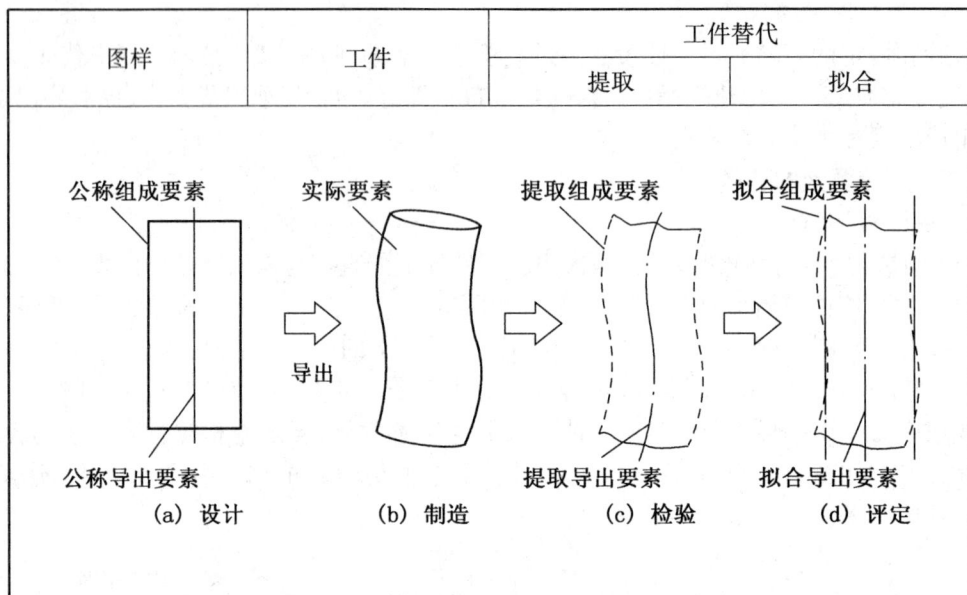

图 3-4 几何要素的分类

4. 按所处地位分类

(1) 被测要素:指在设计图纸上给出了几何公差的要素,是检测的对象,如图 3-5 所示中的Ⅰ、Ⅱ。

(2) 基准要素:指用来确定被测要素方向或位置的要素。基准要素在图样上都标有基准符号或基准代号。基准要素应具有理想状态,理想的基准要素简称基准,如图 3-5 所示中 ϕd_2 左端面的Ⅲ。

5. 按功能关系分类

(1) 单一要素:指仅对要素本身提出功能要求而给出形状公差的要素。如图 3-5 所示中的Ⅰ。

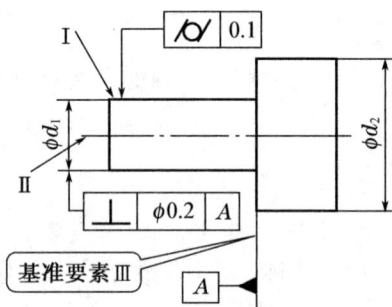

图 3-5 检测关系图

(2) 关联要素:指相对于基准要素有功能要求而给出位置公差的要素,如图 3-5 所示中 ϕd_1 的轴线Ⅱ。

四、几何公差的几何特征项目及符号

几何公差是指实际被测要素相对于图样上给定的理想形状、理想方向、理想位置的允许变动量。

国家标准《产品几何技术规范(GPS)几何公差形状、方向、位置和跳动公差标注》(GB/T 1182—2018)把几何公差分为4类:形状公差、方向公差、位置公差和跳动公差。形位公差特征项目共14个,名称及符号见表3-1。几何公差的附加符号见表3-2。

表3-1 几何公差的项目、符号及基准要求

公差类型	集合特征	符 号	有无基准	公差类型	集合特征	符 号	有无基准
形状公差	直线度	—	无	方向公差	线轮廓度	⌒	有
	平面度	▱	无		面轮廓度	⌓	有
	圆度	○	无	位置公差	位置度	⊕	有或无
	圆柱度	⌭	无		同轴度,同心度	◎	有
	线轮廓度	⌒	无		对称度	═	有
	面轮廓度	⌓	无		线轮廓度	⌒	有
方向公差	平行度	//	有		面轮廓度	⌓	有
	垂直度	⊥	有	跳动公差	圆跳动	↗	有
	倾斜度	∠	有		全跳动	↗↗	有

形状公差是单一实际要素的形状所允许的变动全量。方向公差是关联实际要素对基准在方向上允许的变动全量。位置公差是关联实际要素对基准在位置上所允许的变动全量。跳动公差是关联实际要素绕基准轴线回转一周或连续回转时所允许的最大跳动量。

其中,形状公差无基准;方向公差、位置公差和跳动公差有基准。轮廓度公差无基准时为形状公差,有基准时为方向公差或位置公差;位置度公差根据具体使用情况选择有或无基准。

表3-2 几何公差的附加符号

说明	符号		说明	符号
有、无基准的几何规范标准	公差框格		组合、独立公差带	组合规范元素 CZ、SZ
包容要求	尺寸公差相关符号 Ⓔ		自由状态条件	状态的规范元素 Ⓕ
基准目标标识	⌀20/A₁	基准相关符号	全表面(轮廓)	⊚
接触要素	CF		全周(轮廓)	⊙
仅方向	⟩⟨		小径、大径	LD、MD
理论正确尺寸	50		中径/节径	PD
基准要素标识	Ⓐ		区间	↔
最大实体要求	Ⓜ	实体状态	联合要素	UF
最小实体要求	Ⓛ		任意横截面	ACS
可逆要求	Ⓡ		相交、定向平面框格	◁//B
延伸公差带	Ⓟ	导出要素	方向要素框格	←//B
中心要素	Ⓐ		组合平面框格	◯//B

【任务实施】

理解如图 3-6 所示零件上几何要素的分类。

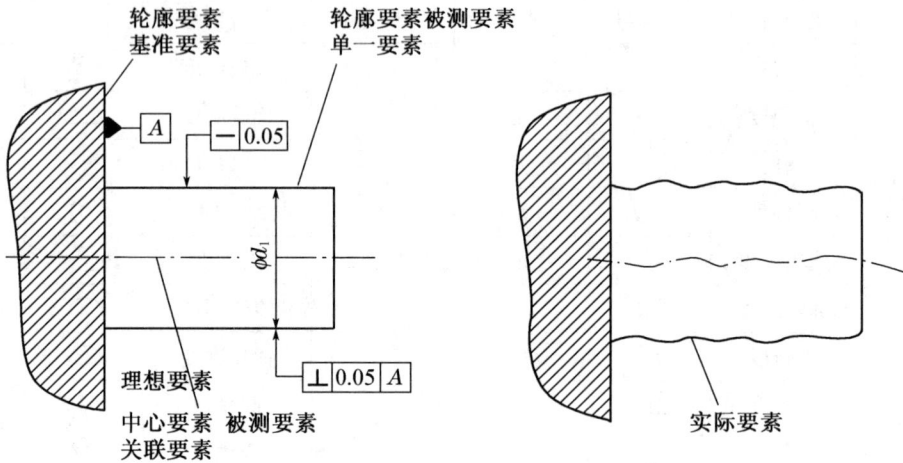

图 3-6　零件图上几何要素的分类

【拓展知识】

基　准

一、基准的分类

基准是零件上用来确定其他点、线、面位置所依据的那些点、线、面。按其功用的不同，基准可分为设计基准和工艺基准两大类。

1. 设计基准

设计基准是在零件图上所采用的基准，它是标注设计尺寸的起点。如图 3-7(a)所示的零件，平面 2、3 的设计基准是平面 1，平面 5、6 的设计基准是平面 4，孔 7 的设计基准是平面 1 和平面 4，而孔 8 的设计基准是孔 7 的中心和平面 4。在零件图上不仅标注的尺寸有设计基准，而且标注的位置精度同样具有设计基准，如图 3-7(b)所示的钻套零件，轴心线 $O—O$ 是各外圆和内孔的设计基准，也是两项跳动误差的设计基准，端面 A 是端面 B、C 的设计基准。

2. 工艺基准

工艺基准是在工艺过程中使用的基准。工艺过程是一个复杂的过程，按用途的不同，工艺基准又可分为定位基准、工序基准、测量基准和装配基准。

工艺基准是在加工、测量和装配时使用的，必须是实际存在的，然而作为基准的点、线、面有时并不一定具体存在（如孔和外圆的中心线、两平面的对称中心面等），往往通过具体的表面来体现，用以体现基准的表面称为基面。例如，如图 3-7(b)所示钻套的中心线是通过内孔表面来体现，内孔表面就是基面。

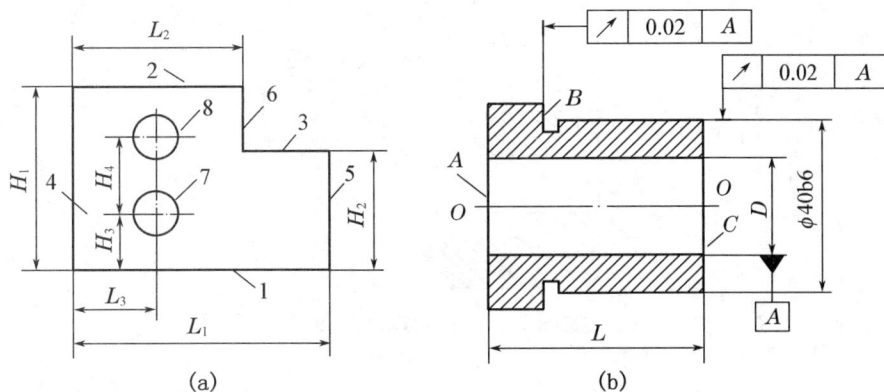

图 3-7　设计基准分析

二、基准的选择原则

（1）根据要素的功能及对被测要素间的几何关系来选择基准。例如,轴类零件通常以两个轴承为支承运转,其运转轴线是以安装轴承的两轴颈的公共轴线为基准。

（2）根据装配关系,应选择零件相互配合、相互接触的表面作为各自的基准,以保证装配要求。

（3）从加工、检验角度考虑,应选择在夹具、检具中定位的相应要素为基准,这样能使所选基准与定位基准、检测基准、装配基准重合,以消除由于基准不重合引起的误差。

（4）从零件的结构考虑,应选较大的表面、较长的要素作基准,以便定位稳固、准确。对结构复杂的零件,一般应选三个相互垂直的平面作基准,以确定被测要素在空间的方向和位置。

【思考练习】

一、填空题

1. 几何公差的研究对象是构成零件几何特征的_____、_____、_____,这些统称为几何要素,简称要素。

2. 给出形状或位置公差要求的要素称为_____要素,用于确定被测要素方向或位置的要素称为_____要素,用于确定被测要素变动量的要素称为_____要素。

3. 形位公差中只能用于中心要素的项目有_____,只能用于轮廓要素的项目有_____。

二、简答题

1. 几何要素有那些范畴? 又是如何分类的?

2. 基准的建立有几种方式? 各自包括几种要素?

3. 什么是几何公差? 国家标准把几何公差分几大类?

三、综合题

解释题图 3-1 所示零件中 a、b、c、d 各要素分别属于什么要素。

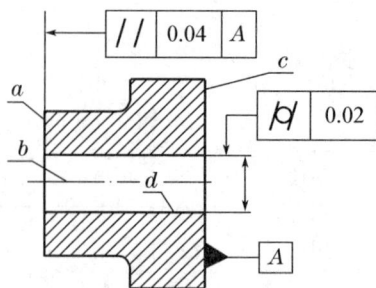

题图 3-1　综合题示意图

任务 2　几何公差的标注

【学习目标】

1. 掌握几何公差项目、符号及标注方法。
2. 读懂图样上零件几何公差要求,理解图样上几何公差的含义。
3. 理解几何公差标注的注意事项;掌握几何公差的公差等级和公差值。
4. 了解最小区域判别法。

【任务引入】

加工一根销轴,如图 3-8 所示,必须按图施工,才能保证销轴的质量和互换性。图样上不仅要正确标注 $\phi36h6$、$\phi60f7$ 等尺寸值,还必须选定 $\phi60f7$ 轴线为基准 A,正确标注圆柱度、同轴度和垂直度的满足要求。

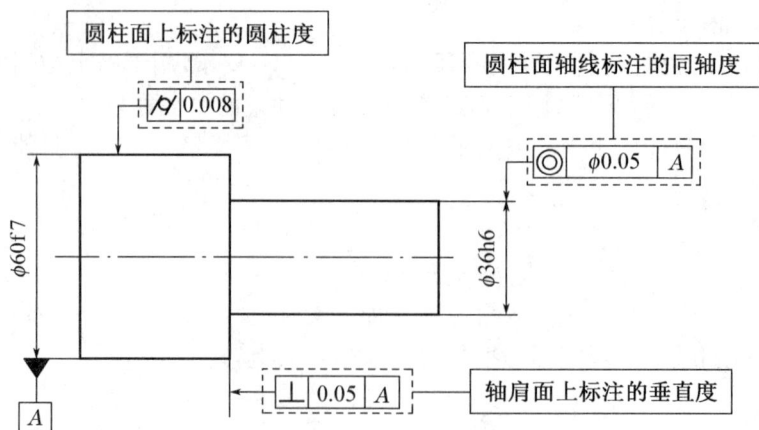

图 3-8　销轴

【任务分析】

要完整、正确地标注几何公差,需了解几何公差框格和基准符号,掌握几何公差的标注方法、注意事项以及几何公差的公差等级和公差值等。

【相关知识】

国家标准规定,在技术图样中几何公差应采用框格代号标注。无法采用框格代号标注时,才允许在技术要求中用文字加以说明,但应做到内容完整,用词严谨。

一、几何公差规范标注和基准符号

1. 几何公差规范标注

几何公差规范标注的组成包括公差框格,可选的辅助平面和要素标注以及可选的相邻标注(补充标注)。如图 3 - 9 所示为几何公差规范标注的元素。

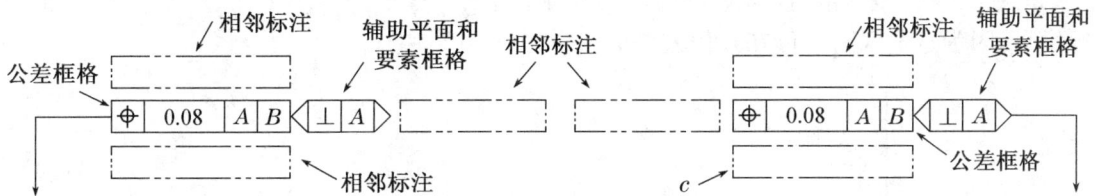

图 3 - 9　几何公差规范标注的元素

几何公差规范应使用参照线与指引线相连。如果没有可选的辅助平面或要素标注,参照线应与公差框格的左侧或右侧中点相连。如果有可选的辅助平面和要素标注,参照线应与公差框格的左侧中点或最后一个辅助平面和要素框格的右侧中点相连。此标注同时适用于二维与三维标注。

2. 几何公差框格及填写的内容

公差要求应标注在划分成两个部分或三个部分的矩形框格内。第三个部分可选的基准部分可包含一至三格。如图 3 - 10 所示,这些部分为自左向右顺序排列。

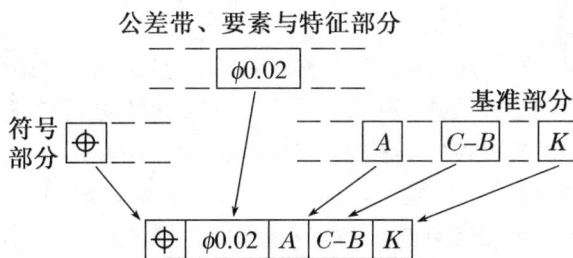

图 3 - 10　公差框格的三个部分

85

公差框格及标注内容如下：

（1）公差框格第一部分符号部分,应包含几何特征符号;

（2）公差框格第二部分公差带、要素与特征部分,几何公差值用线性值,以 mm 为单位表示;公差带是圆形或圆柱形的,则在公差值的前面加注 ϕ;公差带是球形的,则在公差值的前面加注 S ϕ。

（3）公差框格第三部分为表示基准的字母和有关符号。

3. 框格指引线

指引线标注要求:带箭头的指引线用细实线绘制,应指在有关的被测要素;指引线一端与公差框格相连,可从框格的左端或右端引出;指引线引出时必须和公差框格的一边垂直,指引线另一端带有箭头,可以曲折,但是一般不得多于两次;指引线箭头的方向应是公差带的宽度方向或直径方向。

4. 基准要素的标注

基准要素的标注用基准符号表示,基准符号由基准字母、框格、连线和一个空白的或涂黑的三角形组成,如图 3‑11 所示。无论基准符号在图样中的方向如何,基准字母都必须水平书写在表示公差框格内,如图 3‑10(b)所示;基准字母不得采用 E、F、I、J、L、M、O、P、R 等字母,因为这些大写字母在几何公差标注中另有含义。

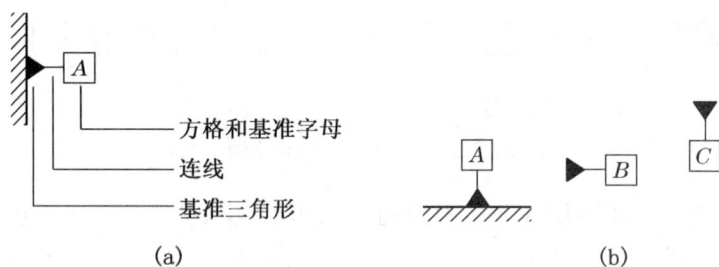

方格和基准字母

连线

基准三角形

(a)　　　　　　　　　　　　　　　(b)

图 3‑11　基准符号

5. 部分提取要素概念的诠释及标注方式;

GB/T 1182—2018《产品几何技术规范(GPS)几何公差:形状、方向,位置和跳动公差标注》对部分提取要素概念的诠释以及标注方式进行举例说明,见表 3‑3。

二、几何公差的标注方法

1. 被测要素的标注

被测要素的标注时,要特别注意公差框格的指引线箭头所指的位置和方向。箭头位置和方向的不同将有不同的公差要求,因此要严格按国家标准的规定进行标注。

（1）当被测要素为组成要素(如轮廓线或轮廓面)时,指示箭头应指在被测表面的可见轮廓线上,也可指在轮廓线的延长线上,且必须与尺寸线明显地错开,如图 3‑12(a)所示;对视图中的一个面提出几何公差要求,有时可在该面上用一小黑点引出参考线,公差框格的指引线箭头则指在参考线上,如图 3‑12(b)所示。

表3-3　部分提取要素概念的诠释及标注方式

项目	提取要素			组合平面
	相交平面	定向平面	方向要素	
定义	由工件的提取要素建立的平面,用于标识提取面上的线要素或标识提取面上的点要素。	由工件的提取要素建立的平面,用于标识公差带宽度(局部偏差)的方向。	由工件的提取要素建立的理想要素,用于标识公差带宽度(局部偏差)的方向。	由工件上的要素建立的平面,用于定义封闭的组合连续要素。
作用	相交平面是用标识线要素要求的方向,例如在平面上线要素的直线度、线轮廓度,以及在面要素上线要素的方向,以及在面要素上线要素的"全周"规范。	当被测要素是中心点(中心线)且公差带由两平行平面或圆柱面所定义,或被测要素是中心点、中心线、圆柱时,才使用定向平面。定向平面可用于定义矩形局部区域的方向。	当被测要素是组成要素且公差带宽度垂直的回转体表面圆柱面圆球面或非圆球体或球体时,应使用方向要素确定公差带宽度的方向。在二维标注中,仅当指带引线的方向以及公差框标引线的方向,指引线的方向使用TED标注时,才可定义公差带宽度的方向。	当标注"全周"符号时,应使用组合平面。组合平面可标识一个平行平面,可用来标识"全周"标注所包含的要素。
构建要素	回转型(如圆锥或圆环)、圆柱型(如圆柱)、平面型(如平面)才可用于构建相交平面族。			可用于相交平面的同一类要素也可用于构建组合平面。
图样标注	⟨//B⟩ 平行　⟨⊥B⟩ 垂直　⟨≡B⟩ (包含)　⟨∠B⟩ 保持特定的角度	⟨//B⟩　⟨⊥B⟩　⟨∠B⟩	⟨//C⟩　⟨⊥C⟩　⟨∠C⟩	⟨//A⟩　作为公差框格的延伸部分标注在其右侧。(可用于相交平面的延伸部分的同一符号也可用于组合平面框格的第一部分,且含义相同。)

作为公差框格的延伸部分标注在其右侧;指引线可根据需要,与相交平面框格相连,并将其放置在相交平面框格的第一格。可用符号定义相对于基准相交平面的构建方式,并构建相交平面的字母应放置在相交平面框格的第二格。标识基准并构建相交平面的字母应放置在相交平面框格的第二格。

（续表）

项目	提取要素			
	相交平面	定向平面	方向要素	组合平面
规则	当被测要素是组成要素上的线要素时，应标注相交平面；此时被测要素是该面要素上与基准 C 平行的所有线要素。 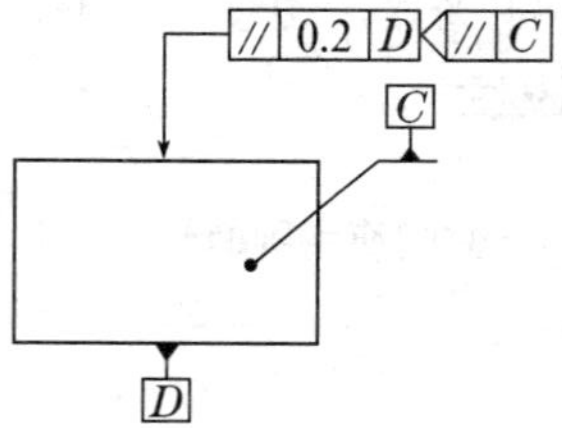	当定向平面所定义的角度不是 0°或 90°时，应使用倾斜度符号，并且应明确地定义出理论夹角；角度等于 0°或 90°时，应分别使用平行度符号或垂直度符号。 当公差框格标注有一个或多个基准时，定向平面应按照平行于、垂直于、或保持特定的角度于定向平面框格构建，同时受公差框格内基准的约束。	被测要素是组成要素，且公差带的宽度与规定的几何要素非法向关系，或对非圆柱体或球体的回转体表面使用圆度公差，公差带宽度的方向应参照方向要素框格中标注的基准构建。 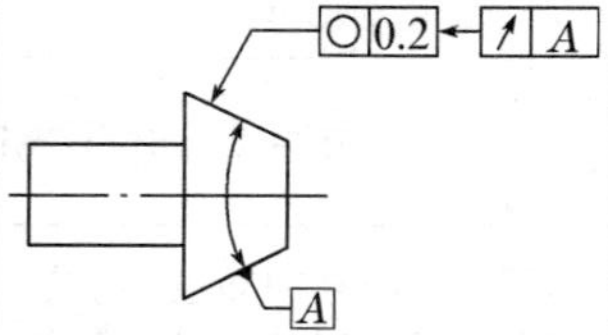 与被测要素的面要素垂直的圆度公差的标注	当使用“全周”符号标识适用于要素集合的规范时，应标注组合平面。组合平面可标识一组单一要素，与平行于组合平面的任意平面相交为线要素或点要素。 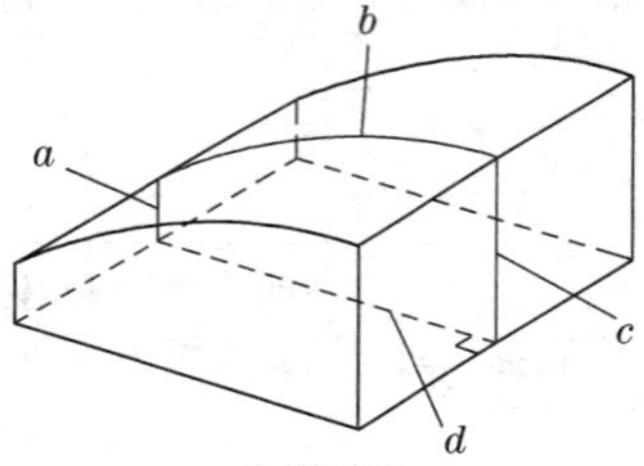 全周说明 图样上所标注的要求作为组合公差带，适用于在所有横截面中的线 a，b、c 与 d。
应用示例	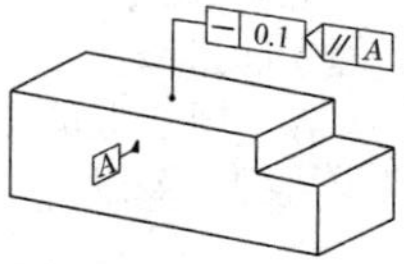 平行于基准的相交平面 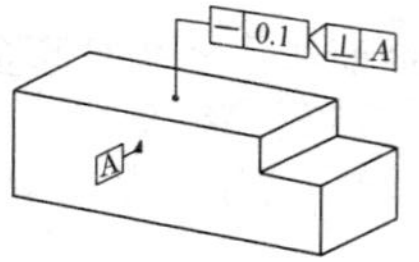 垂直于基准的相交平面 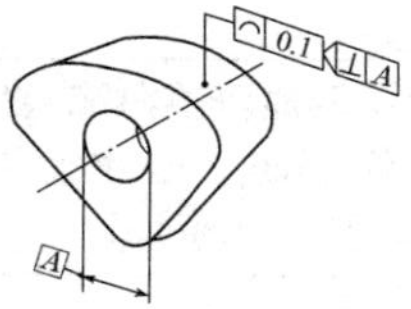 垂直于基准的相交平面 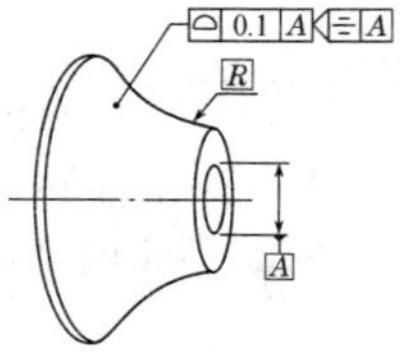 对称于（包含）基准的相交平面	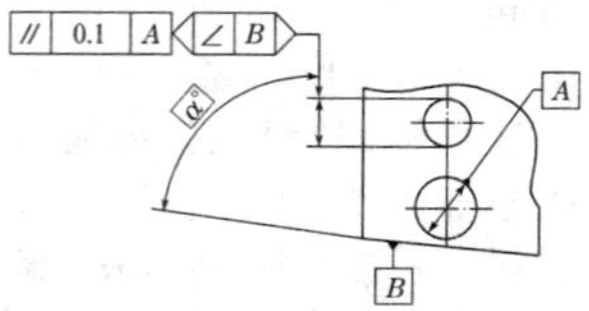 与基准保持特定的角度 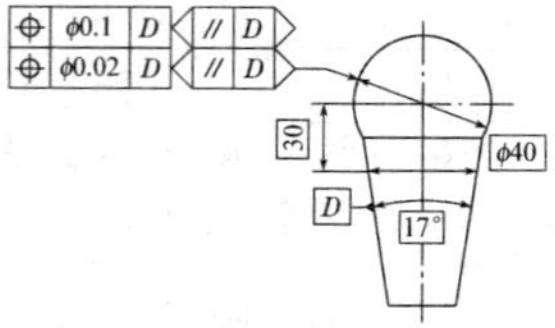 同时确定圆柱公差带及由两个平行平面约束的公差带方向	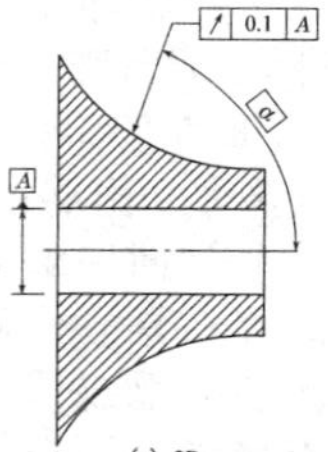 (a) 2D 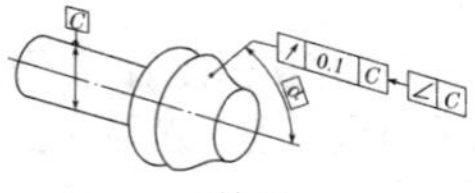 (b) 3D 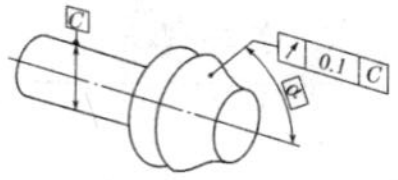 (c) 3D	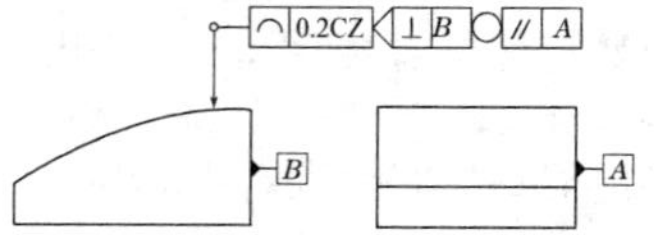 (a) 2D 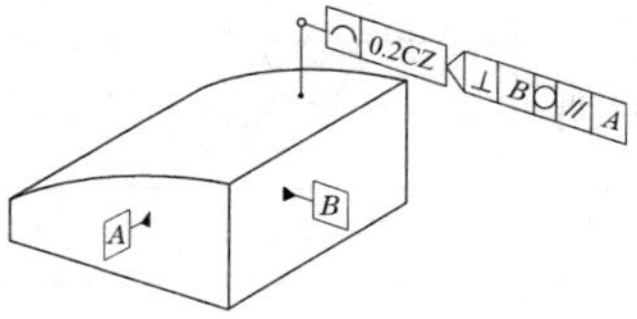 (b) 3D

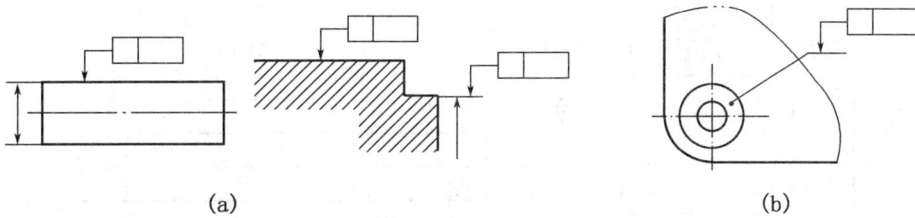

图 3-12　被测要素为轮廓线或轮廓面的标注

（2）当被测要素为导出要素（如中心点、圆心、轴线、中心线、中心平面）时，指引线的箭头应对准尺寸线，即与尺寸线的延长线相重合。若指引线的箭头与尺寸线的箭头方向一致时，可合并为一个，如图 3-13 所示为中心要素标注。

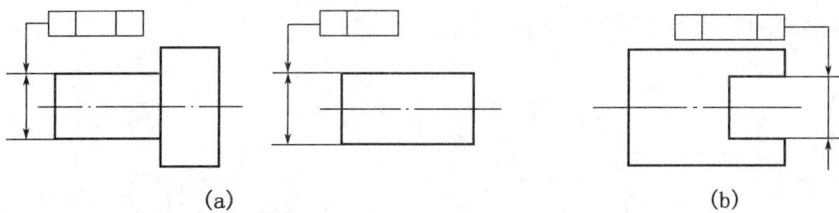

图 3-13　被测要素为中心线、中心面或中心点的标注

当被测要素为圆锥体的轴线时，指引线的箭头应与圆锥体直径大端尺寸线或小端尺寸线对齐，如图 3-14（a）所示，必要时也可将指引线的箭头与圆锥体内空白的尺寸线对齐，如图 3-14（b）所示；当圆锥体采用角度尺寸标注时，将指引线的箭头对着该角度的尺寸线，如图 3-14（c）所示。

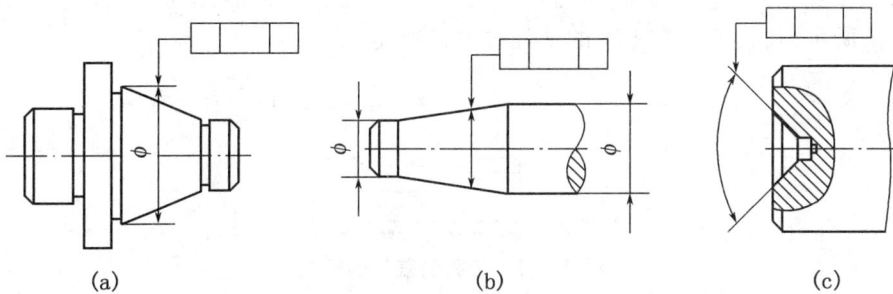

图 3-14　被测要素为圆锥体轴线的标注

（3）特殊规定的标注

① 同一被测要素有多项公差要求时的标注。如图 3-15 所示，当同一被测要素有多项公差要求且测量方向相同时，可将一个公差框格放在另一个公差框格的下面，并且公用同一指引线并指向被测要素。两个项目的测量方向必须相同，才能采用这种标注方法，两个框格的上下位置次序没有严格的规定。

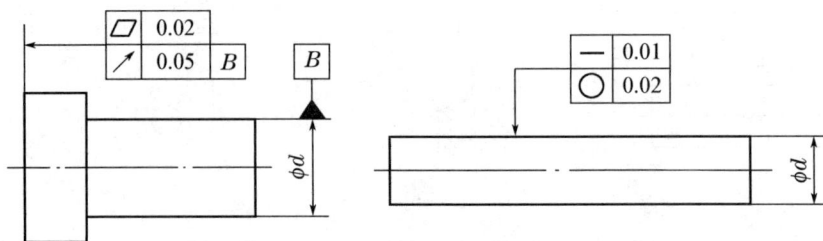

图 3-15　同一被测要素有多项公差要求时的标注

② 多个被测要素有同一项公差要求时的标注。当多个被测要素有同一项公差要求时，但各自独立，可共用一个公差框格标注，在从框格引出的指引线上绘制出两个箭头，分别指向两个被测要素，如图 3-16(a)所示；也可以用字母表示被测要素，再在形位公差框格的上方注明被测要素的数量及其代表字母，如图 3-16(b)所示。

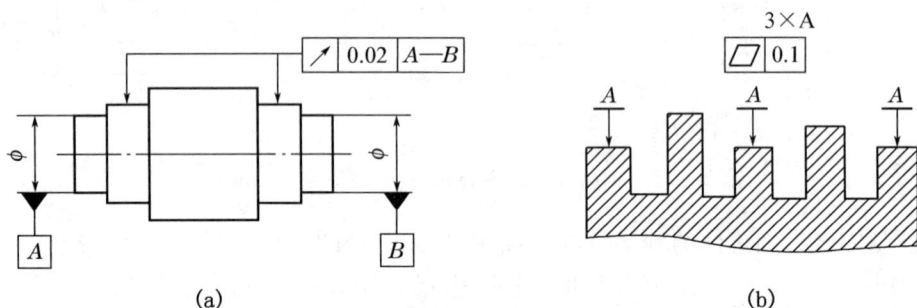

(a)　　　　　　　　　　　　　　(b)

图 3-16　多个被测要素有同一项公差要求时的标注

当若干个要素共用同一公差带时，可在公差框格内公差值后加注公共公差带符号 CZ，如图 3-17 所示，其表示 3 个平面的平面度要求都是 0.1 mm。

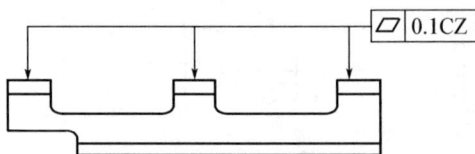

图 3-17　公共公差带的标注

③ 同一被测要素有多项的公差要求的标注。如对同一要素有一个以上的公差特征项目要求且测量方向相同时，为方便起见可将一个框格放在另一个框格的下面，同一条指引线指向被测要素，如图 3-18(a)所示；如测量方向不完全相同，则应将测量方向不同的项目分开标注，如图 3-18(b)所示。

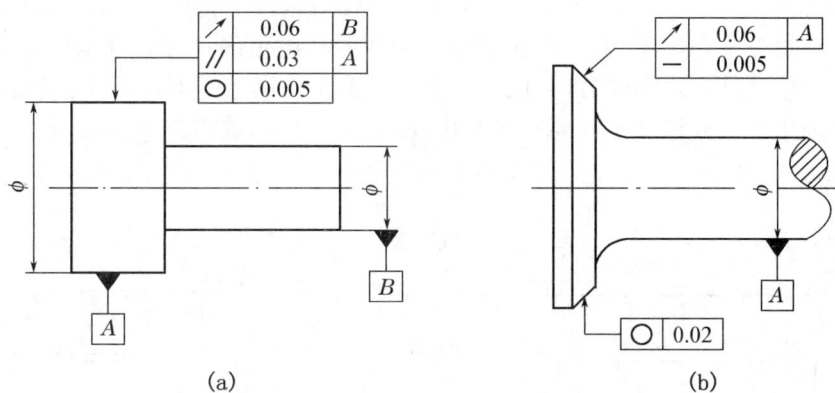

图 3 - 18　同一被测要素有多项的公差要求的标注

④ 被测要素需要加以注明时的标注。如图 3 - 19(a)所示,如果被测要素为轮廓面的要素而不是面时,要在公差框格的下方标注 LE。通常该要素是被测面与公差框格所在投影面的交线,有时也可能需要另外规定被测要素的方向。如图 3 - 19(b)所示,当需要限制被测要素在公差带内的形状时,需在公差框格的下方注明 NC。该标注表示对被测要素的平面度公差的要求,实际表面不得(向材料外)凸起。

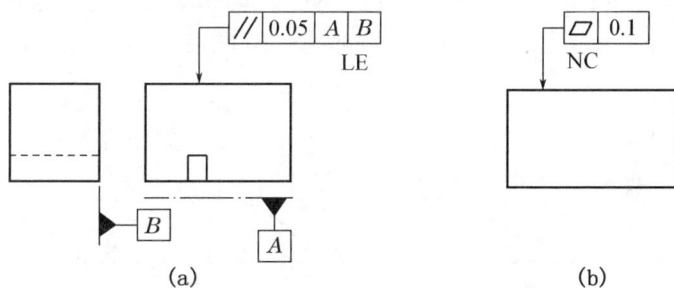

图 3 - 19　被测要素需要加以注明时的标注

⑤ 对公差数值有附加说明时的标注。如对公差数值在一定的范围内有附加的要求时,可采用如图 3 - 30 所示的标注方法。图 3 - 20(a)所示表示在任一 200 mm 长度上的直线度公差值为 0.02 mm。图 3 - 20(b)所示表示在任一 100 mm×100 mm 的正方形面积内,平面度公差数值为 0.03 mm。图 3 - 20(c)所示表示 800 mm 全长上的直线度公差为 0.05 mm,在任一 200 mm 长度上的直线度公差值为 0.02 mm。

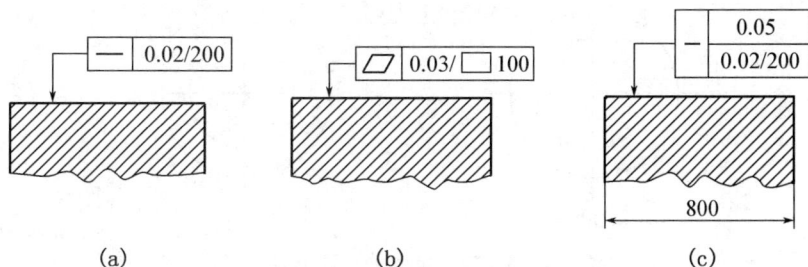

图 3 - 20　公差值有附加说明时的标注

⑥ 理论正确尺寸。当给出一个或一组要素的位置公差、方向公差或轮廓度公差时,分别用来确定其理论正确位置、方向或轮廓的尺寸称为理论正确尺寸。理论正确尺寸也用于确定基准体系中各基准之间的方向、位置关系。理论正确尺寸是不带尺寸公差的理想尺寸,是用于确定理想要素或拟合实际要素的形状,或与基准配合确定理想要素或拟合实际要素的方向、位置的尺寸。标注时,理论正确尺寸应写在尺寸线上的方框内,如图 3-21 所示。

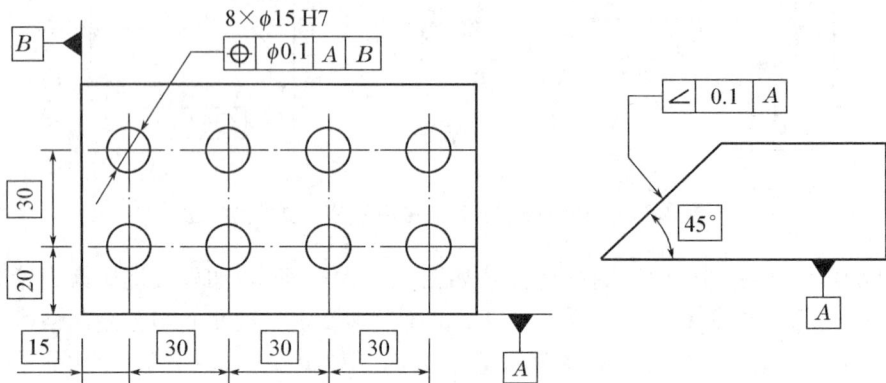

图 3-21 理论正确尺寸的标注

⑦ 轮廓全周符号的标注。形位公差特征项目如轮廓度公差适用于横截面内的整个外轮廓线或整个外轮廓面时,应采用全周符号,即在公差框格的指引线上画上一个圆圈,如图 3-22 所示。

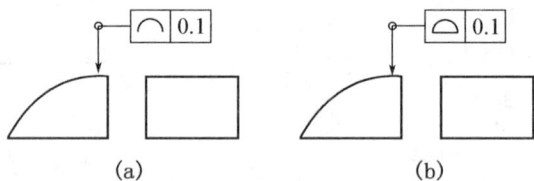

图 3-22 轮廓全周符号的标注

⑧ 螺纹和齿轮的标注。标注螺纹被测要素或基准要素时,如图 3-23 所示,中径符号不标出,只有当为大径或小径时,可以在公差框格或基准代号圆圈下方标注字母"MD"(大径)或"LD"(小径)。当被测要素或基准要素为齿轮的节径时,应在公差框格或基准代号圆圈下方标注字母"PD",若为大径则标注"MD",若为小径时则标注"LD"。

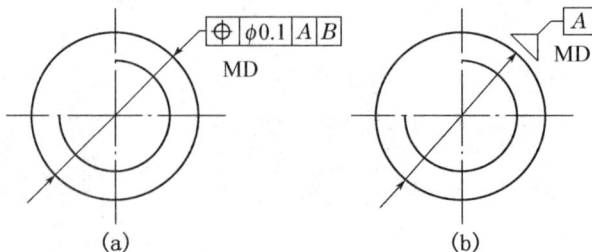

图 3-23 螺纹的标注方法

2. 基准要素的标注

（1）当基准要素是边线、表面等轮廓要素时，基准代号中的三角形应与基准要素的轮廓线或轮廓面贴合，也可与轮廓的延长线贴合，但要与尺寸线明显错开，如图 3－24(a)所示。

（2）当受到图形限制，基准代号必须标注在某个面上时，可在该面上用一个小黑点引出参考线，基准代号则置于参考线上，如图 3－24(b)所示。该面为环形表面。

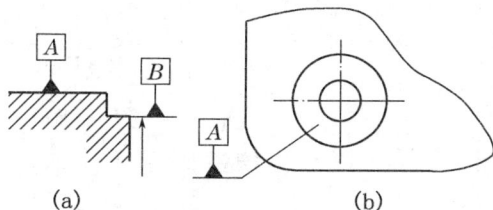

图 3－24 基准要素为轮廓线或轮廓面的标注

（3）当以中心要素作为基准时，基准符号的连线应与基准要素相应的轮廓要素的尺寸线对齐。当基准要素是尺寸要素确定的轴线、中心平面或中心点时，基准三角形应放置在该尺寸线的延长线上，如图 3－25(a)所示，基准 A 放置在该尺寸线的延长线上。若没有足够的位置标注基准要素尺寸的两个尺寸箭头，则其中一个箭头可用基准三角形代替，如图 3－25(b)所示，基准 B 的一个箭头用基准三角形代替。基准符号不允许直接标注在轴线或中心线上，如图 3－25(c)所示。

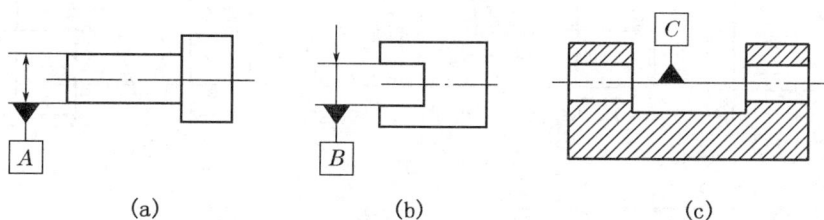

图 3－25 基准要素为轴线、中心平面的标注

当基准要素为圆锥体轴线时，基准代号上的连线应与基准要素垂直，即应垂直于轴线而不是垂直于圆锥的素线，而基准短横线应与圆锥素线平行，如图 3－26(a)、(b)所示。球心为基准的标注示例如图 3－26(c)所示。

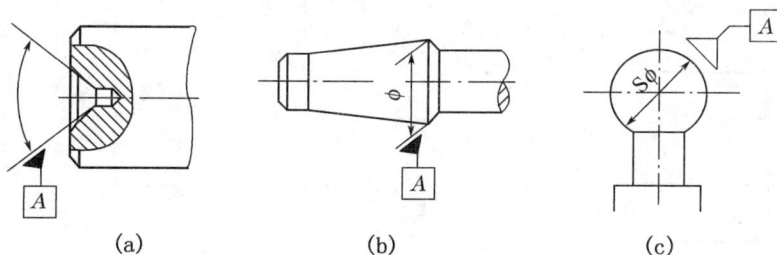

图 3－26 基准要素为圆锥轴线、球心的标注

93

（4）当以要素的局部范围作为基准时，必须用粗点画线示出其部位，并标注相应的范围和位置尺寸，如图 3 - 27 所示。

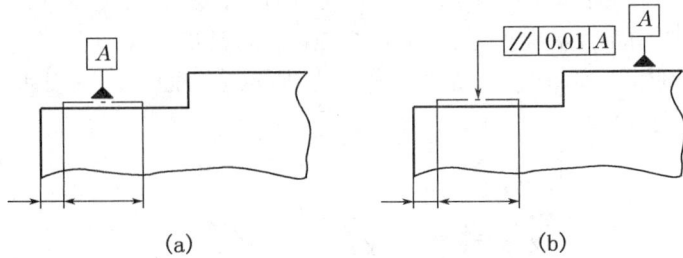

图 3 - 27 局部基准的标注

（5）当采用基准目标时，应在有关表面上给出适当的点、线或局部表面来代表基准要素。

当基准目标为点时，用 45°的交叉粗实线表示，如图 3 - 28(a)所示；当基准目标为直线时，用细实线表示，并在棱边上加 45°交叉粗实线，如图 3 - 28(b)所示；当基准目标为局部表面时，以双点画线画出局部表面轮廓，中间画出斜 45°的细实线，如图 3 - 28(c)所示；基准目标代号在图样中的标注如图 3 - 28(d)所示；对相关要素不指定基准时，称为任选基准的标注，测量时可任选一个要素为基准，如图 3 - 28(e)所示。

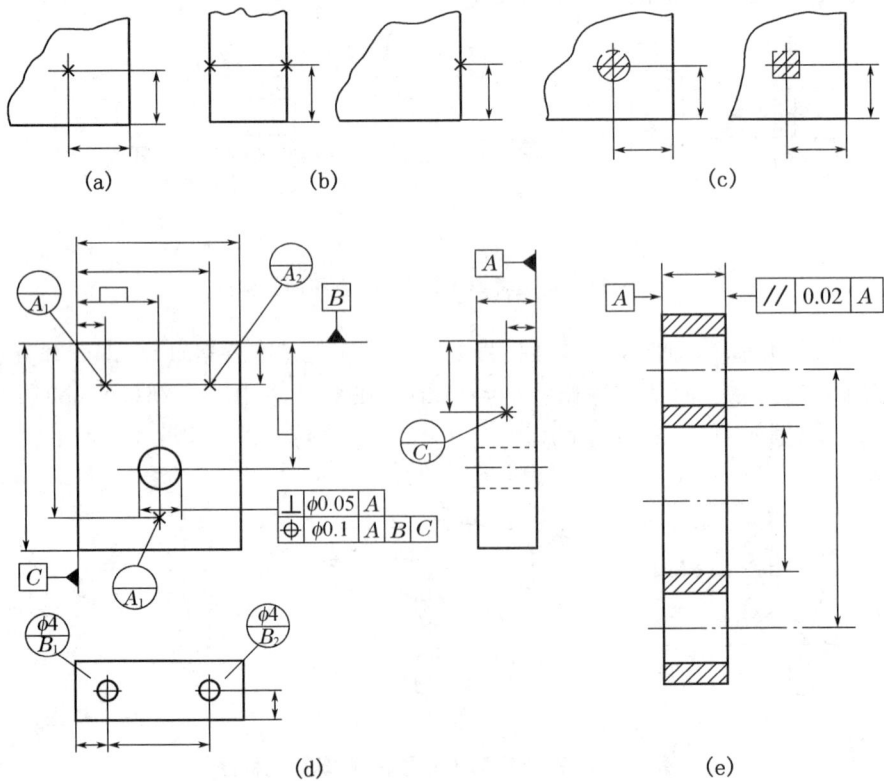

图 3 - 28 基准目标的标注

3. 附加符号的标注

(1)包容要求符号Ⓔ的标注

对于极少数要素,需严格保证其配合性质,并要求由尺寸公差控制其形状公差时,应标注包容要求符号Ⓔ,Ⓔ应加注在该要素尺寸极限偏差或公差带代号的后面,如图3-29所示。

扫码见"包容要求"动画

(2)最大实体要求符号Ⓜ、最小实体要求Ⓛ符号的标注

当被测要素采用最大(最小)实体要求时,符号Ⓜ(Ⓛ)应置于公差框格内公差值后面,如图3-30(a)所示;当基准要素采用最大(最小)实体要求时,符号Ⓜ(Ⓛ)应置于公差框格内的基准名称字母后面,如图3-30(b)所示;当被测要素和基准要素都采用最大(最小)实体要求时,符号Ⓜ(Ⓛ)应同时置于公差值和基准名称字母的后面,如图3-30(c)所示。

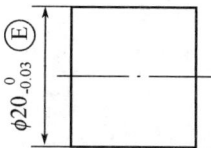

图3-29　基准目标的标注

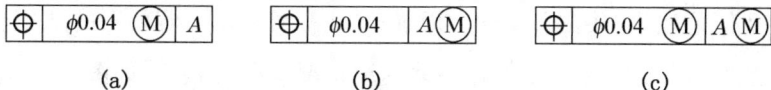

(a)　　　　　(b)　　　　　(c)

图3-30　最大(小)实体要求符号的标注

(3)可逆要求符号Ⓡ的标注

可逆要求应与最大实体要求或最小实体要求同时使用,其符号Ⓡ标注在Ⓜ或Ⓛ的后面。可逆要求用于最大实体要求时的标注方法如图3-31(a)所示;可逆要求用于最小实体要求时的标注方法如图3-31(b)所示。

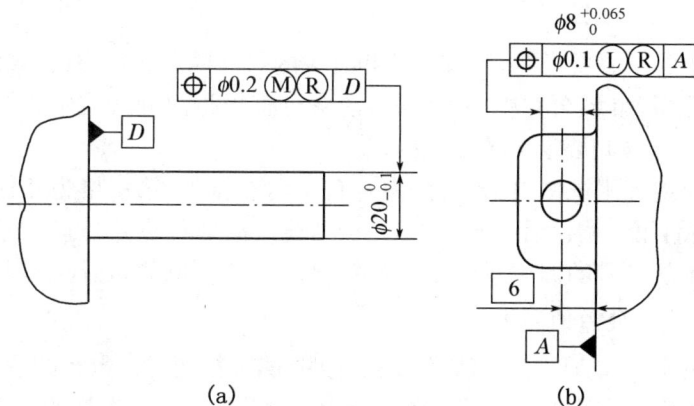

(a)　　　　　　　　　(b)

图3-31　可逆符号的标注

(4)延伸工程带符号Ⓟ的标注

延伸公差带符号Ⓟ标注在公差框格内的公差值后面,同时也应加注在图样中延伸公差带长度数值的前面,如图3-32所示。

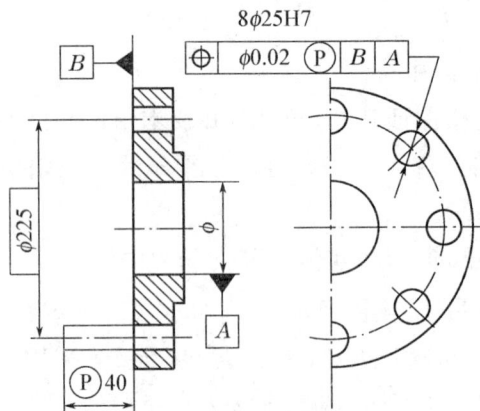

图 3 - 32　延伸符号的标注

（5）自由状态条件符号 Ⓕ 的标注

对于非刚性被测要素在自由状态时,若允许超出图样上给定的公差值,可在公差框格内标注出允许的几何公差值,并在公差值后面加 Ⓕ 注符号表示被测要素的几何公差是在自由状态条件下的公差值,未加 Ⓕ 表示的是在受约束情况下的公差值,如图 3 - 33 所示。

图 3 - 33　由状态符号的标注

三、几何公差标注的注意事项

（1）被测要素为轮廓要素时,箭头指向一般均垂直于该要素,但对圆度公差,箭头方向必须垂直于轴线。

（2）被测要素为中心要素时,箭头必须和有关的尺寸线对齐,只有当被测要素为单段的轴线或各要素的公共轴线、公共中心平面时,箭头可直接指向轴线或中心线,但要注意该公共轴线中没有包含非被测要素的轴段在内。

（3）几何公差内容用框格表示,框格内容自左向右排列,第一格为几何公差项目符号,第二格为公差数值,第三格以后为基准,即使指引线从框格右端引出也是这样。

（4）对一些附加符号的标注应注意附加符号的位置。例如,几何公差的被测要求遵守最大实体要求时,应在公差值后加符号 Ⓜ 。

（5）在框格的上、下方可用文字做附加的说明,属于被测要素数量的说明应写在公差框格的上方,属于解释性说明(包括对测量方法的要求)应写在公差框格的下方。

（6）几何公差影响零件的功能要求、配合性质和互换性,为了满足产品功能要求应对工件要素在形状和位置方面提出几何精度要求。

【任务实施】

识读齿轮图 3 - 34 所示中标注的形位公差并解释含义。

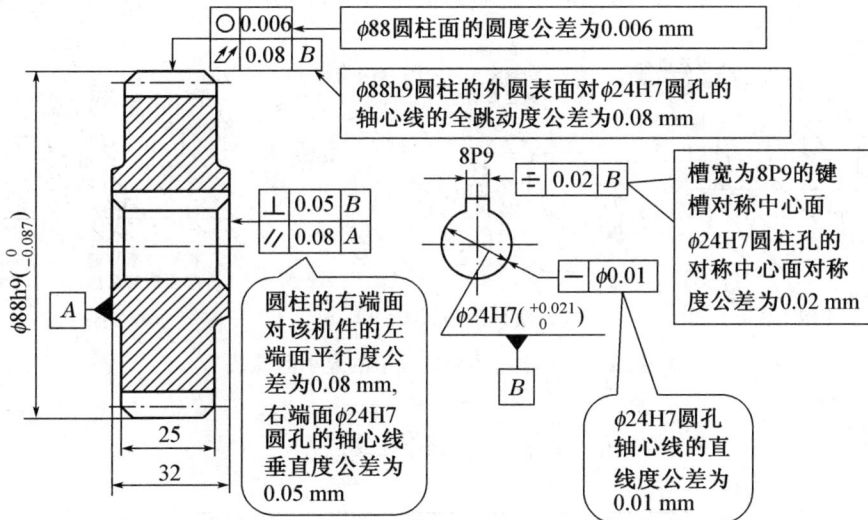

○ 0.006 → φ88圆柱面的圆度公差为0.006 mm

φ88h9圆柱的外圆表面对φ24H7圆孔的轴心线的全跳动度公差为0.08 mm

槽宽为8P9的键槽对称中心面φ24H7圆柱孔的对称中心面对称度公差为0.02 mm

圆柱的右端面对该机件的左端面平行度公差为0.08 mm,右端面φ24H7圆孔的轴心线垂直度公差为0.05 mm

φ24H7圆孔轴心线的直线度公差为0.01 mm

图 3 - 34　齿轮图上几何公差标注与识读

【拓展知识】

几何误差及其评定

一、形状误差及其评定

1. 形状误差

形状误差是被测要素的提取要素对其理想要素的变动量。理想要素的形状由理论正确尺寸或/和参数化方程定义,理想要素的位置由对被测要素的提取要素进行拟合得到。获得理想要素位值的拟合方法一般缺省为最小区域法。如图 3 - 35 所示,规范要求采用最小区域法拟合确定理想要素的位置,采用峰谷参数 T 作为评估参数。

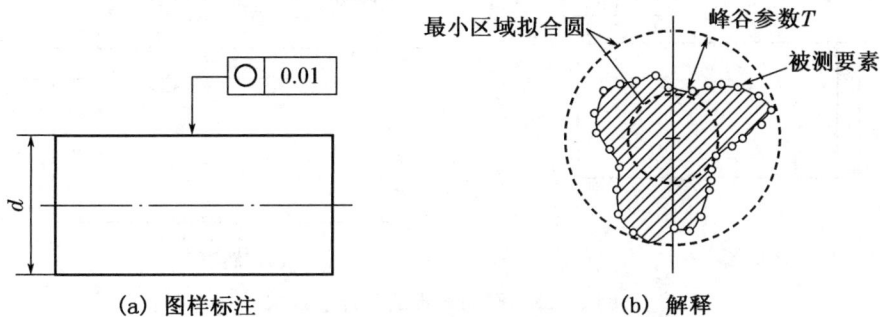

(a) 图样标注　　　　　(b) 解释

图 3 - 35　圆度图样标注及解释

2. 形状误差评定的最小区域法

最小区域法是指采用切比雪夫法对被测要素的提取要素进行拟合得到理想要素位置的方法,即被测要素的提取要素相对于理想要素的最大距离为最小。采用该理想要素包容被测要素的提取要素时,具有最小宽度 f 或直径 d 的包容区域称为最小包容区域(简称最小区域),如图 3-36 和图 3-37 所示。

扫码见"最小区域"动画

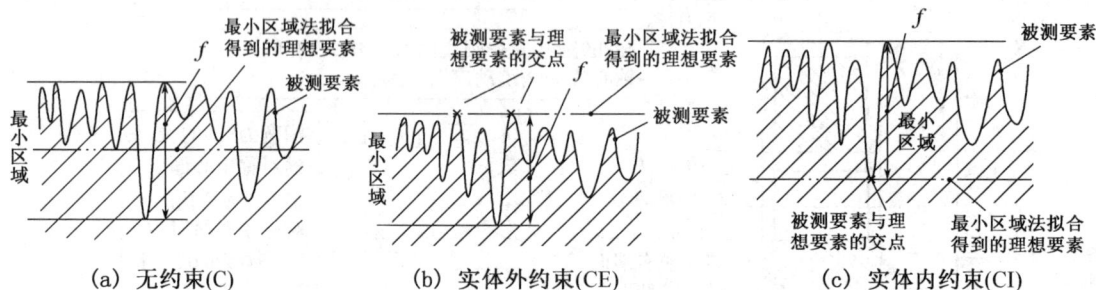

图 3-36　不同约束情况下的最小区域法

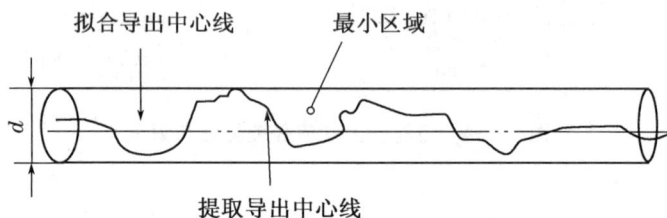

(a) 无约束(C)　　　　(b) 实体外约束(CE)　　　　(c) 实体内约束(CI)

图 3-37　形状误差值为最小包容区域的直径

二、方向误差及其评定

1. 方向误差

方向误差是被测要素的提取要素对具有确定方向的理想要素的变动量,理想要素的方向由基准(和理论正确尺寸)确定。

如图 3-38 所示,符号 ⊤ 表示此规范是对被测要素的拟合要素的方向公差要求,在上表面被测长度范围内,采用贴切法对被测要素的提取要素(或滤波要素)进行拟合得到被测要素的拟合要素(即贴切要素),对该贴切要素相对于基准要素 A 的平行度公差值为 0.1 mm。

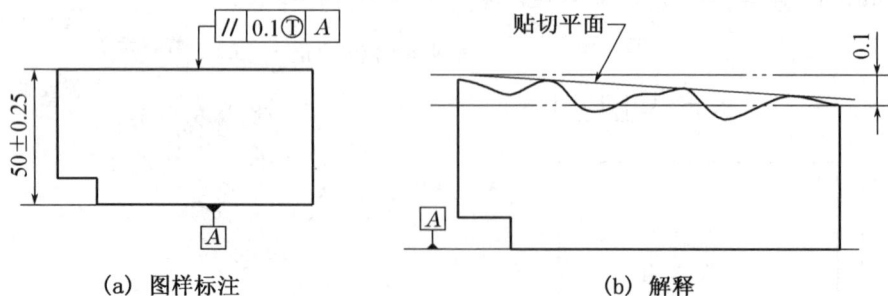

(a) 图样标注　　　　　　　　　　(b) 解释

图 3-38　贴切要素的平行度要求

2. 方向误差的评定

方向误差值用定向最小包容区域(简称定向最小区域)的宽度或直径表示。定向最小区域是指用由基准和理论正确尺寸确定方向的理想要素包容被测要素的提取要素时,具有最小宽度 f 或直径 d 的包容区域,如图 3-39 所示。各方向误差项目的定向最小区域形状分别与各自的公差带形状一致,但宽度(或直径)由被测提取要素本身决定。

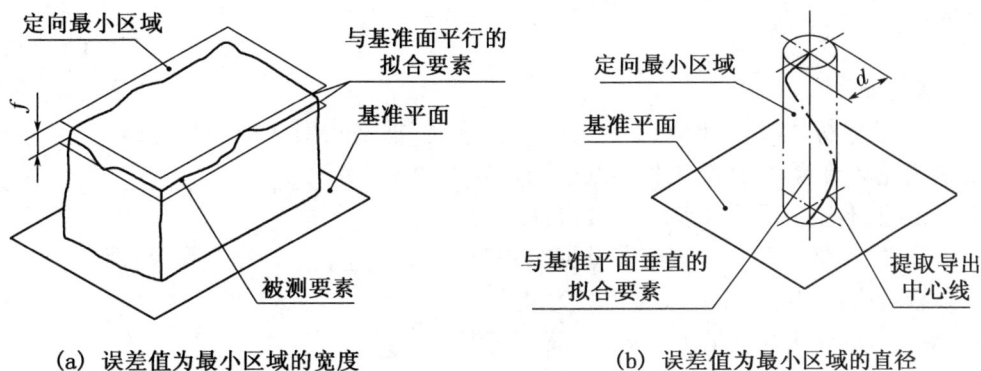

(a) 误差值为最小区域的宽度   (b) 误差值为最小区域的直径

图 3-39 定向最小区域

三、位置误差及其评定

1. 位置误差

位置误差是被测要素的提取要素对具有确定位置的理想要素的变动量,理想要素的位置由基准和理论正确尺寸确定。

2. 位置误差的评定

位置误差值用定位最小包容区域(简称定位最小区域)的宽度 f 或直径 d 表示。定位最小区域是指用由基准和理论正确尺寸确定位置的现想要素包容被测要素的提取要素时,具有最小宽度 f 或直径 d 的包容区域,如图 3-40 所示。各位置误差项目的定位最小区域形状分别与其公差带形状一致,但宽度(或直径)由被测提取要素本身决定。

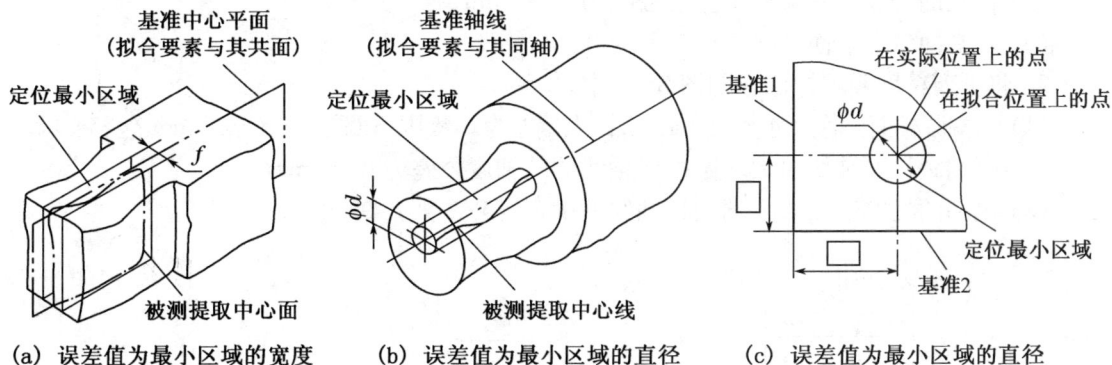

(a) 误差值为最小区域的宽度   (b) 误差值为最小区域的直径   (c) 误差值为最小区域的直径

图 3-40 定位最小区域

四、跳动

跳动是一项综合误差,该误差根据被测要素是线要素或是面要素分为圆跳动和全跳动。

(1)圆跳动是任一被测要素的提取要素绕基准轴线做无轴向移动的相对回转一周时,

测头在给定计值方向上测得的最大与最小示值之差。

（2）全跳动是被测要素的提取要素绕基准轴线做无轴向移动的相对回转一周,同时测头沿给定方向的理想直线连续移动过程中,由测头在给定计值方向上测得的最大与最小示值之差。

【思考练习】

一、填空题

1. 形位公差标注时,当被测要素为中心要素时,框格指引线应与尺寸线_____。若被测要素为轮廓要素,框格箭头棁指引线应与该要素的尺寸线_____。

2. 图纸上不注出形位公差的要素,其形位误差_____。

3. GB/T 1182—2008 中规定了几何公差项目共_____个公差等级,即_____级,_____级最高,依次递减,6 级与 7 级为基本级。

4. 图纸上不注出几何公差的要素,其几何误差_____。

二、判断题

1. 相对其他要素有功能要求而给出位置公差的要素称为单一要素。　　　（　　）

2. 基准要素为中心要素时,基准符号应该与该要素的轮廓要素尺寸线错开。　　（　　）

3. 被测要素为各要素的公共轴线时,公差框格指引线的箭头可以直接指在公共轴线上。　　　　　　　　　　　　　　　　　　　　　　　　　　　　（　　）

4. 形状公差带不涉及基准,其公差带的位置是浮动的,与基准无关。　　　（　　）

三、标注题

1. 将下列精度要求标注在题图 3－2 中。

（1）内孔尺寸为 $\phi30H7$,遵守包容要求。

（2）圆锥面的圆度公差为 0.01 mm,母线的直线度公差为 0.01 mm。

（3）圆锥面对内孔的轴线的斜向圆跳动公差为 0.02 mm。

（4）内孔的轴线对右端面垂直度公差为 0.01 mm。

（5）左端面对右端面的平行度公差为 0.02 mm。

2. 将下列精度要求标注在题图 3－3 中。

（1）大端圆柱面公称尺寸为 50 mm,极限上偏差为 0,极限下偏差为 －0.025 mm,包容要求。

（2）小端圆柱面轴线对大端圆柱面轴线的同轴度公差为 0.03 mm。

（3）大端圆柱右端面对大端圆柱轴线的垂直度公差为 0.02 mm。

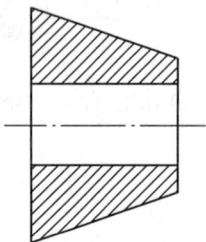

题图 3－2　锥套

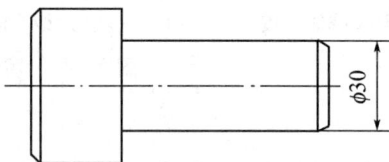

题图 3－3　台阶轴

四、综合题

指出题图3-4中几何公差标注的错误,并加以改正(不变更几何公差项目)。

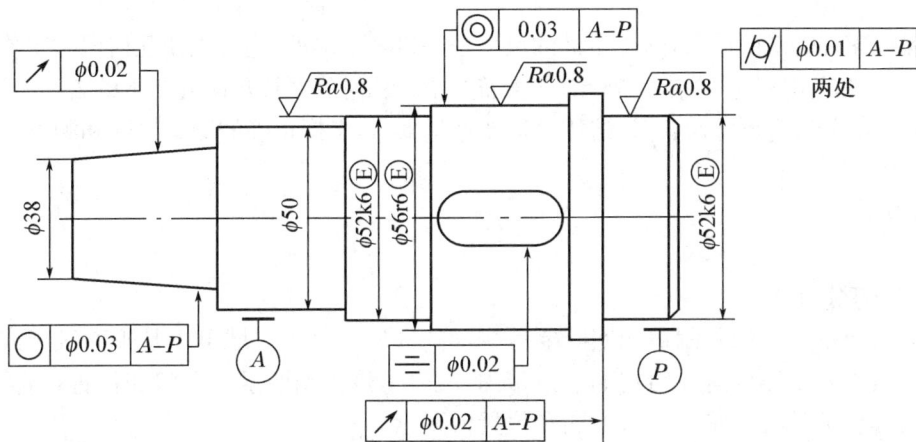

题图3-4 台阶轴

任务3 几何公差及几何误差检测

【学习目标】

1. 熟悉常用几何公差特征的公差带定义、特征,并能正确标注。
2. 理解图样上零件几何公差要求及其含义。
3. 了解几何误差的检测与验证方案。

【任务引入】

如图3-41(a)所示是一阶梯轴图样,要求ϕd_1表面为理想圆柱面,ϕd_1轴线应与ϕd_2左端面相垂直。如图3-41(b)所示是加工后的实际零件,ϕd_1表面圆柱度不好,ϕd_1轴线与端面也不垂直,前者为形状误差,后者为方向误差(两者均是几何误差)。

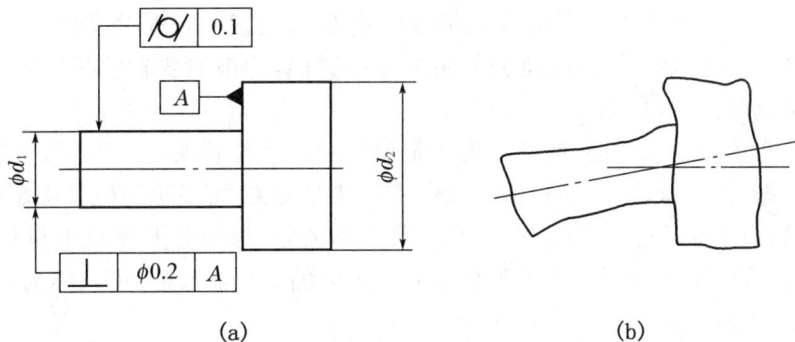

(a)   (b)

图3-41 销轴

【任务分析】

要保证零件的产品质量,除了零件的尺寸公差符合要求外,还必须使几何误差工作性能满足机械产品的工作性能的要求。因此,学生需要了解几何公差及几何公差带的含义及特性,掌握几何公差的公差带形状及含义,选用合适的计量器具,掌握正确的测量原则和测量方法。

【相关知识】

一、几何公差带

几何公差带是用来限制被测实际要素变动的区域。这个区域可以是平面区域或空间区域。只要被测要素完全落在给定的公差带内,就表示该被测要素的形状和位置符合要求。

几何公差带具有形状、大小、方向和位置四要素。

(1)形状:几何公差带的形状由被测要素的理想形状和给定的公差特征项目所确定。常见的几何公差带的形状如图 3-42 所示。

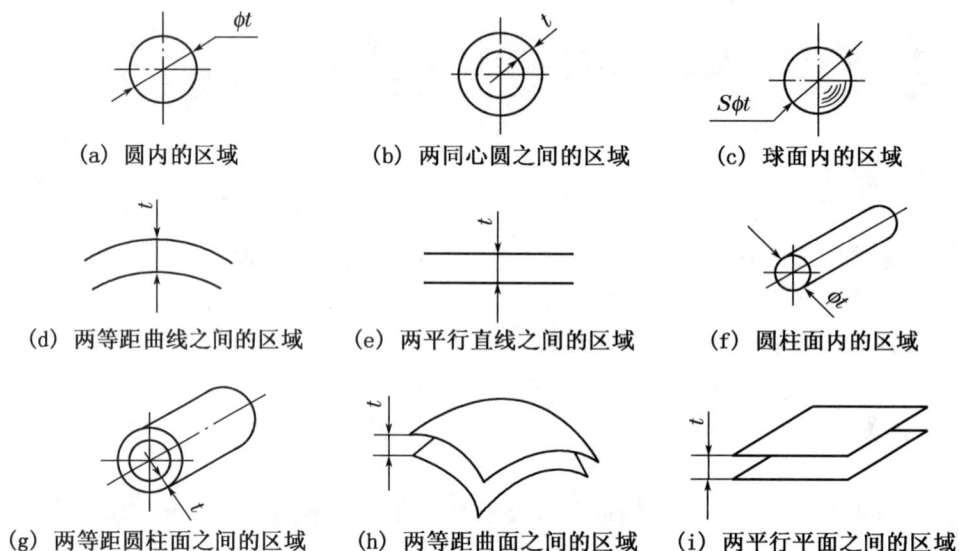

(a) 圆内的区域　(b) 两同心圆之间的区域　(c) 球面内的区域

(d) 两等距曲线之间的区域　(e) 两平行直线之间的区域　(f) 圆柱面内的区域

(g) 两等距圆柱面之间的区域　(h) 两等距曲面之间的区域　(i) 两平行平面之间的区域

图 3-42　几何公差带的形状

(2)大小:几何公差带的大小是指公差带的宽度 t 或直径 t,t 是公差值。

(3)方向:形位公差带的方向是公差带的宽度方向,为被测要素的法向,即被测要素误差变动及被检测的方向,如图 3-43 所示。

(4)位置:形位公差带的位置可分为固定位置和浮动位置两种。对于定位公差以及对于多数跳动公差,由设计确定,与被测要素的实际状况无关,可以称为位置固定的公差带,如图 3-44 所示;对于形状公差、定向公差和少数跳动公差,形位公差项目本身并不规定公差带的位置,其位置随被测实际要素的形状和有关尺寸的大小而改变,可以称为位置浮动的公差带,如图 3-45 所示。

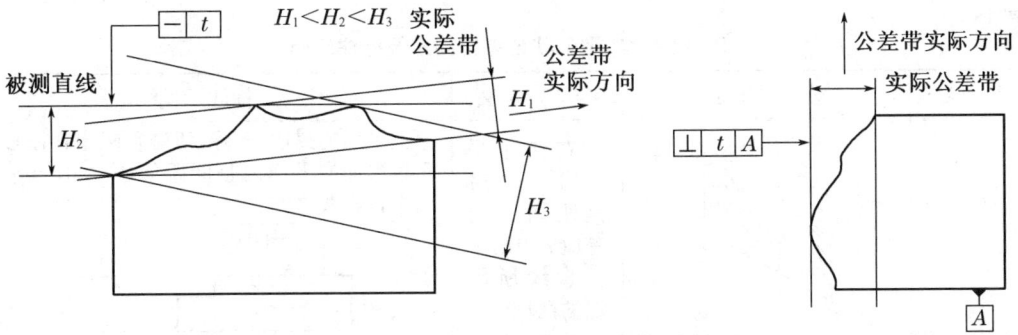

图 3-43 几何公差带的方向

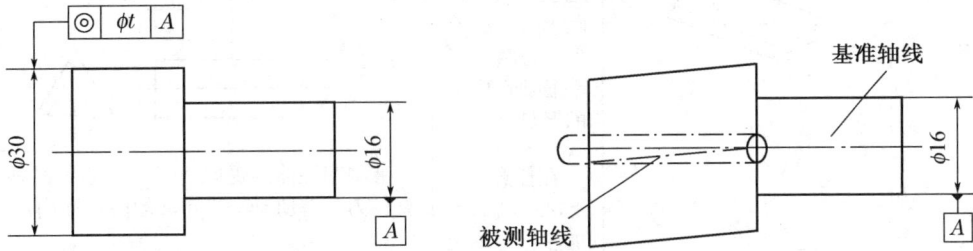

图 3-44 几何公差带位置固定

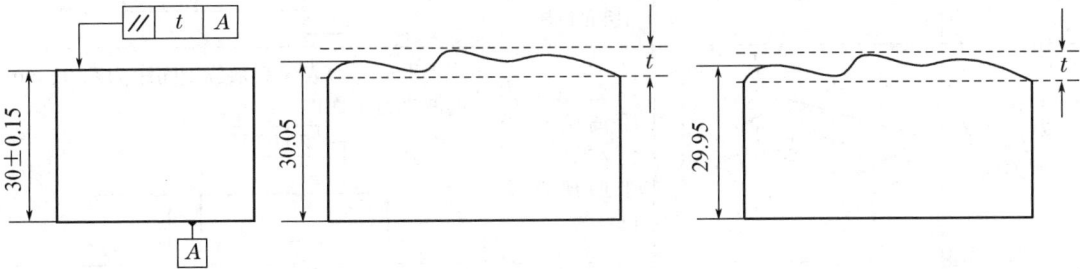

图 3-45 几何公差带位置浮动

二、形状公差

1. 形状公差的分类

形状公差是指单一提取(实际)要素的形状所允许的变动全量,包括直线度、平面度、圆度、圆柱度和轮廓度(包括线轮廓度和面轮廓度)公差。

2. 形状公差带的特点

形状公差带是限制实际被测要素变动的一个区域。零件提取要素在该区域内为合格。形状公差带的特点是不涉及基准,它的方向和位置均是浮动的,只能控制被测要素形状误差的大小,典型形状公差带图示及标注示例见表 3-4。

(1) 直线度公差用于控制直线、轴线的形状误差。根据零件功能要求,直线度可分为在给定平面内、在给定方向上和任意方向上 3 种情况。

(2) 平面度公差用于控制平面的形状误差。

(3) 圆度公差用于控制圆柱形、圆锥形等回转体横截面的形状误差。

(4) 圆柱度公差用于控制横剖面和轴剖面内的各项形状误差(圆度、素线直线度、轴线直线度等),是圆柱体各项形状误差的综合指标,也是国际上推广的一项评定圆柱面误差的先进指标。

表 3-4 典型形状公差带图示及标注示例

特征符号	公差带图示	公差带定义	标注示例
直线度 （一）	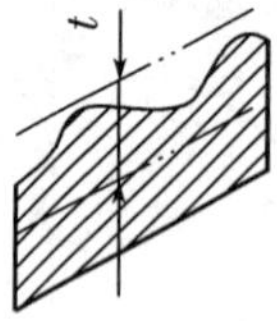	在给定平面内,公差带是距离为公差值 t 的两平行直线所限定的区域。	上平面的提取(实际)线必须限定在图样所示投影面的平面内且间距等于 0.01 mm 的两平行直线之间。 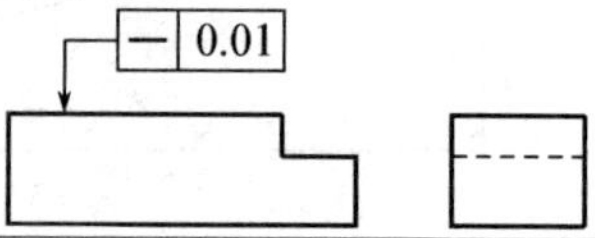
	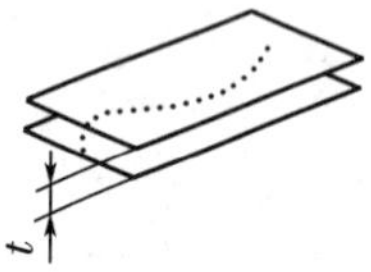	在给定方向上,公差带距离为公差值 t 的两平行平面所限定的区域。	棱线必须位于箭头所指方向、距离为公差值 0.01 mm 的两平行平面之间。 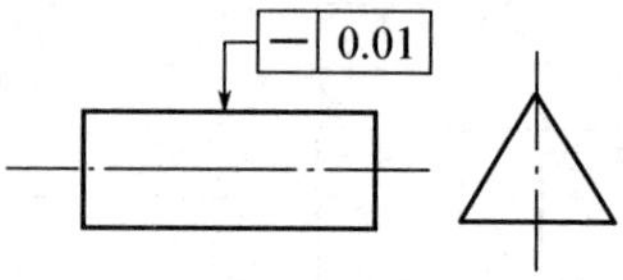
	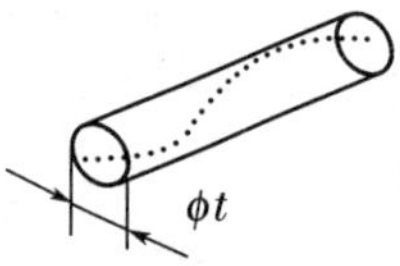	在任意方向上,在公差值前加注符号 ϕ,公差带为直径为 ϕt 的圆柱面所限定的区域。	被测圆柱体的提取(实际)中心线必须位于直径为公差值 $\phi 0.03$ mm 的圆柱面内。 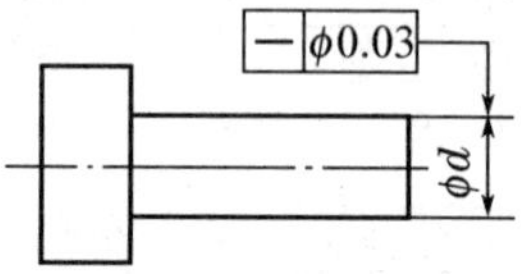
平面度 （□）	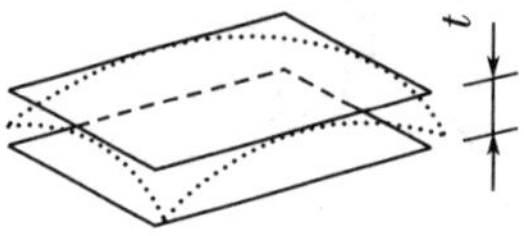	公差带为距离为公差值 t 的两平行平面所限定的区域。	提取(实际)表面必须位于间距为 0.01 mm 的两平行平面内。 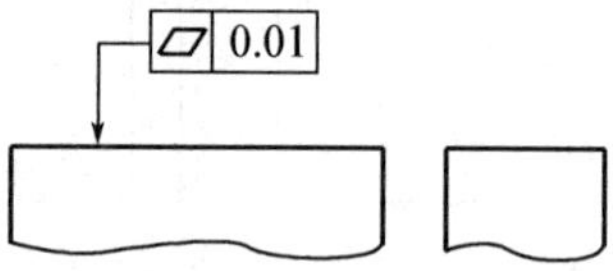
圆度 （○）	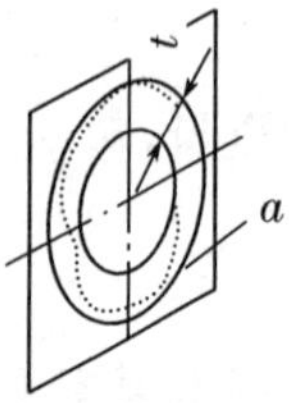 a 为任一横截面	公差带为在给定横截面内、半径差等于公差值 t 的两同心圆所限定的区域。	在圆锥面和圆柱面的任一横截面内,提取(实际)圆周应限定在半径差等于 0.02 mm 的两共面同心圆之间。 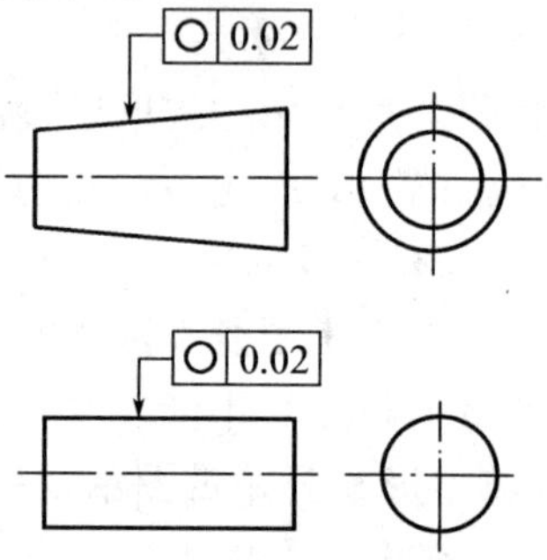
圆柱度 （⌀）	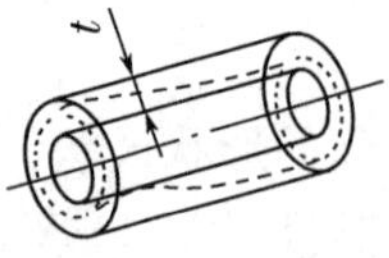	公差带为半径差等于公差值 t 的两同轴圆柱面所限定的区域。	提取(实际)圆柱面必须位于半径差等于 0.01 mm 的两同轴圆柱面之间。 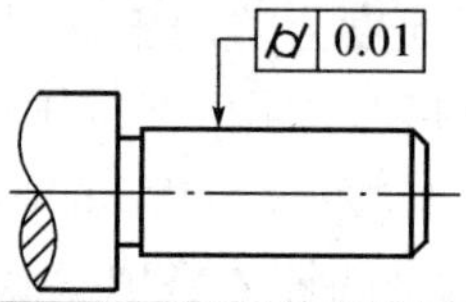

三、轮廓度公差

1. 轮廓度公差的分类

轮廓度公差的被测要素有曲线和曲面。线轮廓度公差用于限制平面内曲线(或曲面的截面轮廓线)的形状、方向或位置误差。面轮廓度公差用于限制一般曲面的形状、方向或位置误差,典型轮廓公差带图示及标注示例见表 3-5。

2. 轮廓度公差带的特点

轮廓度公差带有两种情况:一种是不涉及基准,属于形状公差,其公差带的方向和位置是浮动的;另一种是涉及基准,属于方向或位置公差,公差带的方向或(和)位置是固定的。

(1)无基准要求的轮廓度,只能限制单一实际线或表面所允许的变动全量,以此根据功能要求控制工件上实际线或表面的形状误差。其公差带的形状由理论正确尺寸决定。

(2)有基准要求的轮廓度,关联实际要素对基准线或表面所允许的变动全量,以此根据功能要求控制被测实际要素的线或表面的形状误差。其公差带的位置需由理论正确尺寸和基准决定。

线轮廓度公差、面轮廓度公差中拟合(理想)要素的形状、方向和位置的尺寸由理论正确尺寸决定。

表 3-5 典型轮廓公差带图示及标注示例

特征符号		公差带图示	公差带定义	标注示例
线轮廓度	无基准的线轮廓度	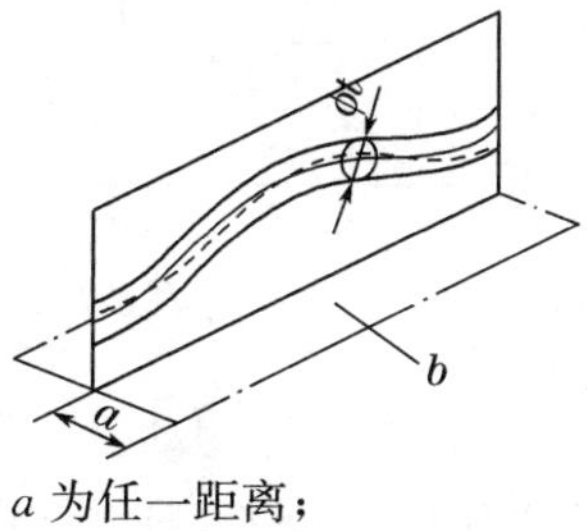 a 为任一距离; b 为垂直于右图所在的平面	公差带是包络一系列直径为公差值 ϕt 的圆的两包络线之间的区域,诸圆的圆心应位于理想轮廓线上。	在平行于图样所示投影面的任一截面上,提取(实际)轮廓线应限定在直径等于 $\phi 0.04$ mm,圆心位于被测要素理论正确几何形状上的一系列圆的两包络线之间。 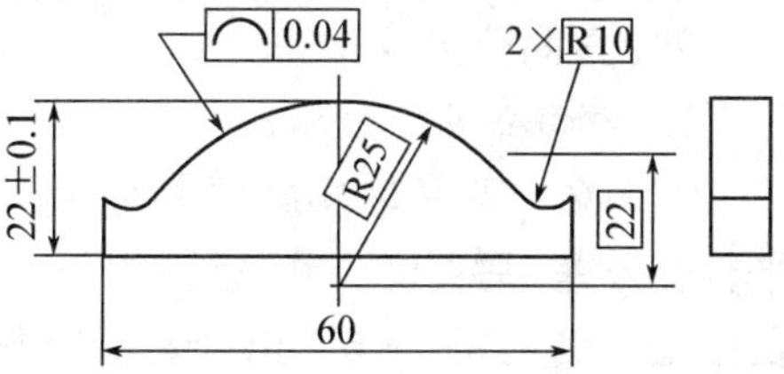
	相对于基准体系的线轮廓度	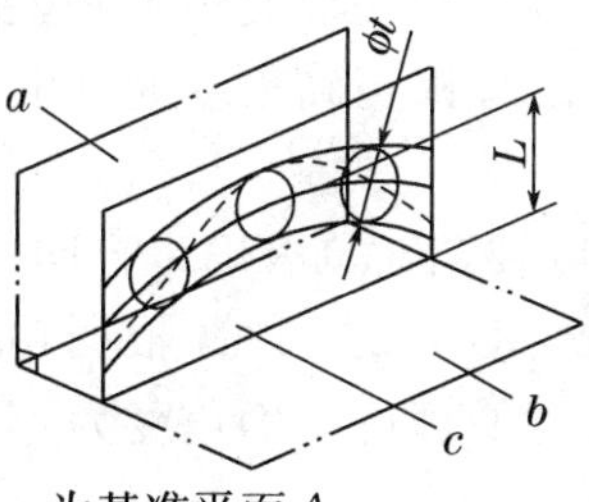 a 为基准平面 A; b 为基准平面 B; c 为平行于基准平面 A 的平面	公差带是包络一系列直径为公差值 ϕt 的圆的两包络线之间的区域,诸圆的圆心应位于由基准平面 A 和基准平面 B 确定的被测要素理论正确几何形状上。	在平行于图样所示投影面的任一截面上,提取(实际)轮廓线应限定在直径等于 $\phi 0.04$ mm,圆心位于由基准平面 A 和基准平面 B 确定的被测要素理论正确几何形状上的一系列圆的两等距包络线之间。 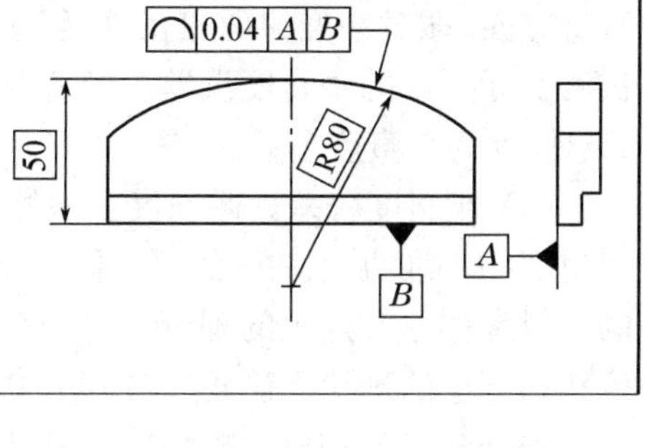

（续表）

特征符号		公差带图示	公差带定义	标注示例
面轮廓度	无基准的面轮廓度	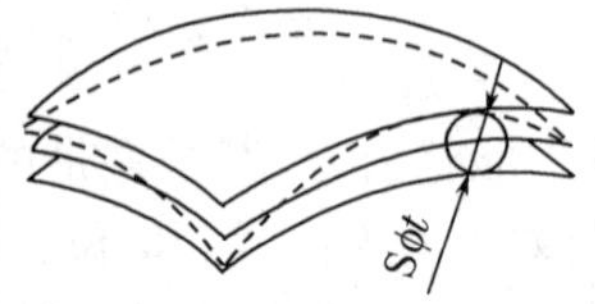	公差带是包络一系列直径为公差值 S ϕ t 的球的两包络面之间的区域，诸球的球心应位于理想轮廓面上。	提取（实际）轮廓面必须位于直径等于 S ϕ 0.02 mm、球心位于被测要素理论正确几何形状上的一系列球的两等距包络面之间。 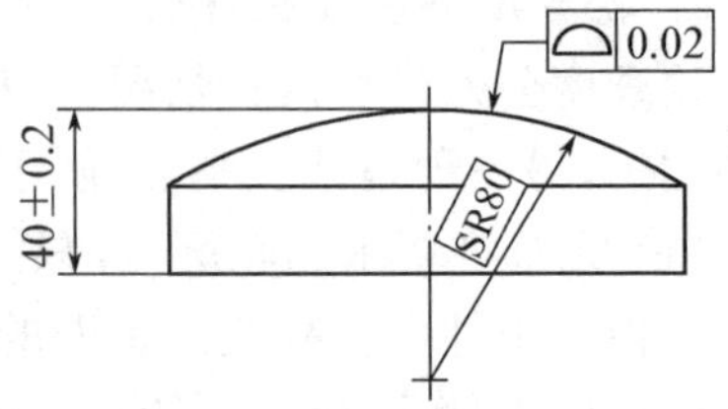
面轮廓度	相对于基准体系的面轮廓度	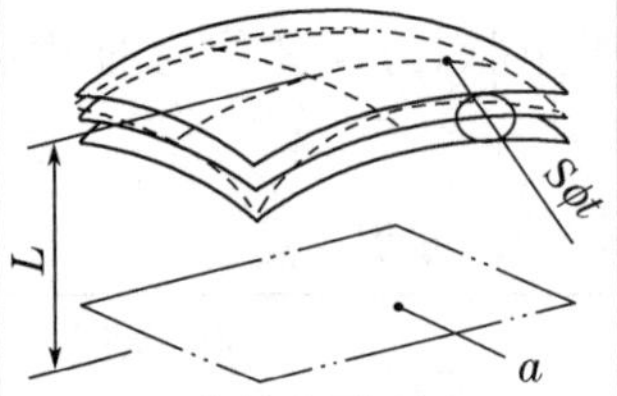 a 为基准平面 A	公差带是包络一系列直径为公差值 S ϕ t 的球的两包络面之间的区域，诸球的球心应位于由基准平面确定的被测要素理论正确几何形状上。	提取（实际）轮廓面必须位于直径等于 S ϕ 0.1 mm、球心位于由基准平面 A 确定的被测要素理论正确几何形状上的一系列球的两等距包络面之间。 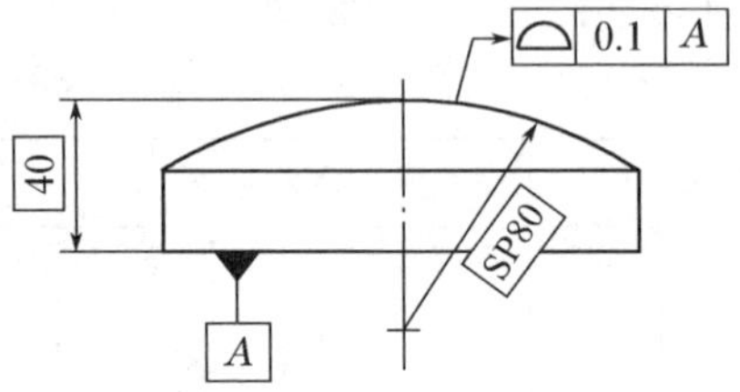

四、方向公差

1. 方向公差的分类

方向公差是关联实际要素对其具有确定方向的拟合要素的允许变动量。方向公差包括平行度公差、垂直度公差、倾斜度公差、线轮廓度公差和面轮廓度公差，典型方向公差带图示及标注示例见表 3-6。拟合要素的方向由基准及理论正确尺寸（角度）确定。

（1）平行度公差。平行度公差即规定关联被测实际要素对具有确定方向的基准在两者平行方向（即对基准的理想正确角度为0°）所允许的变动全量。以此根据功能要求，控制被测实际要素的平行度误差。拟合要素相对于基准要素的理论正确角度为0°时，称为平行度公差。

（2）垂直度公差。垂直度公差即规定关联被测实际要素对具有确定方向的基准在两者垂直方向（即对基准的理想正确角度为90°）所允许的变动全量。以此根据功能要求，控制被测实际要素的垂直度误差。拟合要素相对于基准要素的理论正确角度为90°时，称为垂直度公差。

（3）倾斜度公差。倾斜度公差即规定关联被测实际要素对具有理论正确角度的基准所允许的变动全量。以此根据功能要求，控制被测实际要素的倾斜度误差。这里的理论正确角度可为0°～90°的任一角度。显然，平行度和垂直度的理论正确角度分别为0°和90°，是倾斜度的特例。拟合要素相对于基准要素的理论正确角度为其他任意角时，称为倾斜度公差。

扫码见"垂直度、平行度误差测量、面对面的倾斜度公差示例"动画

106

方向公差中被测要素相对于基准要素为线对线或线对面时,可分为给定一个方向、给定相互垂直的两个方向和任意方向3种情况,平行度公差、垂直度公差和倾斜度公差这3项公差被测要素相对于基准要素都有面对基准面、线对基准线、面对基准线、线对基准面几种情况。其中,平行度公差和垂直度公差还有线对基准体系一种情况,这种情况下的基准可以由3个基准同时构成。

2. 方向公差带的特点

方向公差带具有综合控制被测要素的方向和形状的功能,其相对于基准有确定的方向,而位置往往是浮动的。如平面的平行度公差可以控制该平面的平面度和直线度误差,轴线的垂直度公差可以控制该轴线的直线度误差。在保证满足使用要求的前提下,对被测要素给出方向公差后,通常不再对该要素提出形状公差要求。只有需要对该要素的形状有进一步要求时,才同时给出形状公差,但其公差数值应小于方向公差值。

表 3-6　典型方向公差带图示及标注示例

特征符号		公差带图示	公差带定义	标注示例
// 平行度	面对面的平行度	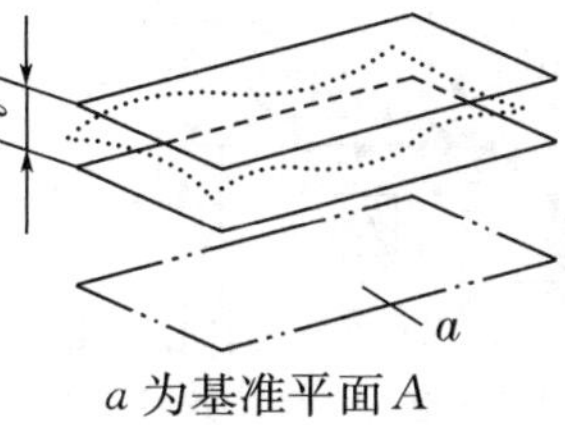 　a为基准平面A	公差带是距离为公差值 t,平行于基准平面的两平行平面所限定的区域。	提取(实际)表面必须位于间距等于0.05 mm,平行于基准平面A的两平行平面之间。 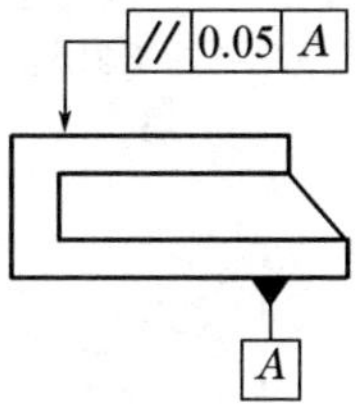
	线对面的平行度	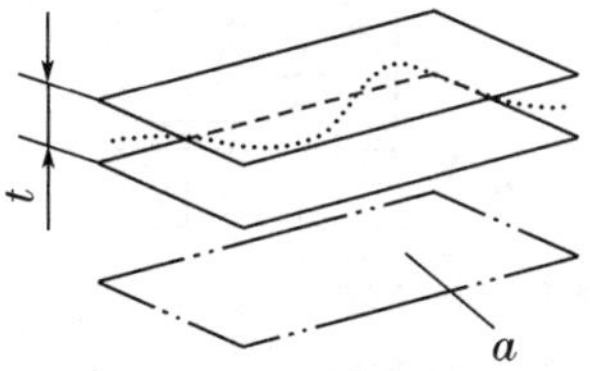 　a为基准平面A	公差带是平行于基准平面、距离为公差值 t的两平行平面所限定的区域。	提取(实际)中心线必须位于平行于基准平面A、间距等于0.03 mm的两平行平面之间。 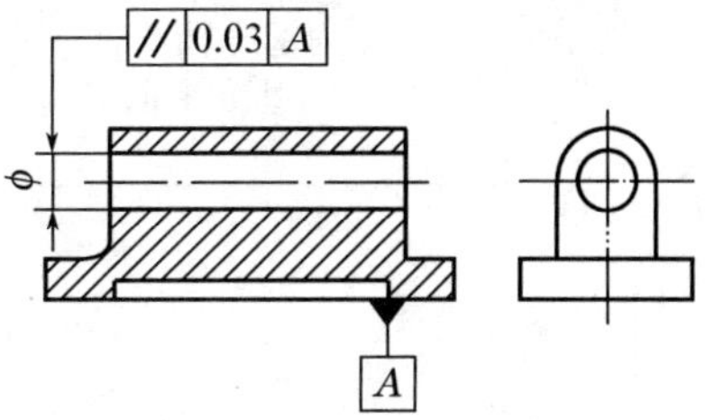
	面对线的平行度	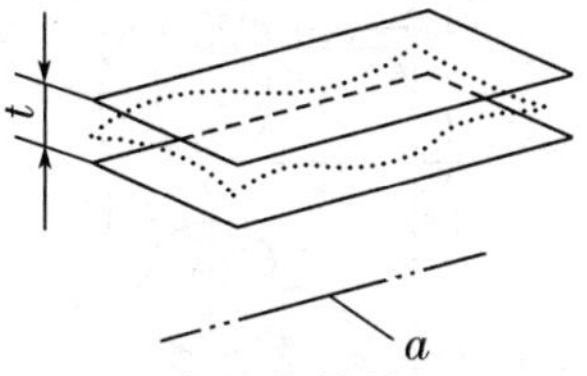 　a为基准轴线C	公差带是距离为公差值 t,平行于基准轴线的两平行平面所限定的区域。	提取(实际)表面必须位于间距等于0.1 mm、平行于基准轴线C的两平行平面之间。 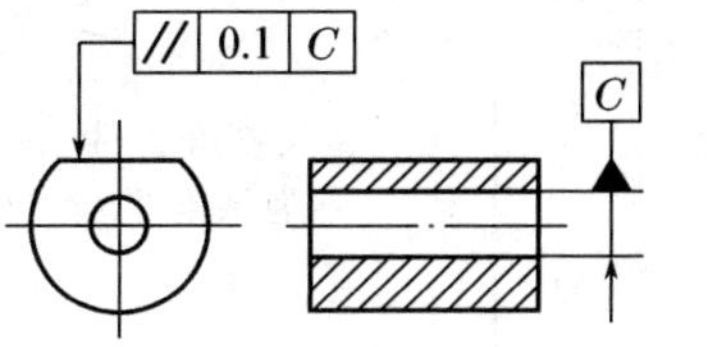

特征符号		公差带图示	公差带定义	标注示例
// 平 行 度	线对线的平行度	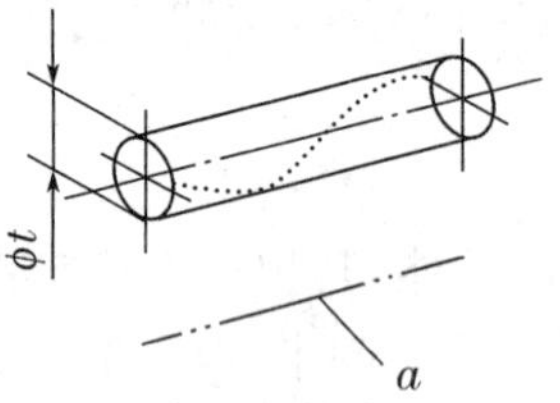 a 为基准轴线 A	公差值前加注 ϕ 符号，公差带为平行于基准轴线，直径为公差值 ϕt 的圆柱面所限定的区域。	提取（实际）中心线必须位于平行于基准轴线 A、直径等于 $\phi 0.03$ mm 的圆柱面内。 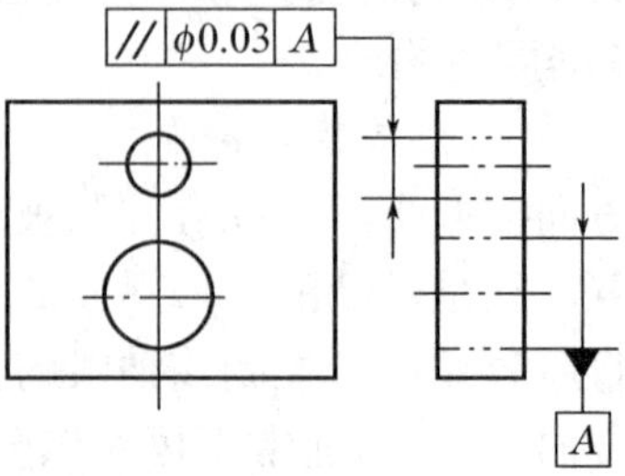
	线对基准体系的平行度	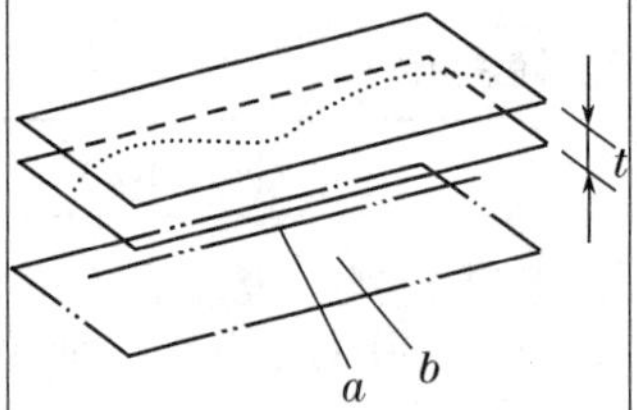 a 为基准轴线 A； b 为基准平面 B	公差带是距离为公差值 t，平行于基准轴线 A 和基准平面 B 的两平行平面所限定的区域。	提取（实际）中心线必须位于间距等于 0.1 mm，平行于基准轴线 A 和基准平面 B 的两平行平面这间。 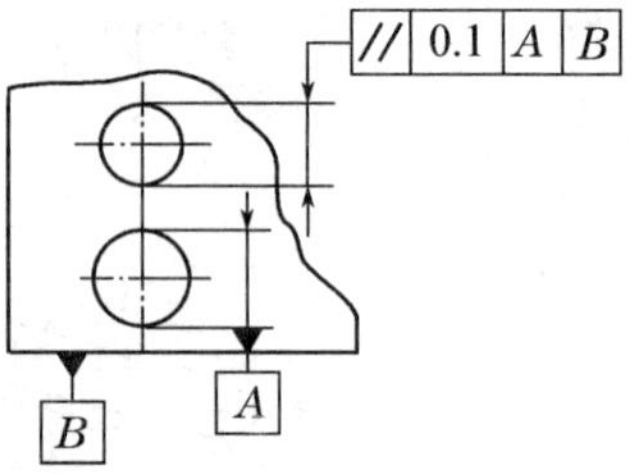
		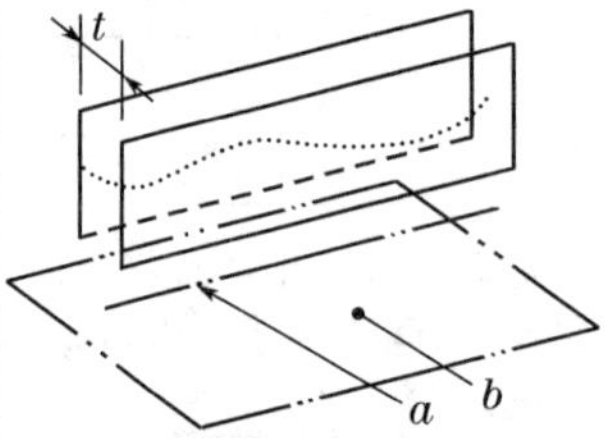 a 为基准轴线 A； b 为基准平面 B	公差带是距离为公差值 t，平行于基准轴线 A 且垂直于基准平面 B 的两平行平面所限定的区域。	提取（实际）中心线必须位于间距等于 0.1 mm，平行于基准轴线 A，且垂直于基准平面 B 的两平行平面之间。 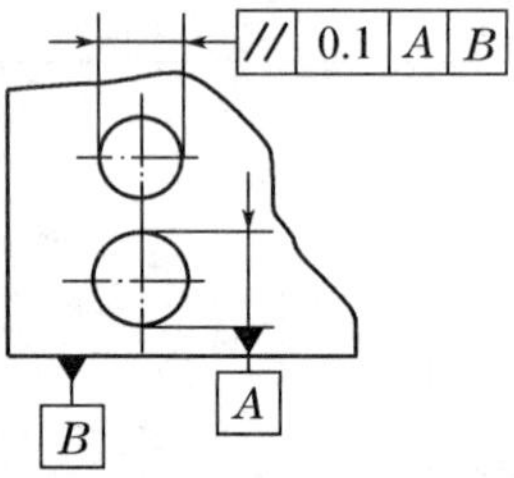
		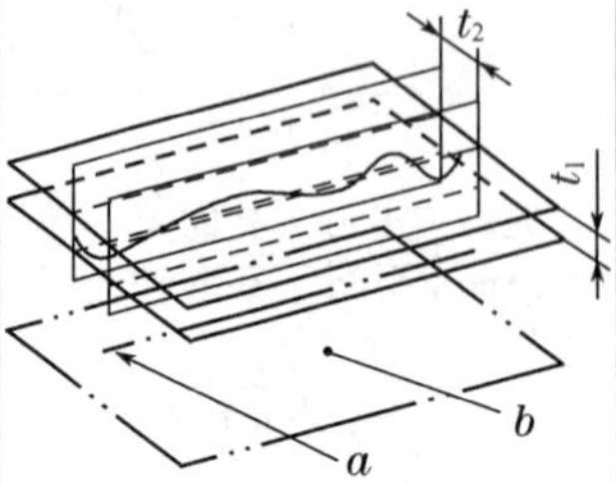 a 为基准轴线 A； b 为基准平面 B	公差带为平行于基准轴线和平行或垂直于基准平面、间距分别等于公差值 t_1 和 t_2，且相互垂直的两组平行平面所限定的区域。	提取（实际）中心线应限定在平行于基准轴线 A 和平行或垂直于基准平面 B、间距分别等于公差值 0.1 mm 和 0.2 mm，且相互垂直的两组平行平面之间。 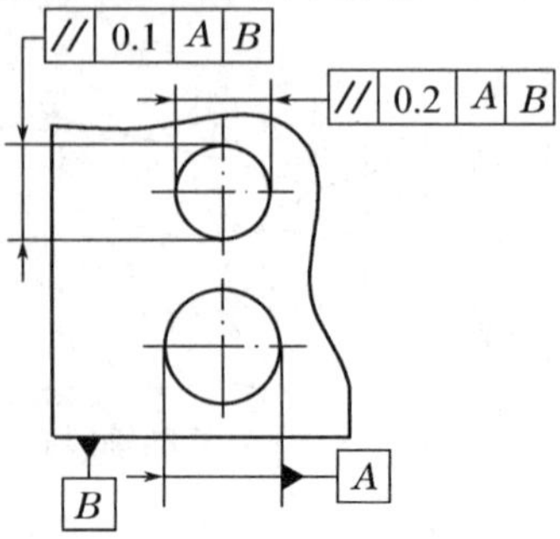

特征符号		公差带图示	公差带定义	标注示例
∥平行度	线对基准体系的平行度	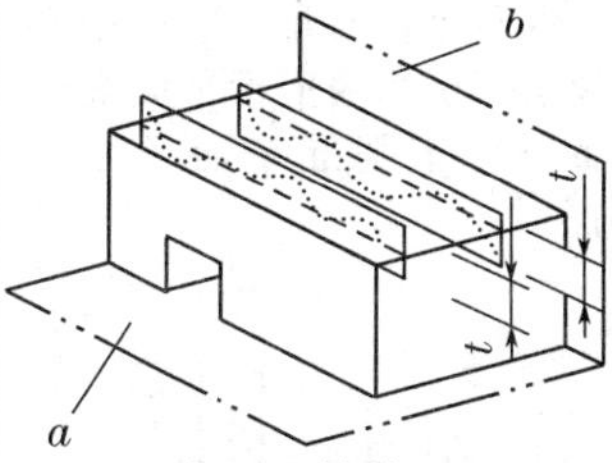 a 为基准轴线 A；b 为基准平面 B	公差带为间距等于公差值 t 的两平行直线所限定的区域,该两平行直线平行于基准平面 A 且处于平行于基准平面 B 的平面内。	提取(实际)线应限定在间距等于 0.02 的两平行直线之间。该两平行直线平行于基准平面 A、且处于平行于基准平面 B 的平面内。 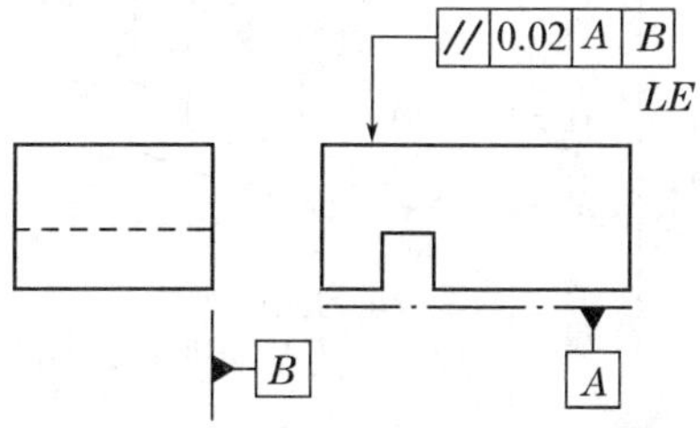 ∥ 0.02 A B LE
⊥垂直度	面对面的垂直度	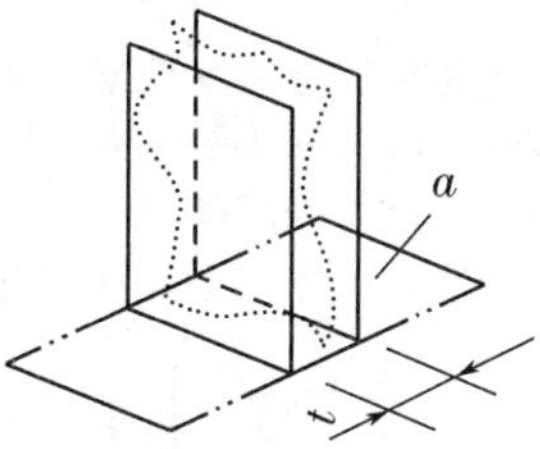 a 为基准平面 A	公差带是距离为公差值 t,垂直于基准平面的两平行平面所限定的区域。	提取(实际)表面必须位于间距等于 0.08 mm、垂直于基准平面 A 的两平行平面之间。 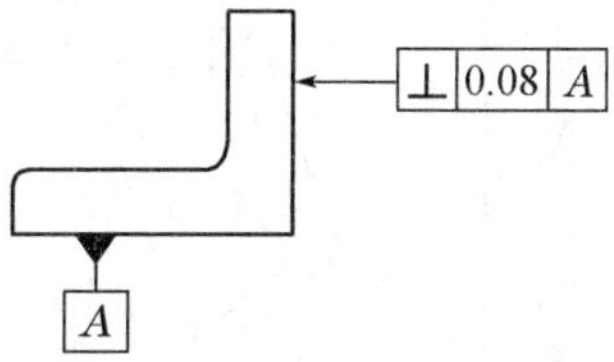 ⊥ 0.08 A
⊥垂直度	线对面的垂直度	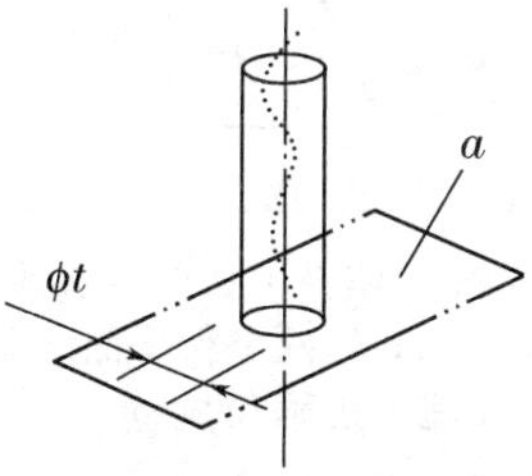 a 为基准平面 A	公差值前加注符号 φ,公差带是直径为公差值 φt,轴线垂直于基准平面的圆柱面所限定的区域。	圆柱面的提取(实际)中心线必须位于直径等于 φ0.01 mm、垂直于基准平面 A 的圆柱面内。 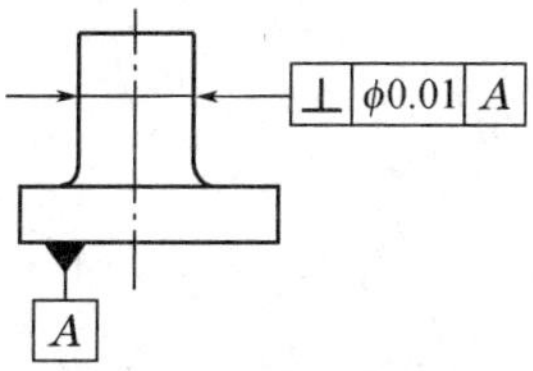 ⊥ φ0.01 A
⊥垂直度	线对基准线的垂直度	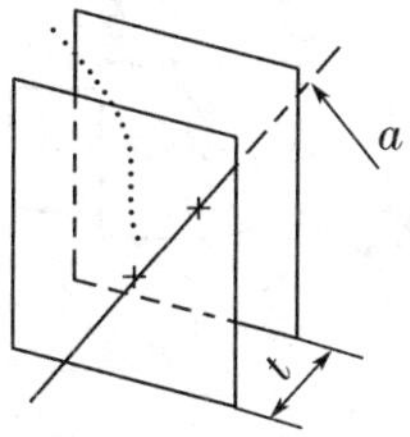 a 为基准线	公差带为间距等于公差值 t,垂直于基准线的两平行平面所限定的区域。	提取(实际)中心线应限定在间距等于 0.06、垂直于基准轴线 A 的两平行平面之间。 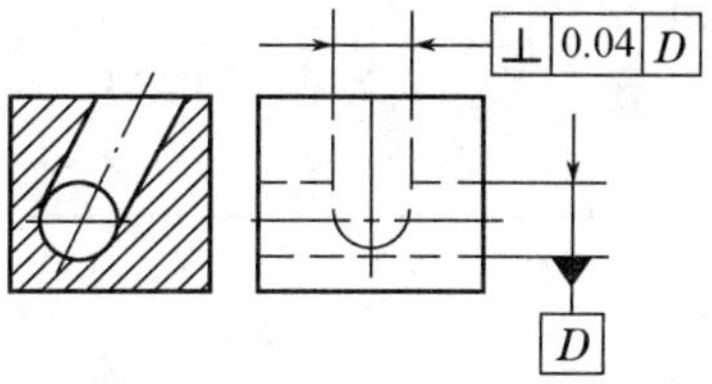 ⊥ 0.04 D
⊥垂直度	面对基准线的垂直度	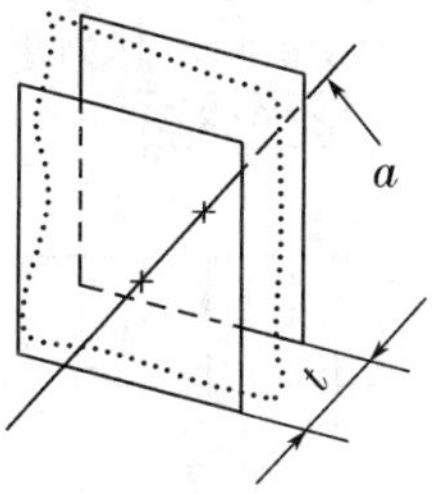 a 为基准线	公差带为间距等于公差值 t,且垂直于基准轴线的两平行平面所限定的区域。	提取(实际)表面应限定在间距等于0.08的两平行平面之间。该两平行平面垂直于基准轴线 A。 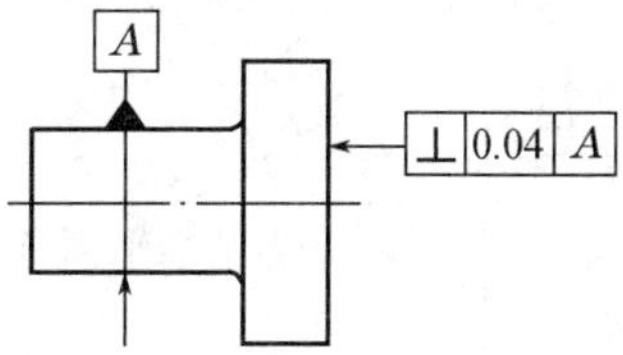 ⊥ 0.04 A

109

特征符号		公差带图示	公差带定义	标注示例
⊥ 垂直度	线对基准体系的垂直度	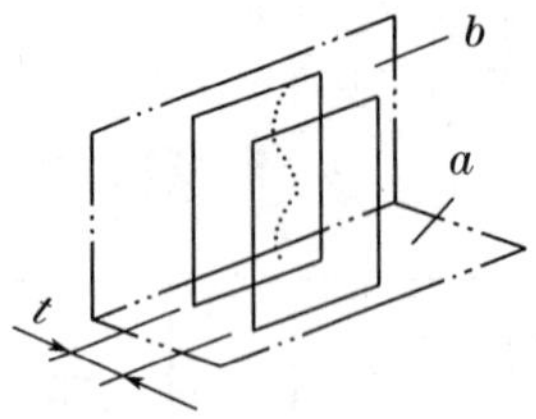 *a* 为基准平面 *A*； *b* 为基准平面 *B*	公差带是距离为公差值 *t* 的两平行平面所限定的区域。该两平行平面垂直于基准平面 *A*，且平行于基准平面 *B*。	圆柱面的提取(实际)中心线必须位于间距等于 *t* 的两平行平面之间。该两平行平面垂直于基准平面 *A*，且平行于基准平面 *B*。 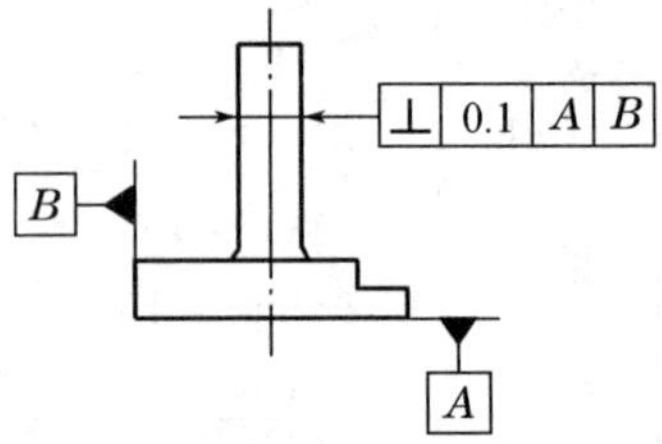
∠ 倾斜度	面对线的倾斜度	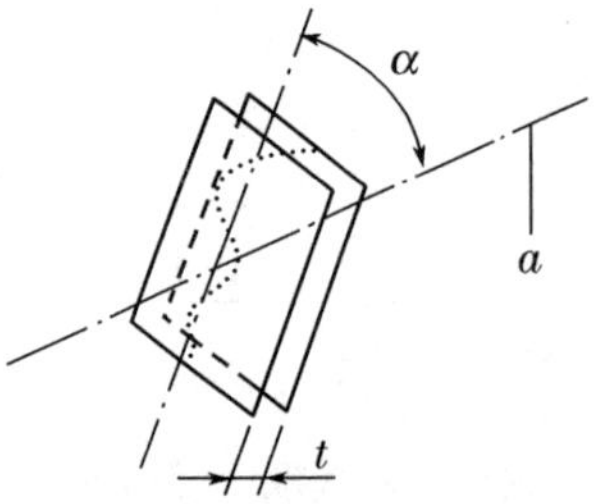 *a* 为基准轴线 *B*	公差带是距离为公差值 *t* 的两平行平面所限定的区域。该两平行平面按给定角度倾斜于基准轴线。	提取(实际)表面必须位于间距等于 0.06 mm 的两平行平面之间。该两平行平面按理论正确角度 60°倾斜于基准轴线 *B*。 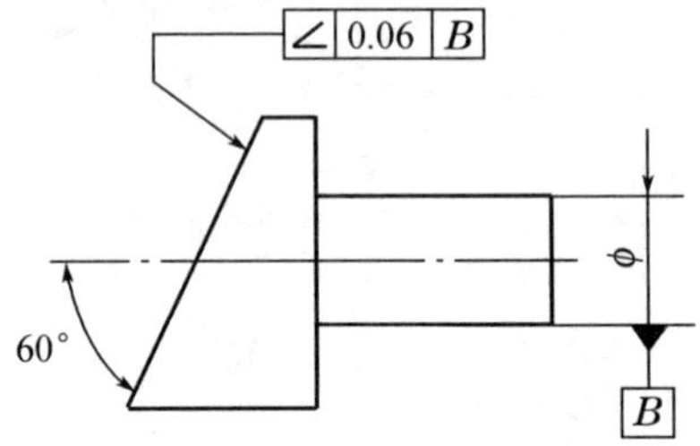
	线对线的倾斜度	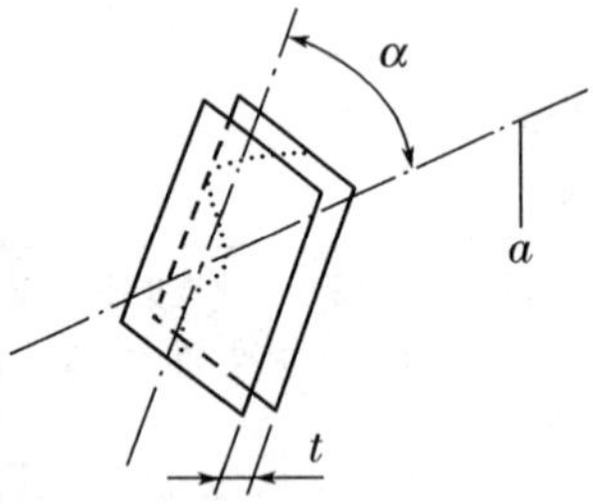 *a* 为基准轴线 *A*—*B*	公差带是距离为公差值 *t* 的两平行平面所限定的区域。该两平行平面按给定角度倾斜于基准轴线。	提取(实际)中心线必须位于间距等于 0.08 mm 的两平行平面之间。该两平行平面按理论正确角度 60°倾斜于公共基准轴线 *A*—*B*。 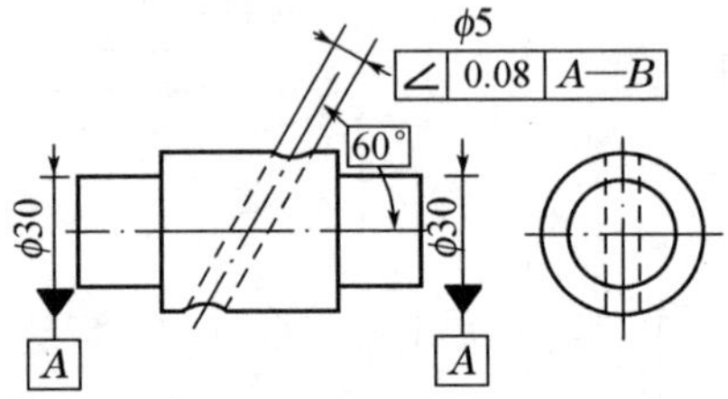
	线对面的倾斜度	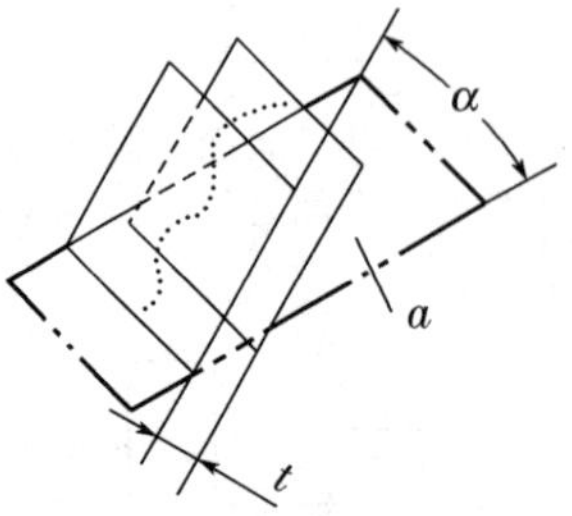 *a* 为基准平面 *A*	公差带为间距等于公差值 *t* 的两平行平面所限定的区域。该两平行平面按给定角度倾斜于基准平面。	提取(实际)中心线应限定在间距等于 0.08 的两平行平面之间，该两平行平面按理论正确角度 60°倾斜于基准平面 *A*。 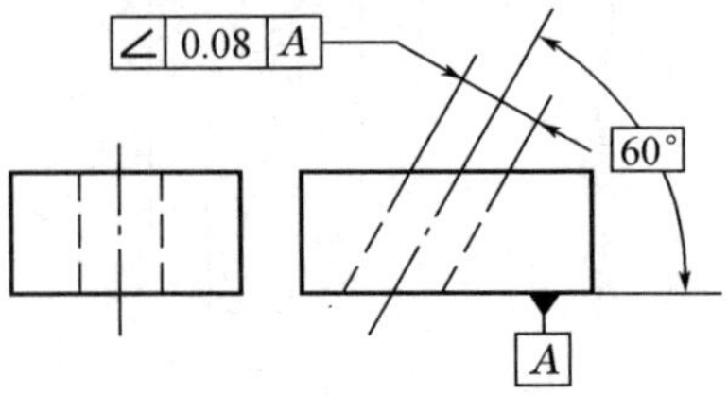

(续表)

特征符号		公差带图示	公差带定义	标注示例
⊥垂直度	面对面的倾斜度	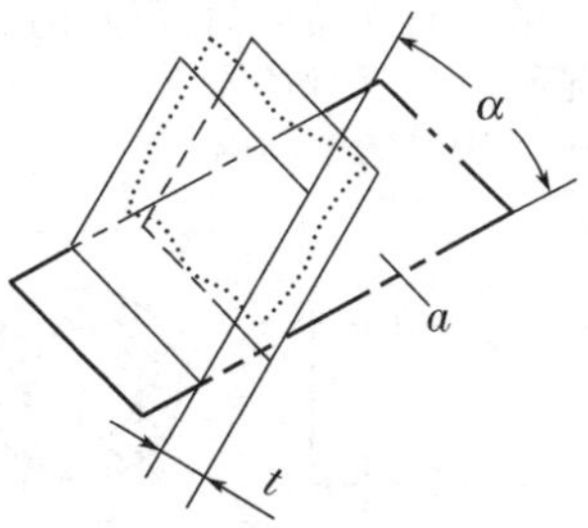 a 为基准平面 A	公差带为间距等于公差值 t 的两平行平面所限定的区域。该两平行平面按给定角度倾斜于基准平面。	提取(实际)表面应限定在间距等于0.08的两平行平面之间,该两平行平面按理论正确角度40°倾斜于基准平面 A。 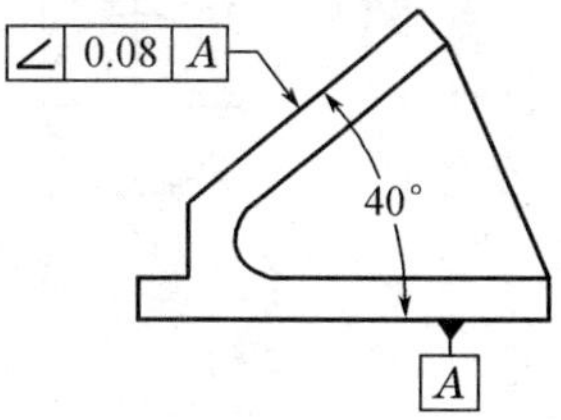

五、位置公差

1. 位置公差的分类

位置公差是关联实际要素相对于具有确定位置的拟合要素的允许变动量。位置公差包括同轴度公差、同心度公差、对称度公差、位置度公差、线轮廓度公差和面轮廓度公差。位置公差的被测要素有点、直线和平面,基准要素主要有直线和平面,给定位置公差的被测要素相对于基准要素必须保持图样给定的正确位置关系,被测要素相对于基准的正确位置关系应由理论正确尺寸来确定。若同轴度公差和对称度公差的理论正确尺寸为零,则在图样上标注时可省略不注,典型位置公差带图示及标注示例见表3-7。

位置公差涉及基准,公差带的方向和位置是固定的。

(1)同轴度公差。同轴度公差的被测要素主要是回转体的轴线,基准要素也是轴线,是用于限制被测要素(轴线)相对于基准要素(轴线)重合程度的位置误差。

(2)同心度公差。同心度公差用于限制被测圆心与基准圆心同心的程度,是规定关联被测实际要素对具有确定位置的基准所允许的变动全量。

(3)对称度公差。对称度公差用于限制被测要素(中心面、中心线)与基准要素(中心平面、轴线)的共面(或共线)性误差,是规定关联被测实际要素对具有确定位置的基准所允许的变动全量,被测要素相对于基准要素有线对线、线对面、面对线和面对面4种情况。

(4)位置度公差。位置度公差用于限制被测要素(点、线、面)对其理想位置的误差,是规定关联被测实际要素对具有确定位置的基准所允许的变动全量。根据要素的空间特性和零件功能要求,位置度公差可分为给定一个方向、给定相互垂直的两个方向和任意方向3种情况,后者用得最多。

拟合要素的位置由基准及理论正确尺寸(长度或角度)确定。当理论正确尺寸为零,且基准要素和被测要素均为轴线时,称为同轴度公差(当基准要素和被测要素的轴线足够短或均为中心点时,称为同心度公差);当理论正确尺寸为零,基准要素或(和)被测要素为其他导出要素(中心平面)时,称为对称度公差;在其他情况下称为位置度公差。

表3-7 典型位置公差带图示及标注示例

特征符号		公差带图示	公差带定义	标注示例
◎ 同心度	点的同心度	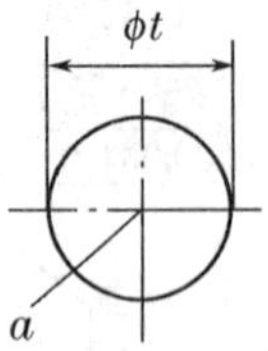 ϕt a 为基准点 A	公差值前标注符号 ϕ,公差带是直径为公差值 ϕt 的圆周所限定的区域。且圆心与基准圆心重合。	在任意横截面内,内圆的提取(实际)中心必须位于直径等于 $\phi 0.1$ mm,以基准点 A 为圆心的圆周内。 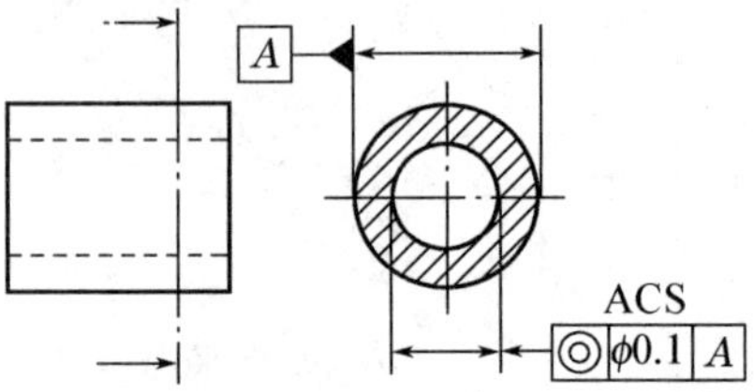 ACS ◎ $\phi 0.1$ A
◎ 同轴度	轴线的同轴度	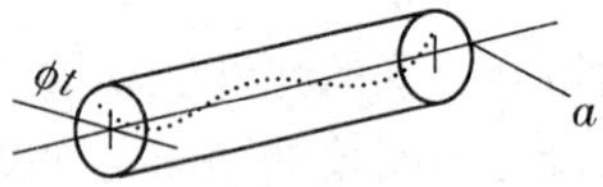 ϕt a 为基准轴线 A—B	公差值前标注符号 ϕ,公差带是直径为公差值 ϕt 的圆柱面所限定的区域。该圆柱面的轴线与基准轴线重合。	大圆柱面的提取(实际)中心线必须位于直径等于 $\phi 0.03$ mm、以基准轴线 A—B 为轴线的圆柱面内。 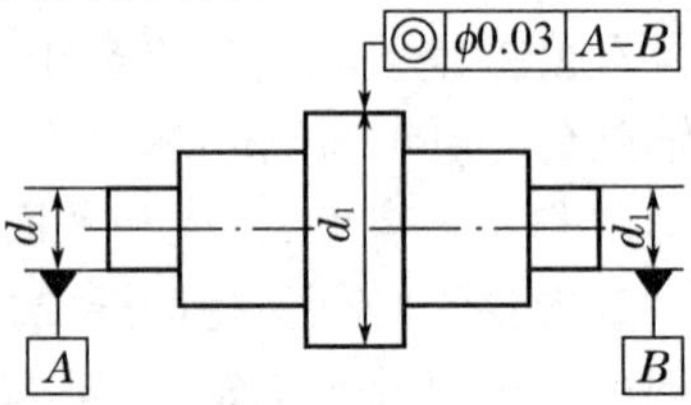 ◎ $\phi 0.03$ A—B A B
⚌ 对称度		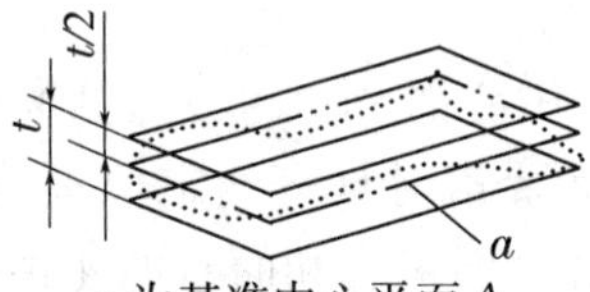 $t/2$ t a 为基准中心平面 A	公差带是距离为公差值 t,对称于基准中心平面的两平行平面所限定的区域。	提取(实际)中心面必须位于间距等于 0.08 mm、对称于基准中心平面 A 的两平行平面之间。 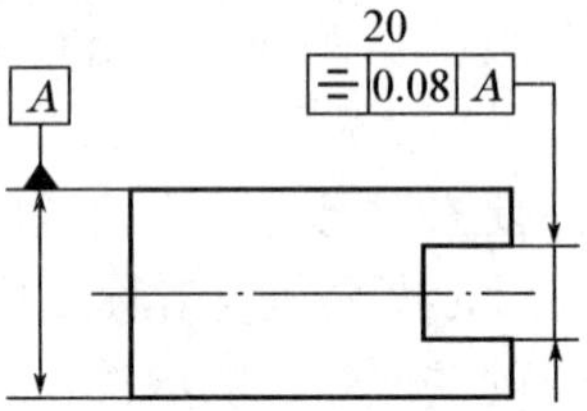 20 A ⚌ 0.08 A 提取(实际)中心面应限定在间距等于 0.08 mm,对称于公共基准中心平面 A—B 的两平行平面之间。 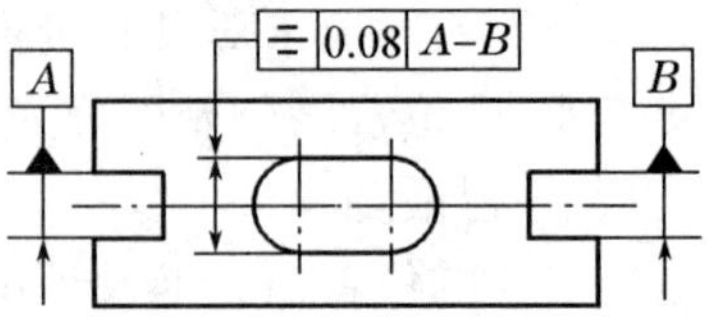 ⚌ 0.08 A—B A B

（续表）

特征符号		公差带图示	公差带定义	标注示例
⌖位置度	线的位置度	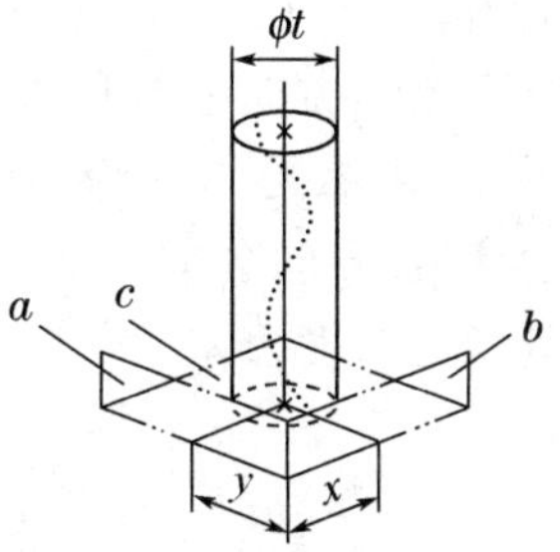ϕt a c b y x *a* 为基准平面 *A*； *b* 为基准平面 *B*； *c* 为基准平面 *C*	公差值前标注符号 ϕ，公差带是直径为公差值 ϕ*t* 的圆柱面所限定的区域。该圆柱面的轴线的位置由基准平面 *C*、*A*、*B* 和理论正确尺寸确定。	提取（实际）中心线必须位于直径等于 ϕ0. 08 mm的圆柱面内。该圆柱面的轴线的位置应处于由基准平面 *C*、*A*、*B* 和理论正确尺寸 100、68 确定的理论正确位置上。 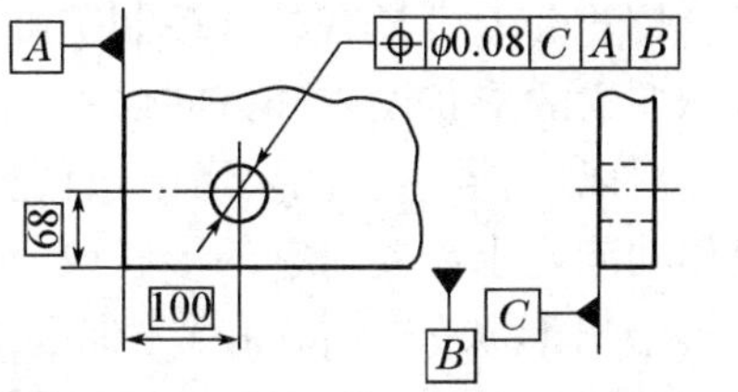A ⌖ ϕ0.08 C A B 68 100 B C 各提取（实际）中心线应各自限定在直径等于 ϕ0. 1 mm 的圆柱面内。该圆柱面的轴线应处于由基准平面 *C*、*A*、*C* 和理论正确尺寸 30 mm、20 mm 确定的各孔轴线的理论正确位置上。 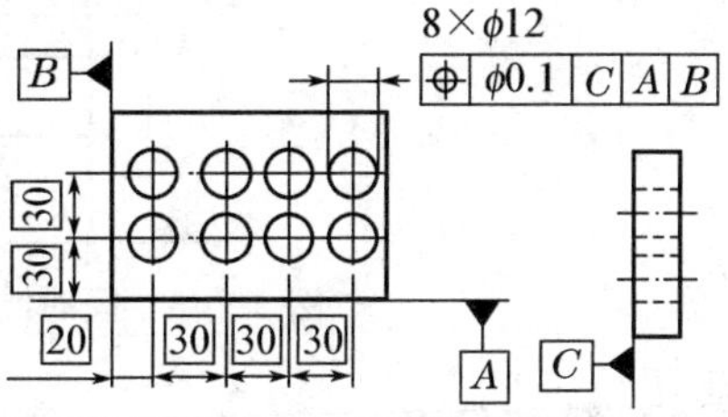8×ϕ12 B ⌖ ϕ0.1 C A B 30 30 20 30 30 30 A C
	点的位置度	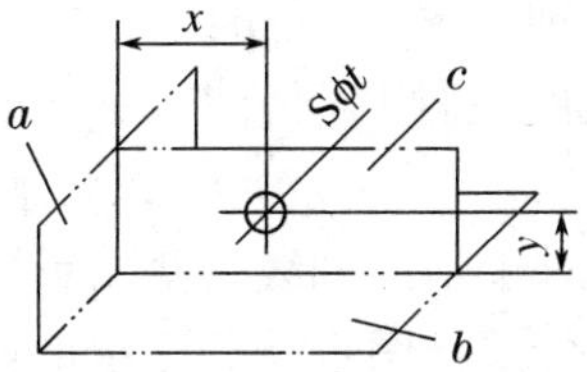x a Sϕt c y b *a* 为基准平面 *A*； *b* 为基准平面 *B*； *c* 为基准平面 *C*	公差值前标注符号 Sϕ，公差带是直径为公差值 Sϕt 的球面所限定的区域。该球面中心的理论正确位置由基准平面 *A*、*B*、*C* 和理论正确尺寸确定。	提取（实际）球心必须位于直径等于 Sϕ0. 3 mm的球面内。该球面的中心由基准平面 *A*、*B*、*C* 和理论正确尺寸 30、25 确定。 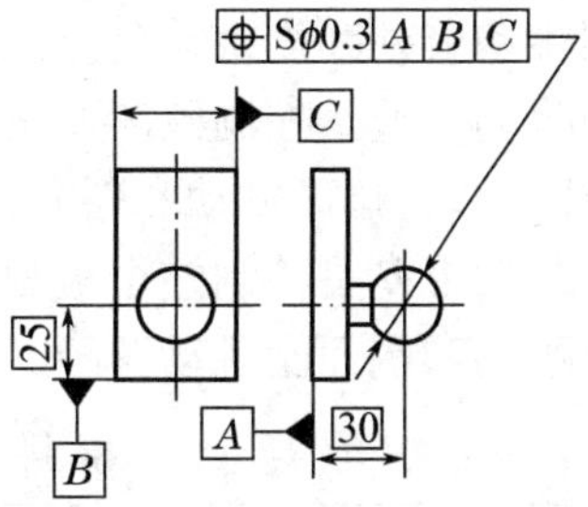⌖ Sϕ0.3 A B C C 25 B A 30
	面的位置度	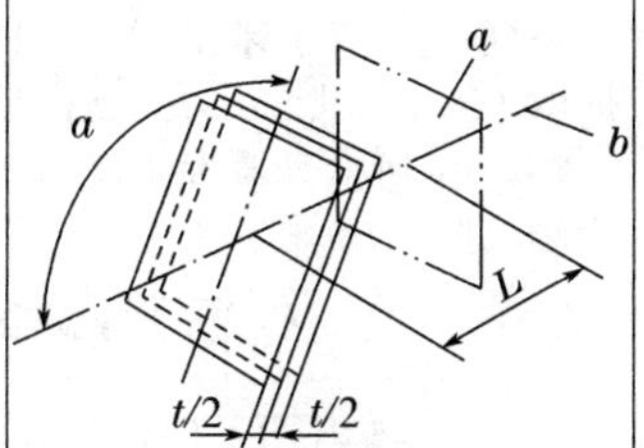a a b L t/2 t/2 *a* 为基准平面 *A*； *b* 为基准轴线 *B*	公差带是间距为公差值 *t*，且对称于被测面理论正确位置的两平行平面所限定的区域。面的理论正确位置由基准平面、基准轴线和理论正确尺寸确定。	提取（实际）表面必须位于距离等于 0. 05 mm且对称于被测面的理论正确位置的两平行平面之间。该两平行平面对称于由基准平面 *A*、基准轴线 *B* 和理论正确尺寸 15、105°确定的被测面的理论正确位置。 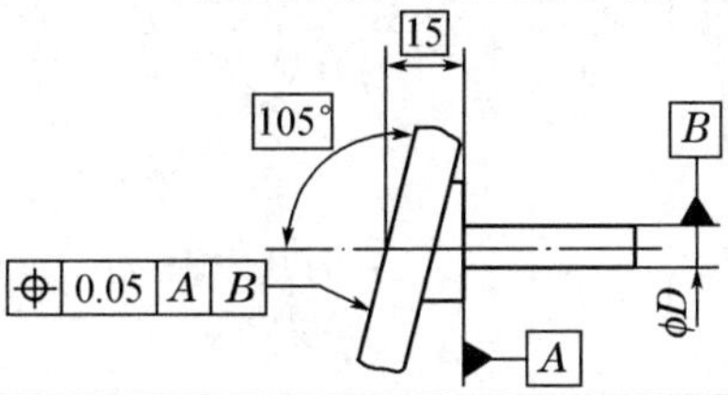15 105° B ⌖ 0.05 A B ϕD A

2. 位置公差的特点

位置公差是用来控制被测要素对基准的相对位置关系的,相对于基准的定位尺寸为理论正确尺寸,即位置公差带的中心具有确定的理想位置,以该理想位置来对称配置公差带。对于同轴度公差和对称度公差,被测要素与基准要素重合,因此用于确定公差带相对于基准位置的理论正确尺寸为零。所以,位置公差带的形状、大小、方向和位置都是确定的。

位置公差带具有综合控制被测要素的形状、方向和位置的功能。位置公差带能把同一被测要素的形状误差和方向误差控制在位置公差带范围内。

所以,对同一被测要素给出位置公差后,不再对该要素给出方向公差和形状公差。如果根据功能要求需要对它的形状或(和)方向提出进一步要求,那么可以在给出位置公差的同时再给出形状公差或(和)方向公差,且应满足:形状公差<方向公差<位置公差。如图 3－46所示,对被测平面给出了平面度公差<平行度公差<位置度公差。

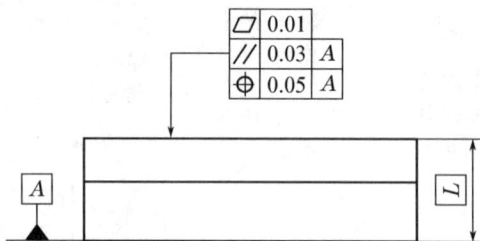

图 3－46　同时给出形状公差、方向公差和位置公差示例

六、跳动公差

1. 跳动公差的分类

跳动公差为被测关联提取(实际)要素绕基准轴线回转时,对基准轴线所允许的最大变动量。跳动公差是以测量方法定义的一种几何公差,分为圆跳动公差和全跳动公差两类。

扫码见"端面全跳动""径向全跳动"动画

圆跳动公差是控制被测要素在某个测量截面内相对于基准轴线的变动量。圆跳动又分为径向圆跳动、端面圆跳动和斜向圆跳动 3 种,典型跳动公差带图示及标注示例见表 3－8。

全跳动公差是控制整个被测要素在连续测量时相对于基准轴线的跳动量。全跳动分为径向全跳动和端面全跳动两种。

表 3－8　典型跳动公差带图示及标注示例

特征符号		公差带图示	公差带定义	标注示例
↗ 圆跳动	径向圆跳动	*a* 为基准轴线; *b* 为横截面	公差带是在任一垂直于基准轴线的横截面内,半径差为公差值 *t*,圆心在基准轴线上的两同心圆所限定的区域。	在任一垂直于基准 *A—B* 的横截面内,提取(实际)圆必须位于半径差等于 0.03 mm、圆心在基准轴线 *A—B* 上的两同心圆之间。

（续表）

特征符号		公差带图示	公差带定义	标注示例
↗ 圆跳动	轴向圆跳动	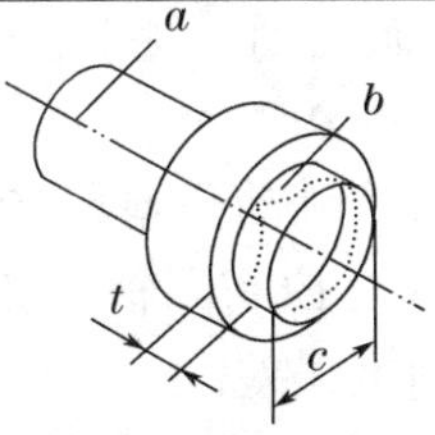 a 为基准轴线 D； b 为公差带； c 为任意直径	公差带是与基准轴线同轴的任一半径的圆柱截面上，间距为公差值 t 的两圆所限定的圆柱面区域。	在与基准轴线 D 同轴的任一圆柱截面上，提取（实际）圆必须位于轴向距离等于 0.1 mm 的两个同轴圆之间。 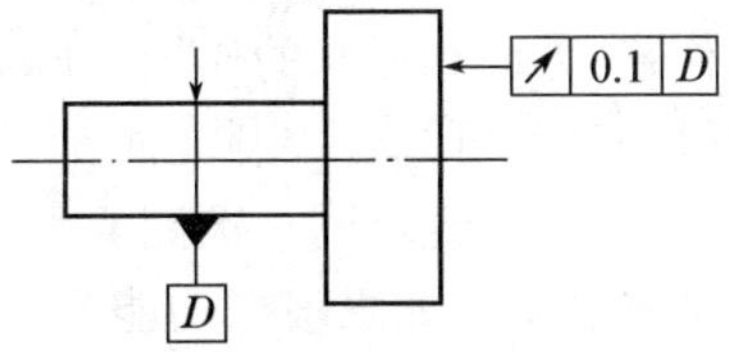
	斜向圆跳动	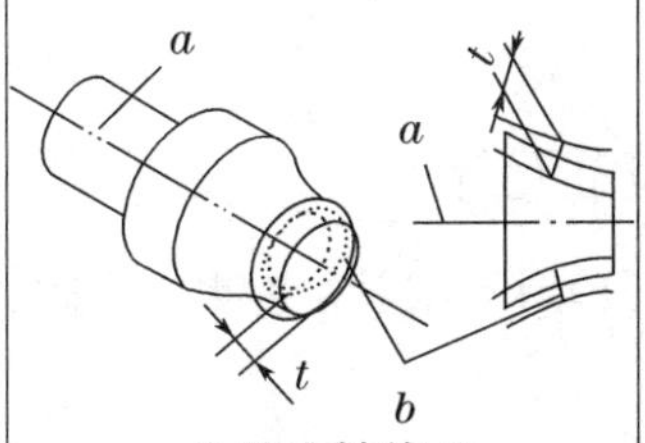 a 为基准轴线 C； b 为公差带	公差带是与基准轴线同轴的某一圆锥截面上、间距为公差值 t 的两圆所限定的圆锥面区域，除另有规定外，测量方向应沿被测表面的法向。	在与基准轴线 C 同轴的任一圆锥面上，提取（实际）线必须位于素线方向且间距等于 0.1 mm 的两不等圆之间。 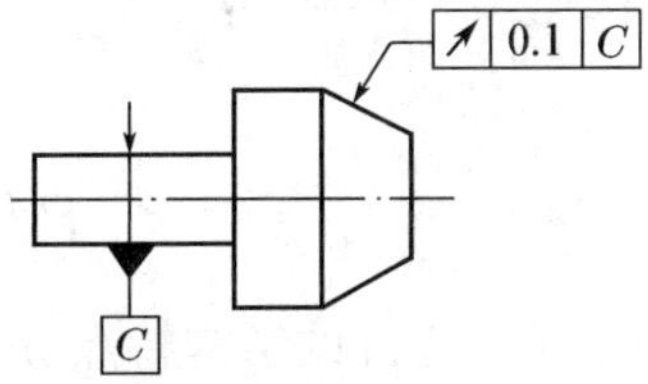 当标注公差的素线不是直线时，圆锥截面锥角要随所测圆的实际位置面改变。 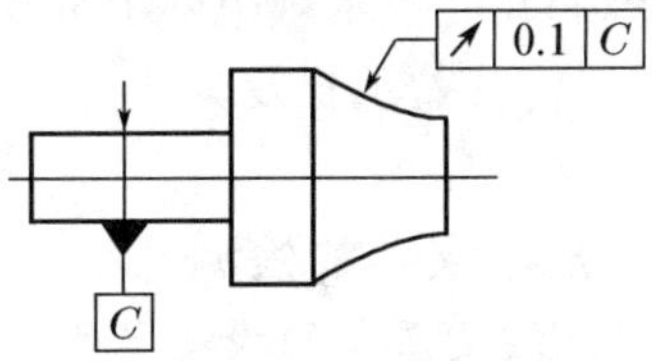
↗↗ 圆	径向全跳动	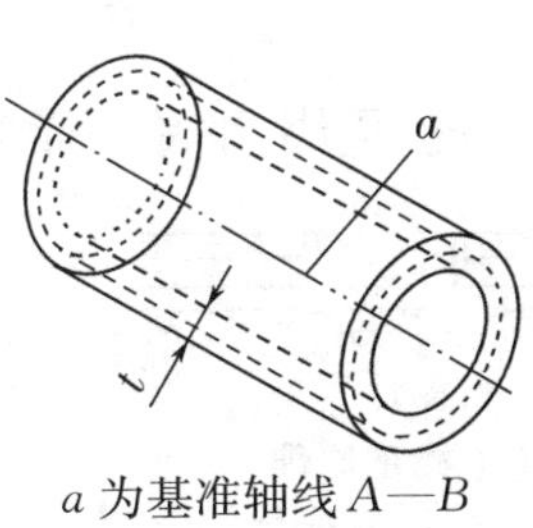 a 为基准轴线 A—B	公差带是半径差为公差值 t、与基准轴线同轴的两圆柱面所限定的区域。	提取（实际）表面必须位于半径差等于 0.1 mm、与公共基准轴线 A—B 同轴的两圆柱面之间。 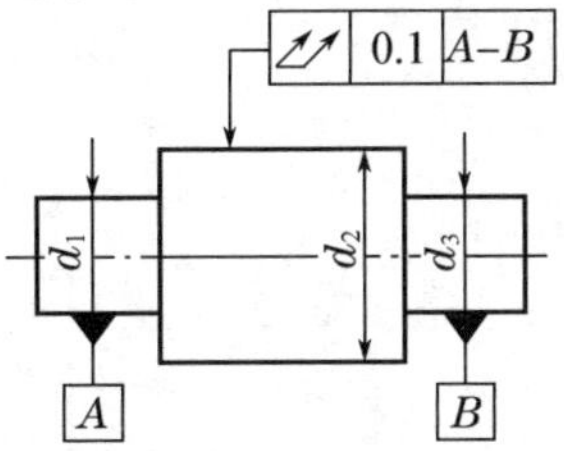
	轴向全跳动	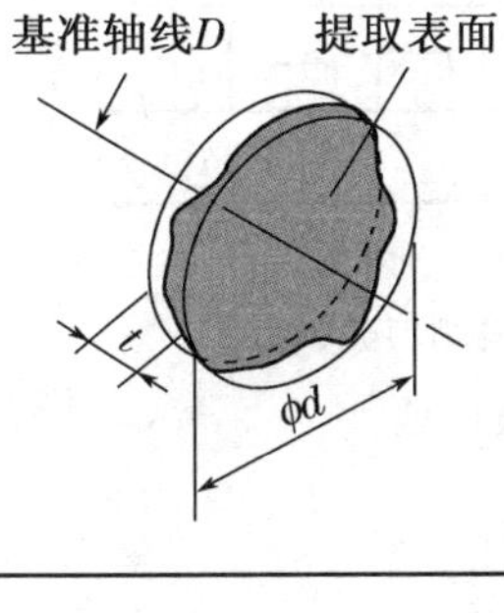	公差带为间距等于公差值 t，垂直于基准轴线的两平行平面所限定的区域。	提取（实际）表面应限定在间距等于 0.1、垂直于基准轴线 D 的两平行平面之间。 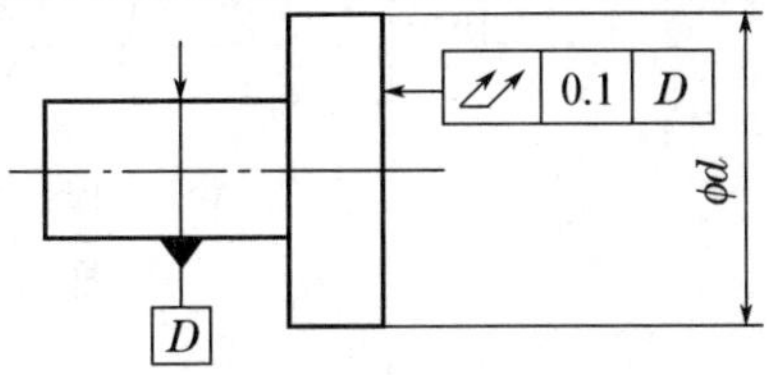

2. 跳动公差的特点

跳动公差带的位置具有固定和浮动双重特点,一方面公差带的中心(或轴线)始终与基准轴线同轴,另一方面公差带的半径又随实际要素的变动而变动。跳动公差适用于回转体表面或端面。

跳动公差用于控制被测要素几何误差的综合作用结果。跳动公差具有综合控制被测要素的位置、方向和形状的作用。例如,径向全跳动公差可综合控制同轴度和圆柱度误差;端面全跳动公差可综合控制端面对基准轴线的垂直度和平面度误差。

所以,在已经对同一被测要素给出跳动公差后,不应再对该要素给出方向公差、形状公差和位置公差。如果根据功能要求需要对被测要素的方向、形状和位置提出进一步要求,那么可以在给出跳动公差的同时再给出形状公差、方向公差和位置公差,且应满足:形状公差＜方向公差＜位置公差＜跳动公差。

【任务实施】

几何误差的检测与验证方案

由于被测零件的结构特点、尺寸大小和精度要求以及检测设备条件等不同,同一形位公差项目可以用不同的检测方法来检测。

《产品几何技术规范(GPS)几何公差检测与验证》(GB/T 1958—2017)中规定根据所要检测的几何公差项目及其公差带的特点而拟定的检测与验证方案,几何误差值均可按其最小区域来确定。

一、形状误差的检测

1. 直线度误差的检测与验证方案

(1) 光隙法测量

① 检测与验证方案

如图 3 - 47 所示,采用样板直尺(或平尺)、光源、厚薄规、量块、平晶等计量器具。

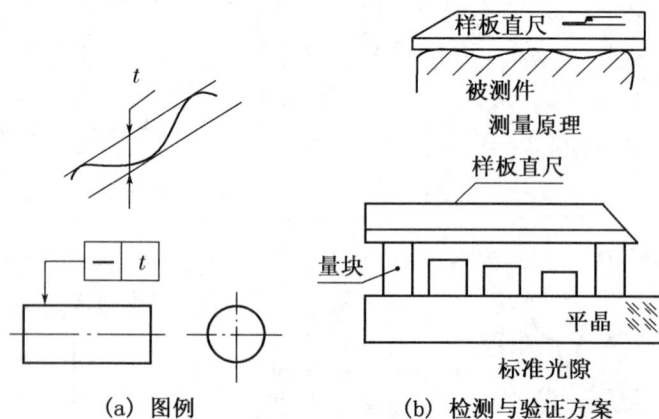

(a) 图例　　　　(b) 检测与验证方案

图 3 - 47　光隙法测量直线度误差

② 检验操作步骤

a. 预备工作

样板直尺(或平尺)与被测素线直接接触,并置于光源和眼睛之间的适当位置,调整样板立尺,使最大光隙尽可能最小。

b. 被测要素测量与评估

拟合:样板直尺(或平尺)与被测素线直接接触,并置于光源和眼睛之间的适当位置,则调整样板直尺,使最大光隙尽可能最小。

评估:样板直尺(或平尺)与被测件之间的最大间隙值即为被测素线的直线度误差。

按上述方法测量若干条素线,取其中的最大值作为被测件的直线度误差。

误差值的测量:当光隙较大时,用厚薄规测量;当光隙较小时,用样板直尺(或平尺)与量块组成的标准光隙相比较,估读出所求直线度误差值。

(2)指示计测量

① 检测与验证方案

如图3-48所示,采用平板、直角座、带指示计的测量架等计量器具。

② 检验操作步骤

a. 预备工作

将被测零件放置在平板上,并使其紧靠直角座。

b. 被测要素测量与评估

分离:确定被测要素及其测量界限。

提取:沿被测素线方向移动指示器,采用一定的提取方案进行测量,同时记录各测点示值,获得提取线。

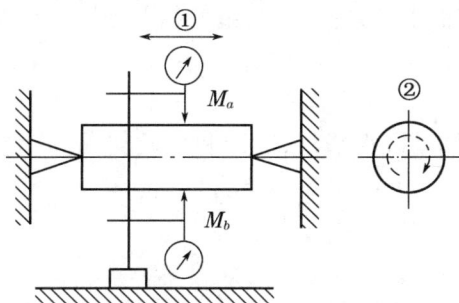

图3-48 指示计测量直线度误差

拟合:采用最小区域法对提取线进行拟合,获得拟合直线。

评估:误差值为提取线上的最高峰点、最低谷点到拟合直线之间的距离值之和。

按上述方法测量多条素线,取其中最大的误差值作为该被测件的直线度误差值。

2. 平面度误差的检测与验证方案

(1)指示计法测量

① 检测与验证方案

如图3-49所示,采用平板、指示计的测量架、固定和可调节支撑等计量器具。

扫码见"平面度误差测量"动画

117

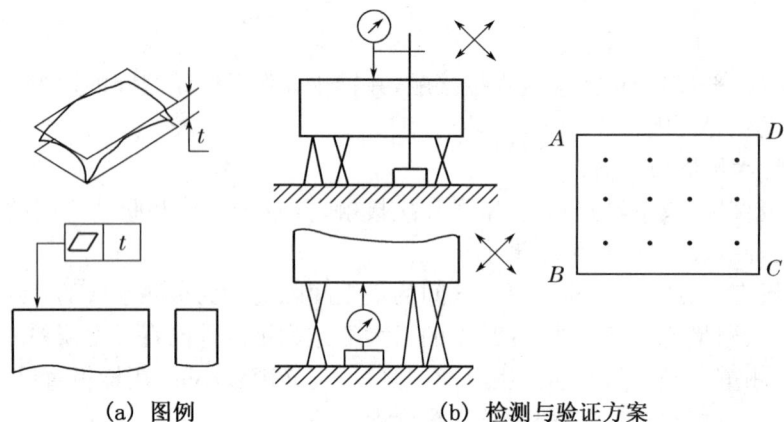

（a）图例　　　　　　　　（b）检测与验证方案

图 3－49　指示计测量平面度误差

② 检验操作步骤

a. 预备工作

将被测件支承在平板上,将两对角线的角点分别调成等高或大致等高(也可调整任意三远点)。

b. 被测要素测量与评估

分离:确定被测表面及测量界限。

提取:用水平仪按一定的测量布点方式逐点移动测量装置,同时记录各测量点的示值并转换为线值,得到提取表面。

拟合:采用最小区域法对提取表而进行拟合,得到拟合平面。

评估:误差值为提取表面上的最高峰点、最低谷点到拟合平而的距离值之和。

（2）水平仪法测量

① 检测与验证方案

如图 3－50 所示,采用平板、水平仪、固定和可调支承等计量器具。

② 检验操作步骤

a. 预备工作

将被测件支承在平板上,将两对角线的角点分别调成等高或大致等高(也可调整任意三远点)

b. 被测要素测量与评估

分离:确定被测表面及测量界限。

提取:用水平仪按一定的测量布点方式逐点移动测量装置,同时记录各测量点的示值并转换为线值,得到提取表面。

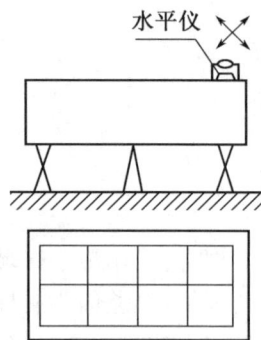

图 3－50　水平仪法测量
平面度误差

拟合:采用最小区域法对提取表而进行拟合,得到拟合平面。

评估:误差值为提取表面上的最高峰点、最低谷点到拟合平而的距离值之和。

3. 圆度误差的检测与验证方案

（1）指示计法测量法——三点法

① 检测与验证方案

如图 3 - 51 所示，该方案属于圆度误差的近似测量法，适用于具有奇数棱的工件，采用平板、带指示计的测量架、固定和可调支承等计量器具。

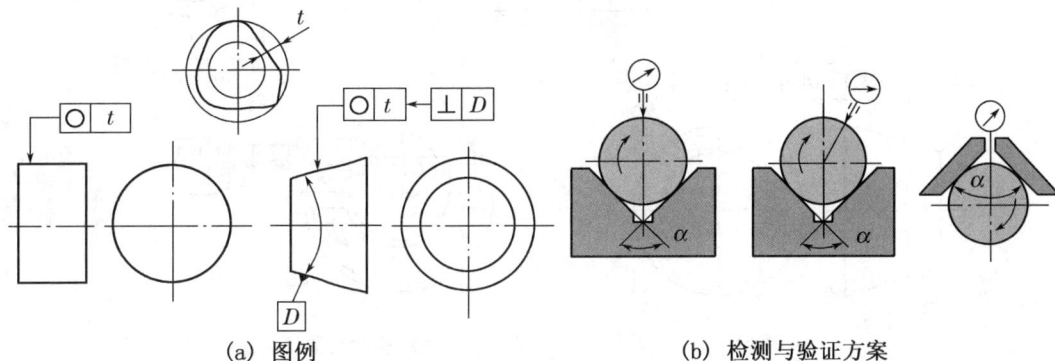

（a）图例　　　　　　　　　　　（b）检测与验证方案

图 3 - 51　指示计法测量圆度误差

② 检验操作步骤

a. 预备工作

将被测件放在 V 型块上，使其轴线垂直于测量截面，同时固定轴向位置。

b. 被测要素测量与评估

分离：确定被测表面及测量界限。

提取：在被测件横截面上采用一定的提取方案进行测量，记录被测件回转一周过程中指示计的最大、最小读数值。

评估：被测截面的圆度误差值为指示计的最大、最小读数差值与反映系数 F 之比。

重复上述操作，沿轴线方向测量多个横截面，得到各个截面的误差值，取其中的最大误差值为圆度误差值，

（2）指示计法测量法——二点法

① 检测与验证方案

如图 3 - 52 所示，该方案属于圆度误差的近似测量法，适用于具有偶数棱的工件，采用平板、带指示计的测量架或千分尺、支承等计量器具。

② 检验操作步骤

a. 预备工作

将被测件放在支承上，同时固定轴向位置。

b. 被测要素和测量与评估

分离：确定被测要素及其测量界限。

提取：采用指示计测量时调整指示剂使被测轴线垂直于测量截面，在被测件旋转一周过程中，记录指示计的最大、最小示值。采用千分尺测量时，在被测件横截面上多处测量其直径值。

评估：被测截面圆的圆度误差值为指示计的最大、最小示值差值的一半或最大、最小直径值之差的一半，重复上述操作，沿轴线方向测量多个横截面，得到各个截面的误差值，取其

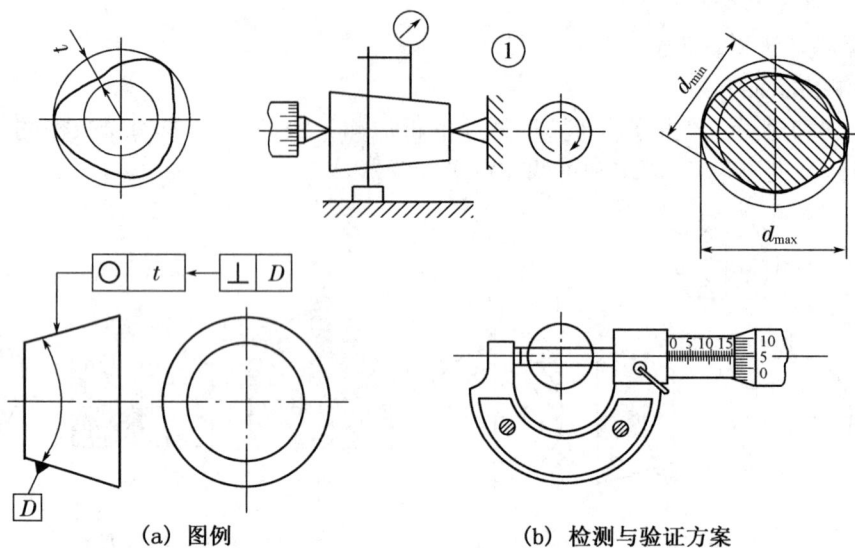

(a) 图例　　　　　　　　　　(b) 检测与验证方案

图 3-52　指标计法测量圆度误差

中的最大值为圆度误差值。

4. 圆柱度误差的检测与验证方案

指示计法测量采用三点法,适用于具有奇数棱的工件。

(1) 检测与验证方案

如图 3-52 所示。

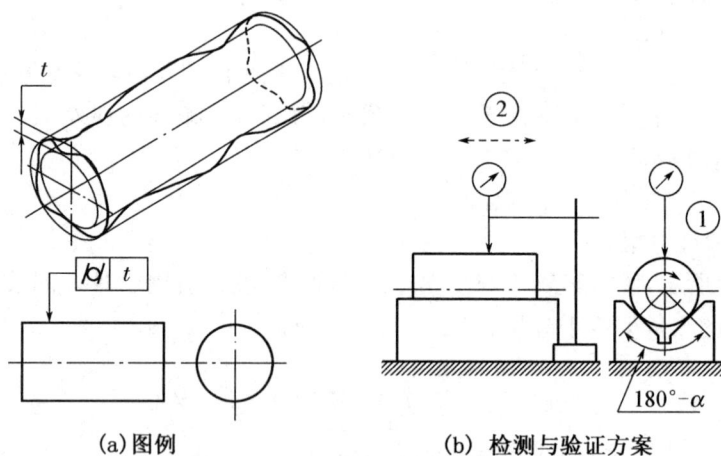

(a)图例　　　　　　　　　　(b) 检测与验证方案

图 3-53　指示计法测量圆度误差

(2) 检验操作步骤

① 预备工作

将被测件放在平板上的 V 型块内支承上(V 型块的长度要大于被测件的长度)。

② 被测要素和测量与评估

分离:确定被测要素及其测量界限。

提取:在被测圆柱面上采取一定的提取方案进行测量,得到该圆截面的最大、最小读数值。

评估:连续测量若干个横截面,然后取各截面内所测得所有读数值中的最大、最小读数值之差与反应系数 F 之比为圆柱度误差值。

5. 线轮廓度误差的检测与验证方案

(1) 仿形法

① 检测与验证方案

如图 3-54 所示。采用仿形测量装置、指示计、固定和可调支承、轮廓样板等计量器具。

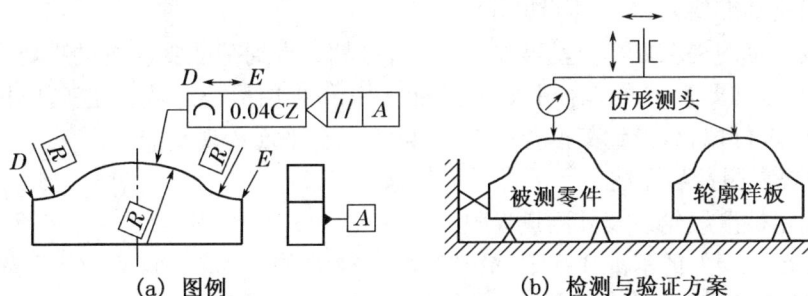

图 3-54　仿形法测量线轮廓度误差

② 检验操作步骤

a. 预备工作

调整被测件相对于仿形测量装置和轮廓样板的位置,再将指示计调零。

b. 被测要素和测量与评估

拟合:将被测轮廓与轮廓样板的形状进行比较。

评估:误差值为仿形测头上各测点的指示计最大示值的 2 倍。

重复进行多次测量取其最大的值作为误差值。

(2) 坐标测量机法

① 检测与验证方案

如图 3-55 所示。采用仿形测量装置、指示计、固定和可调支承、轮廓样板等计量器具。

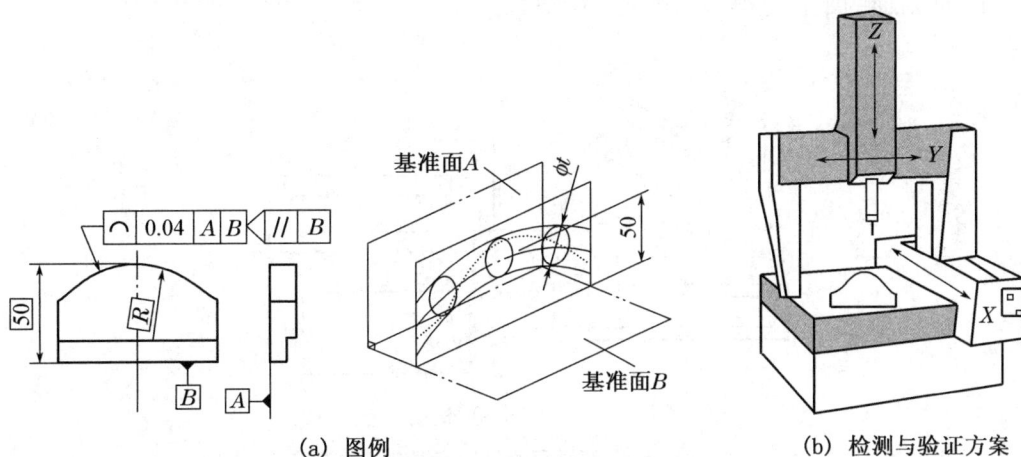

图 3-55　坐标测量机法测量线轮廓度误差

② 检验操作步骤

a. 预备工作

将被测件稳定地放置在坐标测量机工作台上。

b. 基准体现

分离：确定基准要素 A 及其测量界限。

提取：按一定的提取方案对基准要素 A 进行提取，得到基准要素 A 的提取表面。

拟合：采用最小区域法对提取表面在实体外进行拟合，得到其拟合平曲，并以该平面体现基准 A。

分离：确定基准要素 B 及其测量界限。

提取：按一定的提取方案对基准要素 B 进行提取，得到基准要素 B 的提取表面。

在保证与基准要素 A 的拟合平面垂直的约束下，采用最小区域法在实体外对基准要素 B 的提取表面进行拟合，得到其拟合平面，并以该拟合平面体现基准 B。

c. 被测要素测量与评估

分离：确定被测线轮廓及其测量界限。

提取：在已建立好的基准体系下，沿与基准 A 平行的方向上，采用一定的提取方案对被测轮廓进行测量，测得实际线轮廓的坐标值，获得提取线轮廓。

拟合：采用最小区域法对提取线轮廓进行拟合，得到提取线轮廓的拟合线轮廓。其中，拟合线轮廓的形状和位置由理论正确尺寸(R50)和基准 A、B 确定。

评估：线轮廓误差值为提取线轮廓上的点到拟合线轮廓的最大距离值的 2 倍。

按上述方法测量多条线轮廓，取其中最大的误差值作为该被测件的线轮廓度误差值。

6. 面轮廓度误差的检测与验证方案

面轮廓度误差的检测用坐标测量机法时，在测量线轮廓度误差的基础上沿宽度方向上再取若干点即可。

二、方向误差的检测

1. 平行度误差的检测

平行度误差的检测，经常是用平板、心轴或 V 型架来模拟平面、孔或轴作基准，测量被测线、面上各点到基准的距离之差，以最大相对差值作为平行度误差。

（1）面对面的平行度误差的检测与验证方案

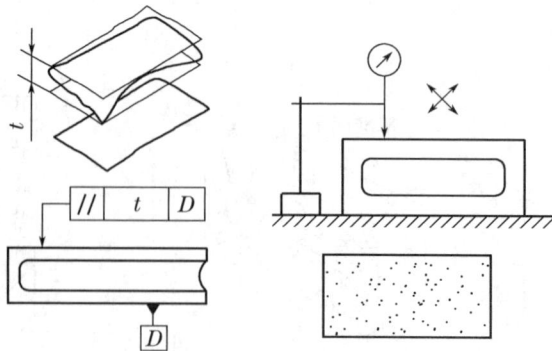

(a) 图例　　(b) 检测与验证方案

图 3-56　面对面的平行度误差的检测

① 检测与验证方案

如图 3-56 所示，采用平板、带指示计的测量架等计量器具。

② 检验操作步骤

a. 预备工作

将被测件稳定地放置在平板上，且尽可能使基准表面 D 与平板平面之间的最大距离为最小。

b. 基准体现

采用平板（模拟基准要素）体现基准 D。

c. 被测要素测量与评估

分离：确定被测线轮廓及其测量界限。

提取：按一定的布点方案（如随机布点方案）对被测表面进行测量，获得提取表面。

拟合：在与基准 D 平行的约束下，采用最小区域法对提取表面进行拟合，获得具有方位特征的拟合平行平面（即定向最小区域）。

评估：包容提取表面的两定向平行平面之间的距离，即平行度误差值。

（2）线对面的平行度误差的检测与验证方案

① 检测与验证方案

如图 3-57 所示，采用平板、带指示计的测量架、芯轴等计量器具。

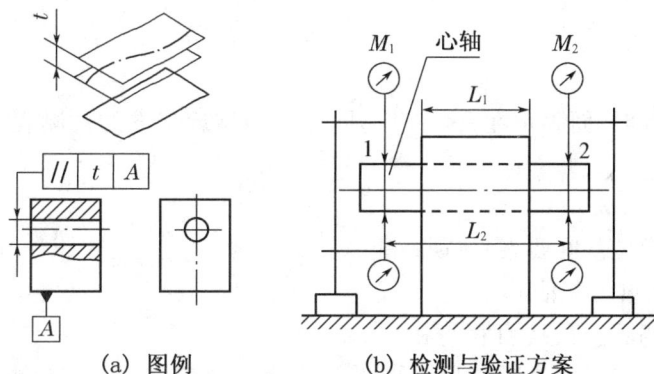

(a) 图例　　　　　(b) 检测与验证方案

图 3-57　线对面的平行度误差的检测

② 检验操作步骤

a. 预备工作

将被测件稳定地放置在平板上，且尽可能使基准表面与平板平面之间的最大距离为最小。安装芯轴，且尽可能使芯轴与被测孔之间的最大间隙为最小，被测孔的轴线由芯轴模拟。

b. 基准体现

采用平板（模拟基准要素）体现基准 A。

c. 被测要素测量与评估

分离：确定被测要素的模拟被测要素（芯轴）及其测量界限。

提取：在轴向相距为 L_2 的两个垂直于基准平面 A 的正截面上测量，分别记录测位 1 和测位 2 上的指示计示值差 M_1 和 M_2。

拟合:在与基准 D 平行的约束下,采用最小区域法对提取表面进行拟合,获得具有方位特征的拟合平行平面(即定向最小区域)。

评估:平行度误差值按下式进行计算得到:$f = |M_1 - M_2| \dfrac{L_1}{L_2}$。

2. 垂直度误差的检测

(1) 面对面的垂直度误差的检测与验证方案

① 检测与验证方案

如图 3-58 所示,采用平板、带指示计的测量架、直角座等计量器具。

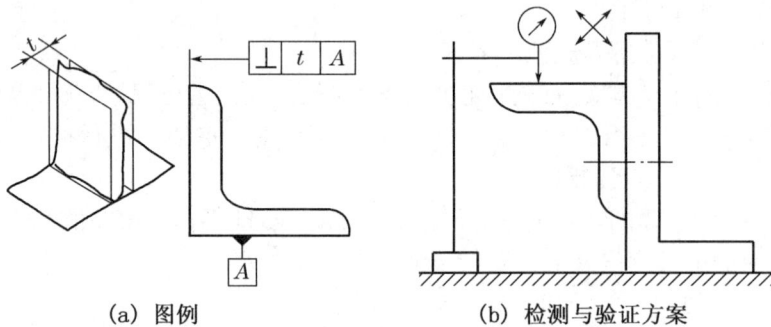

(a) 图例   (b) 检测与验证方案

图 3-58 面对面的垂直度误差的检测

② 检验操作步骤

a. 预备工作

将被测件的基准平面固定在直角座上,同时调整靠近基准的被测表面的指示计示值之差为最小值。

b. 基准体现

采用直角座(模拟基准要素)体现基准 A。

c. 被测要素测量与评估

分离:确定被测表面及其测量界限。

提取:选择一定的提取方案(如米字形提取方案),对被测表面进行测量,获得提取表面。

拟合:在与基准 A 垂直的约束下,采用最小区域法对提取表面进行拟合,获得具有方位特征的拟合平行平面(即定向最小区域)。

评估:包容提取表面的两定向平行平面之间的距离,即垂直度误差值。

(2) 线对线的垂直度误差的检测与验证方案

① 检测与验证方案

如图 3-59 所示,采用平板、带指示计的测量架、固定和可调支承、芯轴、直角尺等计量器具。

② 检验操作步骤

a. 预备工作

基准轴线和被测轴线均由芯轴模拟,安装芯轴且尽可能使芯轴与被测孔、芯轴与基准孔之间的最大间隙为最小,将被测件放置在等高支撑上,并调整模拟基准要素(芯轴)与测量平板垂直。

124

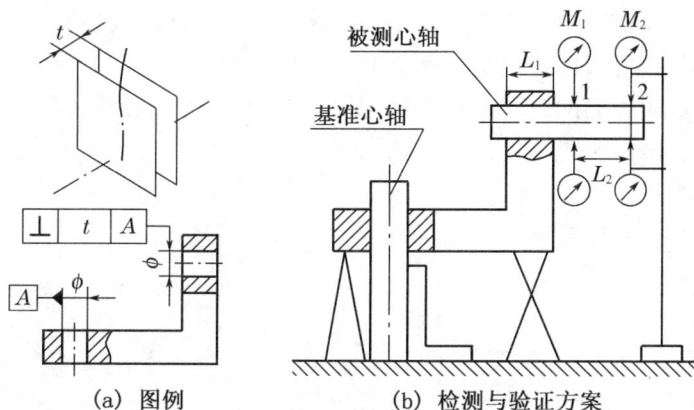

(a) 图例　　　　(b) 检测与验证方案

图3-59　线对线的垂直度误差的检测

b. 基准体现

采用芯轴(模拟基准要素)体现基准 A。

c. 被测要素测量与评估

分离:确定被测要素的模拟被测要素(芯轴)及其测量界限。

提取:在轴向相距为 L_2 的两个垂直于基准平面 A 的正截面上测量,分别记录测位 1 和测位 2 上的指示计示值差 M_1 和 M_2。

评估:平行度误差值按下式进行计算得到: $f = \dfrac{L_1}{2L_2}|M_1 - M_2|$。

3. 倾斜度误差的检测

(1) 面对面的倾斜度误差的检测与验证方案

① 检测与验证方案

如图3-60所示,采用平板、带指示计的测量架、定角座(正弦尺)等计量器具。

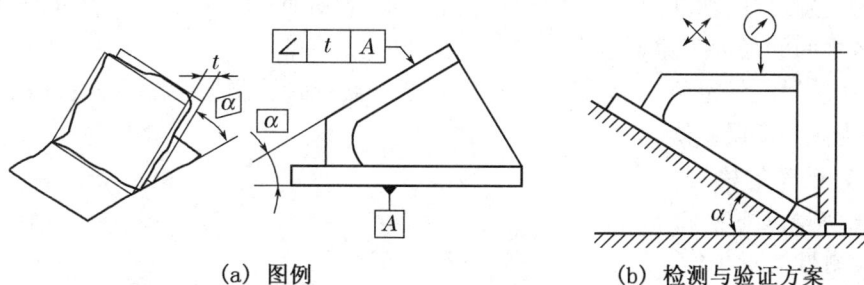

(a) 图例　　　　(b) 检测与验证方案

图3-60　线对线的垂直度误差的检测

② 检验操作步骤

a. 预备工作

将被测件稳定地放置在定角座上,且尽可能保持基准表面与定角座之间的最大距离为最小。

b. 基准体现

采用定角座(模拟基准要素)体现基准 A。

c. 被测要素测量与评估

分离:确定被测表面及其测量界限。

提取:选择一定的提取方案(如米字形提取方案),对被测表面进行测量,获得提取表面。

125

拟合:在与基准 A 倾角为 α 的约束下,采用最小区域法对提取表面进行拟合,获得具有方位特征的拟合平行平面(即定向最小区域)。

评估:包容提取表面的两定向平行平面之间的距离,即倾斜度误差值。

(2) 面对面的倾斜度误差的检测与验证方案

① 检测与验证方案

如图 3-61 所示,采用芯轴、塞尺、定角样板等计量器具。

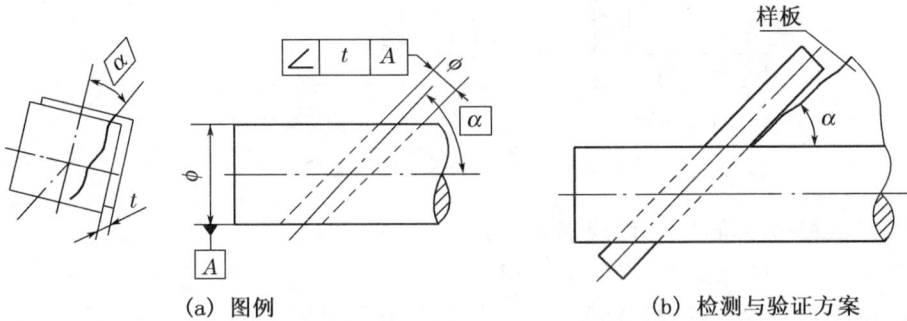

(a) 图例 (b) 检测与验证方案

图 3-61 面对面的倾斜度误差的检测

② 检验操作步骤

a. 预备工作

被测要素由心轴模拟体现,安装心轴,且尽可能使心轴与被测孔之间的最大间隙为最小。

b. 基准的体现

基准轴线由其外圆柱面体现。

c. 被测要素测量与评估

拟合:在被测件的轴剖面内,将定角样板的一条边(或面)与体现基准的外圆柱面直接接触并使二者之间的最大缝隙为最小。

评估:用塞尺测量定角样板的另一条边(或面)与心轴(被测模拟要素)之间的最大缝隙值,该值即为倾斜度误差值。

三、位置误差的检测

1. 同轴度误差的检测

(1) 检测与验证方案

如图 3-62 所示,采用一对导向套筒(或 V 型块)、带指示计的测量架、支承、平板等计量器具。

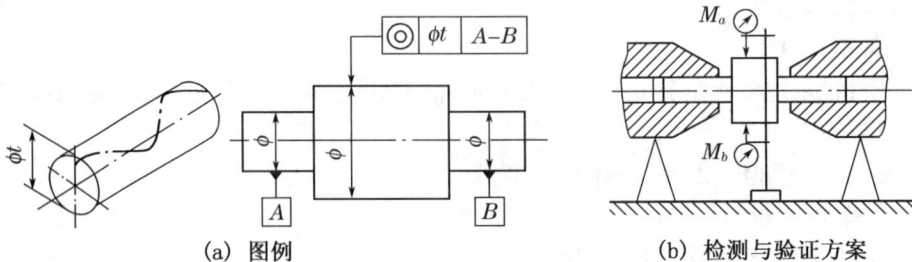

(a) 图例 (b) 检测与验证方案

图 3-62 同轴度误差的检测

（2）检验操作步骤

① 预备工作

采用一对同轴导向套筒模拟公共基准轴线 $A—B$，将两指示计分别在铅垂轴截面内相对于基准轴线对称地分别调零。

② 基准的体现

采用一对同轴的导向套筒（模拟基准要素）体现公共基准 $A—B$。

③ 被测要素测量与评估

分离：确定被测的组成及其测量界限。

提取：测头垂直于回转轴线，采用周向等间距提取方案对被测要素的组成要素进行测量，记录各测量点 M_a、M_b 值。

评估：以上各圆截面上对应测量点的差值 $|M_a－M_b|$ 的最值作为该圆截面的同轴度误差。

按上述方法，在若干个截面上测量，取各截面测得的示值差值绝对值的最大值作为该被测件的同轴度误差。

2. 对称度误差的检测

（1）检测与验证方案

如图 3-63 所示，采用带指示计的测量架、平板等计量器具。

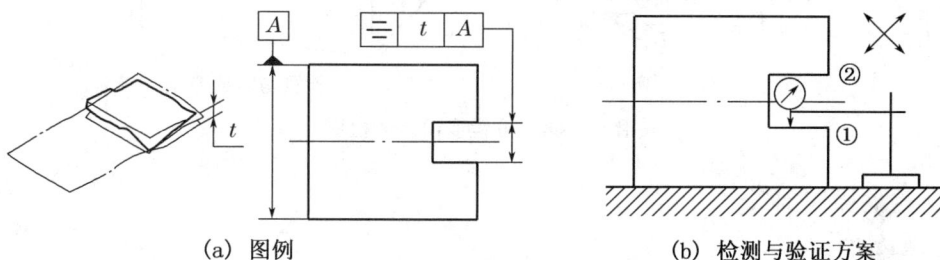

（a）图例　　　　　（b）检测与验证方案

图 3-63　对称度误差的检测

（2）检验操作步骤

① 预备工作

将被测件稳定地放在平板上。

② 基准体现

分离：确定基准要素的组成要素及其测量界限。

提取：选择一定的提取方案对基准要素的组成要素进行测量，得到两个提取表面（提取组成要素）。

拟合：采用一组满足平行约束的平行平面，在实体外、同时对两个提取组成要素进行最大内切法拟合，得到拟合组成要素的中心平面（方位要素），并以此中心平面体现基准 A。

③ 被测要素测量与评估

分离：确定被测要素的组成要素及其测量界限。

提取：选择一定的提取方案对被测要素的组成要素（①和②）进行测量，得到两个提取表面（提取组成要素）。

分离、组合:将提取表面(提取组成要素)的各对应点连线中点进行分离、组合操作,得到被测要素的提取导出要素(中心面)。

拟合:在基准 A 的约束下,采用最小区域法对被测要素的提取导出要素(中心面)进行拟合,获得具有方位特征的两定位拟合平行平面(即定位最小区域)。

3. 位置度误差的检测

(1) 检测与验证方案

如图 3-64 所示,采用坐标测量机。

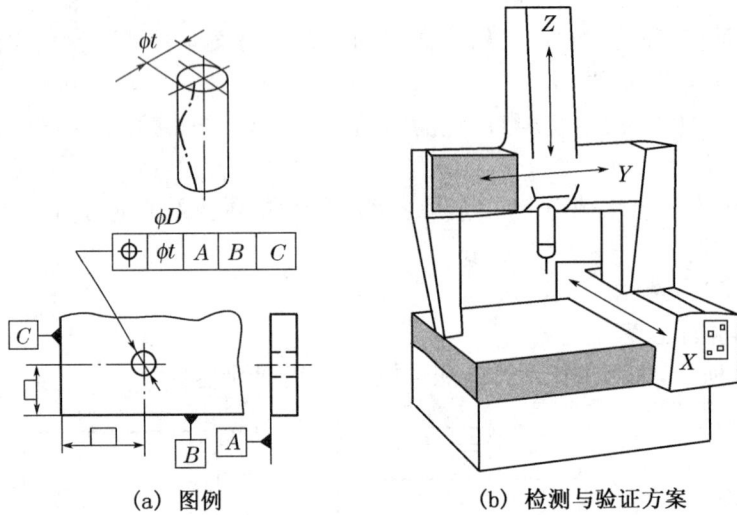

(a) 图例   (b) 检测与验证方案

图 3-64 位置度误差的检测

(2) 检验操作步骤

① 预备工作

将被测件放置在坐标测量机工作台上。

② 基准体现

分离:确定基准要素 A、B、C 及其测量界限。

提取:按米字形提取方案分别对基准要素 A、B、C 进行提取,得到基准要素 A、B、C 的提取表面。

拟合:采用最小区域法对提取表面 A 在实体外进行拟合,得到其拟合平面,并以此平面体现基准 B。

在保证与基准要素 A 的拟合平面垂直的约束下,采用最小区域法在实体外对基准要素 B 的提取表面进行拟合,得到其拟合平面,并以此拟合平面体现基准 B。

在保证与基准要素 A 的拟合平面垂直,然后又与基准要素 B 的拟合平面垂直的约束下,采用最小区域法在实体外对基准要素 C 的提取表面进行拟合,得到其拟合平面,并以此拟合平面体现基准 C。

③ 被测要素测量与评估

分离:确定被测要素的组成要素及其测量界限。

提取:采用等间距布点策略沿被测圆柱横截面圆周进行测量,在轴线方向等间距测量多个横截面,得到多个提取截面圆。

拟合:采用最小最小二乘法分别对每个提取截面圆进行拟合,得到各提取截面圆的圆心。

组合:将各提取截面圆的圆心进行组合,得到被测要素的提取导出要素(中心线)。

拟合:在基准 A、B、C 的约束下,以由理论正确尺寸确定的理想轴线的位置为轴线,采用最小区域法对提取导出要素进行拟合,得到包容提取导出要素(中心线)的圆柱。

评估:误差为包容提取导出要素(中心线)圆柱的直径值。

四、跳动误差的检测

1. 径向圆跳动

(1) 检测与验证方案

如图 3－65 所示,采用一对同轴顶尖、带指示计的测量架。

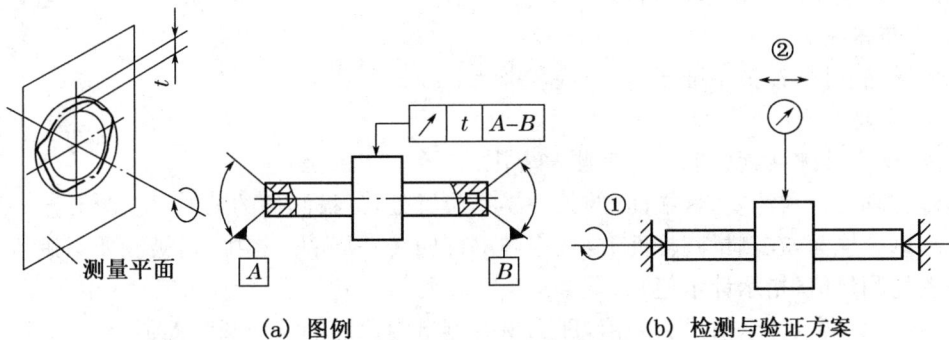

(a) 图例　　　　(b) 检测与验证方案

图 3－65　径向圆跳动的检测

(2) 检验操作步骤

① 预备工作

将被测件安装在两同轴顶尖之间。

② 基准体现

采用同轴顶尖(模拟基准要素)的公共轴线体现基准 $A—B$。

③ 被测要素测量与评估

分离:确定被测要素及其测量界限。

提取:在垂直于基准 $A—B$ 的截面(单一测量平面)上,且当被测件回转一周的过程中,对被测要素进行测量,得到一系列测量值(指示计示值)。

评估:取其指示计示值最大差值,即为单一测量平面的径向圆跳动。

重复上述提取、评估操作,在若干个截面上进行测量。取各截面上测得的径向圆跳动量中的最大值,作为该零件的径向圆跳动。

2. 端面圆跳动

(1) 检测与验证方案

如图 3－66 所示,采用导向套筒、带指示计的测量架。

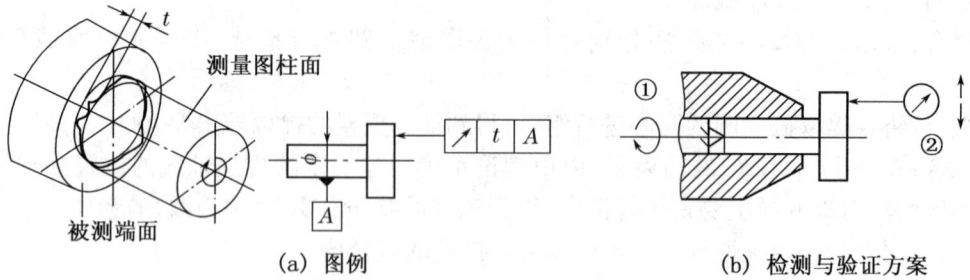

(a) 图例　　　　　　　(b) 检测与验证方案

图 3‑66　端面圆跳动的检测

（2）检验操作步骤

① 预备工作

将被测件固定在导向套筒内，并在轴向上固定。

② 基准体现

采用导向套筒（模拟基准要素）体现基准 A。

③ 被测要素测量与评估

分离：确定被测要素（端面）及其测量界限。

构建、提取：在被测要素（端面）的某一半径位置处，沿被测件的轴向，构建相应与基准 A 同轴的测量圆柱面，在测量圆柱面上，且当被测件回转一周的过程中，对被测要素进行测量，得到一系列测量值（指示计示值）。

评估：取其指示计示值最大差值，即为单一测量圆柱面的端面圆跳动。

重复上述构建、提取、评估操作，在对应被测要素（端面）不同半径位置处的测量圆柱面上进行测量，取各测量圆柱面上测得的端面圆跳动量的最大值，作为该零件的端面圆跳动。

3. 径向全跳动

（1）检测与验证方案

如图 3‑67 所示，采用一对同轴导向套筒、平板、支撑、带指示计的测量架。

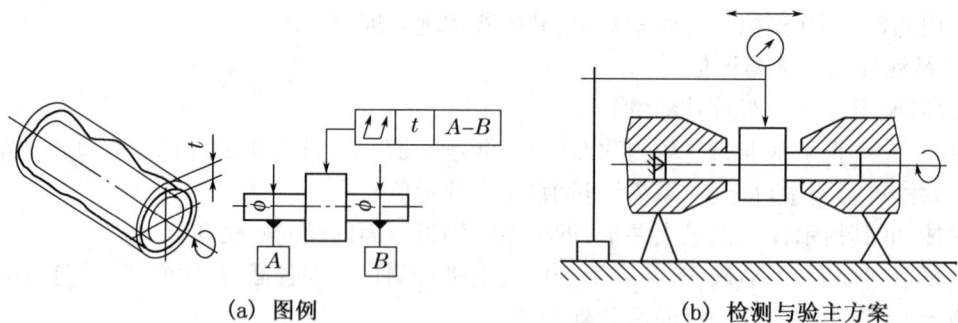

(a) 图例　　　　　　　(b) 检测与验主方案

图 3‑67　径向全跳动的检测

（2）检验操作步骤

① 预备工作

将被测件固定在两同轴导向套筒内，同时在轴向上固定，并调整两导向套筒，使其同轴且与测量平板平行。

② 基准体现

采用同轴导向套筒(模拟基准要素)体现基准 A—B。

③ 被测要素测量与评估

分离:确定被测要素(外圆柱面)及其测量界限。

提取:在被测件相对于基准 A—B 连续回转、指示计同时沿基准 A—B 方向做直线运动的过程中,对被测要素进行测量,得到一系列测量值(指示计示值)。

评估:取其指示计示值最大差值,即为该零件的径向全跳动。

【拓展知识】

用指示器测量平面度误差

一、任务描述

测量被测平面各点相对基准平面的坐标值,通过数据处理得到平面度误差。

二、任务分析

(1) 如图 3－68(a)所示,将被测件放在检验平板上,调节被测平面下的螺母,将被测平面两对角线的对角点分别调平(使指示表示值相同);也可以用三远点法,即选择平面上三个较远的点,调平这三点,使在这三点处指示表读数相同。

(2) 在被测平面上按图 3－68(b)所示的布点形式进行测量,测量时,四周的布点离平面边缘 10 mm,记录测量数据。

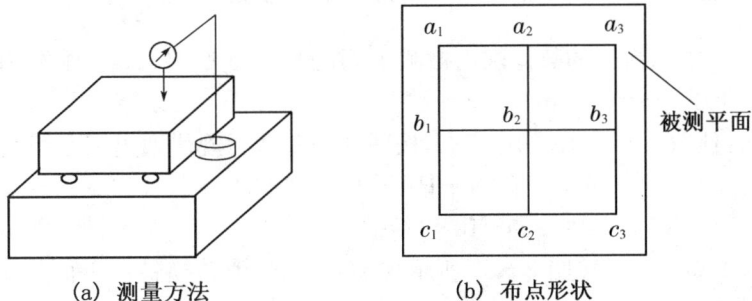

(a) 测量方法　　　　　　(b) 布点形状

图 3－68　平面度误差测量

(3) 数据处理分两步进行:先将测量数据按不同的测量方法换算成各点相对检验平板的高度值;然后根据最小条件准则确定评定基准平面,计算出平面度误差值。为方便叙述,下面用实例说明。

如图 3－69(a)所示为平面度误差的测量数据。

由于该测量数据是相对测量基准而言的,为了按最小条件评定平面度的误差值,还需要进行坐标变换,将测得值转换为相对符合最小条件的与评定方法相应的评定基准的坐标值。

坐标变换的原理是:将刚性平面旋转,则刚性平面上的点在空间的移动距离与点到旋转轴线的距离有关,而坐标变换的实质是寻找符合最小条件的评定基准,并将测量数据转化为被测点相对符合最小条件的评定基准的坐标,因此,可按图 3－69(a)所示,对图 3－69(b)所示中数据进行变换,这一变换并不改变被测点的相对位置,不影响实际被测平面的真实情况。再根据判断准则列方程,求出 P、Q 值,最后得到平面度误差的数值。

$$\begin{array}{cccc} 0 & P & 2P & \cdots & nP \\ Q & P+Q & 2P+Q & \cdots & nP+Q \\ 2Q & P+2Q & 2P+2Q & \cdots & nP+2Q \\ \vdots & \vdots & \vdots & & \vdots \\ nQ & P+nQ & 2P+nQ & \cdots & nP+nQ \end{array}$$

$$\begin{array}{ccc} 0 & +4 & +6 \\ -5 & +20 & -9 \\ -10 & -3 & +8 \end{array}$$

（a）测量数据　　　　　　　（b）坐标变换方法

图 3-69　平面度误差测量数据与坐标变换方法

按测量方法的不同,求 P、Q 值的方程也不同。

（1）对角线法:按图 3-69(b)所示规律列出两对角点的等值方程:

$$\begin{cases} 0=+8+2P+2Q \\ +6+2P=-10+3Q \end{cases}$$

解得 $P=-6$、$Q=+2$。按图 3-69(b)所示规律和 P、Q 值转换被测平面的坐标值,得到图 3-70 所示结果。

$$\begin{array}{ccc} 0 & +4+P & +6+2P \\ -5+Q & +20+P+Q & -9+2P+Q \\ -10+2Q & -3+P+2Q & +8+2P+2Q \end{array} \longrightarrow \begin{array}{ccc} 0 & +2 & -6 \\ -3 & +16 & -19 \\ -6 & -5 & 0 \end{array}$$

图 3-70　对角线的坐标变换

再按图 3-70 中变换后的数据求出被测平面的平面度误差,该被测平面的平面度误差为 $[(+16)-(-19)]\mu m=35\ \mu m$。

（2）三点法:任取 +4、-9、-10 三点,按图 3-69 所示规律列出三点等值方程:

$$\begin{cases} +4+P=-9+2P+Q \\ -10+2Q=+4+P \end{cases}$$

解出 $P=+4$、$Q=-9$,按图 3-69 所示规律和 P、Q 值转换被测平面的坐标值,得到如图 3-71 所示结果。

$$\begin{array}{ccc} 0 & +4+P & +6+2P \\ -5+Q & +20+P+Q & -9+2P+Q \\ -10+2Q & -3+P+2Q & +8+2P+2Q \end{array} \longrightarrow \begin{array}{ccc} 0 & +8 & +14 \\ +4 & +33 & +8 \\ +8 & +19 & +34 \end{array}$$

图 3-71　三点法的坐标变换

如图 3-71 所示,该被测平面的平面度误差为 $[(+34)-0]\mu m=34\ \mu m$。用三点法求平面度误差时,因三点任选,人为因素影响较大,故一般较少采用。

【思考练习】

一、填空题

1. 圆度公差带(或圆柱度公差带)的形状是_____,和圆度公差带(或圆柱度公差带)形状相同的公差项目是_____,两种公差带的区别是_____。

2. 直线度公差带的形状是_____,圆度公差带的形状为_____,平面度公差带的形状为_____。

3. 形位公差中只能用于中心要素的项目有_____,只能用于轮廓要素的项目有_____。

二、选择题

1. 有关标准正确论述的有(　　　)。

A. 圆锥体有圆度要求时,其指引线箭头必须与被测表面垂直

B. 圆锥体有圆跳动公差要求时,其指引线箭头必须与被测表面垂直

C. 直线度公差的标注,其指引线箭头应与被测要素垂直

D. 平面度公差的标注,其指引线箭头必须与被测表面垂直

2. 在图样上标注形位公差要求,当形位公差值前面加注 ϕ 时,则被测要素的公差带形状应为(　　　)。

A. 同心圆　　　　　　　　　　　B. 两同轴线圆柱面

C. 圆形、圆柱形或球形　　　　　D. 圆形或圆柱形

3. 端面全跳动公差属于(　　　)。

A. 形状公差　　　B. 定位公差　　　C. 定位公差　　　D. 跳动公差

4. 公差带形状同属于两同心圆柱之间的区域有(　　　)。

A. 径向全跳动　　B. 任意方向直线度　C. 圆柱度　　　D. 同轴度

5. 公差带形状是圆柱面内的区域有(　　　)。

A. 径向全跳动　　　　　　　　　B. 同轴度

C. 任意方向直线度　　　　　　　D. 任意方向线对线的平行度

三、综合题

1. 识读题图 3-5 中几何公差标注,按要求分别写出被测要素、基准要素、公差带形状。

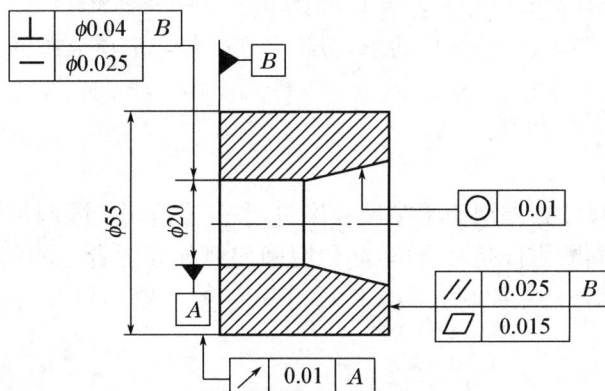

题图 3-5　综合题示意图(1)

2. 如题题图3-6所示零件标注公差不同,它们所要控制的误差有何区别?

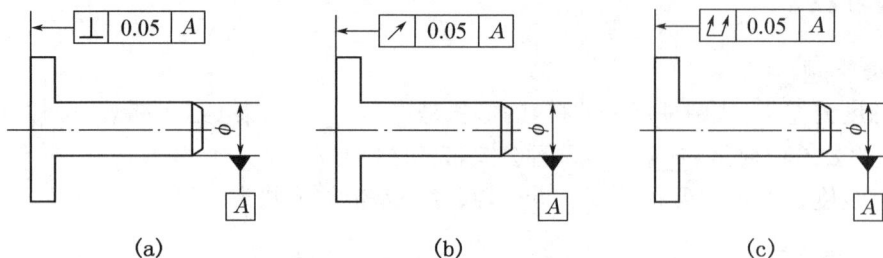

(a)　　　　　　　　　(b)　　　　　　　　　(c)

题图3-6　综合题示意图(2)

任务4　尺寸公差与几何公差的关系

【学习目标】

1. 掌握最大实体允许公差值的计算方法;会计算最小实体要求和可逆要求条件下允许的公差值。

2. 了解公差原则的特点和适用场合,能熟练运用独立原则、包容要求和最大实体要求。

3. 了解几何误差的评定方法。

【任务引入】

如图3-72所示轴套,最大实体要求用于基准要素,试求出给定的垂直度公差值、最大增大值、垂直度误差允许达到的最大值;当基准的实际尺寸为$\phi50.018$时,允许的垂直度公差值又是多少?

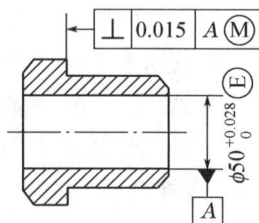

图3-72　轴套

【任务分析】

分析该图纸,ⓔ、Ⓜ是何含义?如何判断此尺寸是否合格?明确轴套的尺寸精度要求、形位精度要求,分析尺寸公差与形位公差的关系。

【相关知识】

对于一个零件,尺寸公差用于限制尺寸误差,形位公差用于限制零件的形位误差。为了保证设计要求,正确判断零件是否合格,必须明确如何处理两者之间的关系。国家标准《产品几何技术规范(GPS)公差原则》(GB/T 4249—2009)规定了形位公差与尺寸公差之间的关系。

一、有关术语和定义

1. 提取组成要素的局部尺寸

提取组成要素的局部尺寸简称提取要素的局部尺寸。在实际要素的任意正截面上,两对应点之间测得的距离就是提取要素的局部尺寸。提取要素的局部尺寸又分为内表面的局部尺寸和外表面的局部尺寸。提取要素的内表面的局部尺寸用 D_a 表示,提取要素的外表面的局部尺寸用 d_a 表示。

2. 作用尺寸

作用尺寸是装配时起作用的尺寸,分为体外作用尺寸和体内作用尺寸。作用尺寸就是局部实际尺寸和几何误差的综合结果,如图 3-73 所示。

(1)体外作用尺寸。体外作用尺寸即在被测要素的给定长度上,与实际内表面(孔)体外相接的最大理想面或与实际外表面(轴)体外相接的最小理想面的直径或宽度。内表面(孔)的体外作用尺寸用 $D_{fe} \leqslant D_a$;外表面(轴)的体外作用尺寸 $d_{fe} \geqslant d_a$ 所示。

(2)体内作用尺寸。体内作用尺寸即在被测要素的给定长度上,与实际内表面(孔)体内相接的最小理想面或与实际外表面体内相接的最大理想面的直径或宽度。内表面(孔)的体内作用尺寸 $D_{fi} \geqslant D_a$;外表面(轴)的体内作用尺寸 $d_{fi} \leqslant d_a$。

体内作用尺寸和体外作用尺寸的区别在于:体内作用尺寸是对零件强度起作用的尺寸,体外作用尺寸是装配时起作用的尺寸。

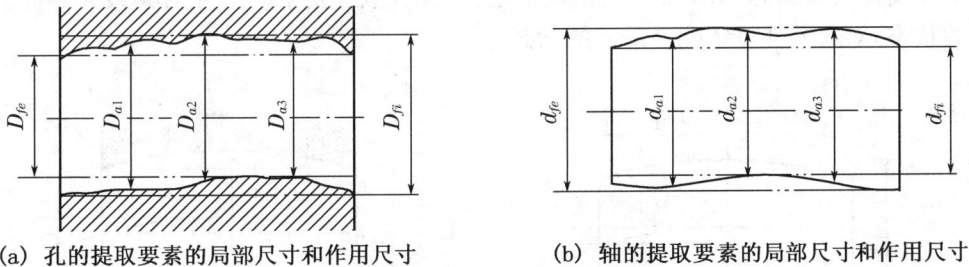

(a) 孔的提取要素的局部尺寸和作用尺寸　　(b) 轴的提取要素的局部尺寸和作用尺寸

图 3-73　取要素的局部尺寸和作用尺寸

3. 最大实体状态和最大实体尺寸(图 3-74)

最大实体状态(MMC)是指提取要素的局部尺寸处处位于极限尺寸,且使其具有实体为最大时的状态(材料拥有量最多时的状态),相应磨损寿命最长的状态。

最大实体尺寸(MMS)是指确定要素在最大实体状态下的极限尺寸。如图 3-74 所示。

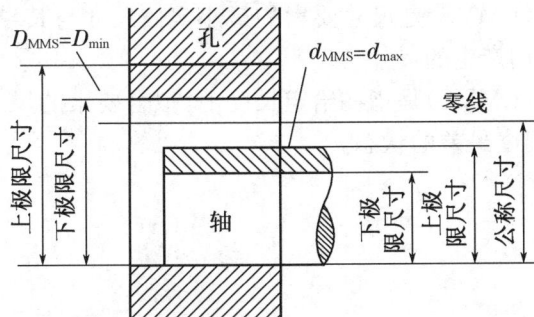

图 3-74　最大实体状态和最大实体尺寸

4. 最小实体状态和最小实体尺寸（图 3 - 75）

最小实体状态（LMC）是指提取要素的局部尺寸处处位于极限尺寸,且使其具有实体为最小时的状态（材料拥有量最少时的状态）,相应的磨损寿命最短状态。

最小实体尺寸（LMS）是指确定要素在最小实体状态下的极限尺寸。

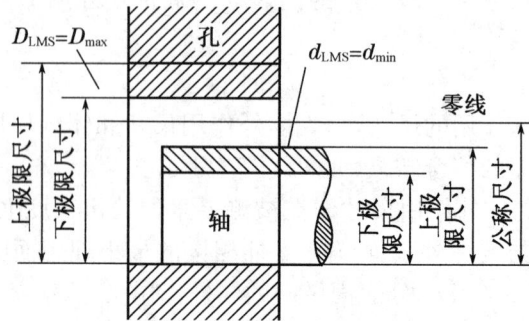

图 3 - 75　实体状态和最小实体尺寸

5. 最大实体实效尺寸和最大实体实效状态（图 3 - 76）

最大实体实效尺寸（MMVS）是尺寸要素的最大实体尺寸与其导出要素的几何公差（形状、方向或位置）共同作用产生的尺寸。

最大实体实效状态（MMVC）是指在给定长度上,拟合要素的尺寸为其最大实体实效尺寸时的状态,对应零件可装配性最差的状态。

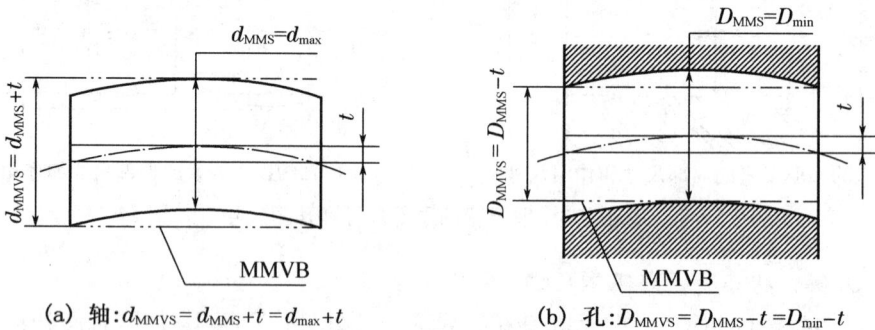

(a) 轴:$d_{MMVS} = d_{MMS} + t = d_{max} + t$　　　(b) 孔:$D_{MMVS} = D_{MMS} - t = D_{min} - t$

图 3 - 76　最大实体实效尺寸和最大实体实效状态

6. 最小实体实效尺寸和最小实体实效状态（图 3 - 77）

最小实体实效尺寸（LMVS）是尺寸要素的最小实体尺寸与其导出要素的几何公差（形状、方向或位置）共同作用产生的尺寸。

最小实体实效状态（LMVC）是指在给定长度上,拟合要素的尺寸为其最小实体实效尺寸时的状态,对应零件强度最差的状态。

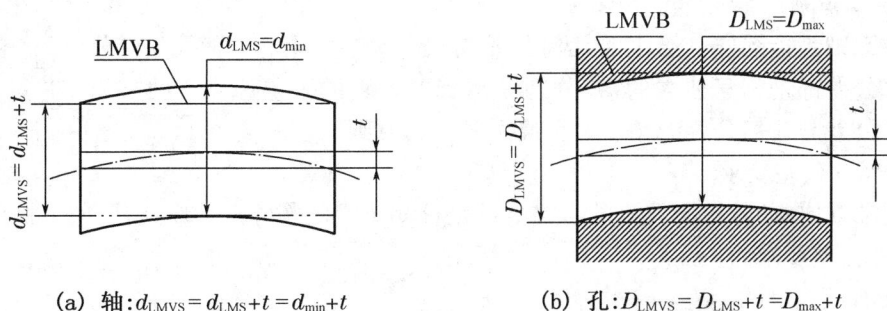

(a) 轴:$d_{LMVS}=d_{LMS}+t=d_{min}+t$　　(b) 孔:$D_{LMVS}=D_{LMS}+t=D_{max}+t$

图 3-77　最小实体实效尺寸和最小实体实效状态

7. 理想边界

理想边界是由设计给定的具有理想形状的极限包容面。理想边界有最大实体边界、最小实体边界、最大实体实效边界和最小实体实效边界,如图 3-78 所示。

(1) 最大实体边界(MMB)。最大实体边界指尺寸为最大实体尺寸的边界。对于内表面(孔),其尺寸为最大实体尺寸,形状为理想的外圆柱面;对于外表面(轴),其尺寸为最大实体尺寸,形状为理想的内圆柱面。

(2) 最小实体边界(LMB)。最小实体边界指尺寸为最小实体尺寸的边界。对于关联要素,最大、最小实体边界应与图样上的基准保持给定的正确几何关系。如图 3-78(b)所示的孔和轴的最大、最小实体边界与基准 A 保持垂直关系。

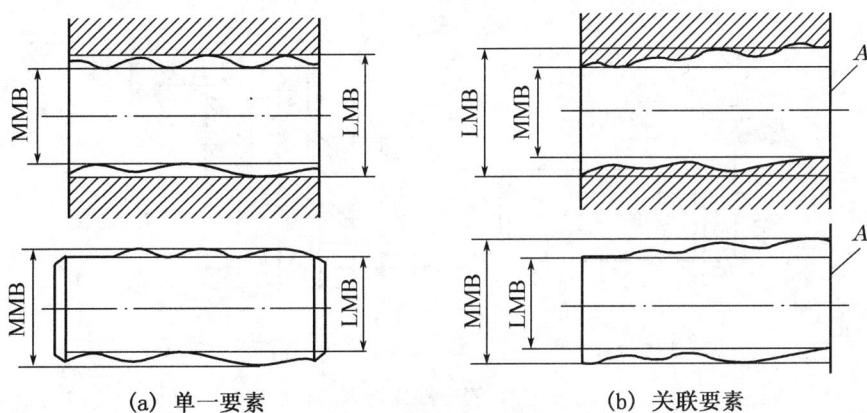

(a) 单一要素　　　　　　　　　(b) 关联要素

图 3-78　最大实体边界和最小实体边界

(3) 最大实体实效边界(MMVB)。最大实体实效边界是最大实体实效状态对应的极限包容面。

(4) 最小实体实效边界(LMVB)。最小实体实效边界是最小实体实效状态对应的极限包容面。

二、公差原则

所谓公差原则,就是处理尺寸公差和形位公差之间关系的规定。

按形位公差与尺寸公差有无关系,公差原则分为独立原则和相关要求,相关要求又分为包容要求、最大实体要求和最小实体要求。

1. 独立原则

独立原则是指图样上给定的几何公差与尺寸公差是相互无关,几何公差与尺寸公差都是相互独立的,并分别满足公差要求的公差原则。独立原则是尺寸公差与几何公差的相互关系遵循的基本原则。

（1）尺寸公差要求

应用独立原则时,被测要素的合格条件是被测要素的实际尺寸应在其上、下极限尺寸之间,即尺寸公差要求为

对于轴:$d_{max} \geqslant d_a \geqslant d_{min}$

对于孔:$D_{max} \geqslant D_a \geqslant D_{min}$

（2）几何公差要求

当图样上给出几何公差时,几何公差只控制被测要素的几何误差,与提取要素的局部尺寸的变化无关。被测要素的几何误差应小于或等于几何公差,即

$$几何误差 \ f_{几何} \leqslant 几何公差 \ t_{几何}$$

（3）遵守独立原则的图样标注

独立原则应用于单一要素,如图 3-79(a)所示,被测轴的尺寸误差合格条件是轴径 $\phi 20 \ mm$ 的实际尺寸应为 19.979～20.000 mm,被测轴的几何误差合格条件是轴的轴线直线度误差小于或等于 $\phi 0.01 \ mm$;独立原则应用于关联要素如图 3-79(b)所示,$\phi 50 \ mm$ 孔实际尺寸为 50.000～50.025 mm;$\phi 50 \ mm$ 孔轴线应垂直于 $2 \times \phi 30 \ mm$ 公共轴线,误差值小于 0.05 mm。

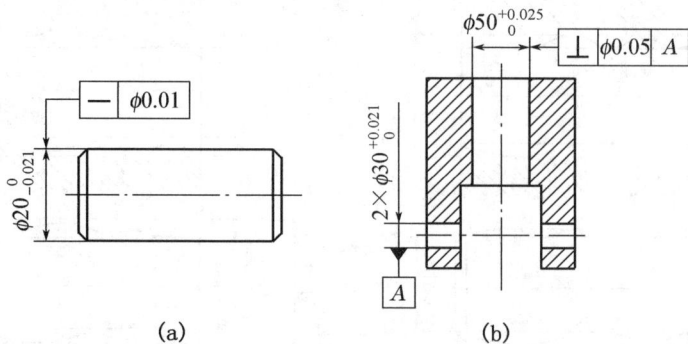

图 3-79　遵守独立原则的标注

（4）应用范围

① 非配合零件。

② 几何公差要求较高,尺寸公差要求较低的场合:印刷机滚筒,圆柱度要求高;平板或工作台,平面度要求高。

2. 相关要求

相关要求是指图样上给定的几何公差与尺寸公差相互有关的公差要求。相关要求根据提取(实际)要素遵守理想边界的不同又分为包容要求、最大实体要求、最小实体要求和可逆要求。

扫码见"相关原则"动画

（1）包容要求

① 图样标注

包容要求的尺寸要素应在其尺寸极限偏差或公差带之后加注符号Ⓔ，如图3-80（a）所示。

扫码见"包容要求"动画

② 包容要求的特点

当采用包容要求时，被测要素应遵守最大实体边界。

a. 当被测要素的实际尺寸处处为最大实体尺寸时，其形状公差为零；

b. 当被测实际要素偏离最大实体状态时，尺寸公差富余的量被用于补偿几何公差；

c. 当被测实际要素为最小实体状态时，几何公差获得最大补偿量。

包容要求适用于圆柱面或两平行对应面，表示提取的组成要素不得超越其最大实体边界（MMB），其局部尺寸不得超出最小实体尺寸（LMS）。即

对于外表面（轴）：$d_{fe} \leqslant d_{MMC}(d_{max})$，$d_a \geqslant d_{LMC}(d_{min})$

对于内表面（孔）：$D_{fe} \geqslant D_{MMC}(D_{min})$，$D_a \leqslant D_{LMC}(D_{max})$

图3-80（a）所示采用了包容要求，其含义为要求轴径$\phi30_{-0.03}^{0}$mm在尺寸公差和直线度公差之间遵守包容要求。要求轴径的实际尺寸允许在$\phi29.97$mm～$\phi30$mm变化，轴线的直线度误差允许值根据轴径的实际尺寸来定。如图3-80（b）所示，当轴径的实际尺寸处处为最大实体尺寸时，轴线的直线度误差为零；当轴径的实际尺寸偏离最大实体尺寸时，把偏离量补偿给直线度误差，允许直线度误差相应增大；当轴径的实际尺寸处处为最小实体尺寸时，允许轴线的直线度误差最大，可达$\phi0.03$mm。图3-80（c）所示为动态公差图，是实际尺寸和直线度公差之间变化的关系图。表3-9列出了轴为不同实际尺寸所允许的形状误差值。

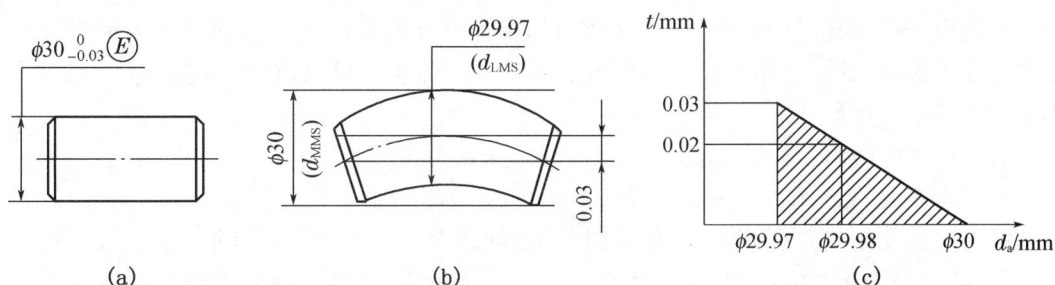

图3-80　包容要求

表3-9　实际尺寸及允许的形状误差值（mm）

被测要素实际尺寸	允许的直线度误差
$\phi30$	0
$\phi29.99$	$\phi0.01$
$\phi29.98$	$\phi0.02$
$\phi29.97$	$\phi0.03$

③ 应用范围：包容要求用于机械零件中配合性质要求较高的部位，满足配合要求，保证轴、孔的配合性质。如齿轮孔与轴(ϕ56H7/h6)、轴承内圈与轴颈(ϕ55k6)、轴承外圈与箱体孔(ϕ100J7)的配合。

（2）最大实体要求

最大实体要求（MMR）和最小实体要求（LMR）涉及组成要素的尺寸和几何公差的相互关系，这些要求只用于尺寸要素的尺寸及其导出要素几何公差的综合要求。

扫码见"最大实体要求"动画

最大实体要求（MMR）是尺寸要素的非理想要素不得违反其最大实体实效状态（MMVC）的一种尺寸要素要求，即尺寸要素的非理想要素不得超越其最大实体实效边界（MMVB）的一种尺寸要素要求。

① 图样标注

最大实体要求既可用于被测要素（包括单一要素和关联要素），又可用于基准导出要素。当应用于被测要素时，应在几何公差框格中的几何公差值后面加注符号Ⓜ，当应用于基准时，应在几何公差框格中的基准字母后加注符号Ⓜ，如图 3 - 81 所示。

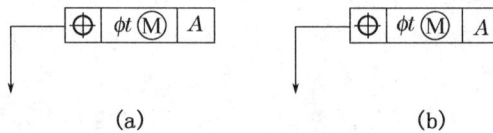

图 3 - 81　最大实体要求标注

② 最大实体要求的特点

a. 最大实体要求用于被测要素：当被测要素偏离最大实体尺寸时，形位公差值可得到一个补偿值，该补偿值是最大实体尺寸和局部实际尺寸之差。也就是被测要素应遵守最大实体实效边界，即其体外作用尺寸不得超过其最大实体实效尺寸，且局部实际尺寸在最大实体尺寸与最小实体尺寸之间。即

对于外表面(轴)：$d_{fe} \leq d_{MMVS} = d_{max} + t, d_{max} \geq d_a \geq d_{min}$

对于内表面(孔)：$D_{fe} \geq D_{MMVS} = D_{min} - t, D_{max} \geq D_a \geq D_{min}$

最大实体要求应用于被测要素举例分析：如图 3 - 82(a)所示的轴处于最大实体状态（实际尺寸处处为 ϕ20 mm）时，轴线的直线度公差为图样上标注的 ϕ0.1 mm，如图 3 - 82(b)所示。当轴的实际尺寸小于 ϕ20 mm 时，假设为 ϕ19.9 mm 时，轴线的直线度公差为 0.2 mm = (0.1 + 0.1)mm，如图 3 - 82(c)所示。当轴的实际尺寸为最小实体尺寸 ϕ19.7 mm 时，轴线的直线度允许增大到最大值，为(0.1 + 0.3) = 0.4 mm，如图 3 - 82(d)所示。

以上 4 个图中，轴的体外作用尺寸都没有超过最大实体实效边界（ϕ20.1 mm 的圆柱面），实际尺寸均未超过上、下极限尺寸，所以是合格的。图 3 - 82(e)所示为动态公差图，它是以实际尺寸为横坐标、以轴线直线度公差为纵坐标画出的一条与横坐标成 45°角的粗直线，这条粗直线上各点的纵、横坐标值之和等于轴的最大实体实效尺寸 ϕ20.1 mm。因此，当以横坐标为轴的实际尺寸和以纵坐标为轴线直线度误差的点落在图中阴影区域之内时，该轴的尺寸与轴线直线度误差均是合格的。图中的虚线代表图 3 - 82(c)所示的情况。表 3 - 10 列出了轴为不同实际尺寸所允许的形状误差值。

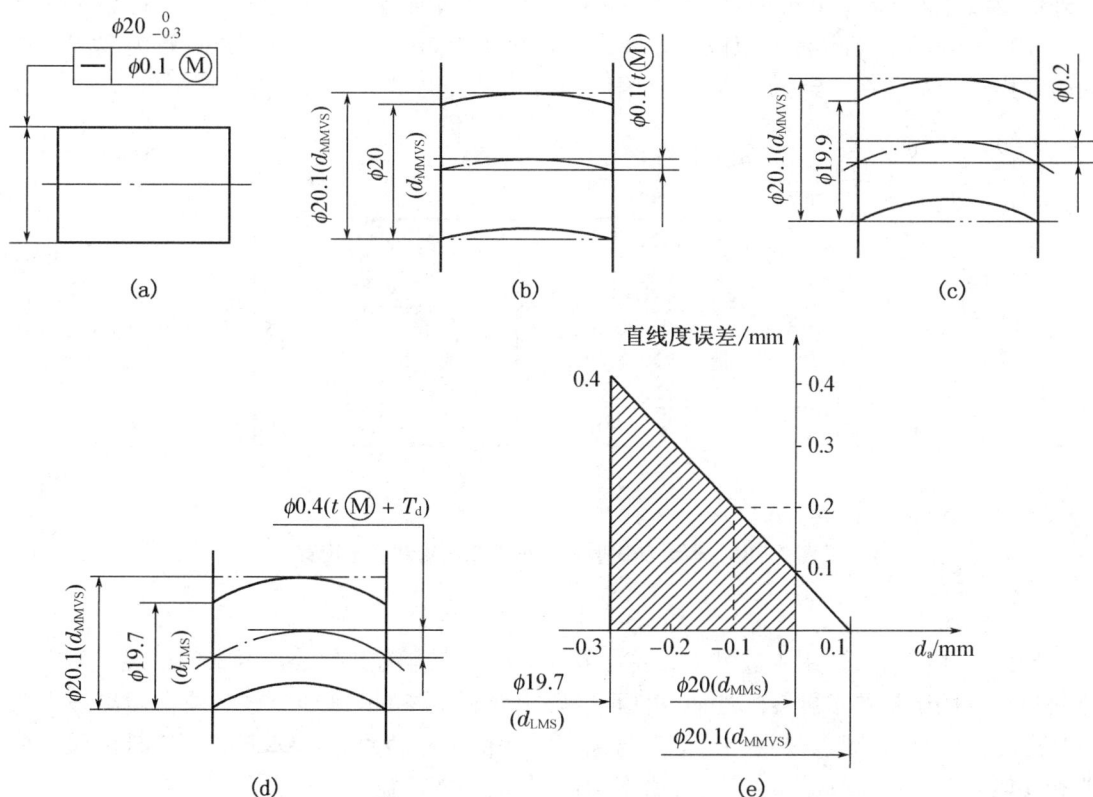

图 3‑82　最大实体要求用于被测要素

表 3‑10　实际尺寸及允许的几何误差值(mm)

被测要素实际尺寸	允许的直线度误差
$\phi20$	$\phi0.1(0.1+0)$
$\phi19.9$	$\phi0.2(0.1+0.1)$
$\phi19.8$	$\phi0.3(0.1+0.2)$
$\phi19.7$	$\phi0.4(0.1+0.3)$

　　b. 最大实体要求用于基准要素:基准要素遵守自己的理想边界和最大、最小实体尺寸。当基准实际要素的作用尺寸偏离了它本身的理想边界尺寸(基准要素本身可以遵守包容要求或最大实体原则)时,则基准轴线(或基准中心平面),可以相对于其理想边界的轴线(或中心平面)浮动。当被测要素为单个要素时,这种浮动可增大被测要素对基准的定向、定位公差值。其浮动范围等于基准要素的体外作用尺寸与其相应边界尺寸之差。

　　举例说明,如图 3‑83 所示,被测要素和基准要素同时用最大实体要求,基准本身采用包容要求。当被测要素处于最大实体状态(此时实际尺寸为 $\phi30$ mm)时,同轴度公差为 $\phi0.015$ mm;当被测要素尺寸增大时,允许的同轴度误差也增大,假如其实际尺寸为 $\phi30.021$ mm,则同轴度公差($\phi0.015+\phi0.021$)mm＝ $\phi0.036$ mm。当基准的实际轮廓处于最大实体尺寸 $\phi20$ mm 时,则基准线不能浮动;当基准的实际轮廓偏离最大实体边界,即

141

体外作用尺寸大于$\phi20$ mm时，则基准线可以浮动；当基准的体外作用尺寸等于最小实体尺寸$\phi20.013$ mm时，则其浮动范围达到最大，即$\phi0.013$ mm。基准浮动可以理解为被测要素的边界相对于基准在一定范围内浮动，因此使被测要素更容易达到合格要求。

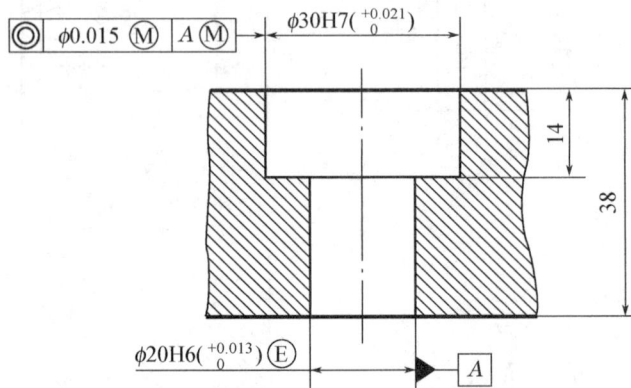

图3-83 最大实体要求用于被测要素和基准要素

③ 应用范围

最大实体要求仅适用于被测中心要素或基准中心要素有几何公差要求的情况。最大实体要求常常用于只要求可装配性而零件精度要求较低的零件，这样当被测要素偏离最大实体状态时，几何公差可以得到补偿值。与包容要求相比，最大实体要求扩大了零件的尺寸公差和几何公差，从而提高了零件的合格率，有显著的经济效益。

（3）最小实体要求

最小实体要求（LMR）是尺寸要素的非理想要素不得违反其最小实体实效状态（LMVC）的一种尺寸要素要求，即尺寸要素的非理想要素不得超越其最小实体实效边界（LMVB）的一种尺寸要素要求。

① 图样标注

最小实体要求在被测要素的公差框格中的公差数值后加注符号Ⓛ。最小实体要求可用于被测要素，也可用于基准要素。用于被测要素时，在其几何公差值后加注Ⓛ；用于基准要素时，在公差框格中基准字母代号后加注Ⓛ，如图3-84所示。

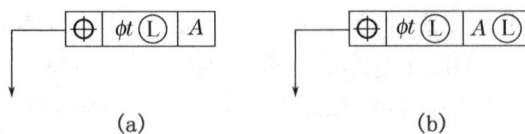

(a)   (b)

图3-84 最小实体要求标注

② 最小实体要求的特点

当其实际（组成）要素的尺寸偏离最小实体尺寸时，允许其几何误差值超出图样上给定的公差值，可将被测要素的尺寸公差的一部分或全部补偿给几何公差。

a. 最小实体要求用于被测要素：被测要素的几何公差值是在该要素处于最小实体状态时给定的。当被测要素的实际轮廓偏离最小实体状态，即其实际尺寸偏离最小实体尺寸时，尺寸偏离量可以补偿给几何公差,其最大增加量等于被测要素的尺寸公差。

最小实体要求用于被测要素时,被测要素应遵守最小实体实效边界,即其体外作用尺寸不得超过其最小实体实效尺寸,且局部实际尺寸在最大实体尺寸与最小实体尺寸之间。即

对于外表面(轴):$d_{fi} \geqslant d_{LMVS} = d_{min} - t, d_{max} \geqslant d_a \geqslant d_{min}$

对于内表面(孔):$D_{fi} \leqslant D_{LMVS} = D_{max} + t, D_{max} \geqslant D_a \geqslant D_{min}$

表 3-11 提取要素局部尺寸与直线度公差对照(mm)

被测要素实际尺寸	允许的直线度误差
$\phi 20$	$\phi 0.4(0.1+0.3)$
$\phi 19.9$	$\phi 0.3(0.1+0.2)$
$\phi 19.8$	$\phi 0.2(0.1+0.1)$
$\phi 19.7$	$\phi 0.1(0.1+0)$

图 3-85(a)所示为最小实体要求标注示例,最小实体要求遵循的边界及动态公差图如图 3-85(c)所示。当轴的提取要素局部尺寸处处为最小实体尺寸 $\phi 19.7$ mm 时,轴线的直线度公差为给定的 $\phi 0.1(0.1+0)$mm;当轴的实际尺寸为最大实体尺寸 $\phi 20$ mm 时,直线度公差值允许达到最大值 $\phi 0.4(0.1+0.3)$mm。表 3-12 是提取要素局部尺寸与直线度动态公差对照表。

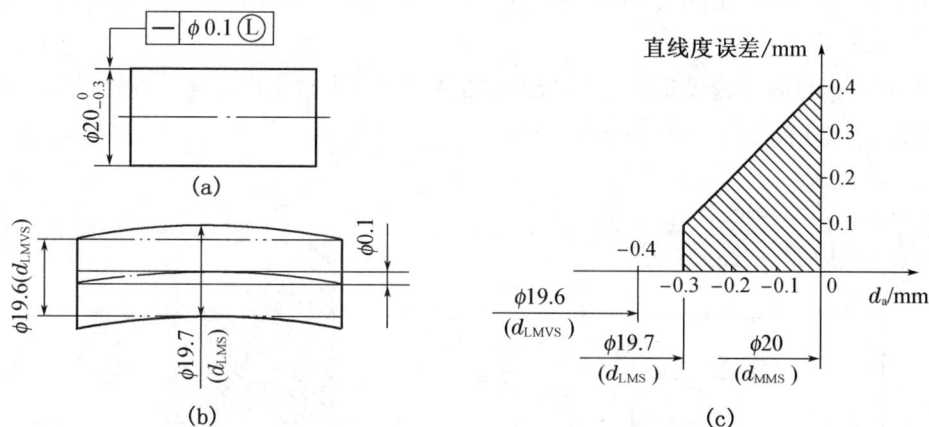

图 3-85 最小实体要求用于被测要素

b. 最小实体要求用于基准要素:如图 3-86 所示,此时基准 A 本身采用独立原则,遵守最小实体边界。表 3-12 是提取要素局部尺寸与直线度动态公差对照表。

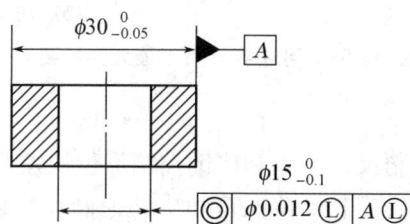

图 3-86 最小实体要求基准要素

143

表 3 - 12 提取要素局部尺寸与直线度公差对照(mm)

轴尺寸	孔尺寸	几何公差
$\phi 29.95$	$\phi 15.0$	$\phi 0.12$
$\phi 29.95$	$\phi 14.9$	$\phi 0.22 = \phi(0.12 + 0.1)$
$\phi 30.00$	$\phi 15.0$	$\phi 0.17 = \phi(0.12 + 0.05)$
$\phi 30.00$	$\phi 14.9$	$\phi 0.27 = \phi(0.12 + 0.1 + 0.05)$
最小壁厚		7.415

③ 应用范围

最小实体要求常用于保证机械零件必要的强度和最小壁厚的场合。如减速器吊耳孔的位置度、具有内孔的台阶轴内外圆的同轴度等。最小实体要求用于导出要素,不能用于组成要素。

(4) 可逆要求

可逆要求(RPR)不单独使用,是最大实体要求(MMR)或最小实体要求(LMR)的附加要求,它是一种反补偿要求。

可逆要求的特点:当它叠用于最大实体要求时,保留了最大实体要求时由于实际尺寸对最大实体尺寸的偏离而对几何公差的补偿,增加了由于几何误差值小于几何公差值而对尺寸公差的补偿(俗称反补偿),允许实际尺寸有条件地超出最大实体尺寸(以实效尺寸为限)。

① 图样标注

在被测要素的形位公差框格中的公差数值后加注 Ⓜ、Ⓛ 和 Ⓡ 符号,可逆要求用于最大实体要求的标注如图 3 - 87(a)所示。

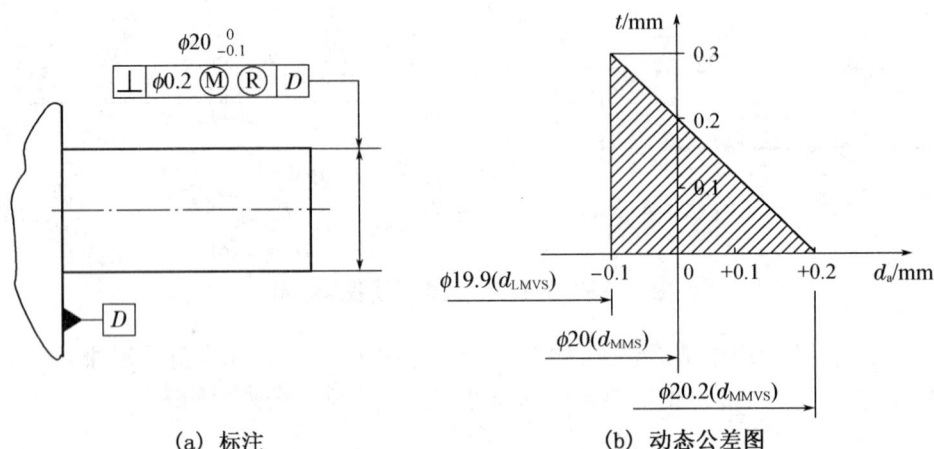

(a) 标注　　　　　　　(b) 动态公差图

图 3 - 87 可逆要求用于最大实体要求

② 可逆要求的特点

尺寸公差有双重职能:控制尺寸误差和协助控制形位误差。

而位置公差也有双重职能:控制形位误差和协助控制尺寸误差。由于尺寸误差可以超差的缘故,动态公差图的形状由直角梯形(最大实体要求)转为直角三角形(相当于在直角梯形的基础上加一个三角形)。

　　a. 可逆要求用于最大实体要求的标注:轴线的直线度公差采用可逆的最大实体要求,其含义:当轴的实际尺寸偏离最大实体尺寸时,其轴的直线度公差增大,当轴的实际尺寸处处为最小实体尺寸 $\phi 19.9$ mm,其轴的直线度误差可达最大值,为 $t=0.2+0.1=0.3$ mm。

　　当轴的轴线直线度误差小于给定的直线度公差时,也允许轴的实际尺寸超出其最大实体尺寸,(但不得超出其最大实体实效尺寸 20.2 mm)。故当轴线的直线度误差值为零时,其实际尺寸可以等于最大实体实效尺寸,即其尺寸公差可达到最大值 $T_d=0.2+0.1=0.3$ mm。

　　b. 可逆要求用于最小实体要求的标注:图 3-88(a)所示的槽位置度,其可逆要求用于最小实体要求的动态公差图,如图 3-88(b)所示,图中横轴(槽宽尺寸)上 4.2～4.4 mm 即为槽宽尺寸可以超差的范围(注意:只当位置度误差小于 0.2 时有效)。可逆要求用于最小实体要求的动态公差图,其形状由直角梯形(最小实体要求的动态公差图)转为直角三角形(在直角梯形的直角短边处加一三角形)。

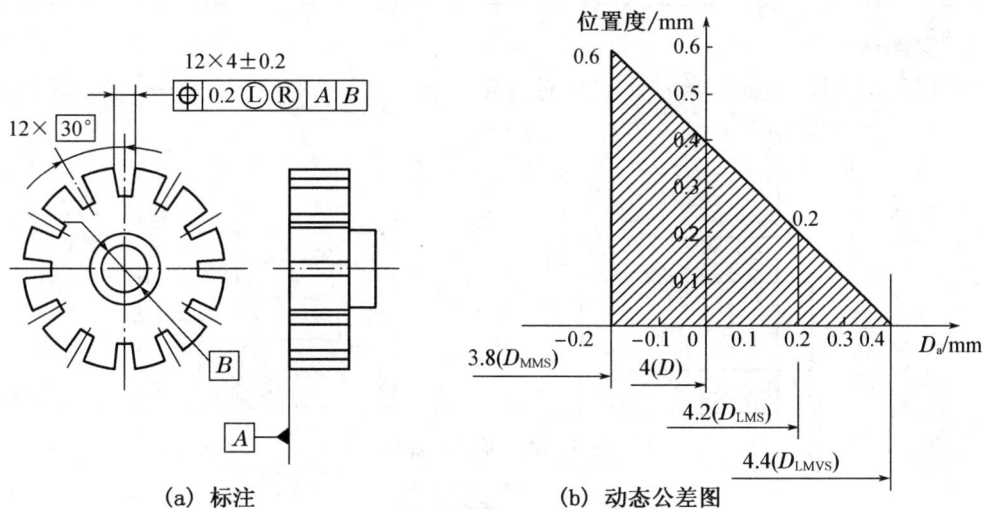

(a) 标注　　　　　　　　　(b) 动态公差图

图 3-88　可逆要求用于最小实体要求

【任务实施】

一、有关公差原则的术语、符号和计算公式(表 3-13)

表 3-13　公差原则的术语、符号和计算公式

术　语	符号	术　语	符号
最大实体尺寸	MMS	最大实体边界	MMB
最小实体尺寸	LMS	最小实体边界	LMB
最大实体状态	MMC	最大实体实效尺寸	MMVS

（续表）

术　语	符号	术　语	符号
最小实体状态	LMC	最小实体实效尺寸	LMVS
最大实体实效状态	MMVC	最大实体实效边界	MMVB
最小实体实效状态	LMVC	最小实体实效边界	MMVB
术语	公式	术语	公式
孔的体外作用尺寸	$D_{fe}=D_a-f$	孔的最小实体边界尺寸	$D_{MMB}=D_{max}$
轴的体外作用尺寸	$d_{fe}=d_a+f$	轴的最小实体边界尺寸	$d_L=d_{min}$
孔的体内作用尺寸	$D_{fi}=D_a+f$	孔的最大实体实效边界尺寸	$D_{MMVC}=D_{min}-t$ Ⓜ
轴的体内作用尺寸	$d_{fi}=D_a-f$	轴的最大实体实效边界尺寸	$d_{MMVC}=d_{max}+t$ Ⓜ
孔的最大实体边界尺寸	$D_{MMB}=D_{min}$	孔的最小实体实效边界尺寸	$D_{LMVC}=D_{max}+t$ Ⓛ
轴的最大实体边界尺寸	$d_{MMB}=D_{max}$	轴的最小实体实效边界尺寸	$d_{LMVC}=D_{min}-t$ Ⓛ

二、实例分析

如图 3-89 所示为轴套类零件的几何公差，其中 $A1=A2=A3=\cdots\cdots=20.01$ mm，试填表 3-14 中所列各值并判断该零件是否合格。

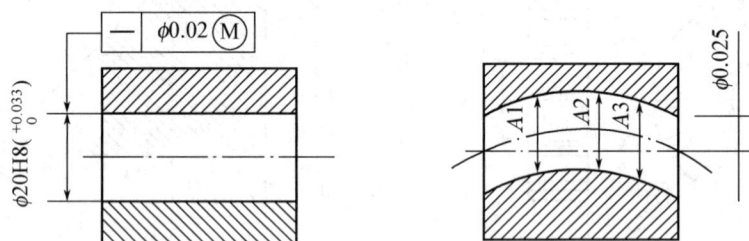

图 3-89　轴套类零件

表 3-14　轴套类零件被测要素（mm）

最大实体尺寸（MMS）	最大实体尺寸（LMS）	MMC 时的轴线直线度公差	LMC 时的轴线直线度公差	最大实体实效尺寸（MMVS）	作用尺寸

这是最大实体要求用于被测要素，利用有关公差原则的术语、符号和计算公式进行计算。

最大实体尺寸（MMS）为 $D_M=D_{min}=\phi20+\phi0=\phi20$ mm

最小实体尺寸（LMS）为 $D_L=D_{max}=\phi20+\phi0.033=\phi20.033$ mm

MMC 时的轴线直线度公差为 $t=\phi0.02+\phi0=\phi0.02$ mm

LMC 时的轴线直线度公差为 $t=\phi0.02+\phi0.033=\phi0.053$ mm

最大实体实效尺寸（MMVS）为 $D_{MMVS}=D_M-t=\phi20-\phi0.02=\phi19.98$ mm

作用尺寸为 $D_{fe}=D_a-f=\phi19.985$ mm

最大实体尺寸 （MMS）	最大实体尺寸 （LMS）	MMC 时的轴线 直线度公差	LMC 时的轴线 直线度公差	最大实体实效 尺寸（MMVS）	作用尺寸
$\phi 20$	$\phi 20.033$	$\phi 0.02$	$\phi 0.053$	$\phi 19.98$	$\phi 19.985$

　　检测合格条件:采用位置量规(轴型通规——模拟被测孔的最大实体实效边界)检测被测要素的体外作用尺寸 D_{fe},采用两点法检测被测要素的实际尺寸 D_a,其合格条件为

$$D_{fe} \geqslant \phi 19.98 \text{ mm}, \phi 20 \leqslant D_a \leqslant \phi 20.033 \text{ mm}$$

　　因为 $A1 = A2 = \cdots\cdots = 20.01$ mm,所以该零件合格。

【拓展知识】

光滑尺寸检测——用通用计量器具测量工件

　　由于计量器具和计量系统都存在内在误差,故任何测量都不能测出真值。另外,多数通用计量器具通常只用于测量尺寸,不测量工件上可能存在的几何误差。因此,对遵循包容要求的尺寸要素,工件的完善检验还应测量形状误差(如圆度、直线度),并把这些形状误差的测得结果与尺寸的测得结果综合起来,以判定工件表面各部位是否超出最大实体边界。

一、测量的误收与误废

　　在车间实际情况下,工件的形状误差通常取决于加工设备及工艺装备的精度。工件合格与否,只按一次测量来判断。对于温度、压陷效应等,以及计量器具和标准器具的系统误差均不进行修正。

　　工件的尺寸通常是指测量所得的实际尺寸,真实尺寸是实际尺寸与测量误差之和。

　　当零件的实际尺寸处于最大、最小极限尺寸附近时,有可能将处于零件公差带内的合格品判为废品,称为误废;将处于公差带外的废品误判为合格品,称为误收。

　　如图 3-90 所示,用示值误差为 $\pm 4\ \mu m$ 的千分尺验收 $\phi 20h6(_{-0.013}^{\ 0})$ 的轴径时,若轴径的实际偏差是大于 $0 \sim 4\ \mu m$ 的不合格品,由于千分尺的测量误为 -4 μm 的影响,其测量值可能小于 20 mm,从而将不合格品误判为合格品导致误收。可见,计量器具的精度越低,容易引起的测量误差就越大,误收和误废的概率就越大。

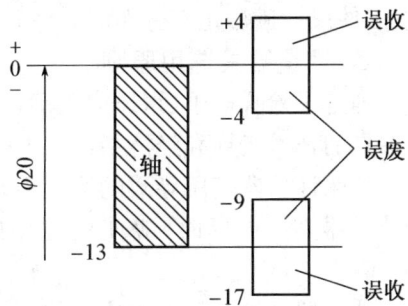

图 3-90　误收与误废

二、验收原则

　　任何检验都存在误判。国家标注准规定的验收原则:只接收位于规定的尺寸极限之内的工件,即允许误废而不允许误收。

三、验收极限方式的确定

　　国家标准规定了两种确定验收极限的方法:

　　(1) 内缩方式:验收极限从规定的最大实体尺寸(MMS)和最小实体尺寸(LMS)分别向工件公差带内移动一个安全裕度(A)来确定验收极限,如图 3-91 所示。国标规定安全裕

度 A 按工件尺寸公差 T 的 $1/10$ 确定,常见数值见表 $3-13$。

孔尺寸的验收极限:

上验收极限＝最小实体尺寸(LMS)－安全裕度(A)

下验收极限＝最大实体尺寸(MMS)＋安全裕度(A)

轴尺寸的验收极限:

上验收极限＝最大实体尺寸(MMS)－安全裕度(A)

下验收极限＝最小实体尺寸(LMS)＋安全裕度(A)

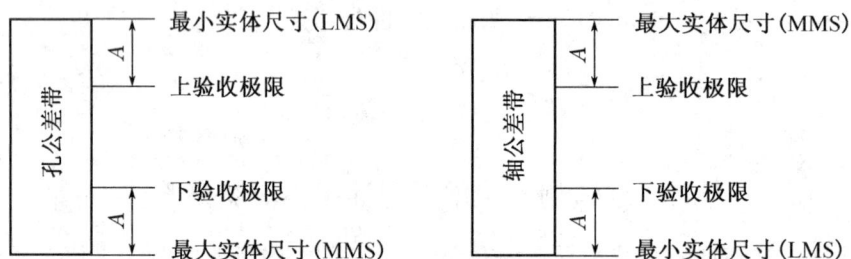

图 3-91　安全裕度和验收极限

适应范围:① 对遵循包容要求的尺寸、公差等级高的尺寸;② 对遵循包容要求的尺寸,其最大实体尺寸一边的验收极限;③ 对偏态分布的尺寸,其验收极限可以仅对尺寸偏向的一边;其验收极限按此方式确定。

(2) 验收极限等于规定的最大实体尺寸(MMS)和最小实体尺寸(LMS)。此时,安全裕度(A)等于零。

适应范围:① 过程能力系数 $c_p \geqslant 1$;② 对非配合和一般公差的尺寸;其验收极限按此方式确定。其中:工艺能力指数 c_p 值是工件公差值 T 与加工设备工艺能力 $c\sigma$ 的比值。c 为常数,工件尺寸遵循正态分布时,$c=6$;σ 为加工设备的标准偏差。$c_p = T/6\sigma$。

四、计量器具选用原则

确定了验收极限后,还应正确选择计量器具进行测量。测量器具的选择应综合考虑计量器具的技术指标和经济指标。

按照计量器具所导致的测量不确定度(简称计量器具的测量不确定度)的允许值(u_1)选择计量器具。选择时,应使所选用的计量器具的测量不确定度数值等于或小于选定的(u_1)值。

计量器具的测量不确定度允许值(u_1)按测量不确定度(u)与工件公差的比值分档,对 IT6~IT11 分为Ⅰ、Ⅱ、Ⅲ三档;对 IT12~IT18 分为Ⅰ、Ⅱ两档。测量不确定度(u)的Ⅰ、Ⅱ、Ⅲ三档值分别为工件公差的 $1/10$、$1/6$、$1/4$。计量器具的测量不确定度允许值(u_1)约为测量不确定度(u)的 0.9 倍,其三档数值列于表 $3-15$ 中。一般情况下,优先选用Ⅰ档,其次选用Ⅱ档、Ⅲ档。

表 3-15 安全裕度 A 与计量器具的测量不确定度允许值 u_1（摘自 GB/T 3177—2009）

基本尺寸/mm		IT6		I	II	III	IT7		I	II	III	IT8		I	II	III	IT9		I	II	III
大于	至	T	A	u_1			T	A	u_1			T	A	u_1			T	A	u_1		
—	3	6	0.6	0.54	0.9	1.4	10	1.0	0.9	1.5	2.3	14	1.4	1.3	2.1	3.2	25	2.5	2.3	3.8	5.6
3	6	8	0.8	0.72	1.2	1.8	12	1.2	1.1	1.8	2.7	18	1.8	1.6	2.7	4.1	30	3.0	2.7	4.5	6.8
6	10	9	0.9	0.81	1.4	2.0	15	1.5	1.4	2.3	3.4	22	2.2	2.0	3.3	5.0	36	3.6	3.3	5.4	8.1
10	18	11	1.1	1.0	1.7	2.5	18	1.8	1.7	2.7	4.1	27	2.7	2.4	4.1	6.1	43	4.3	3.9	6.5	9.7
18	30	13	1.3	1.2	2.0	2.9	21	2.1	1.9	3.2	4.7	33	3.3	3.0	5.0	7.4	52	5.2	4.7	7.8	12
30	50	16	1.6	1.4	2.4	3.6	25	2.5	2.3	3.8	5.6	39	3.9	3.5	5.9	8.8	62	6.2	5.6	9.3	14
50	80	19	1.9	1.7	2.9	4.3	30	3.0	2.7	4.5	6.8	46	4.6	4.1	6.9	10	74	7.4	6.7	11	17
80	120	22	2.2	2.0	3.3	5.0	35	3.5	3.2	5.3	7.9	54	5.4	4.9	8.1	12	87	8.7	7.8	13	20
120	180	25	2.5	2.3	3.8	5.6	40	4.0	3.6	6.0	9.0	63	6.3	5.7	9.5	14	100	10	9.0	15	23
180	250	29	2.9	2.6	4.4	6.5	46	4.6	4.1	6.9	10	72	7.2	6.5	11	16	115	12	10	17	26
250	315	32	3.2	2.9	4.8	7.2	52	5.2	4.7	7.8	12	81	8.1	7.3	12	18	130	13	12	19	29
315	400	36	3.6	3.2	5.4	8.1	57	5.7	5.1	8.4	13	89	8.9	8.0	13	20	140	14	13	21	32
400	500	40	4.0	3.6	6.0	9.0	63	6.3	5.7	9.5	14	97	9.7	8.7	15	22	155	16	14	23	35

公差等级/μm

基本尺寸/mm		IT10		I	II	III	IT11		I	II	III	IT12		I	II	IT13		I	II
大于	至	T	A	u_1			T	A	u_1			T	A	u_1		T	A	u_1	
—	3	40	4.0	3.6	6.0	9.0	60	6.0	5.4	9.0	14	100	10	9.0	15	140	14	13	21
3	6	48	4.8	4.3	7.2	11	75	7.5	6.8	11	17	120	12	11	18	180	18	16	27
6	10	58	5.8	5.2	8.7	13	90	9.0	8.1	14	20	150	15	14	23	220	22	20	33
10	18	70	7.0	6.3	11	16	110	11	10	17	25	180	18	16	27	270	27	24	41
18	30	84	8.4	7.6	13	19	130	13	12	20	29	210	21	19	32	330	33	30	50
30	50	100	10	9.0	15	23	160	16	14	24	36	250	25	23	38	390	39	35	59
50	80	120	12	11	18	27	190	19	17	29	43	300	30	27	45	460	46	41	69
80	120	140	14	13	21	32	220	22	20	33	50	350	35	32	53	540	54	49	81
120	180	160	16	15	24	36	250	25	23	38	56	400	40	36	60	630	63	57	95
180	250	185	18	17	28	42	290	29	26	44	65	460	46	41	69	720	72	65	110
250	315	210	21	19	32	47	320	32	29	48	72	520	52	47	78	810	81	73	120
315	400	230	23	21	35	52	360	36	32	54	81	570	57	51	80	890	89	80	130
400	500	250	25	23	38	56	400	40	36	60	90	630	63	57	95	970	97	87	150

149

表 3-16、表 3-17、表 3-18 给出了在车间生产条件下,常用计量器具的不确定度参考数值。

表 3-16 游标卡尺和千分尺的不确定度(mm)

尺寸范围		所使用的计量器具			
		分度值为 0.01 的外径千分尺	分度值为 0.01 的内径千分尺	分度值为 0.02 的游标卡尺	分度值为 0.05 的游标卡尺
大于	至	不确定度			
0	50	0.004			
50	100	0.005	0.008		0.05
100	150	0.006			
150	200	0.007		0.020	
200	250	0.008	0.13		
250	300	0.009			
300	350	0.010			
350	400	0.011	0.020		0.100
400	450	0.012			
450	500	0.013	0.025		
500	600				
600	700		0.030		
700	1 000				0.150

表 3-17 比较仪的不确定度(mm)

尺寸范围		所使用的计量器具			
		分度值为 0.0051(相当于放大倍数为 2 000 倍)的比较仪	分度值为 0.001(相当于放大倍数为 1 000 倍)的比较仪	分度值为 0.002(相当于放大倍数为 400 倍)的比较仪	分度值为 0.005(相当于放大倍数为 250 倍)的比较仪
大于	至	不确定度			
0	25	0.000 6	0.001 0	0.001 7	
25	40	0.000 7			
40	65	0.000 8	0.001 1	0.001 8	0.003 0
65	90	0.000 8			
90	115	0.000 9	0.001 2	0.001 9	
115	165	0.001 0	0.001 3		
165	215	0.001 2	0.001 4	0.002 0	
215	265	0.001 4	0.001 6	0.002 1	0.003 5
265	315	0.001 6	0.001 7	0.002 2	

表 3-18 指示表的不确定度(mm)

尺寸范围		所使用的计量器具			
		分度值为 0.01 mm 的千分表(0 级在全程范围内,1 级在 0.2 mm 内);分度值为0.002 mm的千分表(在1 转范围内)	分度值为 0.001、0.002、0.005 mm 的千分表(1 级在全程范围内);分度值为 0.01 mm 的百分表(0 级在任意 1 内)	分度值为 0.01 mm 的百分表(0 级在全程范围内,1 级在任意 1 mm 内)	分度值为 0.01 mm 的百分表(1 级在全程范围内)
大于	至	不确定度			
—	25	0.005	0.010	0.018	0.030
25	40				
40	65				
65	90				
90	115				
115	165	0.006			
165	215				
215	265				
265	315				

举例:被检验工件的尺寸为 $\phi 40h6(^{0}_{-0.062})$ Ⓔ,试确定验收极限,并选择适当的计量器具。分析解决步骤:

(1)确定安全裕度和计量器具不确定度允许值

已知公差等级 IT6,制造公差 $T=0.062$ mm,由表 3-14 中查得 $A=0.0062$ mm,$u=0.0056$ mm。

(2)确定验收极限

上验收极限=最大实体尺寸-安全裕度(A)=40-0.0062=39.9938 mm

下验收极限=最小实体尺寸+安全裕度(A)=40-0.0062+0.0062=40 mm

(3)选择计量器具

查表 3-15,在工件尺寸 0~50 mm 范围内,分度值为 0.01 mm 的外径千分尺的不确定度为 $u=0.004<u_1=0.0056$,所以能满足要求。

【思考练习】

一、填空题

1. 作用尺寸是工件_____尺寸和_____综合的结果,孔的作用尺寸总是_____孔的实际尺寸,轴的体外作用尺寸总是_____轴的实际尺寸。

2. 最大实体实效状态是指被测要素处于_____尺寸和几何公差为_____值时的综合状态,孔的实效尺寸等于_____,轴的实效尺寸等于_____。

二、选择题

1. 公差原则是指( )。

    A. 确定公差值大小的原则   B. 确定公差与配合标准的原则

    C. 形状公差与位置公差的关系   D. 尺寸公差与形位公差的关系

2. 处理尺寸公差与形位公差关系的是( )。

    A. 最小条件   B. 检测原则   C. 公差原则   D. 相关原则

3. 对于实际的孔和轴,用最大实体尺寸限制其( ),使配合结果不至于超过预定的( )。

    A. 作用尺寸,最紧程度   B. 实际尺寸,最松程度

    C. 实际尺寸,最紧程度   D. 作用尺寸,最松程度

4. 作用尺寸是由( )而形成的一个理想圆柱的尺寸。

    A. 实际尺寸和形状误差综合影响   B. 极限尺寸和形状误差综合影响

    C. 极限尺寸和形位误差综合影响   D. 实际尺寸和形位误差综合影响

三、简答题

1. 什么是体外作用尺寸?什么是体内作用尺寸?两者主要的区别是什么?

2. 什么是最大实体尺寸?什么是最小实体尺寸?它们与上、下极限尺寸有什么关系?

3. 包容要求的含义是什么?如何标注?

4. 最大实体要求的含义是什么?如何标注?

四、计算题

题图 3-7 所示轴套的 3 种标注方法,试分析说明它们所表示的要求有何不同?并填入下表内。

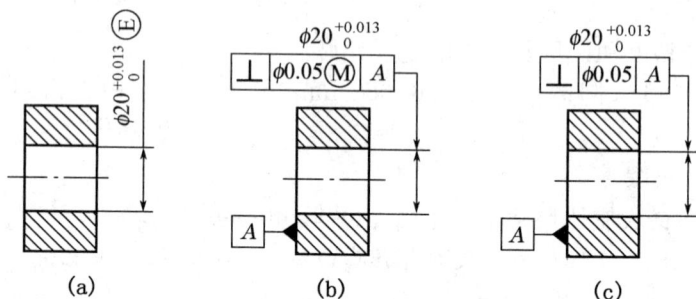

题图 3-7 计算题示意图

图序	采用的公差原则(要求)的名称	孔为最大实体尺寸时形位误差值	孔为最小实体尺寸时形位误差值	理想边界名称边界尺寸	实际尺寸合格范围

任务5 几何公差的选择

【学习目标】

1. 了解影响几何公差项目选择的因素。
2. 初步具备几何公差特征、基准要素、公差等级(公差值)和公差原则的选择能力。

【任务引入】

如图3-92所示为轴类零件图,试按下列技术要求进行标注。

(1) 圆柱面的尺寸要求为$\phi45_{-0.025}^{0}$,并采用包容要求。

(2) 小端圆柱面轴线对大端圆柱面轴线有同轴度要求。

(3) 小端圆柱面的尺寸要求为$\phi25\pm0.007$ mm,要求素线直线度,并采用包容要求。

(4) 公差精度等级为8级。

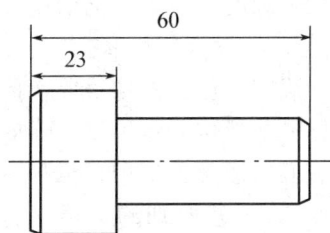

图3-92 阶梯轴

【任务分析】

要完成此任务,需要进行选择几何公差项目、选择几何公差基准、选择几何公差原则和确定公差值以及按照标准进行图样标注。

【相关知识】

一、影响几何公差项目选择的因素

在保证零件功能要求的前提下,应尽量使几何公差项目减少,检测方法简便,以获得较好的经济效益。

1. 考虑零件的几何结构特征

它是选择被测要素几何公差特征项目的基本依据。加工后的零件可能存在各种几何误差,如轴类零件的外圆会出现圆度、圆柱度误差,零件平面要素会出现平面度误差,阶梯轴(孔)会出现同轴度误差,槽类零件会出现对称度误差,凸轮类零件会出现轮廓度误差,等等,应根据零件的几何结构选用恰当的几何公差特征项目。

2. 零件的使用功能要求

根据零件不同的功能要求,给出不同的几何公差特征项目。要分析影响零件功能要求的主要误差项目。例如,对活塞两销孔的轴线提出了同轴度的要求,同时对活塞外圆柱面提出了圆柱度要求,用以控制圆柱体表面的形状误差。又如,影响车床主轴旋转精度的主要误差是前、后轴颈的同轴度误差和圆跳动误差;为保证机床工作台或刀架运动轨迹的精度,需

要对导轨提出直线度要求;为使箱体、端盖等零件上各螺栓孔能顺利装配,应规定孔组的位置度公差;等等。

3. 几何公差特征项目的综合控制职能

在几何公差中,单项控制的几何公差特征有直线度、平面度、圆度,综合控制的几何公差特征有圆柱度和各种方向、位置、跳动公差。选择时要尽量发挥它们综合控制的职能,这样可减少图样上给出的几何公差特征项目,从而减少需检测的几何误差数。例如,圆柱度可综合控制圆度和直线度误差。

4. 考虑检测的条件和方便性

检测条件应包括有无相应的检测设备、检测的难易程度、检测效率是否与生产批量相适应等。在满足功能要求的前提下,应选用简便易行的检测项目代替测量难度较大的项目。例如,对轴类零件,可用端面全跳动代替端面对轴线的垂直度;可用径向圆跳动或径向全跳动代替圆度。因为跳动误差、跳动公差检测方便,具有较好的综合性能。

5. 参考专业标准

确定形位公差项目要参照有关专业标准的规定。例如,与滚动轴承相配合的孔与轴应当标哪些形位公差项目,在轴承有关标准中已有规定;其他如单键、花键、齿轮等专业标准,对它们的形位公差项目也都有相应要求和规定。

二、公差原则的选择

1. 公差原则的应用

选择公差原则时,应根据被测要素的功能要求,充分考虑公差项目的职能和采取该种公差原则的经济可行性。公差原则的应用场合详见表 3-19。

表 3-19 公差原则的应用场合及示例

公差原则	应用场合	示 例
独立原则	独立原则主要用于非配合零件、未注公差零件或尺寸精度与几何精度要求相差较大的场合;或用于保证运动精度、密封性等特殊要求而提出与尺寸精度无关的几何公差要求的场合。	尺寸精度与几何精度要求需分别满足,如:齿轮箱孔的尺寸精度与两孔轴线的平行度。
		尺寸精度与几何精度要求相差较大,如:滚筒类零件尺寸精度要求低,形状精度要求高;冲模架下模座平行度精度要求高,尺寸精度要求低。
		尺寸精度与几何精度无关系,如:滚子链条套筒、滚子内外圆柱面的同轴度与尺寸精度;齿轮箱孔尺寸精度与孔轴线间位置度精度。
		保证运动精度,如:导轨形状精度要求严格,尺寸精度要求其次。
		保证密封性,如:汽缸套形状精度要求严格,尺寸精度要求其次。
		未注公差,如:退刀槽、倒角、圆角。
包容要求	包容要求主要用于需严格保证配合性质的场合。	保证配合性质,如:$\phi30H7$Ⓔ 与 $\phi30h6$Ⓔ 配合,保证最小实际间隙为 0。
		保证关联提取组成要素不超越最大实体边界,如:标注 0Ⓜ。
		尺寸公差与几何公差无严格比例关系,如:孔与轴的配合只要求提取组成要素不超越最大实体边界,局部尺寸不超越最小实体尺寸。

公差原则	应用场合	示　例
最大实体要求	最大实体要求主要用于中心要素且要求保证可装配性(无配合性质要求)的场合。	被测轴线、中心面、基准轴线、中心面,如:要求自由装配的螺钉孔、法兰孔的轴线、同轴度基准轴线。
最小实体要求	最小实体要求,主要用于要求保证壁厚或强度的场合。	被测轴线、中心面、基准轴线、中心面,如:保证零件强度要求、保证最小壁厚的孔、保证最小截面要求的轴。

在图样上采用未注公差值时,应在图样的标题栏附近或在技术要求中标出未注公差的等级及标准编号,如 GB/T 1184—K、GB/T 1184—T、GB/T 1184—H 等,同一图样采用同一未注公差等级。

2. 公差原则的选择

在保证使用功能要求的前提下,尽量提高加工的经济性。具体须综合考虑以下因素:

(1) 功能性要求:采用何种公差原则,主要应从零件的使用功能要求考虑。

(2) 设备状况:机床的精度在很大程度上决定了加工中零件的几何误差的大小。

(3) 生产批量:一般情况下,大批量生产时采用相关要求较为经济。

(4) 操作技能:操作技能的高低,在很大程度上决定了尺寸误差的大小。一般来说,操作技能较高意味尺寸补偿量大,可采用包容要求或最大实体的零几何公差,反之,宜采用独立原则或最大实体要求。

三、几何公差基准的选择

基准是确定关联要素间方向和位置的依据。在选择位置公差项目时,需要正确选用基准。选择基准时,一般应从以下几方面考虑:

(1) 基准表面的精度或质量取决于设计要求,必要时可以对基准表面规定所需的控制要求(如规定平面度)。

(2) 选择的基准要素应具有足够的大小,若必须以铸造或锻造、焊接件等的表面为基准,则应选择相对稳定的要素或采用基准目标,也可采用增加的工艺凸台作为基准要素。

(3) 采用两个以上基准时,应根据功能要求确定基准的优先顺序。选用三基面体系时,应选择对被测要素使用要求影响最大的表面或定位最稳的表面(三点定位)作为第一基准,影响次之或窄而长的表面(两点定位)作为第二基准,影响小的表面(一点定位)作为第三基准。

(4) 基准统一原则是指零件的设计基准、加工基准和检验基准三者重合,减少累积位置误差。这样既可减少因基准不重合而产生的误差,又可简化夹具、量具的设计、制造和检测过程。

(5) 根据装配关系,选择相互配合或相互接触的表面为各自的基准,以保证零件的正确装配。

四、几何公差等级和公差值的选择

国家标准《形状和位置公差　未注公差值》(GB/T 1184—1996)中规定了各种几何公差

等级和公差值。国家标准将几何公差分为注出公差和未注公差两种。当几何精度要求不高、用一般机床加工能够保证精度时,则不必将几何公差在图样上注出,而由未注几何公差来控制。当对几何精度要求较高时,需要在图样上注出公差项目和公差值。

1. 几何公差等级和公差值

按国家标准规定,在几何公差的 14 个项目中,除了线轮廓度和面轮廓度两个项目未规定公差值以外,其余 12 个项目都规定了公差值。其中,除位置度一项外,其余 11 个项目均规定了公差等级。对圆度和圆柱度公差划分 13 个等级(0~12 级);对其余公差划分 12 个等级(1~12 级)。等级依次降低。各几何公差等级的公差值如表 3-20~表 3-23 所示。

表 3-20　直线度、平面度公差值(摘自 GB/T 1184—1996)

主参数 L/mm	公差等级/μm											
	1	2	3	4	5	6	7	8	9	10	11	12
≤10	0.2	0.4	0.8	1.2	2	3	5	8	12	20	30	60
>10~16	0.25	0.5	1	1.5	15	4	6	10	15	25	40	80
>16~25	0.3	0.6	1.2	2	3	5	8	12	20	30	50	100
>25~40	0.4	0.8	1.5	2.5	4	6	10	15	25	40	60	120
>40~63	0.5	1	2	3	5	8	12	20	30	50	80	150
>63~100	0.6	1.2	2.5	4	6	10	15	25	40	60	100	200
>100~160	0.8	1.5	3	5	8	12	20	30	50	80	120	250
>160~250	1	2	4	6	10	15	25	40	60	100	150	300
>250~400	1.2	2.5	5	8	12	20	30	50	80	120	200	400
>400~630	1.5	3	6	10	15	25	40	60	100	150	250	500
>630~1 000	2	4	8	12	20	30	50	80	120	200	300	600

注:主参数 L 为棱线和回转表面的轴线、素线的长度、矩形平面的较长边、圆平面直径四五基本尺寸。

表 3-21　圆度、圆柱度公差值(摘自 GB/T 1184—1996)

主参数 d(D)/mm	公差等级/μm												
	0	1	2	3	4	5	6	7	8	9	10	11	12
≤3	0.1	0.2	0.3	0.5	0.8	1.2	2	3	4	6	10	14	25
>3~6	1	0.2	0.4	0.6	1	1.5	2.5	4	5	8	12	18	30
>6~10	0.12	0.25	0.4	0.6	1	1.5	2.5	4	6	9	15	22	36
>10~18	0.15	0.25	0.5	0.8	1.2	2	3	5	8	11	18	27	43
>18~30	0.2	0.3	0.6	1	1.5	2.5	4	6	9	13	21	33	52
>30~50	0.25	0.4	0.6	1	1.5	2.5	4	7	11	16	25	39	62
>50~80	0.3	0.5	0.8	1.2	2	3	5	8	13	19	30	46	74
>80~120	0.4	0.6	1	1.5	2.5	4	6	10	15	22	35	54	87

(续表)

主参数 d(D)/mm	公差等级/μm												
	0	1	2	3	4	5	6	7	8	9	10	11	12
>120~180	0.6	1	1.2	2	3.5	5	8	12	18	25	40	63	100
>180~250	0.8	1.2	2	3	4.5	7	10	14	20	29	46	72	115
>250~315	1.0	1.6	2.5	4	6	8	12	16	23	32	52	81	130
>315~400	1.2	2	3	5	7	9	13	18	25	36	57	89	140
>400~500	1.5	2.5	4	6	8	10	15	20	27	40	63	97	155

注:主参数 d(D) 为轴(孔)的直径。

表 3-22 平行度、垂直度、倾斜度公差值

主参数 d(D)/mm	公差等级/μm											
	1	2	3	4	5	6	7	8	9	10	11	12
≤10	0.4	0.8	1.5	3	5	8	12	20	30	50	80	120
>10~16	0.5	1	2	4	6	10	15	25	40	60	100	150
>16~25	0.6	1.2	2.5	5	8	12	20	30	50	80	120	200
>25~40	0.8	1.5	3	6	10	15	25	40	60	100	150	250
>40~63	1	2	4	8	12	20	30	50	80	120	200	300
>63~100	1.2	2.5	5	10	15	25	40	60	100	150	250	400
>100~160	1.5	3	6	12	20	30	50	80	120	200	300	500
>160~250	2	4	8	15	25	40	60	100	150	250	400	600
>250~400	2.5	5	10	20	30	50	80	120	200	300	500	960
>400~630	3	6	12	25	40	60	100	150	250	400	600	1 000
>630~1 000	4	8	15	30	50	80	120	200	300	500	800	1200

注:① 主参数 L 为给定平行度时轴线或平面的长度,或给定垂直度、倾斜度时被测要素的长度。
② 主参数 d(D) 为给定面对线垂直度时,被测要素的轴(孔)直径。

表 3-23 同轴度、对称度、圆跳动、全跳动公差值

主参数 d(D)、B、L /mm	公差等级/μm											
	1	2	3	4	5	6	7	8	9	10	11	12
≤1	0.4	0.6	1	1.5	2.5	4	6	10	15	25	40	60
>1~3	0.5	0.6	1	1.5	2.5	4	6	10	20	40	60	120
>3~6	0.6	0.8	1.2	2	3	5	8	12	25	50	80	150
>6~10	0.8	1	1.5	2.5	4	6	10	15	30	60	100	200
>10~18	1	1.2	1	3	5	8	12	20	40	80	120	250

（续表）

主参数 $d(D)$、B、L /mm	公差等级/μm											
	1	2	3	4	5	6	7	8	9	10	11	12
>18～30	1.2	1.5	2.5	4	6	10	15	25	50	100	150	300
>30～50	1.5	2	3	5	8	12	20	30	60	120	200	400
>50～120	2	2.5	4	6	10	15	25	40	80	150	250	500
>120～250	3	3	5	8	12	20	30	50	100	200	300	600
>250～500	4	4	6	10	15	25	40	60	120	250	400	800

注：① 主参数 $d(D)$ 为给定同轴度时轴直径，或给定圆跳动、全跳动时轴（孔）直径。

② 圆锥体斜向圆跳动公差的主参数为平均直径。

③ 主参数 B 为给定对称度时槽的宽度。

④ 主参数 L 为给定两孔对称度时的孔心距。

对于位置度，国家标准只规定了公差值数系，而未规定公差等级。位置度公差值一般与被测要素的类型、联接方式等有关。位置度的公差值取决于螺栓与光孔之间的间隙，常按下式计算：

$$螺钉联接：T \leqslant 0.5KZ$$
$$螺栓联接：T \leqslant KZ$$

式中，Z 为孔与紧固件之间的间隙，$Z=D_{min}-d_{max}$；D_{min} 为光孔的最小直径（最小孔径）；d_{max} 为螺栓或螺钉的最大直径（最大轴径）；K 为间隙利用系数，对于不需调整的固定联接，推荐 $K=1$；对于需要调整的固定联接，推荐 $K=0.6～0.8$。

按上述公式计算出公差值后，圆整得到位置度公差数值，见表 3-24。

表 3-24 位置度公差值数系

1	1.2	1.5	2	2.5	3	4	5	6	8
1×10^n	1.2×10^n	1.5×10^n	2×10^n	2.5×10^n	3×10^n	4×10^n	5×10^n	6×10^n	8×10^n

注：n 为正整数，单位：μm。

2. 几何公差等级和公差值的选择方法

在满足零件功能要求的前提下，尽量选取较低的公差等级。确定几何公差法有计算法和类比法。在有些情况下，可利用尺寸链来计算位置公差值。

（1）零件的结构特点。对于结构复杂、刚性差（如细长轴、薄壁件等）或不易加工和测量的零件，在满足零件功能要求的情况下，适当选择低的公差等级。

（2）跳动公差大于位置公差，位置公差大于方向公差，方向公差大于形状公差，综合公差大于单项公差。如圆柱度公差大于圆度公差、素线和轴线直线度公差。

（3）有配合要求时几何公差与尺寸公差的关系。几何公差与尺寸公差间的关系应相互协调，通常同一被测要素所给出的形状公差、位置公差和尺寸公差应满足：形状公差小于位置公差和尺寸公差。但应注意特殊情况：细长轴轴线的直线度公差远大于尺寸公差；位置度和对称度公差往往与尺寸公差相当；当形状公差或位置公差与尺寸公差相等时，对同一要素按包容要求处理。

（4）通常情况下,表面粗糙度 Ra 值占形状公差值的 20%～25%,形状公差与表面粗糙度之间的关系要相协调。

表 3-25～表 3-28 列出了一些几何公差等级的应用场合,供选择几何公差等级时参考。

表 3-25　直线度、平面度公差等级应用举例

公差等级	应用举例
5	1 级平板,2 级宽平尺,平面磨床的纵导轨、垂直导轨、立柱导轨及工作台,液压龙门刨床和转塔车床床身导轨,柴油机进气、排气阀门导杆。
6	普通机床导轨面,如卧式车床、龙门刨床、滚齿机、自动车床等的床身导轨,立柱导轨,柴油机壳体。
7	2 级平板,机床主轴箱,摇臂钻床底座、工作台,镗床工作台,液压泵盖,减速器壳体接合面。
8	机床传动箱体,交换齿轮箱体、车床溜板箱体,柴油机气缸体,连杆分离面,缸盖接合面,汽车发动机缸盖,曲轴箱接合面,液压管件和法兰连接面。
9	3 级平板,自动车床床身底面,摩托车曲轴箱体,汽车变速器壳体,手动机械的支撑面。

表 3-26　圆度、圆柱度公差等级应用举例

公差等级	应用举例
5	一般计量仪器主轴、测杆外圆柱面,陀螺仪轴颈,一般机床主轴轴颈及主轴轴承孔,柴油机、汽油机的活塞、活塞销,与 E 级滚动轴承配合的轴颈。
6	仪表端盖外圆柱面,一般机床主轴及前轴承孔,泵、压缩机的活塞、气缸,汽油发动机凸轮轴,纺机锭子,减速传动轴轴颈,高速船用柴油机、拖拉机曲轴主轴颈,与 E 级滚动轴承配合的外壳孔,与 G 级滚动轴承配合的轴颈。
7	大功率低速柴油机曲轴轴颈、活塞、活塞销、连杆、气缸,高速柴油机箱体轴承孔,千斤顶或压力油缸活塞,机车传动轴,水泵及通用减速器转轴轴颈,与 G 级滚动轴承配合的外壳孔。
8	低速发动机、大功率曲柄轴轴颈,压气机连杆盖体,拖拉机气缸、活塞,炼胶机冷铸轴辊,印刷机传墨辊,内燃机曲轴轴颈,柴油机凸轮轴承孔,凸轮轴,拖拉机、小型船用柴油机气缸套。
9	空气压缩机缸体,液压传动筒,通用机械杠杆与拉杆用套筒销子,拖拉机活塞环、套筒孔。

表 3-27　平行度、垂直度、倾斜度公差等级应用举例

公差等级	应用举例
4,5	卧式车床导轨,重要支撑面,机床主轴孔对基准的平行度,精密机床重要零件,计量仪器、量具、模具的基准面和工作面,主轴箱箱体重要孔,通用减速器壳体孔,齿轮泵的油孔端面,发动机轴和离合器的凸缘,气缸支撑端面,安装精密滚动轴承的壳体孔的凸肩。

(续表)

公差等级	应用举例
6,7,8	一般机床的基准面和工作面,压力机和锻锤的工作面,中等精度钻模的工作面,机床一般轴承孔对基准面的平行度,变速箱箱体孔,主轴花键对定心直径部位轴线的平行度,重型机械轴承盖端面,卷扬机、手动传动装置中的传动轴,一般导轨,主轴箱箱体孔,刀架,砂轮架,气缸配合命对基准轴线、活塞销孔对活塞中心线的垂直度,滚动轴承内、外圈端面对轴线的垂直度。
9,10	低精度零件,重型机械滚动轴承端盖,柴油机、煤气发动机箱体曲轴孔、曲轴颈、花键轴和轴肩端面,皮带运输机法兰盘等端面对轴线的垂直度,手动卷扬机及传动装置中的轴承端面,减速器壳体平面。

表 3-28 同轴度、对称度、跳动公差等级应用举例

公差等级	应用举例
5,6,7	这是应用范围较广的公差等级。用于几何精度要求较高、尺寸公差等级为 IT8 及高于 IT8 的零件。5 级常用于机床轴颈、计量仪器的测量杆、汽轮机主轴、柱塞油泵转子、高精度滚动轴承外圈、一般精度滚动轴承内圈、回转工作台端面圆跳动。7 级用于内燃机曲轴、凸轮轴、齿轮轴、水泵轴、汽车后轮输出轴、电动机转子、印刷机传墨辊的轴颈、键槽。
8,9	常用于几何精度要求一般、尺寸公差等级为 IT9 及高于 IT11 的零件。8 级用于拖拉机发动机分配轴轴颈、与 9 级精度以下齿轮相配的轴、水泵叶轮、离心泵体、键槽等。9 级用于内燃机气缸套配合面、自行车中轴。

3. 未标注几何公差的规定

图样上的要素都应有几何精度要求,对高于 9 级的几何公差应在图样上进行标注,低于 9 级的可以不在图样上标注,称为未注几何公差。

未注几何公差的应用对象是精度较低、车间一般机加工和常见的工艺方法就可以保证精度的零件,因而无须在图样上注出。

采用未注几何公差的要素,其几何公差应按下列规定执行:

(1) 对于直线度、平面度、垂直度、对称度和圆跳动(径向、轴向和斜向)的未注公差,国家标准各规定了 H、K、L 三个公差等级,其公差值见表 3-29~表 3-32。

未注公差值的图样表示方法为在图样标题栏附近或在技术要求、技术文件中注出未注公差值的国标号和公差等级代号,如 GB/T 1184—K。

表 3-29 直线度和平面度的未注公差值(摘自 GB/T 1184—1996)

公差等级	基本长度范围/mm					
	≤10	>10~30	>30~100	>100~300	>300~1 000	>1 000~3 000
H	0.02	0.05	0.1	0.2	0.3	0.4
K	0.05	0.1	0.2	0.4	0.6	0.8
L	0.1	0.2	0.4	0.8	1.2	1.6

表 3 - 30　垂直度的未注公差值(摘自 GB/T 1184—1996)

公差等级	基本长度范围/mm			
	≤100	>100～300	>300～1 000	>1 000～3 000
H	0.2	0.3	0.4	0.5
K	0.4	0.6	0.8	1
L	0.6	1	1.5	2

注:取形成直角的两边中较长的一边作为基准要素,较短的一边作为被测要素;若两边的长度相等,则可取其中的任意一边作为基准要素。

表 3 - 31　对称度的未注公差值(摘自 GB/T 1184—1996)

公差等级	基本长度范围/mm			
	≤100	>100～300	>300～1 000	>1 000～3 000
H	0.5	0.5	0.5	0.5
K	0.6	0.6	0.8	1
L	0.6	1	1.5	2

注:取两要素中较长者作为基准要素,较短者作为被测要素;若两要素的长度相等,则可取其中的任一要素作为基准要素。

（2）圆度的未注公差值等于直径公差值,但不能大于表 3 - 32 中的径向圆跳动未注公差值。

（3）对圆柱度的未注公差值不做规定,圆柱度误差由圆度、直线度和相对素线的平行度误差三部分组成,而其中每项误差均由它们的注出公差或未注公差控制。如因功能要求,圆柱度公差应小于圆度、直线度和平行度的未注公差的综合结果,应在被测要素上按规定注出圆柱度公差值。

（4）平行度的未注公差值等于被测要素和基准要素间的尺寸公差与被测要素的形状公差值,或是直线度和平面度未注公差值中的较大者,并取两要素中较长者作为基准。

（5）对同轴度的未注公差值未做规定。在极限状况下必要时,同轴度的未注公差值可等于圆跳动的未注公差值(表 3 - 32)。

表 3 - 32　圆跳动的未注公差值(摘自 GB/T 1184—1996)

公差等级	圆跳动的未注公差值/mm
H	0.1
K	0.2
L	0.5

注:本表也可用于同轴度的未注公差值。应以设计或工艺给出的支撑面作为基准要素,否则取两要素中较长者作为基准要素。若两要素的长度相等,则可取其中的任一要素作为基准要素。

（6）除国标规定的各项目未注公差外,其他项目如线轮廓度、面轮廓度、倾斜度、位置度和全跳动的未注公差值均由各要素的注出或未注线性尺寸公差或角度公差控制。

采用未注公差值可以节省设计时间,不用详细地计算公差值,只需了解某要素的功能是否允许大于或等于未注公差值;图样很清晰地表达出哪些要素可用一般加工方法加工,不需要一一检测。

【任务实施】

图 3-93 所示为减速器的输出轴选用几何公差标注,根据对该轴的功能要求,说明几何公差的选择和其在图样上的标注。

分析:两个 ϕ55j6 轴颈分别与两个相同规格的滚动轴承内圈配合,ϕ55r6 部位与齿轮的基准孔配合,ϕ45m6 部位与联轴器或传动件的孔配合,ϕ62 mm 轴肩的端面和轴套的端面分别为这两个滚动轴承的轴向定位基准,且这两个轴颈是输出轴在箱体上的安装基准。

1. ϕ55j6 圆柱面

从使用要求分析,两处 ϕ55j6 圆柱面是该轴的支承轴颈,用以安装滚动轴承,采用包容要求;其轴线是该轴的装配基准,故应以该轴安装时两个 ϕ55j6 圆柱面的公共轴线作为设计基准。为使轴及轴承工作时运转灵活,两处 ϕ55j6 圆柱面轴线之间应有同轴度要求,但从检测的可能性与经济性分析可用径向圆跳动公差代替同轴度公差,参照表 3-27 确定公差等级为 7 级,查表 3-22,其公差值为 0.025 mm,两处 ϕ55j6 圆柱面是与滚动轴承内圈配合的重要表面,为保证配合性质和轴的几何精度,在采用包容要求的前提下,又进一步提出圆柱度公差的要求。查表 3-25 和表 3-20 确定圆柱度公差等级为 6 级,公差值为 0.005 mm。

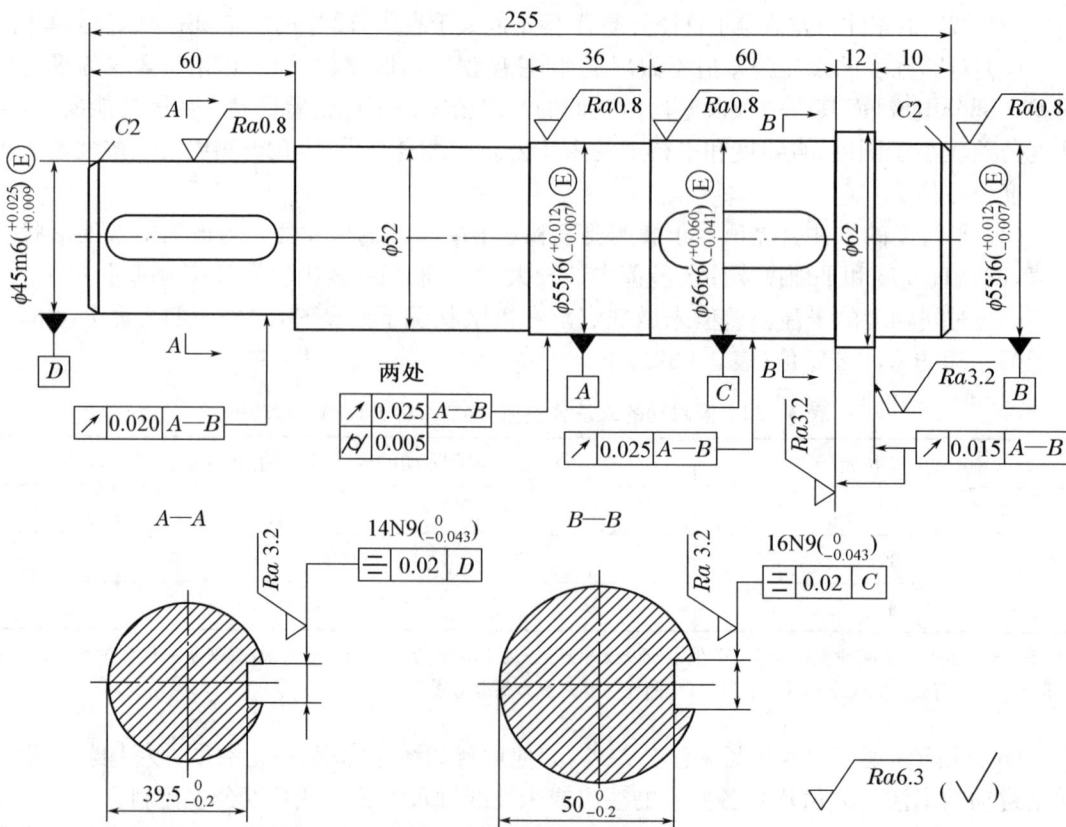

图 3-93　减速器的输出轴

2. ϕ56r6 和 ϕ45m6 圆柱面

ϕ56r6 和 ϕ45m6 圆柱面分别用于安装齿轮和带轮,为了保证输出轴的使用性能,均采用包容要求。其轴线分别是齿轮和带轮的装配基础,为保证带轮和齿轮的定位精度和装配精度,规定了对两处 ϕ55j6 圆柱面公共轴线的径向圆跳动公差,公差等级为 7 级,公差值为 0.025 mm。

3. 轴肩

ϕ62 mm 处的两轴肩分别是齿轮和轴承的轴向定位基准,为保证轴向定位正确,规定了端面圆跳动公差,公差等级取为 6 级,查表 3 - 25,公差值为 0.015 mm。端面圆跳动的基准原则上为各自的轴线,但为了便于检测,采用了统一的基准,即 ϕ55j6 两处圆柱面公共轴线。

4. 两键槽

为保证键联接的正常工作,对键槽应作对称度要求,键槽 14N9 和键槽 16N9 的对称度公差常取 7~9 级,对称度公差数值均按 8 级给出,查表 3 - 25 确定其公差值为 0.02 mm。

5. 其他要素

输出轴图样上没有具体注明几何公差的要素,由未注几何公差来控制。这部分公差,一般机床加工容易保证,不必在图样上注出。

【拓展知识】

光滑尺寸检测——用光滑极限置规检验工件

大批量生产中的零件多采用专用测量器具进行检测。孔径、轴径尺寸使用光滑极限量规进行检验。

光滑极限量规是指被检验工件为光滑孔或光滑轴所用的极限量规的总称,是一种无刻度、成对使用的专用检验器具,它适用于大批量生产、遵守包容要求的轴和孔的检验。

用光滑极限量规检验零件时,只能判断工件是否合格,而不能获得工件的实际尺寸数值。

1. 光滑极限量规的一般分类

量规一般分为孔用光滑极限量规和轴用光滑极限量规,前者也称为塞规,后者也称为环规或卡规。量规是成对使用的,一端为通规,一端为止规,检验时,若通规能通过,止规不能通过,则工件合格,否则不合格。

(1) 孔用光滑极限量规(塞规)

如图 3 - 94(a)所示,通规是按孔的最大实体尺寸(即孔的下极限尺寸)制造的,止规是按孔的最小实体尺寸(即孔的上极限尺寸)制造的。检验时,如果通规能通过,表示被测孔径大于下极限尺寸;如果止规不能通过,表示被测孔径小于上极限尺寸。这就说明被检验孔的实际直径尺寸在规定的极限尺寸范围内,被检验的孔是合格的。

扫码见"塞规"动画

(2) 轴用光滑极限量规(环规或卡规)

如图 3 - 94(b)所示,通规是按轴的最大实体尺寸制造的止规是按轴的最小实体尺寸制造的。检验时,如果通规能通过,表示被测轴径小于上极限尺寸;如果止规不能通过,表示被测轴径大于下极限尺寸。这就说明被检验轴的实际

扫码见"卡规"动画

直径尺寸在规定的极限尺寸范围内,被检验的轴是合格的。

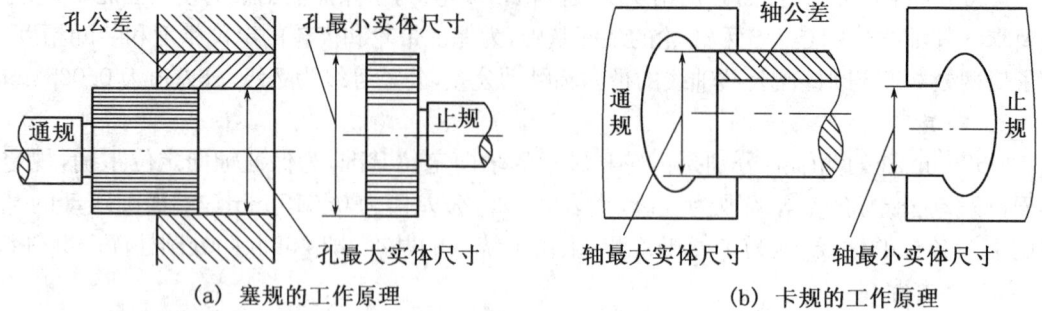

(a) 塞规的工作原理　　　　　　　　(b) 卡规的工作原理

图 3－94　光滑极限量规

2. 光滑极限量规按照用途分类

(1) 工作量规:指在加工工件的过程中用于检验工件的量规,由操作者使用。其通规用代号 T 表示,止规用代号 Z 表示。

(2) 验收量规:指验收者(检验员或购买机械产品的客户代表)用以验收工件的量规。

(3) 校对量规:专门用于校对轴工件用的工作量规——卡规或环规的量规。因为卡规和环规的工作尺寸属于孔尺寸,尺寸精度高,难以用一般计量器具测量,故标准规定了校对量规。

校对量规又分为以下三种:

"校通—通"量规,代号 TT:在制造轴用通规时,用以校对的量规。当校对量规通过时,被校对的新的通规合格。

"校止—通"量规,代号 ZT:在制造轴用止规时,用以校对的量规。当校对量规通过时,被校对的新的止规合格。

"校通—损"量规,代号 TS:用以检验轴用旧的通规报废用的校对量规。当校对量规通过时,轴用旧的通规磨损达到或超过极限,应作报废处理。

3. 工作量规的公差带

虽然量规用来检验工件,制造精度应比被检件高,但制造误差仍不可避免,对通规应留出适当的磨损储量,通规公差包含制造公差(T)和磨损公差两部分。其中,制造公差(T)内缩与被测工件的尺寸公差内,以免出现误收(图 3－95);磨损公差的大小决定了量规的使用寿命。

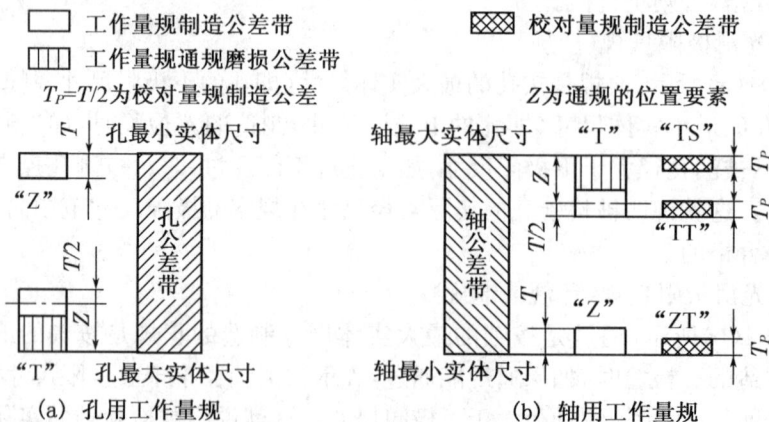

(a) 孔用工作量规　　　　　　　　(b) 轴用工作量规

图 3－95　工作量规的公差带

164

通规的基本尺寸是被检件的最大实体尺寸,但由于检验时需频繁通过工件,将使其表面逐渐磨损,为了保证通规有合理的使用寿命,必须给出适当的磨损储备量,称为备磨量 Z,因此将其基本尺寸向内移 Z 距离,故 Z 称为位置要素(即通规制造公差带中心到工件最大实体尺寸之间的距离),以此作为公差带中心位置。

止规的基本尺寸是被检件的最小实体尺寸。由于止规不通过零件,所以不规定备磨量,但为避免误收,也将其中尺寸位置向内移 $T/2$ 距离。

孔用量规:

通规:上极限偏差 $=EI+Z+T/2$ 　　　　止规:上极限偏差 $=ES$

　　下极限偏差 $=EI+Z-T/2$ 　　　　　　下极限偏差 $=ES-T$

轴用量规:

通规:上极限偏差 $=es-Z+T/2$ 　　　　止规:上极限偏差 $=ei+T$

　　下极限偏差 $=es-Z-T/2$ 　　　　　　下极限偏差 $=ei$

制造公差 T 和通规公差带位置要素 Z 是综合考虑了量规的制造工艺水平和一定的使用寿命,T、Z 值取决于工件的公称尺寸和公差等级。通规的制造公差带对称于 Z 值(位置要素),其允许磨损量以工件的最大实体尺寸为极限;止规的制造公差带从工件的最小实体尺寸算起,分布在尺寸公差带内。T、Z 具体数值见表 3-33。

表 3-33　工作量规的制造公差 T 和位置要素 Z 值(摘自 GB/T 1957—2006)(μm)

工件基本尺寸 /mm	IT6			IT7			IT8			IT9			IT10			IT11			IT12		
	IT6	T	Z	IT7	T	Z	IT8	T	Z	IT9	T	Z	IT10	T	Z	IT11	T	Z	IT12	T	Z
≤3	6	1	1	10	1.2	1.3	14	1.6	2	25	2	3	40	2.4	4	60	3	6	100	4	9
>3~6	8	1.2	1.4	12	1.4	2	18	2	2.6	30	2.4	4	48	1.3	5	75	4	8	120	5	11
>6~10	9	1.4	1.6	15	1.8	2.4	22	2.4	3.2	36	2.8	5	58	3.6	6	90	5	9	150	6	13
>10~18	11	1.6	2.1	18	2	2.8	27	1.8	4	43	3.4	6	70	4	8	110	6	11	180	7	15
>18~30	13	2	2.4	21	2.4	3.4	33	3.4	5	52	4	7	84	5	9	130	7	13	210	8	18
>30~50	16	2.4	2.8	25	3	4	39	4	6	62	5	8	100	6	11	160	8	16	250	10	22
>50~80	19	2.8	3.4	30	3.6	4.6	46	4	7	74	6	9	120	7	13	190	9	19	300	12	26
>80~120	22	3.2	3.8	35	4.2	5.4	54	5.4	8	87	7	10	140	8	8	220	10	22	350	14	30

国家标准规定工作量规的形状和位置误差应在工作量规的尺寸公差范围内。工作量规的形位公差为量规制造公差的 50%。当量规的制造公差 ≤0.002 mm 时,其形位公差为 0.001 mm。

试阐述 $\phi30H8/f7$ 孔、轴用工作量规及校对量规尺寸的确定。

1. 孔与轴的上、下偏差的确定

由 GB/T 1800.2—2009 可查出孔与轴的上、下偏差,得

$$\phi30H8 \text{ 孔}: ES=+0.033 \text{ mm}, EI=0$$

$$\phi30f7 \text{ 轴}: es=-0.020 \text{ mm}, ei=-0.041 \text{ mm}$$

2. 工作量规的制造公差 T 和位置要素 Z 的确定

由表 3-33 可查得工作量规的制造公差 T 和位置要素 Z,即

塞规:制造公差 $T_1=0.0034$ mm,位置要素 $Z_1=0.005$ mm

卡规:制造公差 $T_2=0.0024$ mm,位置要素 $Z_2=0.0034$ mm

3. 工作量规的形状公差的确定

塞规:形状公差 $T_1/2=0.0017$ mm;卡规:形状公差 $T_2/2=0.0012$ mm

4. 校对量规的制造公差的确定

校对量规制造公差 $T_P=T_2/2=0.0012$ mm

5. 计算在图样上标注的各种尺寸和偏差

(1) $\phi30H8$ 孔用塞规

① 通规:

上极限偏差 $=EI+Z_1+T_1/2=+0.0067$ mm;

下极限偏差 $=EI+Z_1-T_1/2=+0.0033$ mm

磨损极限尺寸 $=D_{min}=30$ mm

② 止规

上极限偏差 $=ES=+0.033$ mm;下极限偏差 $=ES-T_1=+0.033-0.0034=+0.0296$ mm

(2) $\phi30H8/f7$ 轴用卡规

① 通规

上极限偏差 $=es-Z_2+T_2/2=-0.0222$ mm

下极限偏差 $=es-Z_2-T_2/2=-0.0246$ mm

磨损极限尺寸 $=d_{max}=30$ mm

② 止规。

上极限偏差 $=ei+T_2=-0.0386$ mm

下极限偏差 $=ei=-0.041$ mm

(3) 轴用卡规的校对量规

① "校通—通"

上极限偏差 $=es-Z_2+T_2/2+T_P=-0.021$ mm

下极限偏差 $=es-Z_2+T_2/2=-0.0246$ mm

② "校通—损"

上极限偏差 $=es=-0.02$ mm

下极限偏差 $=es-T_P=-0.0212$ mm

③ "校止—通"

上极限偏差 $=es+T_P=-0.0188$ mm

下极限偏差 $=ei=-0.041$ mm

通过计算,绘制出如图 3-96 所示为 $\phi30H8/f7$ 的孔、轴用量规的公差带图。

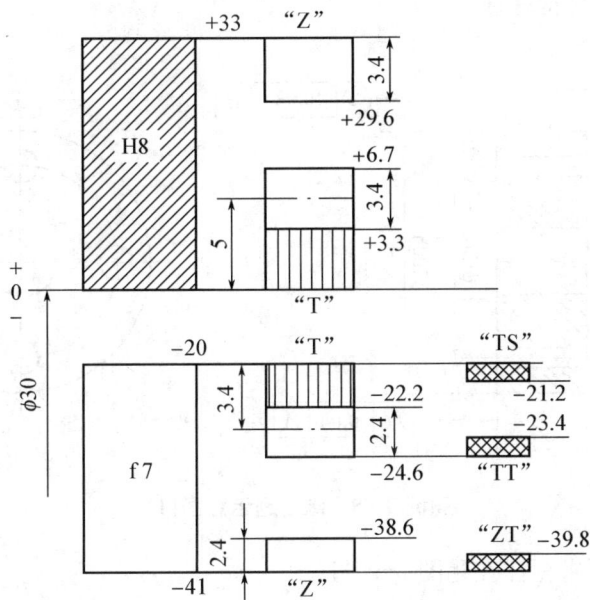

图 3－96 $\phi 30H8/f7$ 的孔、轴用量规的公差带图

【思考练习】

一、填空题

1. 选择公差原则时,应根据被测要素的功能要求,充分考虑_____的职能和采取该种_____的经济可行性。

2. 在选择位置公差项目时,需要正确选用_____。

3. 国家标准将几何公差分为_____和_____两种。

4. 国家标注准规定的验收原则是:_____。

二、选择题

1. 工作止规的最大实体尺寸等于被检验零件的( )。

A. 最大实体尺寸　　B. 最小实体尺寸　　C. 最大极限尺寸　　D. 最小极限尺寸

2. 评定位置度误差的基准应首选( )。

A. 单一基准　　　　B. 组合基准　　　　C. 基准体系　　　　D. 任选基准

3. 直线度误差常用( )测量。

A. 游标卡尺　　　　B. 指示表　　　　　C. 圆度仪　　　　　D. 比较仪

4. 平面度误差常用( )测量。

A. 圆度仪　　　　　B. 游标卡尺　　　　C. 指示表　　　　　D. 比较仪

5. 形状误差的评定准则应当符合( )。

A. 公差原则　　　　B. 包容要求　　　　C. 最小条件　　　　D. 相关原则

三、综合题

1. 用文字解释题图 3-8 中各形位公差标注的含义,并说明被测提取要素和基准要素是什么？公差特征项目符号是什么？

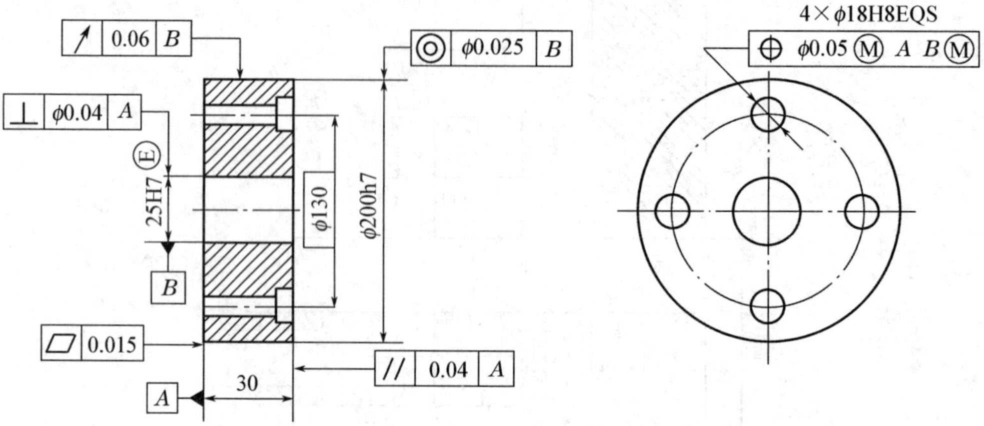

题图 3-8 综合题示意图(1)

2. 将下列技术要求标注在题图 3-9 上。

(1) $\phi30h6$ 采用包容要求；

(2) $\phi50g5$ 圆柱面轴线对平面 A 的垂直度公差为 0.02 mm；

(3) $\phi20H7$ 孔轴线和 $\phi30h6$ 圆柱面轴线分别对 $\phi50g5$ 圆柱面轴线的同轴度公差皆为 0.015 mm；

(4) 4-$\phi5H11$ 孔轴线对平面 A 和 $\phi50g5$ 圆柱面轴线的位置度公差为 0.05 mm；被测要素遵守最大实体要求。

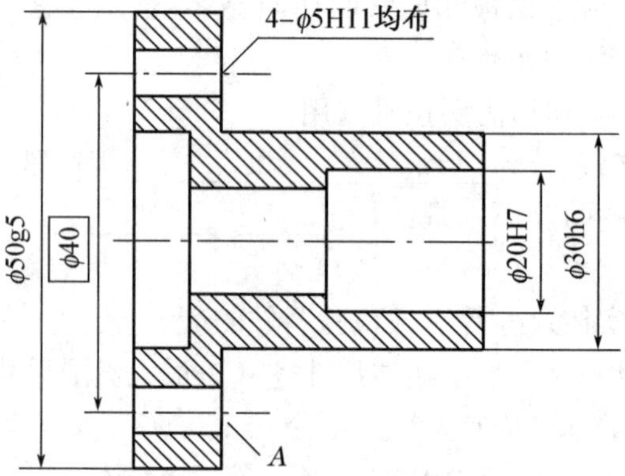

题图 3-9 综合题示意图(2)

项目综合知识技能 ——工程案例与分析

三坐标测量刹车盘同轴度的实际应用

检测项目:刹车盘同轴度。

检测设备:三坐标测量机。

同轴度是定位公差的一种,理论正确位置即基准轴线。由于被测轴线对基准轴线的不同点可能在空间各个方向上出现,故其公差带为一以基准轴线为轴线的圆柱体,公差值为该圆柱体的直径,同轴度公差是用来控制理论上应用同轴的被测轴线与基准轴线的不同轴程度。

一、项目分析:影响同轴度的因素

在国标中同轴度公差的定义是指直径公差为 t,且与基准轴线同轴的圆柱面内的区域。它有以下 3 种控制要素:(1) 轴线与轴线;(2) 轴线与公共轴线;(3) 圆心与圆心。

影响同轴度的主要因素有被测元素与基准元素的圆心位置和轴线方向,特别是轴线方向。如在基准圆柱上测量两个截面圆,用其连线作基准轴。在被测圆柱上也测量两个截面圆,构造一条直线,然后计算同轴度。假设基准上两个截面的距离为 10 mm,基准第一截面与被测圆柱的第一截面的距离为 100 mm,如果基准的第二截面圆的圆心位置与第一截面圆圆心有 5 μm 的测量误差,那么基准轴线延伸到被测圆柱第一截面时已偏离 50 μm(5 μm×100÷10),此时,即使被测圆柱与基准完全同轴,其结果也会有 100 μm 的误差(同轴度公差值为直径,50 μm 是半径),测量原理图如案例图 3-1 所示。

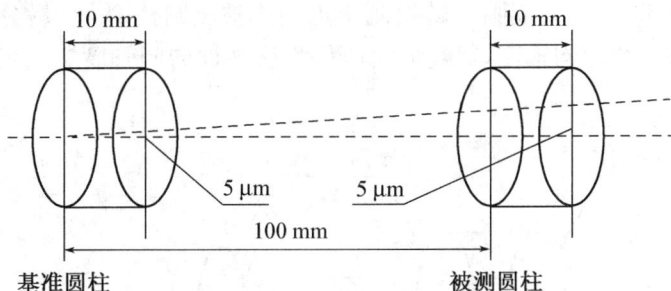

案例图 3-1 同轴度测量原理

二、用三坐标测量同轴度的方法

对于基准圆柱与被测圆柱(较短)距离较远时不能用测量软件直接求得,通常用公共轴线法、直线度法、求距法求得。

1. **公共轴线法**

在被测元素和基准元素上测量多个横截面的圆,再将这些圆的圆心构造一条 3D 直线,作为公共轴线,每个圆的直径可以不一致,然后分别计算基准圆和被测圆柱对公共轴线的同轴度,取其最大值作为该零件的同轴度。这条公共轴线近似于一个模拟心轴,因此这种方法接近零件的实际装配过程。

2. 直线度法

在被测元素和基准元素上测量多个横截面的圆,然后选择这几个圆构造一条 3D 直线,同轴度近似为直线度的两倍。被收集的圆在测量时最好测量其整圆,如果是在一个扇形上测量,则测量软件计算出来的偏差可能很大。

3. 求距法

同轴度为被测元素和基准元素轴线间最大距离的两倍。即用关系计算出被测元素和基准元素的最大距离后,将其乘以 2 即可。求距法在计算最大距离时要将其投影到一个平面上来计算,因此这个平面与用作基准的轴的垂直度要好。这种情况比较适合测量同心度。

三、三坐标测量刹车盘同轴度的测量方法

用三坐标测量机测量刹车盘同轴度时,可以用平口钳夹持刹车面,使 Φ59.9孔与 Φ44.9孔在水平方向上,如案例图 3-2 所示。

用三坐标探头在 Φ59.9孔内侧距离端面 4 mm 处测 4 点生成节圆 1,用三坐标探头在 Φ59.9孔内侧距离端面 13 mm 处测 4 点生成节圆 2,用三坐标探头在 Φ44.9孔内侧距离端面 4 mm 处测 4 点生成节圆 3,用三坐标探头在 Φ44.9孔内侧距离端面 14 mm 处测 4

案例图 3-2　汽车刹车盘

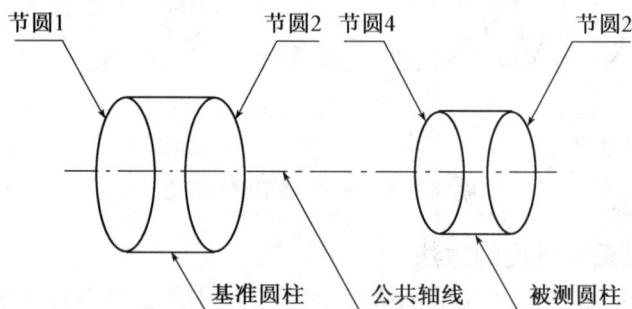

点生成节圆 4。用节圆 1、节圆 2、节圆 3、节圆 4 生成公共轴线。将节圆 1、节圆 2 转换测量点生成基准圆柱 1,将节圆 3、节圆 4 转换测量点生成被测圆柱 2。然后分别计算基准圆柱和被测圆柱对公共轴线的同轴度,取其最大值作为该零件的同轴度。三坐标检测同轴度如案例图 3-3 所示。

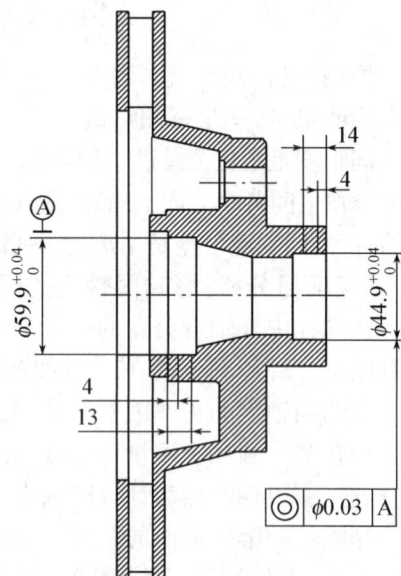

案例图 3-3　三坐标检测同轴度示意图

用三坐标测量机进行同轴度的检测不仅直观方便,且其测量结果精度高,重复性好。在实际应用中,测量受到以下因素的影响:操作者自身素质和对图纸工艺的理解不同;测量机的探测误差,测头本身的误差;工件的加工状态、表面粗糙度;检测方法的选择;工件的安放,探针的组合;外部环境等,例如测量间的温度、湿度等都会给测量带来一定的误差。

严谨的工作作风:严谨求实、精益求精的学习态度以及团队合作精神、集体主义精神

项目四

表面结构评定规则及方法

任务 1　零件图的表面粗糙度

【学习目标】

1. 掌握表面粗糙度的基本概念、产生的原因及对零件使用性能的影响。
2. 正确理解常用的评定参数。
3. 掌握表面结构符号和表面结构代号的含义。
4. 掌握常见表面结构要求在图样中的标注方法。
5. 掌握表面粗糙度比较样块的使用方法。

【任务引入】

　　齿面的表面粗糙度除了影响共轭齿面的摩擦、润滑性能、接触比压、传动效率和工作温度外,还直接导致齿面点蚀、齿面磨损、齿面胶合等,如图 4－1 所示,在设计齿轮时必须提出合理的表面粗糙度要求。

【任务分析】

　　切削加工的零件不仅有尺寸精度和形位公差的要求,而且有表面质量的要求。零件图中需要标注零件的表面结构要求。要提出合理的表面粗糙度,就需要掌握表面粗糙度的评定参数、表面结构的标注。

图 4－1　齿轮齿面

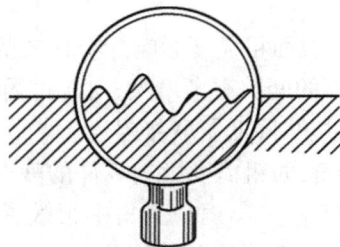

图 4－2　零件表面的微观形态

【相关知识】

一、表面结构要求的概念

经过切削加工或用其他加工方法获得的零件表面,由于加工过程中的塑性变形、机床的高频振动及刀具在加工表面留下的切削痕迹等,不管加工得多么光滑,在放大镜(或显微镜)下观察,如图 4-2 所示,都可以看到峰谷高低不平的情况。

零件的表面结构是指表面粗糙度、表面波纹度和表面原始轮廓的总称。零件表面的实际轮廓是由粗糙度轮廓、波纹度轮廓和原始轮廓构成的。三者通常以波距(相邻两波峰或两波谷之间的距离)的大小来划分,也有按波距与波高之比来划分的。一般而言,表面粗糙度是指加工表面所具有的较小间距和微小峰谷的不平度。其相邻两波峰或两波谷之间的距离(波距)很小(在 1 mm 以下),因而它属于微观几何形状误差;波距为 1～10 mm 的属于表面波纹度;波距大于 10 mm 的属于表面宏观几何形状误差,如图 4-3 所示。

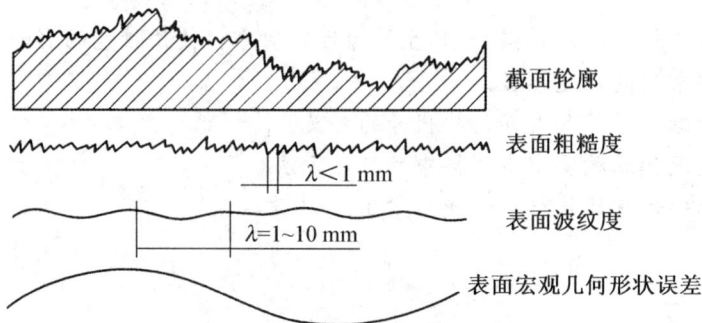

图 4-3 实际表面轮廓及组成

二、表面粗糙度对零件使用性能的影响

零件的表面粗糙度越小,则其表面越光滑。零件的表面粗糙度值直接影响其使用性能,尤其在高速、高压、高温条件下工作的零件,其表面粗糙度的大小往往是决定机械的运转性能和使用寿命的关键因素。其主要表现在以下几个方面:

扫码见"表面粗糙度的影响"动画

(1) 表面粗糙度影响零件的耐磨性。零件表面越粗糙,配合表面间的有效接触面积越小,压强越大,磨损越快。但表面过于光滑,不利于储存润滑油,易使工件表面形成半干摩擦或干摩擦,有时还会增加工件接触面的吸附力,反而使摩擦系数增大,加剧了磨损。

(2) 表面粗糙度影响配合性质的稳定性。对于间隙配合来说,表面粗糙就易磨损,使工作过程中的间隙逐渐增大;对于过盈配合来说,由于装配时将微观凸峰挤平,因而减小了实际有效过盈,降低了联接强度。

(3) 表面粗糙度影响零件的疲劳强度。粗糙的零件表面存在较大的波谷,它们像尖角缺口和裂纹一样,对应力集中很敏感,从而影响零件的疲劳强度。零件表面越粗糙,零件越容易产生疲劳裂纹和破坏。

(4) 表面粗糙度影响零件的密封性。粗糙的零件表面之间无法严密地贴合,气体或液

体通过接触面间的缝隙渗漏。

（5）表面粗糙度影响零件的抗腐蚀性。粗糙的零件表面易使腐蚀性气体或液体通过其表面的微观凹谷渗入金属内层，造成表面锈蚀。

三、表面粗糙度的基本术语

1. 取样长度

取样长度是在测量表面粗糙度时所取的一段与轮廓总的走向一致的长度。规定和选择这段长度是为了限制和减弱表面波纹度对表面粗糙度测量结果的影响。表面越粗糙，取样长度应越大。取样长度范围内应至少包含 5 个以上的轮廓峰和轮廓谷。

2. 评定长度

评定长度是指评定表面粗糙度所需的一段长度，它可包括一个或几个取样长度。由于被测表面上各处的表面粗糙度不一定很均匀，在一个取样长度上往往不能合理地反映被测表面的粗糙度，所以需要在几个取样长度上分别测量，取其平均值作为测量结果，一般 $l_n = 5l_r$。取样长度和评定长度如图 4-4 所示。

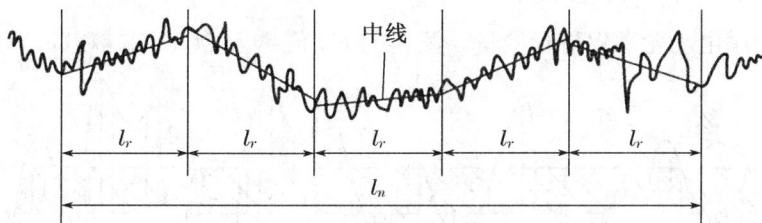

图 4-4　取样长度和评定长度

3. 基准线

用以测量或评定表面粗糙度数值大小的一条参考线称为基准线，也叫中线，基准线通常有轮廓最小二乘中线和轮廓算术平均中线两种。

在轮廓图形上确定最小二乘中线的位置是唯一的，但比较困难，在实际工作中可用算术平均中线代替最小二乘中线，两者相差不大。

轮廓算术平均中线是指在取样长度内，把实际轮廓划分为上、下两部分，且使上、下面积相等的直线，即 $\sum\limits_{i=1}^{n} F_i = \sum\limits_{i=1}^{n} F_i'$，如图 4-5 所示。

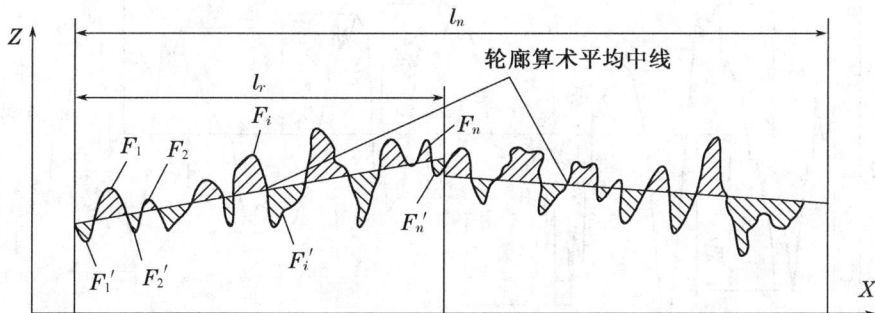

图 4-5　轮廓算术平均中线

4. 极限值判断规则

完工零件的表面按检验规范测得轮廓参数值后,需与图样上给定的极限比较,以判定其是否合格。极限值判断规则有以下两种。

(1) 16%规则。运用本规则时,当被检表面测得的全部参数值中,超过极限值的个数不多于总个数的16%时,该表面是合格的。

(2) 最大规则。运用本规则时,被检的整个表面上测得的参数值一个也不应超过给定的极限值。

四、表面粗糙度的评定参数

1. 评定表面粗糙度的主要参数

(1) 轮廓算术平均偏差 Ra

轮廓算术平均偏差 Ra 是指在一个取样长度内,被测实际轮廓上各点至轮廓中线距离绝对值的平均值,如图 4-6 所示。Ra 的数学表达式为

$$Ra = \frac{1}{l_r}\int_0^{l_r} |Z(x)| \, \mathrm{d}x \quad \text{或近似为} \ Ra = \frac{1}{n}\sum_{i=1}^{n} |Z_i|$$

Ra 值一般用电动轮廓仪进行测量。测得的 Ra 值越大,则表面越粗糙。

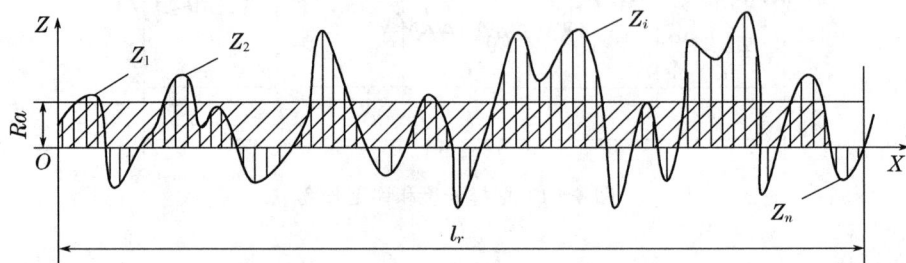

图 4-6 轮廓算术平均偏差

(2) 轮廓最大高度 Rz

轮廓最大高度 Rz 是指在一个取样长度内,最大轮廓峰高 Zp 和最大轮廓谷深 Zv 之和的高度,如图 4-7 所示。Rz 的数学表达式为

$$Rz = Zp + Zv$$

Rz 值一般用双管显微镜进行测量。测得的 Rz 值越大,则表面越粗糙。

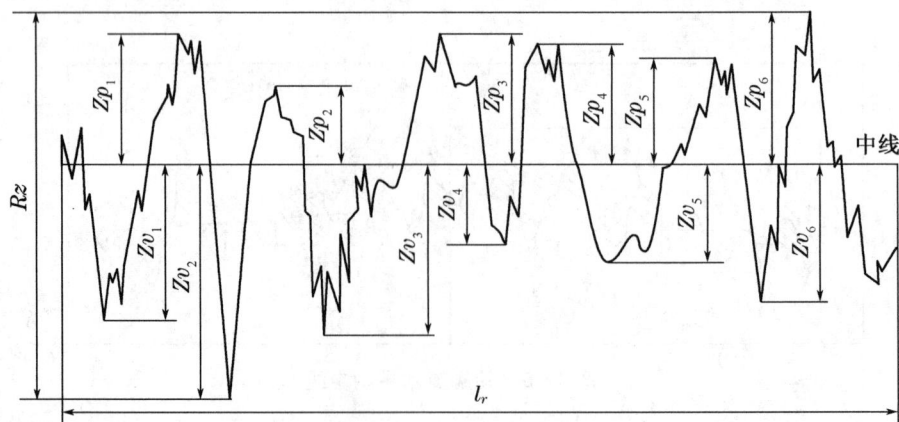

图 4-7 轮廓最大高度

Rz 常用于不允许有较深加工痕迹,或因表面很小不宜采用 Ra 时的表面。Rz 只能反映表面轮廓的最大高度,不能反映微观几何形状特性。Rz 常与 Ra 联用。

2. 评定表面粗糙度的附加参数

(1) 轮廓单元平均宽度

在一个取样长度内,轮廓单元宽度 Xs 的平均值称为轮廓单元平均宽度 Rsm,如图 4-8 所示。Rsm 的数学表达式为 $Rsm = \dfrac{1}{m}\sum_{i=1}^{m}X_{si}$

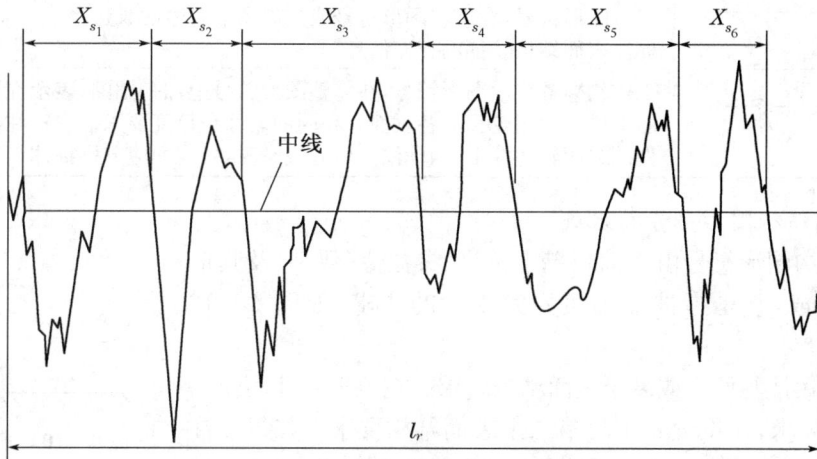

图 4-8　轮廓单元平均宽度

(2) 轮廓支承长度率

在给定水平截面高度 c 上的轮廓实体材料长度 $Ml(c)$ 与评定长度的比例,称为轮廓支承长度率,用 $Rmr(c)$ 表示,如图 4-9 所示。$Rmr(c)$ 的数学表达式为 $Rmr(c)=\dfrac{Ml(c)}{ln}$

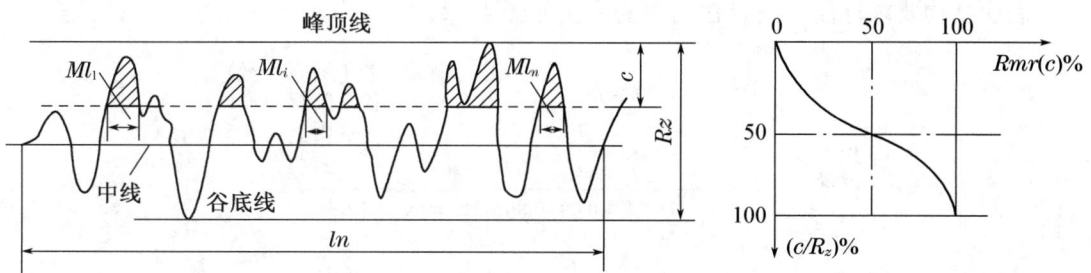

图 4-9　轮廓单元平均宽度

轮廓支承长度 $Ml(c)$ 是指评定长度内,一平行于基准线的直线从峰顶向下移一水平截距 c 时,与轮廓相截所得各截线长度之和。

$Rmr(c)$ 能反映接触面积的大小。$Rmr(c)$ 越大,表面的承载能力及耐磨性越好。

五、标注表面结构的图形符号

1. 表面粗糙度符号及其含义

在 GB/T 131—2006 中规定了表面结构的图形符号,见表 4-1。

175

表 4－1　表面结构图形符号

符　号	含义及说明
	基本图形符号,未指定工艺方法获得的表面。基本图形符号仅用于简化代号标注,没有补充说明时不能单独使用。
	扩展图形符号,如通过车、铣、刨、磨等机械加工的表面,用去除材料的方法获得表面。
	扩展图形符号,用不去除材料的方法获得表面,如铸、锻等;也可用于表示保持上道工序形成的表面。
	完整图形符号,在基本图形符号或扩展图形符号的长边上加一条横线,用于标注表面结构特征的补充信息。
	工作轮廓各表面图形符号,在完整图形符号上加一圆圈,表示在图样某个视图上构成封闭轮廓的各表面有相同的表面粗糙度要求。它标注在图样中工件的封闭轮廓线上,当标注会引起歧义时,各表面应分别标注。

2. 表面结构图形符号的组成

表面结构图形符号由表面粗糙度符号、参数值(数字)及其他有关说明组成,它是指被加工表面完工后的要求,如图 4－10 所示。

位置 a、b:注写两个或多个表面结构要求。在位置 a 注写第一个表面结构要求,在位置 b 注写第二个表面结构要求。如果要注写第三个或更多的表面结构要求,图形符号应在垂直方向扩大,以空出足够的空间。扩大图形符号时,a 和 b 的位置随之上移。

图 4－10　表面结构
要求的组成

位置 c:注写加工方法、表面处理、涂层或其他加工工艺要求等,如车、磨、镀等加工表面。

位置 d:注写表面纹理及其方向。

位置 e:注写所要求的加工余量,以毫米为单位给出数值。

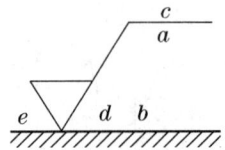

3. 表面结构要求标注的内容在图中的注法

表面结构要求标注的内容在图中的注法如图 4－11 所示。

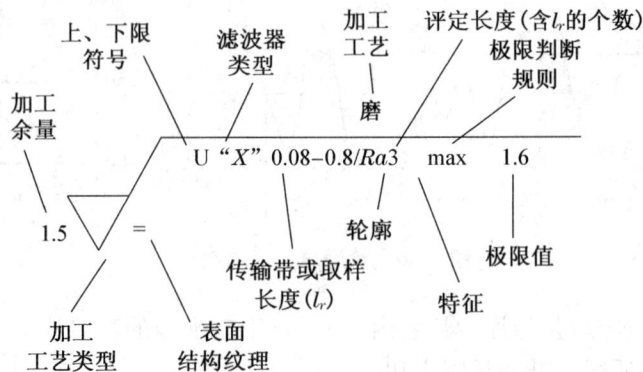

图 4－11　表面结构要求标注示例

4. 表面结构要求标注代号实例

表面结构要求标注代号实例见表 4－2。

表 4-2 表面结构要求标注代号实例

序 号	代号示例	含义/说明
1	$\sqrt{}$ $Ra1.6$	表示不允许去除材料,单向上限值,默认传输带,R 轮廓,算术平均偏差为 1.6 μm,评定长度为 5 个取样长度(默认),"16％规则"(默认)。
2	$\sqrt{}$ $Rz\ max0.4$	表示去除材料,单向上限值,默认传输带,R 轮廓,粗糙度最大高度的最大值为 0.4 μm,评定长度为 5 个取样长度(默认),"最大规则"。
3	$\sqrt{}$ $-0.8/Ra3\ 3.2$	表示去除材料,单向上限值,取样长度为 0.8 mm,R 轮廓,算术平均偏差为 3.2 μm,评定长度为 5 个取样长度,"16％规则"(默认)。
4	$\sqrt{}$ $0.008-0.8/Ra\ 3.2$	表示去除材料,单向上限值,传输带为 0.008～0.8 mm,R 轮廓,算术平均偏差为 3.2 μm,评定长度为 3 个取样长度(默认),"16％规则"(默认)。
5	铣 $5\ \sqrt{}\ \perp$ $Ra\ 3.2$	表示去除材料,单向上限值,默认传输带,R 轮廓,算术平均偏差为 3.2 μm,评定长度为 5 个取样长度(默认),"16％规则"(默认)。表面粗糙度通过铣削加工获得,加工余量为 5 mm,加上纹理方向垂直于标注代号的视图的投影面。
6	$\sqrt{}$ $U\ Ra\ max\ 3.2$ $L\ Ra\ 0.8$	表示不允许去除材料,双向极限值,两极限值均使用默认传输带,R 轮廓,上限值:算术平均偏差为 3.2 μm,评定长度为 5 个取样长度(默认),"最大规则";下限值:算术平均偏差为 0.8 μm,评定长度为 5 个取样长度(默认),"16％规则"(默认)。
7	$\sqrt{}$ $0.8-25/Wz3\ 10$	表示去除材料,单向上限值,传输带为 0.8～25 mm,W 轮廓,波纹度最大高度为 10 μm,评定长度包含 3 个取样长度,"16％规则"(默认)。

5. 加工纹理符号及说明

加工纹理符号及说明见表 4-3。

表 4-3 加工纹理符号及说明

符号	解释和示例		符号	解释和示例	
〓	纹理平行于视图所在的投影面	纹理方向	C	纹理呈近似同心圆且圆心与表面中心相关	
⊥	纹理垂直于视图所在的投影面	纹理方向	R	纹理呈近似放射状且与表面圆心相关	
✕	纹理呈两斜向交叉且与视图所在的投影面相交	纹理方向			
M	纹理呈多方向		P	纹理呈微粒、凸起,无方向	

注:如果表面纹理不能清楚地用这些符号表示,必要时,可以在图样上加注说明。

177

六、表面结构要求标注实例

表面结构要求对每一表面一般只标注一次,并尽可能注在相应的尺寸及其公差的同一视图上。除非另有说明,所标注的表面结构要求是对完工零件表面的要求。

1. 表面结构符号、代号的标注位置与方向

总原则是根据《机械制图 尺寸注法》(GB/T 4458.4—2003)的规定,使表面结构的注写和读取方向与尺寸的注写和读取方向一致(图 4 - 12)。

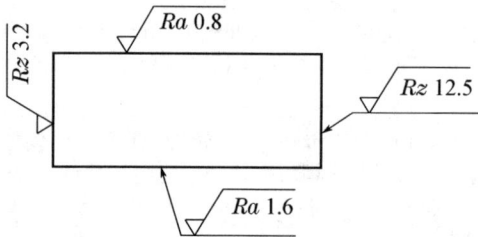

图 4 - 12　表面结构要求的注写方向

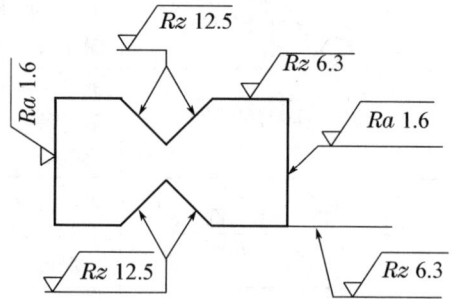

图 4 - 13　表面结构要求在轮廓线上注法

2. 标注在轮廓线上或指引线上

表面结构要求可标注在轮廓线上,其符号的尖端应从材料外指向材料表面并接触表面。必要时,表面结构符号也可用带箭头或黑点的指引线引出标注(图 4 - 13、图 4 - 14)。

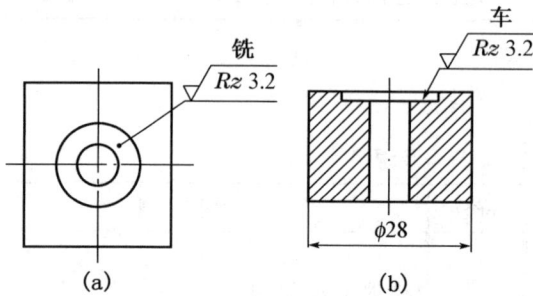

图 4 - 14　用指引线引出标注表面结构要求

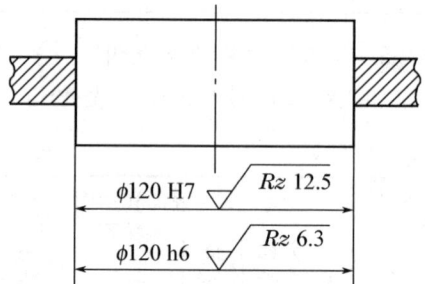

图 4 - 15　表面结构要求标注在尺寸线上

3. 标注在特征尺寸的尺寸线上

在不致引起误解时,表面结构要求可以标注在给定的尺寸线上(图 4 - 15)。

4. 标注在形位公差的框格上

表面结构要求可标注在形位公差框格的上方,如图 4 - 16(a)和图 4 - 16(b)所示。

5. 标注在延长线上

表面结构要求可以直接标注在延长线上,或用带箭头的指引线引出标注,如图 4 - 16 和图 4 - 17 所示。

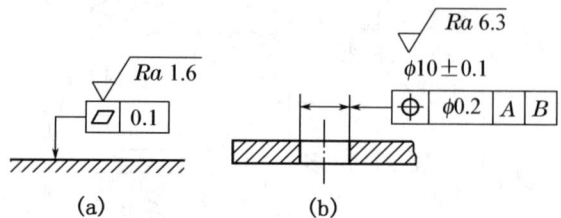

图 4 - 16　表面结构要求标注在形位公差的框格上

6. 标注在圆柱和棱柱表面上

圆柱和棱柱表面的表面结构要求只标注一次；如果每个棱柱表面有不同的表面结构要求，则应该分别单独标注，如图 4-18 所示。

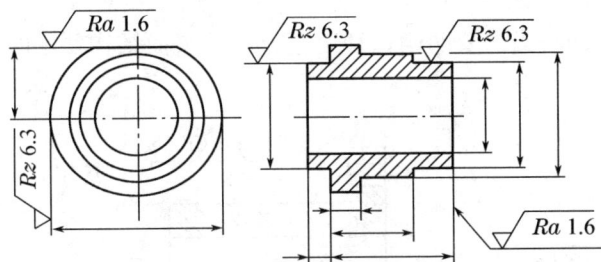

图 4-17　表面结构要求标注在圆柱特征的延长线上　　图 4-18　圆柱和棱柱的表面结构要求的注法

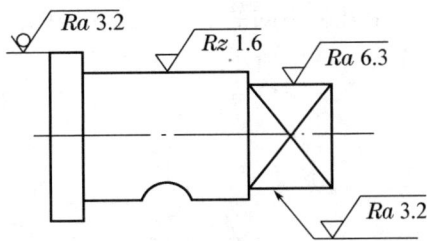

七、表面结构要求的简化标注

1. 有相同表面结构要求的简化标注

不同的表面结构要求应直接标注在图形中，如图 4-19 所示。如果在工件的多数（包括全部）表面有相同的表面结构要求，这个表面结构要求可统一标注在图样的标题栏附近。此时，表面结构要求的符号后面应有：

（1）在圆括号内给出无任何其他标注的基本符号，如图 4-19(a)所示（简化注法一）；

（2）在圆括号内给出不同的表面结构要求，如图 4-19(b)所示（简化注法二）。

(a)　　　　　　　　　　　　　　(b)

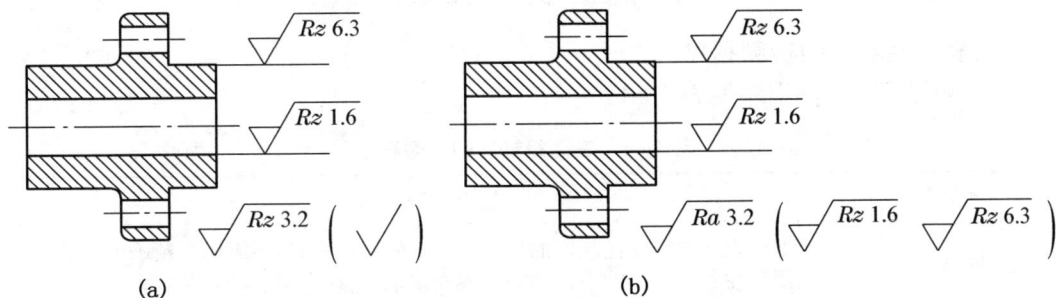

图 4-19　多数表面有相同的表面结构要求的简化标注

2. 多个表面有共同要求的注法

当多个表面具有相同的表面结构要求或图样空间有限时，可以采用简化注法。

（1）只用表面结构符号的简化注法

如图 4-20(a)、(b)、(c)所示表面结构符号，以等式的形式给出对多个表面共同的表面结构要求。

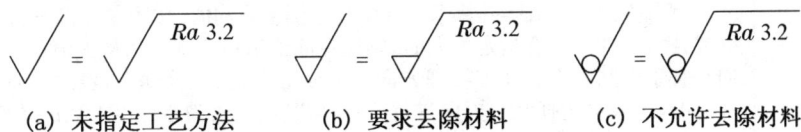

(a) 未指定工艺方法　　　　(b) 要求去除材料　　　　(c) 不允许去除材料

图 4-20　多个表面结构要求的简化注法

（2）用带字母的完整符号的简化注法

可用带字母的完整符号，以等式的形式，在图形或标题栏附近，对有相同表面结构要求的表面进行简化标注，如图4-21所示。

3. 两种或多种工艺获得的同一表面的注法

由几种不同的工艺方法获得的同一表面，当需要明确每种工艺方法的表面结构要求时，可按图4-22所示进行标注。

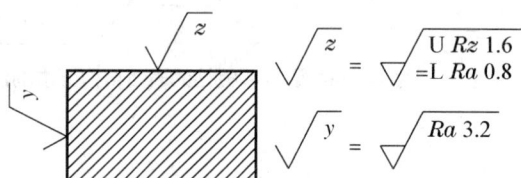

图4-21　在图样空间有限时的简化标注

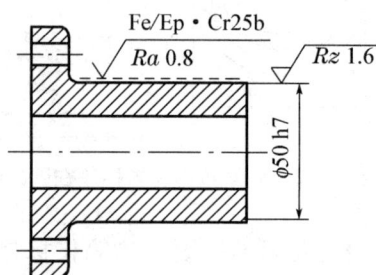

图4-22　同时给出镀覆前后的表面结构要求的简化注法

【任务实施】

表面粗糙度轮廓的测量

一、表面粗糙度的检测程序

表面粗糙度的检测程序见表4-4。

表4-4　表面粗糙度的检测程序

序号	测量方法	检验程序说明
1	目测检查	当工件表面粗糙度比规定的粗糙度明显的好或不好，不需用更精确的方法检验。工件表面存在着明显影响表面功能的表面缺陷，选择目测法检验判定。
2	比较检查	若用目测检查不能做出判定，可采用视觉或显微镜将被测表面与粗糙度比较样块比较判定。
3	仪器检查	若用粗糙度比较样块比较法不能做出判定，应采用仪器测量：① 对不均匀表面，在最有可能出现粗糙度参数极限值的部位上进行测量；② 对表面粗糙度均匀的表面，应在几个均布位置上分别测量，至少测量3次；③ 当给定表面粗糙度参数上限或下限时，应在表面粗糙度参数可能出现最大值或最小值处测量；④ 表面粗糙度参数注明是最大值的要求时，通常在表面可能出现最大值（如有一个可见的深槽）处，至少测量3次。 测量方向：① 图样或技术文件中规定测量方向时，按规定方向进行测量；② 当图样或技术文件中没有指定方向时，则应在能给出粗糙度参数最大值的方向测量，该方向垂直于被测表面的加工纹理方向；③ 对无明显加工纹理的表面，测量方向可以是任意的，一般可选择几个方向进行测量，取其最大值为粗糙度参数的数值。

二、检测表面粗糙度的常用方法

检测表面粗糙度的常用方法见表 4-5。

表 4-5　检测表面粗糙度的常用方法

序号	检验方法		适用参数及范围/μm	说明
1	比较法	样块比较法	直接目测：$Ra > 2.5$；用放大镜：$Ra > 0.32 \sim 0.5$；	以表面粗糙度比较样块工作面上的粗糙度为标准，用视觉法或触觉法与被测表面进行比较，以判定被测表面是否符合规定；用样块进行比较检验时，样块和被测表面的材质、加工方法应尽可能一致；样块比较法简单易行，适合在生产现场使用。
2		显微镜比较法	$Ra < 0.32$	将被测表面与表面粗糙度比较样块靠近在一起，用比较显微镜观察两者被放大的表面，以样块工作面上的粗糙度为标准，观察比较被测表面是否达到相应样块的表面粗糙度；从而判定被测表面粗糙度是否符合规定。此方法不能测出粗糙度参数值。
3	非接触测量法	光切显微镜测量法	$Rz：0.8 \sim 80$	该方法利用光切原理测量表面粗糙度。从目镜观察表面粗糙度轮廓图像，用测微装置测量 Rz 值和 Ry 值。也可通过测量描绘出轮廓图像，再计算 Ra 值，因其方法较繁而不常用。必要时可将粗糙度轮廓图像拍照下来评定。光切显微镜适用于计量室。
4		干涉显微镜测量法	$Rz：0.032 \sim 0.8$	该方法利用光波干涉原理，以光波波长为基准来测量表面粗糙度。被测表面有一定的粗糙度就呈现出凸凹不平的峰谷状干涉条纹，通过目镜观察、利用测微装置测量这些干涉条纹的数目和峰谷的弯曲程度，即可计算出表面粗糙度的 Ra 值。必要时还可将干涉条纹的峰谷拍照下来评定。干涉法适用于精密加工的表面粗糙度测量。适合在计量室使用。
5	接触测量法	电动轮廓仪比较法	$Ra：0.025 \sim 6.3$ $Rz：0.1 \sim 25$	测量时仪器触针尖端在被测表面上垂直于加工纹理方向的截面上，做水平移动测量，从指示仪表直接得出一个测量行程 Ra 值。这是 Ra 值测量最常用的方法。或者用仪器的记录装置，描绘粗糙度轮廓曲线的放大图，再计算 Ra 或 Rz 值。此类仪器适用在计量室。但便携式电动轮廓仪可在生产现场使用。
6		印模测量法	粗糙度测量结果需凭经验修正	印模测量法是用无流动性或塑性材料将被测表面复制下来，然后对印模进行测量，从而间接地评定被测表面的粗糙度的方法。适用于某些既不能用仪器直接测量又不便于用样板相对比的表面，如深孔、盲孔、凹槽、内螺纹等。
7	三维几何表面测量法		$Ra：0.008\ 1$	利用形貌仪、扫描力显微镜（SFM）、扫描隧道显微镜（STM）和原子力显微镜（AFM）等仪器均可获得零件表面的三维几何图像及表面粗糙度评定参数值。分辨率已达到 0.01 nm，进入了原子级时代。

【拓展知识】

表面结构术语

一、轮廓滤波器、传输带

零件表面的粗糙度轮廓、波纹度轮廓和形状轮廓各有不同的波长范围,它们又同时叠加在同一表面轮廓上,因此,在测量评定三类轮廓上的参数时,必须先将表面轮廓在特定仪器上进行滤波,以便分离获得所需波长范围的轮廓。这种可将轮廓分成长波和短波成分的仪器称为轮廓滤波器。

按滤波器的不同截止波长值,由小到大顺次为 λ_s、λ_c、λ_f 三种,λ_s 轮廓滤波器用于确定存在于表面的粗糙度与比它更短的波之间的界限;λ_c 滤波器用于确定粗糙度与波纹度之间的界限;λ_f 滤波器用于确定存在于表面的波纹度与比它更长的波之间的界限。滤波器由截止波长值表示。

评定零件表面粗糙度的取样长度在数值上等于其长波滤波器的截止波长 λ_c。从短波截止波长 λ_s 到长波截止波长 λ_c 之间的波长范围称为评定表面粗糙度的传输带,如图 4 - 23 所示。

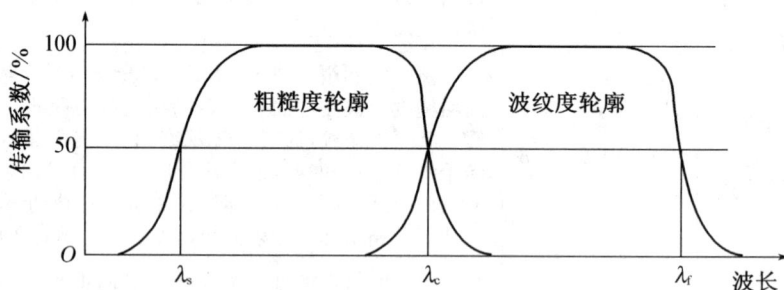

图 4 - 23　粗糙度轮廓和波纹度轮廓的传输特性

二、表面轮廓

物体与周围介质分离的表面。

(1) 表面轮廓:一个指定平面与实际表面相交所得到的轮廓,如图 4 - 24 所示。

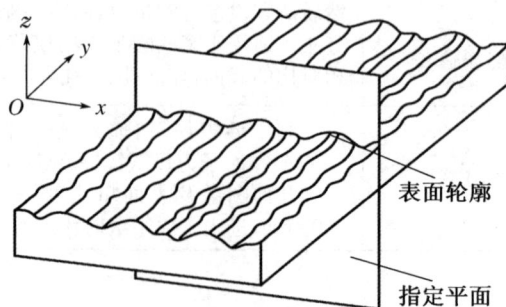

图 4 - 24　表面轮廓

(2) 原始轮廓(P 轮廓)：通过 λ_s 轮廓滤波器后的总轮廓。

(3) 粗糙度轮廓(R 轮廓)：粗糙度轮廓是对原始轮廓采用 λ_c 轮廓滤波器抑制长波成分以后经过人工修正形成的轮廓。

(4) 波纹度轮廓(W 轮廓)：波纹度轮廓是对原始轮廓连续应用 λ_f 轮廓滤波器抑制长波成分和 λ_c 轮廓滤波器抑制短波成分，且经过人工修正形成的轮廓。

【思考练习】

一、填空题

1. 零件的表面结构是指_____、_____和_____的总称。

2. 表面粗糙度是指_____。

3. 评定长度是指_____，它可以包含一个或几个_____。

4. 表面粗糙度的评定参数主要有_____、_____、_____四项。

5. 测量表面粗糙度时，规定取样长度的目的是限制和减弱_____对_____测量结果的影响。

6. 同一零件上，工作面的表面粗糙度参数值_____非工作面的粗糙度数值。

二、选择题

1. 下列论述正确的是（　　）。

　A. 表面粗糙度属于表面微观性质的形状误差

　B. 表面粗糙度属于表面宏观性质的形状误差

　C. 表面粗糙度属于表面波纹度误差

　D. 经过磨削加工所得表面比车削加工所得表面的表面粗糙度值大

2. 表面粗糙度反映的是零件被加工表面上的（　　）。

　A. 宏观几何形状误差　　　　　　　　B. 微观几何形状误差

　C. 宏观相对位置误差　　　　　　　　D. 微观相对位置误差

3. 表面粗糙度值越小，则零件的（　　）。

　A. 耐磨性越好　　　　　　　　　　　B. 配合精度越高

　C. 抗疲劳强度越　　　　　　　　　　D. 传动灵敏性越差

4. 表面粗糙度值小，则零件的（　　）。

　A. 抗疲劳强度差　　　　　　　　　　B. 耐磨性好

　C. 配合精度高　　　　　　　　　　　D. 加工容易

5. 表面粗糙度代（符）号在图样上应标注在（　　）。

　A. 可见轮廓线上　　　　　　　　　　B. 尺寸界线上

　C. 虚线上　　　　　　　　　　　　　D. 符号尖端从材料外指向被标注表面

　E. 符号尖端从材料内指向被标注表面

三、简答题

1. 表面粗糙度对零件的使用性能有哪些影响？

2. 评定表面粗糙度时，为什么要规定取样长度和评定长度？两者有何关系？

3. 表面粗糙度的图样标注中，什么情况要注出评定参数的上限值、下限值？什么情况要注出最大值、最小值？上限值和下限值与最大值和最小值如何标注？

四、综合题

将表面粗糙度符号标注在题图 4-1 上,要求:

(1) 用任何方法加工圆柱面 ϕd_3,Ra 最大允许值为 3.2 μm;

(2) 用去除材料的方法获得孔 ϕd_1,要求 Ra 最大允许值为 3.2 μm;

(3) 用去除材料的方法获得表面 a,要求 Ra 最大允许值为 3.2 μm;

(4) 其余用去除材料的方法获得表面,要求 Ra 允许值均为 25 μm。

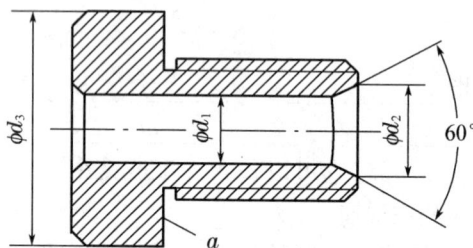

题图 4-1 表面粗糙度代号标注示例

任务 2 表面粗糙度的选用

【学习目标】

1. 掌握表面粗糙度参数的选择原则。
2. 理解表面粗糙度评定参数及其数值的选择。

【任务引入】

正确地选择零件表面的粗糙度参数及其数值,对改善机器和仪表的工作性能及提高使用寿命有重要意义。如图 3-93 所示变速器输出轴,说明该零件表面粗糙度选用的合理性。

【任务分析】

表面粗糙度是一项重要的技术经济指标,其允许值的大小对零件的使用性能和寿命有直接影响。选择时应在满足零件功能要求的前提下,同时考虑工艺的可行性和经济性。

【相关知识】

一、表面粗糙度参数的选择

表面粗糙度参数的选择原则:首先满足功能要求,其次是考虑经济性及工艺性。表面粗糙度的评定参数中,最常采用的是高度特性参数 Ra、Rz,只有当高度参数不能满足表面功能要求时,才选择附加参数,如间距参数 Rsm 或混合参数 $Rmr(c)$。

(1) 对于光滑表面和半光滑表面,Ra 在 $0.025\sim6.3\ \mu m$ 的零件表面,标准推荐优先选用 Ra。这是因为 Ra 能够比较全面地反映被测表面的微小峰谷特征,而且 Ra 值用触针式电动轮廓仪测量比较容易。

(2) 对于极光滑和极粗糙表面,Ra 在 $0.008\sim0.020\ \mu m$ 和 $6.3\sim100\ \mu m$ 的零件表面可以选用 Rz 作为评定参数。Rz 值通常用非接触式的光切显微镜测量,但 Rz 不如 Ra 对表面微观几何形状特性反映得全面。Ra、Rz 联用可以评定某些承受交变应力、不允许出现较大加工痕迹的表面。

(3) 对于有特殊要求的零件表面,如要使喷涂均匀,涂层有极好的附着性和光泽,或要求有良好的密封性,就要控制 Rsm;对于要求有较高支承刚度和耐磨性的表面,应规定 $Rmr(c)$ 参数。

二、表面粗糙度参数值的选择

通常,表面粗糙度值越小,零件的工作性能越好,使用寿命也越长。但表面粗糙度值选得越小,零件工艺过程会越复杂,这样加工成本可能随之急剧增高。因此,在实际生产中,应考虑零件的功能要求和制造成本,合理选择表面粗糙度参数值。

表面粗糙度参数值的选用原则是在满足功能要求的前提下考虑经济性及工艺性,即应尽可能选用较大的粗糙度参数值。具体设计时,可以参照一些经过验证的实例,采用类比法来确定,然后结合实际情况进行调整。一般按如下原则进行选择:

(1) 在同一零件上,工作表面的表面粗糙度参数值应比非工作表面的小。

(2) 摩擦表面的表面粗糙度参数值应比非摩擦表面的小,滚动摩擦表面的表面粗糙度参数值应比滑动摩擦表面的小。

(3) 受交变负荷时,特别是在零件圆角、沟槽处要求应严,表面粗糙度参数值都应该小。

(4) 要求配合性质稳定可靠时,其配合表面要求应严,表面粗糙度参数值应越小;配合性质相同时,小尺寸结合面的表面粗糙度参数值应比大尺寸结合面的小;同一公差等级时,轴的表面粗糙度参数值应比孔的小。

(5) 确定零件配合表面的粗糙度时,应与其尺寸公差相协调。通常,零件尺寸公差值和几何公差值小,其表面粗糙度参数值也要小;尺寸公差等级相同时,轴的表面粗糙度参数值比孔的要小。

设表面几何公差为 t,尺寸公差为 T,则它们之间通常可按以下关系来设计:

普通精度:$t\approx0.6T$,$Ra\leqslant0.05T$,$Rz\leqslant0.2T$

较高精度:$t\approx0.4T$,$Ra\leqslant0.025T$,$Rz\leqslant0.1T$

高精度:$t\approx0.2T$,$Ra\leqslant0.012T$,$Rz\leqslant0.05T$

(6) 对防腐性和密封性要求高,且外表美观等的表面,其表面粗糙度参数值应较小。

表 4-6 列出了常用表面粗糙度 Ra 的推荐值,表 4-7 列出了不同加工方法所获得的表面粗糙度和应用举例。

表 4‑6 常用表面粗糙度 Ra 的推荐值

应用场合			$Ra/\mu m$					
			公称尺寸/mm					
		公差等级	≤50		>50～120		>120～500	
			轴	孔	轴	孔	轴	孔
经常拆卸零件的配合表面(如挂轮、滚刀等)		IT5	≤0.2	≤0.4	≤0.4	≤0.8	≤0.4	≤0.8
		IT6	≤0.4	≤0.8	≤0.8	≤1.6	≤0.8	≤1.6
		IT7	≤0.8		≤1.6		≤1.6	
		IT8	≤0.8	≤1.6	≤1.6	≤3.2	≤1.6	≤3.2
过盈配合	压入配合	IT5	≤0.2	≤0.4	≤0.4	≤0.8	≤0.4	≤0.8
		IT6～IT7	≤0.4	≤0.8	≤0.8	≤1.6	≤1.6	
		IT8	≤0.8	≤1.6	≤1.6	≤3.2	≤3.2	
	热装	—	≤1.6	≤3.2	≤1.6	≤3.2	≤1.6	≤3.2
精密定心零件配合表面		IT5～IT8	径向跳动 2.5	4	6	10	16	25
			轴 ≤0.05	≤0.1	≤0.1	≤0.2	≤0.4	≤0.8
			孔 ≤0.1	≤0.2	≤0.2	≤0.4	≤0.8	≤1.6

滑动轴承的配合表面	公差等级	轴	孔
	IT6～IT9	≤0.8	≤1.6
	IT10～IT12	≤1.6	≤3.2
	液体湿摩擦	≤0.4	≤0.8

圆锥结合的工作面	密封结合	对中结合	其他
	≤0.4	≤1.6	≤6.3

密封结构处的孔、轴表面	密封形式	速度/m·s⁻¹		
		≤3	3～5	≥5
	橡胶圈密封	0.8～1.6(抛光)	0.4～0.8(抛光)	0.2～0.4(抛光)
	毛毡密封	0.8～1.6(抛光)		
	迷宫式	3.2～6.3(抛光)		
	涂油槽式	3.2～6.3(抛光)		

速度/m·s⁻¹ 应为 $Ra/\mu m$ 单位表示：速度/m·s^{-1}

V 带和平带轮工作面	带轮直径/mm		
	≤120	>120～315	>315
	1.6	3.2	6.3

箱体分界面(减速器)	类型	有垫片	无垫片
	需要密封	3.2～6.3	0.8～1.6
	不需要密封	6.3～12.5	

表4-7 不同加工方法所获得的表面粗糙度和应用举例

表面微观特性		$Ra/\mu m$	加工方法	应用举例
粗糙表面	微见加工痕迹	≤20	粗车、粗刨、粗铣、锯断	半成品粗加工过的表面,非配合的加工表面,如端面、倒角、钻孔
半光表面	微见加工痕迹	≤10	车、刨、铣、镗、粗铰	轴上不安装轴承、齿轮处的非配合表面,轴和孔的退刀槽
		≤5	粗刮、滚压	半精加工表面,支架、盖面、套筒和需要发蓝处理的表面
		≤2.5	磨齿、铣齿	接近于精加工表面,箱体上安装轴承的镗孔,齿轮的工作表面
光表面	可辨加工痕迹	≤1.25	磨齿、拉、刮	圆柱销、圆锥销,普通车床导轨面,内外花键定心表面
	微可辨加工痕迹	≤0.63	精铰、磨、精镗	配合性质稳定的配合表面,较高精度车床的导轨面
	不可辨加工痕迹	≤0.16	研磨、超精加工	精密机床主轴锥孔,顶尖圆锥面,发动机曲轴
极光表面	暗光泽面	≤0.16	精磨	精密机床主轴轴颈表面,活塞销表面
	亮光泽面	≤0.08	超精磨、精抛光	高压油泵中柱塞和柱塞套配合表面
	镜状光泽面	≤0.04		
	镜面	≤0.01	镜面磨削、超精研	高精度量仪、量块的工作表面

【任务实施】

图3-93所示变速器输出轴表面粗糙度参数分析:表面粗糙度在具体选用时多用类比法来确定表面结构特征的参数值。按类比法选择表面结构特征参数值时,可先根据经验资料初步选定表面结构特征参数值,然后再对比工作条件做适当调整。

变速器输出轴表面结构特征轮廓参数 Ra 的选用,主要有以下几点:

(1) 两个轴颈 $\phi55j6(^{+0.012}_{-0.007})$mm 与滚动轴承配合,表面粗糙度参照表4-6、表4-7,及滚动轴承公差配合有关内容,选取 $Ra\leqslant0.8\ \mu m$,图中取 Ra 为 $0.8\ \mu m$。

(2) $\phi56r6(^{+0.060}_{+0.041})$mm 和 $\phi45m6(^{+0.025}_{+0.009})$mm 分别与齿轮和带轮相配合,参照表4-6、表4-7,应选取 $Ra\leqslant0.8\ \mu m$,图中取 Ra 为 $0.8\ \mu m$。

(3) $\phi62$ mm 的左、右两轴肩为止推面,分别对齿轮和滚动轴承起定位作用,参照表4-6、表4-7及滚动轴承、齿轮公差配合有关内容,应选取 $Ra\leqslant3.2\ \mu m$,图中取 Ra 为 $3.2\ \mu m$。

(4) 键槽两侧面一般是铣削加工,其精度较低,参考键与花键配合有关内容,选 Ra 为 $3.2\ \mu m$。

(5) 轴上其他非配合表面,如端面、键槽底面、$\phi52$ mm 圆柱面等处,均属不太重要的表面,故选取 Ra 为 $6.3\ \mu m$。

【拓展知识】

评定表面结构的参数及其数值系列

一、表面粗糙度主要参数

采用中线制(轮廓法)评定表面粗糙度,其参数选取轮廓的算术平均偏差 Ra(表4-8)和轮廓的最大高度 Rz(表4-9)两项。

在幅度参数(峰和谷)常用的参数值范围内(Ra 为 $0.25\sim6.3\ \mu m$,Rz 为 $0.1\sim25\ \mu m$),推荐优先选用 Ra。

表 4-8　轮廓的算术平均偏差 Ra 的数值(μm)

系列值	补充系列	系列值	补充系列	系列值	补充系列	系列值	补充系列	系列值	补充系列	系列值	补充系列
			0.125		1.25	12.5			125		1 250
		0.20	0.160	1.60			16.0		160	1 600	
0.025					2.0		20	200			
			0.25		2.5	25			250		
	0.032		0.32	3.2			32		320		
	0.040	0.40			4.0		40	400			
0.050			0.50		5.0	50			500		
	0.063		0.63	6.3			63		630		
	0.080	0.80			8.0		80	800			
0.100			1.00		10.0	100			1 000		

表 4-9　轮廓的最大高度 Rz 的数值(μm)

系列值	补充系列	系列值	补充系列	系列值	补充系列	系列值	补充系列	系列值	补充系列	系列值	补充系列
			0.125		1.25	12.5			125		1 250
		0.20	0.160	1.60			16.0		160	1 600	
0.025					2.0		20	200			
			0.25		2.5	25			250		
	0.032		0.32	3.2			32		320		
	0.040	0.40			4.0		40	400			
0.050			0.50		5.0	50			500		
	0.063		0.63	6.3			63		630		
	0.080	0.80			8.0		80	800			
0.100			1.00		10.0	100			1 000		

二、表面粗糙度附加参数

根据表面功能的需要,其附加参数选取轮廓单元的平均宽度 Rsm(表 4-10)和轮廓支承长度率 $Rmr(c)$(表 4-11)两项。

表 4-10　轮轮廓的算术平均偏差 Rsm 的数值(μm)

Rsm	0.006	0.1	1.6
	0.012 5	0.2	3.2
	0.025	0.4	6.3
	0.05	0.8	12.5

表 4-11　轮廓支承长度率 $Rmr(c)$ 的数值(μm)

Rsm	10	15	20	25	30	40	50	60	70	80	90

三、取样长度和评定长度的选择

取样长度和评定长度的选择主要根据评定参数数值,可参照表 4-12 规定值选取。当将特殊要时,设计者可自行规定取样长度值,如被测表面均匀性好,可选用小于规定值;如被测表面均匀性差,可选择大于规定值。

表 4-12　取样长度和评定长度标准选用值

$Ra/\mu m$	$Rz/\mu m$	$Rsm/\mu m$	标准取样长度 l_r/mm		标准评定长度 l_n/mm
			λ_s	$l_r=\lambda_c$	
$\geqslant 0.008\sim 0.02$	$\geqslant 0.002\,5\sim 0.1$	$\geqslant 0.001\,3\sim 0.04$	0.002 5	0.08	0.4
$>0.02\sim 0.1$	$>0.1\sim 0.5$	$>0.04\sim 0.13$	0.002 5	0.25	1.25
$>0.1\sim 2$	$>0.5\sim 10$	$>0.13\sim 0.4$	0.002 5	0.8	4
$>2\sim 10$	$>10\sim 50$	$>0.4\sim 1.3$	0.008	2.5	12.5
$>10\sim 80$	$>50\sim 200$	$>1.3\sim 4$	0.025	8	40

【思考练习】

一、简答题

1. 表面粗糙度的选用原则是什么? 如何选用?

2. 设计时如何协调尺寸公差、形状公差和表面粗糙度参数值之间的关系?

二、判断题

1. 同一零件上,工作表面的粗糙度值应比非工作表面大。　　　　　　　　(　　)

2. 摩擦表面比非摩擦表面的表面粗糙度值小。　　　　　　　　　　　　(　　)

3. 受交变载荷的零件表面,其表面粗糙度值应大。　　　　　　　　　　(　　)

4. 相对运动速度高的零件表面,其表面粗糙度数值应小。　　　　　　　(　　)

5. 对于要求配合性质稳定的小间隙配合和承受重载荷的过盈配合,它们的孔、轴的表面粗糙度值应小些。　　　　　　　　　　　　　　　　　　　　　　(　　)

6. 一般来说,尺寸公差和形位公差小的表面,其粗糙度数值也应小。 （　　）

7. 对于耐蚀性、密封性要求高的表面,其粗糙度数值应大。 （　　）

8. 在间隙配合中,由于表面粗糙不平,会因磨损而使间隙迅速增大。 （　　）

9. 表面越粗糙,取样长度应越小。 （　　）

10. 选择表面粗糙度评定参数值越小越好。 （　　）

11. 要求耐腐蚀的零件表面,粗糙度数值应小一些。 （　　）

12. 尺寸精度和形状精度要求高的表面,粗糙度数值应小一些。 （　　）

三、综合题

1. 在同样的工作情况下,下列每组孔中哪个表面应选用较高的表面粗糙度参数? 为什么?

(1) $\phi65H7$ 和 $\phi18H7$。

(2) $\phi65H7/h6$ 和 $\phi65H7/g6$ 中的 H7 孔。

(3) 圆柱度公差分别为 0.01 mm 和 0.02 mm 的两个 $\phi40H7$ 孔。

2. 题图 4-2 所示车床尾座筒,$\phi55h5(^{\ 0}_{-0.013})$ 外圆柱面表面粗糙度选用参数 Ra。参数值为 0.4 μm;装顶尖的 4 号莫氏锥孔表面粗糙度选用 Ra,参数值为 0.4 μm;安装螺母的 $\phi30H7(^{-0.021}_{0})$ 孔的表面粗糙度选用 Ra,参数值为 1.6 μm。说明该零件表面粗糙度选用的合理性。

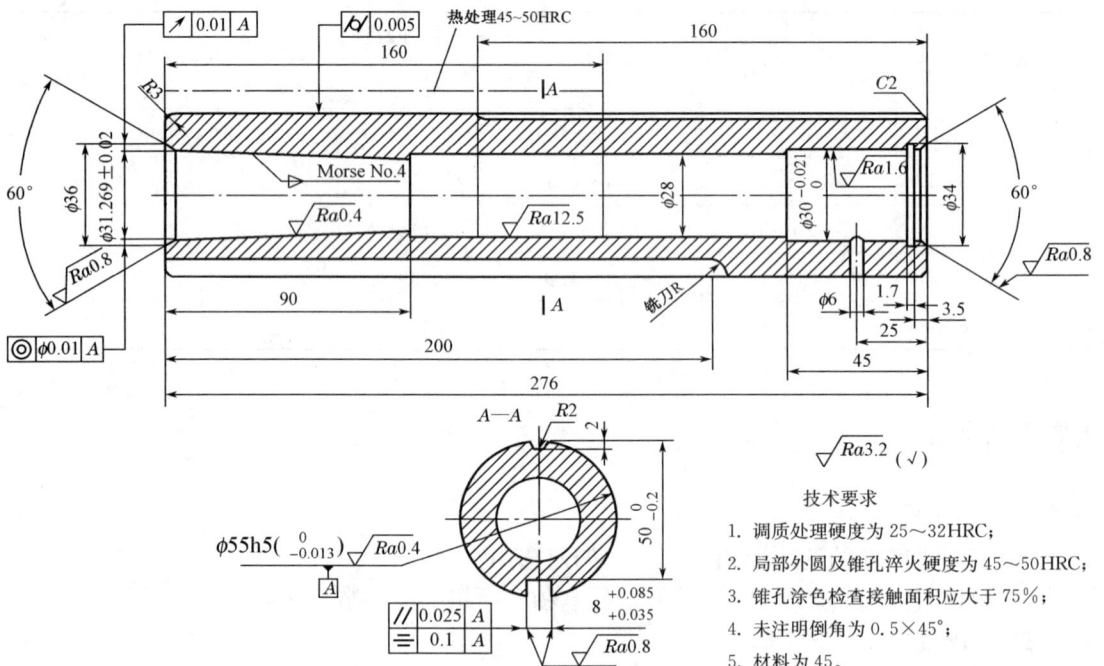

题图 4-2　车床尾座筒

项目综合知识技能 ——工程案例与分析

摩擦面粗糙度选用和抛光

设备名称:高能压力机(离合器式螺旋压力机)。

结构组成:采用螺纹升角大于摩擦角的螺杆和螺母组成螺旋副,与止推轴承组成平面推力副。

工作原理:工作时经离合器分合来传递飞轮能量,带动螺杆作旋转运动,通过螺旋副和推力副来承受锻击力,螺杆的受力面是锯齿螺纹 3°斜面和推力面(与止推轴承的接触面),如案例图 4-1 和案例图 4-2 所示。

问题提出:推力副和螺旋副两个面粗糙度的选用和抛光对压力机的经济性及使用性有较大影响。

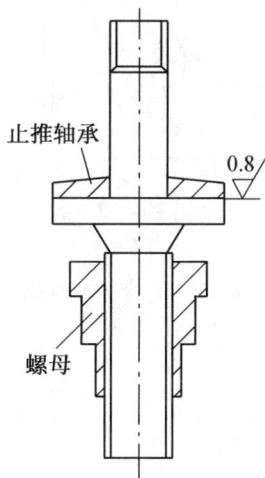

案例图 4-1　结构组成

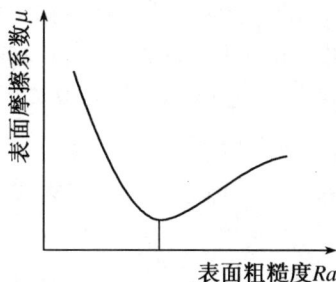

案例图 4-2　粗糙度对摩擦系数的影响

一、问题分析

1. 粗糙度对打击力控制精度的影响

在其他参数不变的情况下,通过减小螺旋副和推力副的摩擦系数来提高机械效率 η(推力副和螺旋副的摩擦损失约占 23%左右),随 η 升高可以近似成比例地升高压力机的冷击力。也就是在相同冷击力下近似成比例地减小离合器所要传递的扭矩,进而减小离合器尺寸,减少从动部分的转动惯量,也就是可以减小离合器从动部分所携带的动能。打滑力和冷击力越接近一个相似的数值,冷击力和打滑力的接近程度越高,压力机工作时控制打击力精度就越高。

2. 粗糙度对摩擦系数的影响

表面粗糙度对摩擦系数的影响取决于零件表面接触处的变形情况。对于弹性接触的干摩擦,摩擦系数随表面粗糙度的增大逐渐降低,通过一个最小值,之后逐步升高,如案例图

4-2所示,这是由于当接触表面很光滑时分子的吸力发挥作用。所以,表面粗糙度越低,摩擦系数反而会快速加大。从案例图4-2中可以发现,在一定条件下,相互接触的摩擦表面存在一个能得到最小摩擦系数的粗糙度,如案例图4-2所示 的 Ra 点,这个粗糙度 Ra 的取值范围大约是 $0.32\sim1.25\ \mu m$。案例图4-2虽然是干摩擦的情况,但对处于混合摩擦状态(包含干摩擦、界面摩擦、液体摩擦)的螺旋副和推力副亦有参考作用,过低的粗糙度不利于润滑油的储存,难以建立油膜。因此,螺杆摩擦面的粗糙度也存在一个比较实用的数值。

3. 粗糙度对配偶零件螺母和止推轴承的影响

从粗糙度对干摩擦系数影响的曲线看,过高和过低的粗糙度值都会增大摩擦系数加快零件磨损。因此,零件的使用寿命对表面粗糙度比较敏感,希望有一个最佳值来减小磨损。

二、粗糙度的选用和抛光

由上分析可知,为降低螺旋副和推力副的摩擦系数,提高打击力控制精度、延长螺母和止推轴承的使用寿命,螺杆牙面和推力面的粗糙度应尽量减小。但过低的粗糙度会大大提高制造成本,有时甚至无法达到要求。为此,根据现有生产条件和摩擦曲线的取值范围,在 $0.32\sim1.25\ \mu m$ 之间试取了一个经工艺创新后可以达到的、较经济的中间值 $0.8\ \mu m$ 作为3°牙面和推力面的粗糙度值。推力面粗糙度用普通的抛光工艺就可达到,而3°牙面是空间曲面存在一定难度,为了达到 $0.8\ \mu m$,经数次试验制作了如案例图4-3所示的抛光轮,抛光材料由3M公司提供,该材料具有很好的弹性、耐磨性和自锐性。使用时抛

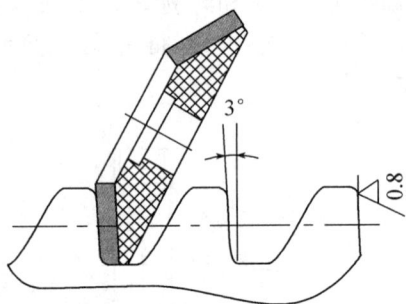

案例图4-3　抛光轮示意图

光轮最低转速 $1\ 500$ r/min,压缩量 0.2 mm,抛光 S380×240×4、长度 $1\ 100$ m 的四头锯齿形螺纹总计用时 12 min。

科学素养:专业、细心、专注、追求零缺陷

项目五

典型零部件的公差配合及检测

任务 1　螺纹的公差配合及检测

【学习目标】

1. 了解螺纹的作用、组成及分类。
2. 掌握影响螺纹结合的因素，了解螺纹的几何参数对互换性的影响。
3. 掌握普通螺纹公差标准及公差带。
4. 熟悉普通螺纹公差与配合的选用及国家标准，理解螺纹标记的技术含义。
5. 了解普通螺纹的检测方法。

【任务引入】

识读图 5-1 所示螺纹联接轴零件图中除了尺寸公差、形位公差、表面粗糙度以外，还有螺纹尺寸 M24-6h 和 Tr36×6-8e，并选择适当的测量工具对螺纹进行检测，判断螺纹的合格性。

【任务分析】

要完成任务，需要在学习螺纹结合的设计基础上，掌握螺纹的组成及分类，通过比较和综合分析各种螺纹结合的特点，懂得在螺纹联接系统中应考虑的主要问题及螺纹的标记。

【相关知识】

螺纹联接是指利用螺纹零件构成的可拆联接，在机器和仪器中的应用十分广泛。主要用于紧固联接、密封、传递力和运动等场合。螺纹的结构复杂，几何参数较多，国家标准对螺纹的牙型、几何参数和公差与配合都做了规定，以保证其几何精度。

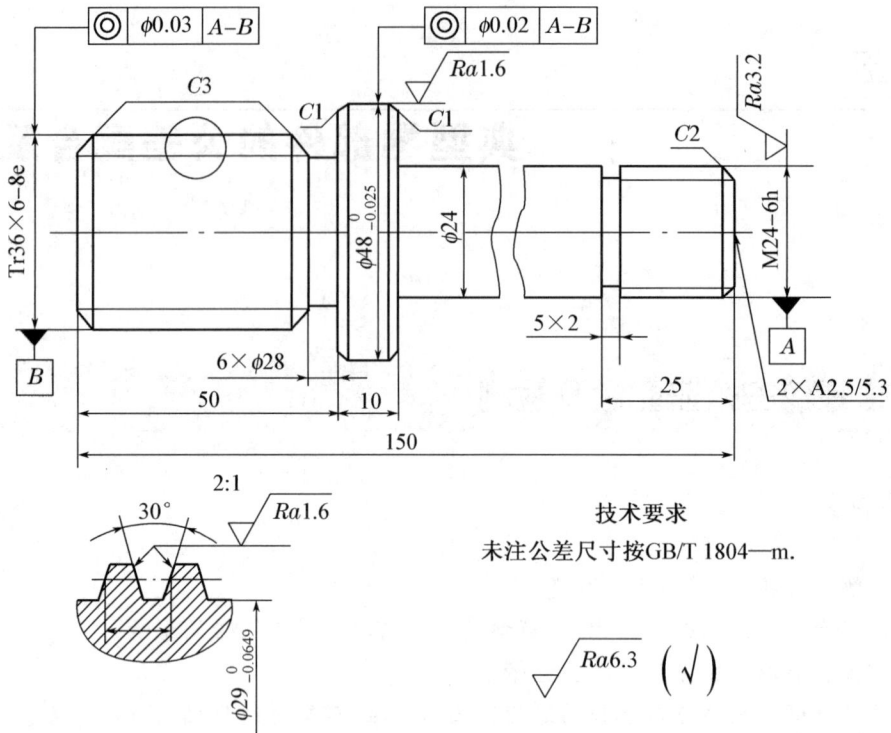

图 5‑1　螺纹联接轴零件图

一、螺纹的分类及特点

1. 按螺纹轴向截面几何形状分

三角形螺纹、锯齿形螺纹、梯形螺纹、矩形螺纹,如图 5‑2 所示。

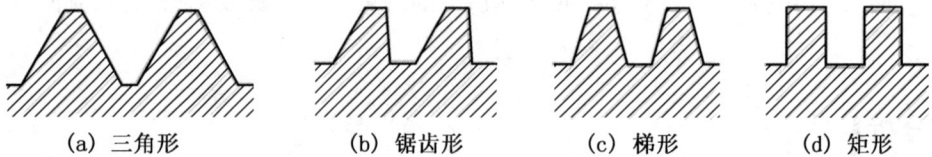

图 5‑2　螺纹的牙型

2. 按螺纹用途分

(1) 普通螺纹:主要用于联接和紧固零件,是应用最为广泛的一种螺纹,分粗牙和细牙两种,对这类螺纹结合的主要要求有两个,一是相同规格的螺纹应易于旋入或拧出,以便于装配或拆卸的可旋合性;二是联接时有足够的联接强度、接触均匀、螺纹不易松脱的可靠性。联接螺纹的牙型主要是三角形。

(2) 传动螺纹:主要用于传递精确的位移、动力和运动,如机床中的丝杠和螺母,千斤顶的起重螺杆等。对这类螺纹结合的主要要求是传动准确、可靠,螺牙接触良好及耐磨等。如梯形螺纹是应用广泛的传动螺纹。

(3) 密封螺纹:用于密封的螺纹联接,对这类螺纹结合的主要要求是具有良好的旋合性及密封性,如联接管道用的螺纹。

二、普通螺纹的基本牙型与几何参数

1. 普通螺纹的基本牙型

普通螺纹的基本牙型是将原始三角形(两个底边连接着且平行于螺纹轴线的等边三角形,其高用 H 表示)的顶部截去 $H/8$、底部截去 $H/4$ 所形成的理论牙型,如图 5-3 所示,内外螺纹的大径、中径、小径和螺距等基本几何参数都在此基本牙型上定义。

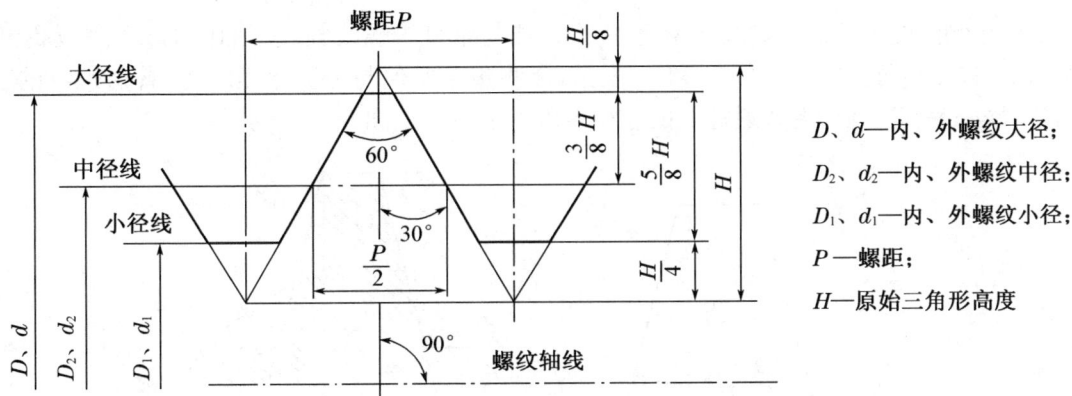

D、d——内、外螺纹大径;

D_2、d_2——内、外螺纹中径;

D_1、d_1——内、外螺纹小径;

P——螺距;

H——原始三角形高度

图 5-3　普通螺纹的基本牙型

2. 普通螺纹的几何参数

(1) 大径(D、d):大径是指与外螺纹牙顶或内螺纹牙底相重合的假想圆柱的直径。普通螺纹大径的基本尺寸为螺纹公称直径尺寸。

(2) 小径(D_1、d_1):小径是指与内螺纹牙顶或外螺纹牙底相重合的假想圆柱的直径。在强度计算中常以小径作为螺杆危险截面的计算直径。

外螺纹的大径 d 和内螺纹的小径 D_1 又称"顶径"。外螺纹的小径 d_1 和内螺纹的大径 D、又称"底径"。

(3) 中径(D_2、d_2):中径是一个假想圆柱的直径,该圆柱的母线通过牙型上沟槽和凸起宽度相等的地方,此假想圆柱称为中径圆柱。

(4) 单一中径(D_{2s}、d_{2s})。单一中径是一个假想圆柱的直径,该圆柱的母线通过牙型上沟槽宽度等于螺距基本尺寸一半的地方。当螺距没有误差时,中径和单一中径相等;当螺距有误差时,则两者不相等。如图 5-4 所示,单一中径通常近似看作是螺纹的实际中径。单一中径可用三针法测量。

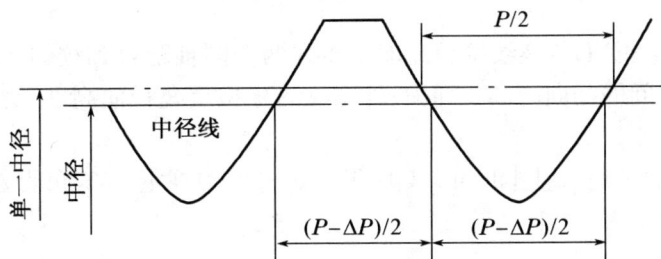

图 5-4　螺纹的中径和单一中径

（5）螺距 P 和导程 P_h：螺距是指相邻两牙体上的对应牙侧与中径线相交两点之间的轴向距离；导程是指同一条螺旋线上最近的相邻两同名牙侧与中径线上相交两点间的轴向距离。对于单线螺纹，其导程等于螺距；对于多线螺纹，其导程等于螺距与螺纹线数 n 的乘积，即 $P_h = nP$。

（6）牙型角 α、牙型半角 $\frac{\alpha}{2}$ 和牙侧角：牙型角是指在通过螺纹轴线剖面内的螺纹牙型上相邻两牙侧间的夹角。在螺纹牙型上，一个牙侧与垂直于螺纹轴线平面间的夹角称为牙侧角。左、右牙侧角分别用符号 α_1 和 α_2 表示，牙侧角基本值与牙型半角相等，普通螺纹的理论牙型角 $\alpha = 60°$，理论上普通螺纹的牙型半角等于 $30°$，如图 5-5 所示。

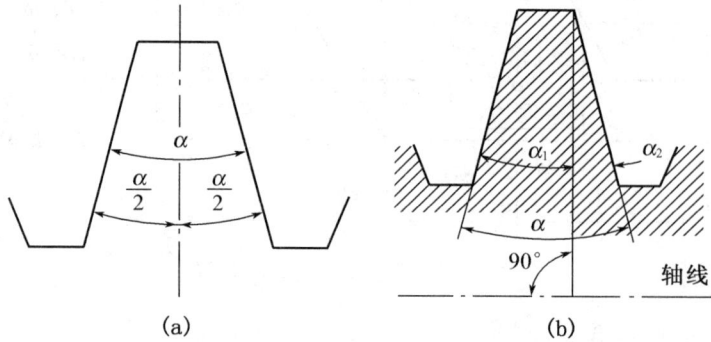

图 5-5　牙型角、牙型半角和牙侧角

（7）螺纹旋合长度 l_E 和螺纹的装配长度 l_A：螺纹旋合长度是指两个配合螺纹的有效螺纹沿轴线方向的长度；螺纹的装配长度是指两个配合螺纹旋合的轴向长度，允许包含引导螺纹的倒角和（或）螺纹收尾，如图 5-6 所示。

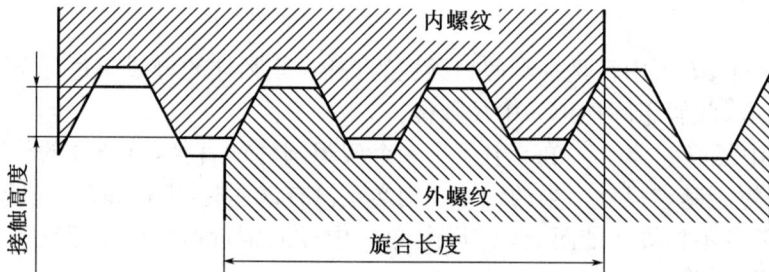

图 5-6　螺纹旋合长度

（8）螺纹接触高度 H_0：螺纹接触高度是指在两个同轴配合螺纹的牙型上，外螺纹的牙顶至内螺纹牙顶侧间的径向距离。即内、外螺纹的牙型重叠径向高度。普通螺纹接触高度的基本值等于 $5H/8$。

国家标准《普通螺纹　基本尺寸》（GB/T 196—2003）规定了普通螺纹的公称尺寸，参见表 5-1。

表 5-1 普通螺纹的公称尺寸(摘自 GB/T 196—2003) (mm)

公称直径 (大径)D、d	螺距 P	中径 D_2、d_2	小径 D_1、d_1	公称直径 (大径)D、d	螺距 P	中径 D_2、d_2	小径 D_1、d_1
10	1.5	9.026	8.376	20	2.5	18.376	17.294
	1.25	9.188	8.647		2	18.701	17.835
	1	9.350	8.917		1.5	19.026	18.376
	0.75	9.513	9.188		1	19.350	18.917
12	1.75	10.863	10.106	24	3	22.051	20.752
	1.5	11.026	16.376		2	22.701	21.835
	1.25	11.188	10.647		1.5	23.026	22.376
	1	11.350	10.917		1	23.350	22.916
16	2	14.701	13.835	30	3.5	27.727	26.211
					3	28.051	26.752
	1.5	15.026	14.376		2	28.701	27.835
					1.5	29.026	28.376
	1	15.350	14.917		1	29.350	28.917

三、普通螺纹主要几何参数误差对互换性的影响

螺纹的主要几何参数为基本大径、小径、中径、螺距和牙型半角等,其偏差将影响螺纹的旋合性、接触高度和连接的可靠性,从而影响螺纹结合的互换性。

1. 直径误差对螺纹互换性的影响

对螺纹的大、小径偏差,为了使实际的螺纹结合避免在大、小径处发生干涉而影响螺纹的可旋合性,在制定螺纹公差时,保证在大径、小径的结合处具有一定量的间隙。

2. 螺距偏差对螺纹互换性的影响

(1)螺距误差的形成机制。螺旋面的形成是靠刀具与工件之间按照一定规律做相对运动来实现的。刀具与工件之间的瞬时相对位置也不会完全准确且均匀,反映到工件上就是产生误差。螺距误差是客观存在的,螺距误差使螺纹在结合长度内实际接触的牙数减少,从而影响螺纹的联接可靠性。

扫码见"螺距误差对螺纹旋合性的影响"动画

① 单个螺距偏差 ΔP:单个螺距偏差是螺距的实际值与其基本值之差。它与旋合长度无关。

② 螺距累积误差 ΔP_Σ:螺距累积误差是指在规定的螺纹长度内,任意两同名牙侧和中径线交点间的实际轴向距离与其基本值之差的最大绝对值(图5-7),它与旋合长度有关。

假定内螺纹具有基本牙型,外螺纹的中径及牙型半角与内螺纹相同,但螺距有偏差,外螺纹的螺距比内螺纹的小,结果,内、外螺纹的牙型产生干涉(图中阴影重叠部分)而无法自由旋合。同样如外螺纹螺距比内螺纹的大,影响旋合性的性质不变,只是发生干涉的牙侧面不同。

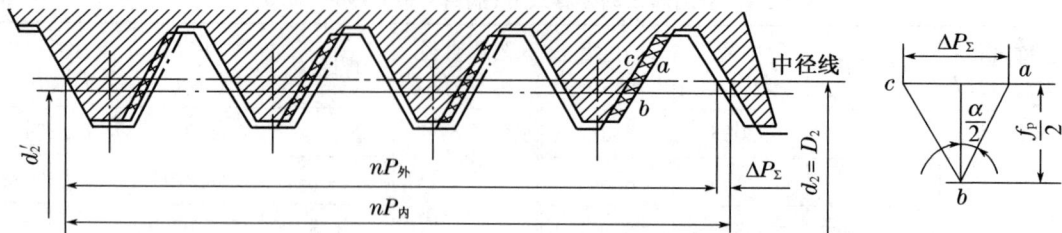

图 5-7 螺距误差对螺纹旋合长度的影响

（2）螺距误差的控制和补偿。假设内螺纹具有理想的牙型,外螺纹的中径和牙型半角均无误差,如图 5-7 所示,仅存在螺距误差,且在旋合长度内、外螺纹螺距有累积误差 ΔP_Σ,显然,当内、外螺纹旋合时,牙侧面会产生干涉,最终导致无法旋合。为使有螺距误差的外螺纹能够旋入具有理想牙型的内螺纹,需把外螺纹的中径 d_2 减小一个数值 f_P,则从图中 $\triangle abc$ 关系可得

$$f_P = \Delta P_\Sigma \cot(\alpha/2)$$

对于普通螺纹,其牙型半角 $\alpha/2 = 30°$,代入上式则有

$$f_P = 1.732 |\Delta P_\Sigma|$$

ΔP_Σ 不论正或负都影响螺纹的旋合性,因而 ΔP_Σ 应取绝对值。对于普通螺纹,国家标准没有单独规定螺距公差,是通过中径公差间接控制螺距误差的。

同理,当内螺纹有螺距误差时,为保证可旋合性,则需把内螺纹的中径加大一个数值 f_P;为补偿螺距误差对互换性的影响,螺纹中径数值增大（或减小）f_P,故 f_P 称为螺距误差的中径补偿值。

3. 牙型半角误差对螺纹互换性的影响

螺纹牙型半角偏差是牙侧相对于螺纹轴线的位置偏差。牙型半角偏差对螺纹的旋合性和连接强度均有影响。

如图 5-8 所示为牙型半角偏差对旋合性的影响。假设内螺纹具有基本牙型,外螺纹中径及螺距与内螺纹相同,仅牙型半角有偏差。

扫码见"半角误差对螺纹可旋合性的影响"动画

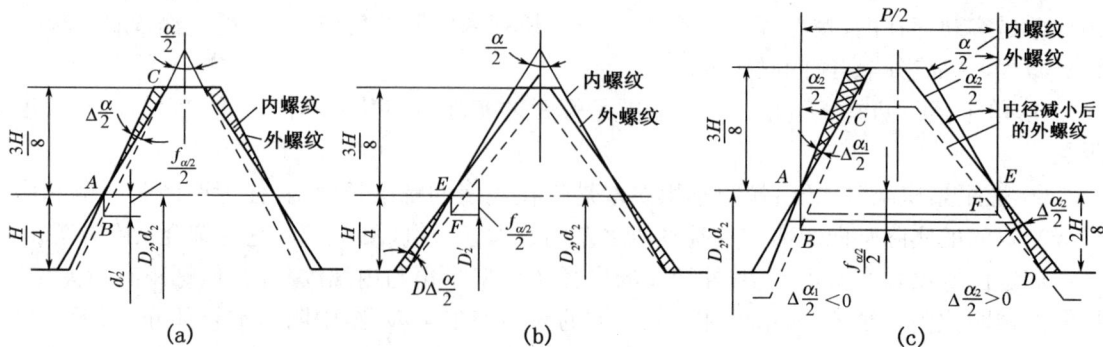

图 5-8 牙型半角偏差对旋合性的影响

在图(a)中,牙型半角偏差 $\Delta\alpha/2=\alpha/2(外)-\alpha/2(内)<0$,则在其牙顶部分的牙侧发生干涉。

在图(b)中,牙型半角偏差 $\Delta\alpha/2=\alpha/2(外)-\alpha/2(内)>0$,则在其牙根部分的牙侧有干涉现象。

在图(c)中,外螺纹的左、右牙型半角偏差不相同,两侧干涉区的干涉量也不相同。

在上述情况下,外螺纹都无法旋入标准的内螺纹,必须把外螺纹的中径减小一个 $f_{\alpha/2}$,这个值叫作牙型半角偏差的中径当量。同理,当外螺纹具有标准牙型,内螺纹存在牙型半角偏差时,就需要将内螺纹的中径加大一个 $f_{\alpha/2}$。

$$f_{\alpha/2}=0.073P\left(K_1\left|\Delta\frac{\alpha}{2}(左)\right|+K_2\left|\Delta\frac{\alpha}{2}(右)\right|\right)$$

式中:$\Delta\dfrac{\alpha}{2}(左)$、$\Delta\dfrac{\alpha}{2}(右)$ 为左右牙型半角误差,K_1、K_2 为牙型半角系数(表5-2)。

表 5-2　系数 K_1、K_2 的值

半角误差	内螺纹		外螺纹	
	>0	<0	>0	<0
K_1、K_2	3	2	2	3

4. 螺纹中径误差对互换性的影响

螺纹中径的实际尺寸与中径基本尺寸存在偏差,当外螺纹中径比内螺纹中径大就会影响螺纹的旋合性;内、外螺纹相互作用集中在牙型侧面,内、外螺纹中径的差异直接影响着牙型侧面的接触状态。所以,中径是决定螺纹配合性质的主要参数。若外螺纹的中径小于内螺纹的中径,就能保证内、外螺纹的旋合性;若外螺纹的中径大于内螺纹的中径,就会产生干涉而难以旋合;但是如果外螺纹的中径过小,内螺纹中径过大,则会削弱其联接强度。为此,加工螺纹牙型时,应当控制实际中径对其基本尺寸的偏差。

5. 螺纹中径合格性判定原则

(1) 螺纹的作用中径:作用中径是螺纹旋合时实际起作用的中径。螺纹的作用中径是指在规定的旋合长度内,恰能包容(没有过盈或间隙)实际螺纹牙侧的一个假想理想的螺纹中径。且该假想螺纹具有基本牙型的螺距、牙型半角和牙型高度,并在牙顶和牙底处留有间隙,保证不与实际螺纹的大、小径发生干涉。如图5-9所示。

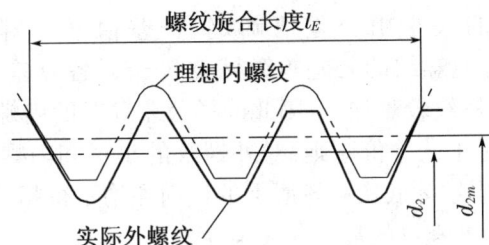

图 5-9　作用中径

当普通螺纹没有螺距偏差和牙型半角偏差时,内外螺纹旋合时起作用的中径就是螺纹的实际中径。当外螺纹有了螺距偏差和牙型半角偏差时,相当于外螺纹的中径增大了,这个增大了的假想中径叫作外螺纹的作用中径,它是与内螺纹旋合时实际起作用的中径,其值等于外螺纹的实际中径与螺距偏差及牙型半角偏差的中径当量之和。

对于外螺纹,当有了螺距误差、牙型半角误差,就只能和一个中径增大了的内螺纹旋合,其效果相当于外螺纹的中径增大了,这个增大了的假想中径称为作用中径,其值为

$$d_{2m} = d_{2s} + f_p + f_{a/2}$$

对于内螺纹,当有了螺距误差、牙型半角误差,就只能和一个中径减小了的外螺纹旋合,其效果相当于内螺纹的中径减小了,这个减小了的假想中径称为作用中径,其值为

$$D_{2m} = D_{2s} - f_p - f_{a/2}$$

实际生产中,螺距误差、牙型半角误差和中径误差总是同时存在,前两项误差检测不便,也没有单独规定它们的公差,故可将前两项折算成中径补偿值,再来判断其合格性。

(2)螺纹中径合格性判断

根据泰勒原则进行判定,即实际螺纹的作用中径不能超出最大实体牙型中径,任意位置的实际中径不能超出最小实体牙型中径。

对于外螺纹,作用中径 $d_{2m} \leqslant$ 外螺纹最大实体牙型中径,单一中径 $\geqslant$ 外螺纹最小实体牙型中径,即

$$d_{2min} = d_{2LMS} \leqslant d_{2s}; d_{2m} \leqslant d_{2MMS} = d_{2max}$$

对内螺纹,作用中径 $\geqslant$ 内螺纹最小实体牙型中径,单一中径 $\leqslant$ 内螺纹最大实体牙型中径,即

$$D_{2min} = d_{2MMS} \leqslant D_{2m}; D_{2s} \leqslant d_{2LMS} = D_{2max}$$

四、普通螺纹的公差与配合

1. 普通螺纹的公差带

国家标准《普通螺纹 公差与配合(直径 1~355 mm)》(GB/T 197—2003)将螺纹公差带标准化,普通螺纹的公差带是以基本牙型的轮廓为零线,沿基本牙型的牙侧牙顶和牙底分布。它由相对于基本牙型的位置(基本偏差)和大小(公差等级)两个要素组成。结合内外螺纹的旋合长度,一起形成不同的螺纹精度。

2. 螺纹公差带的大小和公差等级

国家标准规定了内、外螺纹的公差等级,其值和孔、轴公差值不同,有螺纹公差的系列和数值。普通螺纹公差带的大小由公差值确定,公差值又与螺距和公差等级有关。GB/T 197—2003规定的普通螺纹的公差等级见表 5-3。各公差等级中 3 级最高,9 级最低,6 级为基本级。由于内螺纹较难加工,因此同样公差等级的内螺纹中径公差比外螺纹中径公差大 32% 左右,以满足工艺等价原则:对外螺纹的小径和内螺纹的大径不规定具体的公差数值,而只规定内、外螺纹牙底实际轮廓上的任何点均不得超越按基本误差所确定的最大实体牙型,此外还规定了外螺纹的最小牙底半径。

表 5-3　普通螺纹的公差等级

螺纹直径	公差等级	螺纹直径	公差等级
内螺纹中径 D_2	4,5,6,7,8	外螺纹中径 d_2	3,4,5,6,7,8,9
内螺纹小径 D_1	4,5,6,7,8	外螺纹大径 d_1	4,6,8

外螺纹的小径 d_1 与中径 d_2、内螺纹的大径 D_2 和中径 D_1 是同时由刀具切出的,其尺寸在加工过程中自然形成,由刀具保证,因此国家标准中对内螺纹的大径和外螺纹的小径均没有规定具体的公差值,只规定内、外螺纹牙底实际轮廓的任何点均不能超过基本偏差所确定的最大实体牙型。

螺纹的公差值是由经验公式计算而来的,普通螺纹的中径和顶径公差见表 5-4、表 5-5。

表 5-4　普通螺纹的中径公差(摘自 GB/T 197—2003)

公差直径 D/mm		螺距 P/mm	内螺纹中径公差 T_{D_2}/μm					外螺纹中径公差 T_{d_2}/μm						
>	≤		公差等级					公差等级						
			4	5	6	7	8	3	4	5	6	7	8	9
5.6	11.2	0.75	85	106	132	170	—	50	63	80	100	125	—	—
		1	95	118	150	190	236	56	71	95	112	140	180	224
		1.25	100	125	160	200	250	60	75	95	118	150	190	236
		1.5	112	140	180	224	280	67	85	106	132	170	212	295
11.2	22.4	1	100	125	160	200	250	60	75	95	118	150	190	236
		1.25	112	140	180	224	280	67	85	106	132	170	212	265
		1.5	118	150	190	236	300	71	90	112	140	180	224	280
		1.75	125	160	200	250	315	75	95	118	150	190	236	300
		2	132	170	212	265	335	80	100	125	160	200	250	315
		2.5	140	180	224	280	355	85	106	132	170	212	265	335
22.4	45	1	106	132	170	212	—	63	80	100	125	160	200	250
		1.5	125	160	200	250	315	75	95	118	150	190	236	300
		2	140	180	224	280	355	85	106	132	170	212	265	335
		3	170	212	265	335	425	100	125	160	200	250	315	400
		3.5	180	224	280	355	450	106	132	170	212	265	335	425
		4	190	236	300	375	415	112	140	180	224	280	555	450
		4.5	200	250	315	400	500	118	150	190	236	300	375	475

表 5－5 普通螺纹基本偏差和顶径公差(摘自 GB/T 197—2003)

螺距 /mm	内螺纹的基本偏差 $EI/\mu m$		外螺纹的基本偏差 $es/\mu m$				内螺纹大径公差 T_{D_1} 公差等级/μm					外螺纹大径公差 T_d 公差等级/μm		
	G	H	e	f	g	h	4	5	6	7	8	4	6	8
0.75	+22		−56	−38	−22		118	150	190	236	—	90	140	—
0.8	+24		−60	−38	−24		125	160	200	250	315	95	150	236
1	+26		−60	−40	−26		150	190	236	300	375	112	180	280
1.25	+28		−63	−42	−28		170	212	265	335	425	132	212	335
1.5	+32		−67	−45	−32		190	236	300	375	475	150	236	375
1.75	+34	0	−71	−48	−34	0	212	265	335	425	530	170	265	425
2	+38		−71	−52	−38		236	300	375	475	600	180	280	450
2.5	+42		−80	−58	−42		280	355	450	560	710	212	335	530
3	+48		−85	−63	−48		315	400	500	630	800	236	375	600
3.5	+53		−90	−70	−53		355	450	560	710	900	265	425	670
4	+60		−95	−75	−60		375	475	600	750	950	300	475	750

3. 螺纹的公差带位置与基本偏差

普通螺纹公差带是以基本牙型为零线布置的,是计算螺纹偏差的基准,在垂直于螺纹轴线方向上计量其公差和偏差。如图 5－10 所示。内、外螺纹的公差带相对于基本牙型的位

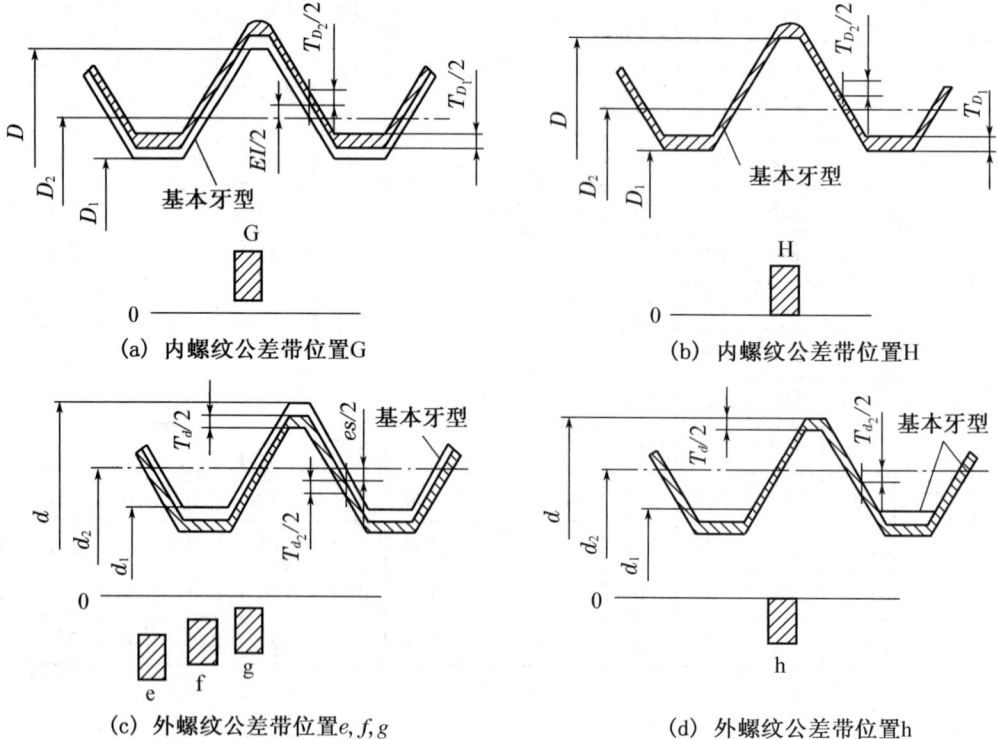

(a) 内螺纹公差带位置G

(b) 内螺纹公差带位置H

(c) 外螺纹公差带位置e, f, g

(d) 外螺纹公差带位置h

图 5－10 螺纹的公差带

置,螺纹基本偏差是指位于零线或距离零线最近的那个极限偏差。对于外螺纹,基本偏差是上极限偏差 es,对于内螺纹,基本偏差是下极限偏差 EI,则外螺纹下极限偏差 $ei=es-T$,内螺纹上极限偏差 $ES=EI+T$(T 为螺纹公差),对内螺纹规定代号为 H 和 G 的两种基本偏差;对外螺纹规定代号为 e、f、g、h 的四种基本偏差。

4. 螺纹的旋合长度与配合精度

(1) 旋合长度

螺纹结合的精度不仅与螺纹公差带大小有关,还与螺纹的旋合长度有关。旋合长度越长,螺距的累积误差越大,较难旋合,且加工长螺纹比短螺纹更难以保证精度。因此对不同的旋合长度规定不同大小的公差带,旋合长度是螺纹精度设计中必须考虑的因素。

扫码见"螺纹的旋合长度"动画

国家标准按螺纹的直径和螺距将旋合长度分为三组,分别称为短旋合长度组(S)、中旋合长度组(N)和长旋合长度组(L),以满足普通螺纹不同使用性能的要求。一般情况采用中等旋合长度,其值往往取螺纹公称直径的 0.5~1.5 倍。其具体数值可以查表 5 - 6。

表 5 - 6　螺纹的旋合长度(摘自 GB/T 197—2003)(mm)

公称直径 D、d		螺距 P	旋合长度			
			S	N		L
>	≤		≤	>	≤	>
5.6	11.2	0.75	2.4	2.4	7.1	7.1
		1	2	2	9	9
		1.25	4	4	12	12
		1.5	5	5	15	15
11.2	22.4	0.75	2.7	2.7	8.1	8.1
		1	3.8	3.8	11	11
		1.25	4.5	4.5	13	13
		1.5	5.6	5.6	16	16
		1.75	6	6	18	18
		2	8	8	24	24
		2.5	10	10	30	30

(2) 螺纹的配合精度

GB/T 197—2003 将普通螺纹的配合精度分为精密级、中等级和粗糙级三个等级。螺纹精度等级的高低代表着螺纹加工的难易程度。

精密级用于精密螺纹,要求配合性质稳定和保证配合精度;

中等级用于一般联接螺纹,主要是一般的机械和构件;

粗糙级用于精度要求不高或制造比较困难的螺纹,例如深盲孔内加工螺纹或工作环境恶劣的场合。

螺纹的旋合长度与螺纹精度有关,公差等级相同而旋合长度不同的螺纹精度等级就不

相同。一般以中等旋合长度下的 6 级公差等级作为中等精度,精密与粗糙都与此相比较而言,见表 5 - 7。

表 5 - 7　普通螺纹的选用公差带(摘自 GB/T 197—2003)

公差精度	公差带位置 G			公差带位置 H		
	S	N	L	S	N	L
精密级	—			4H	5H	6H
中等级	(5G)	6G *	(7G)	5H *	6H	7H *
粗糙级		(7G)	(8G)	—	7H	8H

公差精度	公差带位置 e			公差带位置 f			公差带位置 g			公差带位置 h		
	S	N	L	S	N	L	S	N	L	S	N	L
精密级	—	—	—	—	—	—	(4g)	(4g5g)	(3h4h)	4h *	(5h4h)	
中等级	—	6e *	(7e6e)	—	6f *	—	(5g6g)	6g	(7g6g)	(5h6h)	6h	(7h6h)
粗糙级		(8e)	(9e8e)					8g	(9g8g)	—	—	—

注:其中大量生产的精制紧固螺纹,推荐采用带方框的公差带;带 * 的公差带应优先选用;其次选用不带 * 的公差带;括号内的公差带尽量不用。

五、普通螺纹的标记

1. 单线普通螺纹的标注

螺纹的完整标记由螺纹代号、螺纹公差带代号和旋合长度代号等组成。螺纹公差带代号包括中径公差带代号和顶径(外螺纹大径和内螺纹小径)公差带代号。公差带代号由表示其大小的公差等级数字和表示其位置的基本偏差代号组成。对细牙螺纹还需要标注出螺距。在零件图上的普通螺纹标注如图 5 - 11 所示。

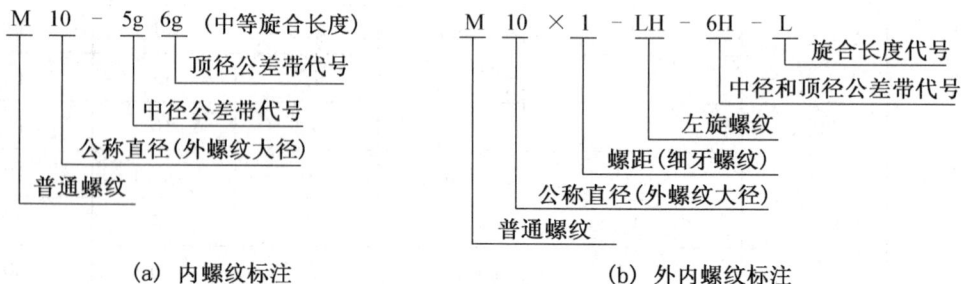

(a) 内螺纹标注　　　　　(b) 外内螺纹标注

图 5 - 11　普通螺纹的标注

(1) 螺纹特征代号。螺纹特征代号由螺纹特征代号字母＋公称直径×导程(P_n)或螺距(P)组成。普通螺纹特征代号用 M 表示,对单线螺纹省略标注其导程,对粗牙螺纹可省略标注其螺距。

(2) 螺纹公差带代号。螺纹公差带代号是指中径和顶径公差带代号,由公差等级和基本偏差代号组成,中径公差带在前;若中径公差带和顶径公差带相同,则只标一个公差带代号。

(3) 旋合长度代号。中等旋合长度省略代号标注。在普通螺纹标记中,可标注旋合长度代号,也可直接标注旋合长度数值。

（4）旋向代号。对于左旋螺纹可标注"LH"代号,右旋螺纹省略旋向代号。

2. 螺纹配合的标注

标注螺纹配合时,内、外螺纹的公差带代号用斜线分开,左边（分子）为内螺纹公差带代号,右边（分母）为外螺纹公差带代号。

标记示例:公称直径为 25 mm,螺距为 2 mm,中径和顶径公差带都为 5H 的内螺纹与中径和顶径公差带都为 5 g、6 g 的外螺纹配合,标记为:M20×2－5H/5 g6 g。

【任务实施】

一、查表确定螺纹的尺寸

M20×1.5－6 g:表示公称直径为 20 mm,螺距为 1.5 m,中径和顶径公差带代号为 6 g 的普通细牙外螺纹。涉及尺寸见表 5－8。

表 5－8　螺纹极限偏差和极限尺寸(mm)

尺寸	公差	$ES(es)$	$EI(ei)$	上极限尺寸	下极限尺寸
大径 20	$T_d=0.236$	－0.032	－0.268	19.968	19.732
中径 19.026	$T_{d_2}=0.140$	－0.032	－0.172	18.994	18.854
小径 18.376	不规定	－0.032	不规定	18.344	不超过实体牙型

二、螺纹的检测

螺纹的测量方法可分为综合检验和单项测量两类。

1. 普通螺纹的综合检测

通常利用螺纹量规和光滑极限量规对螺纹进行综合检测。其中,光滑极限量规用于检验内、外螺纹大径尺寸的合格性;螺纹量规的通规用于检验内、外螺纹的作用中径及小径的合格性,螺纹量规的止规用于检验内、外螺纹的单一中径的合格性。

外螺纹的检测如图 5－12 所示,先用卡规检测外螺纹大径的合格性,再用螺纹量规（检验外螺纹的螺纹量规称为螺纹环规）检验,若通端能在旋合长度内与被测螺纹旋合,则说明外螺纹的作用中径合格,且小径没有大于其上极限尺寸;若止端不能通过被测螺纹（最多允许旋进 2～3 牙）,则说明被测螺纹的单一中径合格。

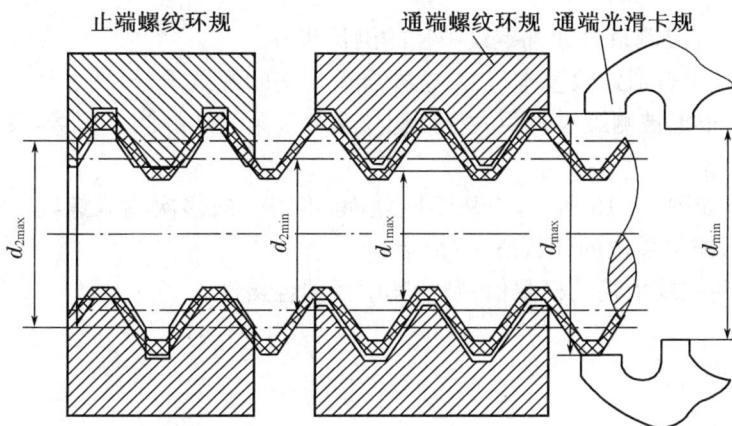

图 5－12　螺纹环规检测外螺纹

内螺纹的检测如图 5-13 所示,先用光滑极限量规(塞规)检验内螺纹的大径的合格性,再用螺纹量规(检验内螺纹的螺纹量规称为螺纹塞规)检测,若通端能在旋合长度内与被测螺纹旋合,则说明内螺纹的作用中径合格,且小径不小于其下极限尺寸;若止端不能通过被测螺纹(最多允许旋进 2~3 牙),则说明被测螺纹的单一中径合格。

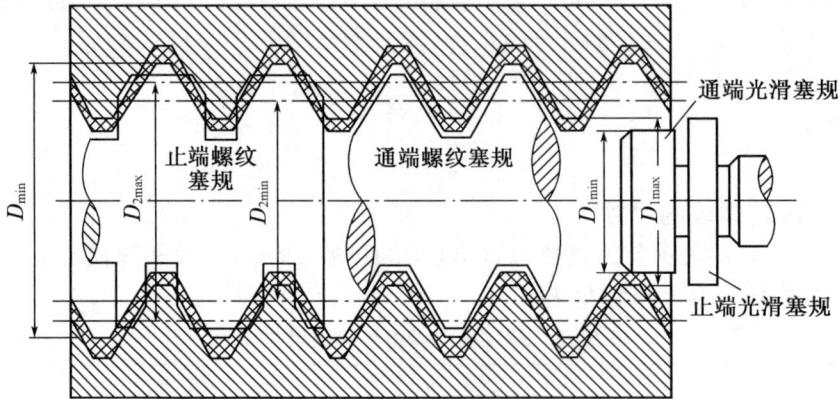

图 5-13 螺纹塞规检测内螺纹

2. 普通螺纹的单项测量

单项测量,一般是分别测量螺纹的每个参数,主要测中径、螺距、牙型半角和顶径。

(1) 用螺纹千分尺测量外螺纹中径

在实际生产中,车间测量低精度螺纹常用螺纹千分尺。螺纹千分尺的结构和一般外径千分尺相似,只是两个测量面可以根据不同螺纹牙型和螺距选用不同的测量头。螺纹千分尺结构如图 5-14 所示。

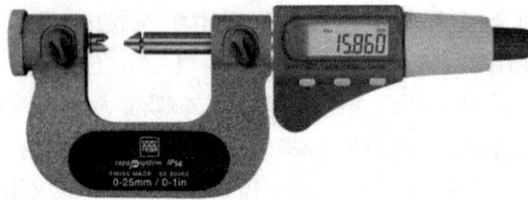

图 5-14 螺纹千分尺外形

使用螺纹千分尺测量普通外螺纹中径的测量步骤:

① 根据图纸上普通螺纹基本尺寸,选择合适规格的螺纹千分尺;

② 测量时,根据被测螺纹螺距大小按螺纹千分尺附表选择测头型号,装入螺纹千分尺,并读取零位值;

③ 测量时,如图 5-15 所示,应从不同截面、不同方向多次测量螺纹中径,其值从螺纹千分尺中读取后减去零位的代数值,并记录;

④ 查出被测螺纹中径的极限值,判断其中径的合格性。

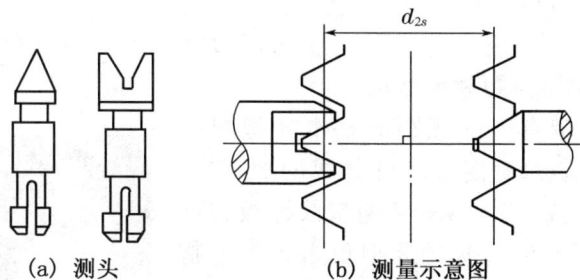

(a) 测头　　　　(b) 测量示意图

图 5 - 15　螺纹千分尺测量

（2）三针量法测中径

三针量法是一种间接测量方法，主要用于测量精密螺纹（如丝杠、螺纹塞规）的中径，如图 5 - 16 所示。

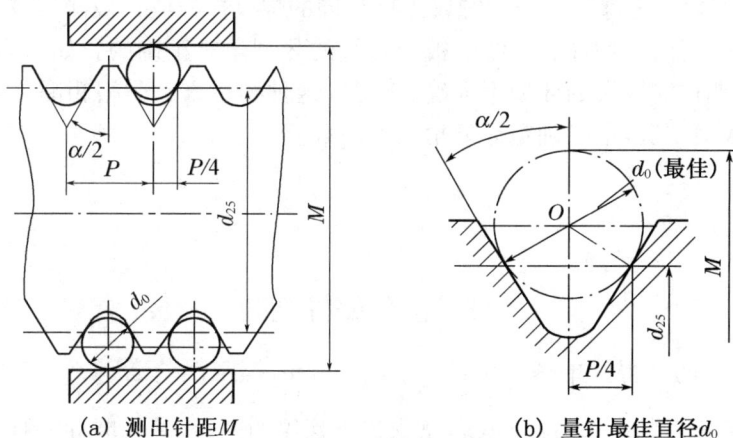

(a) 测出针距 M　　　　(b) 量针最佳直径 d_0

图 5 - 16　三针法测量外螺纹单一中径

利用三针量法检测螺纹的测量步骤：

① 擦净零件的被测表面和量具的测量面，根据被测螺纹的螺距和牙型半角选取三根直径相同的小圆柱（直径为 d_0），按图将三针放入牙槽中；

② 用公法线千分尺测量尺寸 M；

③ 重复步骤（2），在螺纹的不同截面、不同方向多次测量，逐次记录数据；

④ 根据被测螺纹的螺距 P、牙型半角 $\alpha/2$ 和量针直径 d_0，按照公式计算螺纹中径的实际尺寸，得

$$d_{2s} = M - d_0 \left(1 + \frac{1}{\sin \alpha/2} \right) + \frac{P}{2} \cot \frac{\alpha}{2}$$

对于普通螺纹，$\alpha = 60°$，有

$$d_{2s} = M - 3d_0 + 0.866P$$

为了避免牙型半角偏差对测量结果的影响，量针直径应按照螺纹螺距选取，是量针在中径线上与牙侧接触，这样的量针直径称为最佳量针直径 d_0，即

$$d_{0最佳} = \frac{P}{2} \cdot \cos \frac{\alpha}{2}$$

对于公制普通螺纹,有

$$d_{0最佳}=0.557P$$

(3) 用螺纹样板测量螺距和牙型角

螺纹样板是一种带有不同螺距的基本牙型的薄片,用以与被测螺纹比较来确定被检测 螺纹的螺距,如图 5-17 所示。常用的螺纹样板有普通螺纹样板和英制螺纹样板两种,普通螺纹样板的牙型角为 60°,英制螺纹样板的牙型角为 55°。

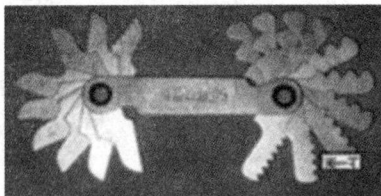

图 5-17　螺纹样板

① 测量螺纹螺距。将螺纹样板组中齿形钢片作为样板,卡在被测螺纹工件上,如果不密合,就另换一片,直到密合为止,这时该螺纹样板上标记的尺寸即为被测螺纹工件的螺距。但是,须注意把螺纹样板卡在螺纹牙廓上时,应尽可能利用螺纹工作部分长度,使测量结果较为正确。

② 测量牙型角。把螺距与被测螺纹工件相同的螺纹样板放在被测螺纹上面,然后检查它们的接触情况。如果没有间隙透光,被测螺纹的牙型角是正确的。如果有不均匀间隙透光现象,那就说明被测螺纹的牙型不准确。但是,这种测量方法是很粗略的,只能粗略判断牙型角误差的大概情况,不能确定牙型角误差的数值。

【拓展知识】

螺纹的合格性判断

螺纹 M24-6h,测得其单一中径 $d_{2s}=21.95$ mm,螺距误差 $\Delta P_\Sigma=-50\ \mu m$,牙型半角误差 $\Delta\frac{\alpha}{2}(左)=-80'$,$\Delta\frac{\alpha}{2}(右)=60'$,试求该外螺纹的中径,并判断此外螺纹其合格性,能否旋入具有基本牙型的内螺纹中。

解　(1) 确定中径的极限尺寸:

查表 5-1,M24-6h 的螺距 $P=3$ mm,中径 $d_2=22.051$ mm

查表 5-4,中径公差 $T_{d_2}=0.200\ \mu m$

查表 5-5,中径下偏差 $es=0$

所以中径的极限尺寸 $d_{2max}=22.051$ mm;$d_{2min}=21.851$ mm

(2) 计算作用中径:

外螺纹的作用中径:$d_{2m}=d_{2s}+f_P+f_{\alpha/2}$

实测实际中径:$d_{2s}=21.95$ mm

螺距累积误差:$\Delta P_\Sigma=-50\ \mu m$,

$$f_P=1.732|\Delta P_\Sigma|=1.732\times50\ \mu m=86.6\ \mu m=0.086\ \mu m$$

$\Delta\frac{\alpha}{2}(左)>0$,$\Delta\frac{\alpha}{2}(右)<0$,牙型半角误差补偿系数 $K_1=2$、$K_2=3$(查表 5-2)

$$f_{\alpha/2}=0.073P\left(K_1\left|\Delta\frac{\alpha}{2}(左)\right|+K_2\left|\Delta\frac{\alpha}{2}(右)\right|\right)$$

$$=0.073\times3(2\times80+3\times60)=74.46\ \mu m=0.074\ 46\ mm$$

$$d_{2m}=d_{2s}+f_p+f_{a/2}=21.95+0.086\ 6+0.074\ 46=22.111\ \text{mm}$$

（3）判断中径合格性：

$$d_{2m}=22.111\ \text{mm}>d_{2\max}=22.051\ \text{mm}$$

即螺纹的作用中径大于最大极限中径，所以该外螺纹不合格，不能旋入具有基本牙型的内螺纹中。公差带如图 5-18 所示。

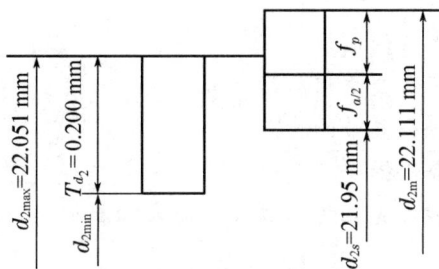

图 5-18　螺纹公差带图

【思考练习】

一、填空题

1. 螺纹按其用途不同，可分为＿＿＿＿＿＿螺纹、＿＿＿＿＿＿螺纹和＿＿＿＿＿＿螺纹。

2. 螺纹结合的基本要求是＿＿＿＿＿＿和＿＿＿＿＿＿。

3. 螺纹精度由＿＿＿＿＿＿与＿＿＿＿＿＿组成。

4. 螺纹精度分为＿＿＿＿＿＿、＿＿＿＿＿＿和＿＿＿＿＿＿三种。

5. 标准对外螺纹规定了四种基本偏差，即＿＿＿＿＿＿；标准对内螺纹只规定了两种基本偏差，即＿＿＿＿＿＿。

6. 影响螺纹配合的主要因素有＿＿＿＿＿＿、＿＿＿＿＿＿和＿＿＿＿＿＿。

二、简答题

1. 以外螺纹为例，试说明螺纹中径、单一中径和作用中径的联系与区别，三者在什么情况下是相等的？

2. 判断内外螺纹中径是否合格的原则是什么？

3. 圆柱螺纹的单项检测与综合检测各有什么特点？

三、综合题

1. 通过查表写出 M20×2-6H/5g6g 外螺纹中径、大径和内螺纹中径、小径的极限偏差。

2. 有一内螺纹 M20-7H，测得单一中径 $d_{2s}=18.61\ \text{mm}$，螺距累积误差 $\Delta P_\Sigma=40\ \mu\text{m}$，实际牙型半角 $\dfrac{\alpha}{2}(\text{左})=30°30'$，$\dfrac{\alpha}{2}(\text{右})=29°10'$，判断此内螺纹的中径是否合格。

任务 2　滚动轴承的公差配合及检测　◀

【学习目标】

1. 掌握滚动轴承的分类及组成。
2. 掌握滚动轴承公差等级及应用。
3. 掌握滚动轴承内外径公差带的特点。
4. 掌握滚动轴承的配合选择。
5. 掌握滚动轴承轴颈和外壳孔的形位公差与表面粗糙度。

【任务引入】

有一圆柱齿轮减速器,如图 5-19 所示,小齿轮要求有较高的旋转精度,装有 7310C 角接触球轴承,轴承内径尺寸为 50 mm,外径 110 mm,宽度 27 mm,径向额定动载荷 C_r＝53.5 kN,轴承承受的径向当量载荷 P_r＝5.35 kN。试确定轴颈和轴承座孔的公差带代号,画出公差带图,并确定孔、轴的形位公差值和表面粗糙度参数值,将它们分别标注在装配图和零件图上。

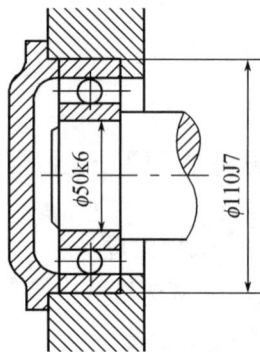

图 5-19　滚动轴承装配图

【任务分析】

滚动轴承是机械装置中起支承作用并使被支承件实现旋转运动的部件,应用广泛。其工作性能和使用寿命,既取决于本身的制造精度,又与其配合零件的配合性质有关。因此,掌握滚动轴承公差等级的划分、公差带的特点,以及滚动轴承与轴颈及座孔的配合的选用。

【相关知识】

一、轴承的概述

1. 分类

(1) 按照滚动轴承所能承受的主要负荷方向分

滚动轴承可分为向心轴承(主要承受径向负荷)、推力轴承(承受轴向负荷)、向心推力轴承(能同时承受径向负荷和轴向负荷)三种。因而滚动轴承可用于承受径向、轴向或径向与轴向的联合负荷。

(2) 按滚动体形状分

滚动轴承可分为球轴承和滚子轴承两类,滚子轴承又分为圆柱轴承和圆锥轴承两种。

2. 滚动轴承的组成与特点

滚动轴承是机械制造业中应用极为广泛的一种标准部件。它的基本结构如图 5-20 所示,一般由外圈1、内圈2、3和保持架4组成。

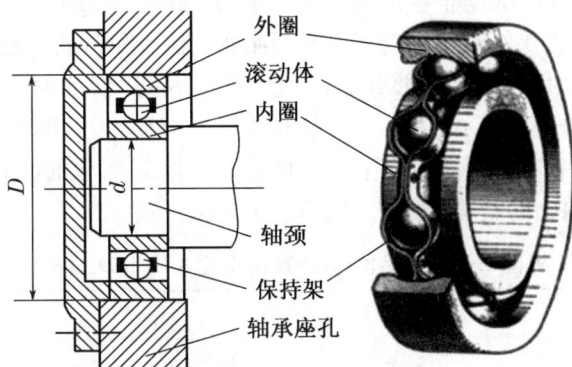

图 5‑20　滚动轴承

公称内径为 d 的轴承内圈与轴颈配合,公称外径为 D 的轴承外圈与轴承座孔配合。通常外圈固定不动,外圈与轴承座为过盈配合;内圈随轴一起旋转,内圈与轴也为过盈配合;属于典型的光滑圆柱联接,其互换性为完全互换;而滚动轴承内、外圈滚道与滚动体的装配一般采用分组装配,其互换性为不完全互换。

二、滚动轴承的公差

1. 滚动轴承精度等级及其应用

(1)滚动轴承的精度等级

滚动轴承的精度是按其外形尺寸公差和旋转精度分级的。

外形尺寸公差是指成套轴承的内径 d、外径 D 和宽度 B 尺寸公差;旋转精度主要指轴承内、外圈的径向跳动,端面对滚道的跳动和端面对内孔的跳动等。

根据《滚动轴承　通用技术规则》(GB/T 307.3—2017)规定,滚动轴承的公差等级按尺寸精度和旋转精度由低到高分为 0、6(6X)、5、4 和 2 五个精度等级,其中 0 级最低,2 级最高。不同种类的滚动轴承公差等级稍有不同:

向心轴承(圆锥滚子轴承除外)分为 0、5、4 和 2 五个精度等级,在实际应用中,向心球轴承比其他类型的轴承应用更为广泛;

圆锥滚子轴承分为 0、6X、5、4 四个精度等级;

推力球轴承分为 0、6、5、4 四个精度等级。

(2)滚动轴承各级精度的应用情况

0 级——0 级轴承在机械制造业中应用最广,通常称为普通级,在轴承代号标注时不予注出。它用于旋转精度、运动平稳性等要求不高、中等负荷、中等转速的一般机构中,如普通机床的变速机构和进给机构、汽车和拖拉机的变速机构等。

6 级——6 级轴承应用于旋转精度和运动平稳性要求较高或转速要求较高的旋转机构中,如普通机床主轴的后轴承和比较精密的仪器、仪表等的旋转机构中的轴承。

5、4 级——5、4 级轴承应用于旋转精度和转速要求高的旋转机构中,如高精度的车床和磨床、精密丝杠车床和滚齿机等的主轴轴承。

2 级——2 级轴承应用于旋转精度和转速要求特别高的精密机械的旋转机构中,如精密坐标镗床、高精度齿轮磨床和数控机床的主轴等的轴承。

2. 滚动轴承内、外径的公差

滚动轴承是标准部件,滚动轴承的配合是指轴承内圈与轴颈的配合及轴承外圈与轴承座孔的配合。滚动轴承内、外圈均为薄壁结构,因而在制造和存放中易变形。但与刚性零件轴和座孔装配后,轴承内、外圈的变形都能得到矫正。因此,轴承套圈任意横截面内测得的最大直径与最小直径的平均值 $d_{mp}(D_{mp})$ 与公称直径 $d(D)$ 的差,即单一平面平均内(外)径偏差 $\Delta d_{mp}(\Delta D_{mp})$ 必须在极限偏差范围内,目的是用于控制轴承的配合。表 5-9 为部分向心轴承单一平面平均内(外)径偏差 $\Delta d_{mp}(\Delta D_{mp})$ 的极限值。

表 5-9　向心轴承内、外圈单一于面平均内、外直径偏差 Δd_{mp}、ΔD_{mp}(摘自 GB/T 307.1—2017)

精度等级		0		6		5		4		2	
公称直径/mm		极限偏差/μm									
大于	到	上极限偏差	下极限偏差	上极限偏差	下极限偏差	上极限偏差	下极限偏差	上极限偏差	下极限偏差	上极限偏差	下极限偏差
内圈	18	30	0	−10	0	−8	0	−6	0	−5	0	−2.5
	30	50	0	−12	0	−10	0	−8	0	−6	0	−2.5
	50	80	0	−15	0	−12	0	−9	0	−7	0	−4
外圈	30	50	0	−11	0	−9	0	−7	0	−6	0	−4
	50	80	0	−13	0	−11	0	−9	0	−7	0	−4
	80	120	0	−15	0	−13	0	−10	0	−8	0	−5
	120	150	0	−18	0	−15	0	−11	0	−9	0	−5

滚动轴承内圈与轴颈的配合采用基孔制,即以轴承内圈的尺寸为基准;但内圈的公差带位置却和一般的基准孔相反,如图 5-21 所示,公差带都位于以公称直径 d 为零线以下,即上偏差为零,下偏差为负值。轴承内圈是随轴一起转动的,既要防止内圈与轴颈的装配产生相对滑动而导致接合面磨损,又要避免配合过盈量过大而使轴承变形。这样,轴承内圈与轴颈形成的配合就比与普通基孔制中相同基本偏差代号的轴形成的配合偏紧。

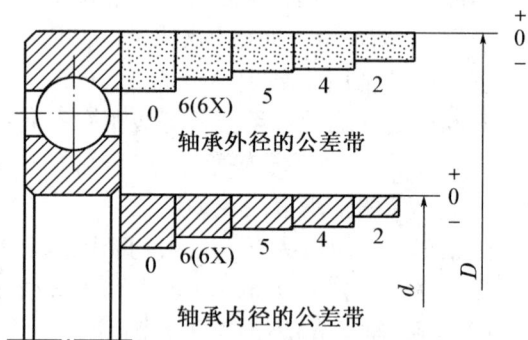

图 5-21　轴承内外圈的公差带

滚动轴承的外圈安装在轴承座孔上采用基轴制配合,通常滚动轴承的外圈安装在轴承座孔中不旋转,标准规定轴承外径的公差带分布于以其公称直径 D 为零线的下方,即上极限偏差为零,下极限偏差为负值。该公差带的基本偏差与普通基轴制配合中基准轴的基本偏差(代号为 h)的公差带相类似,只是公差值不同,使轴承外圈与壳体孔形成的配合比普通基轴制形成的配合要稍松一些。这样当工作中温度升高而导致轴颈受热膨胀时,轴承能有微量的轴向移动,以补偿轴的热胀伸长量,防止因轴受热膨胀弯曲而致使轴承内部卡死。

三、滚动轴承配合件公差及合理选用

滚动轴承配合件是指与滚动轴承内圈孔和外圈轴相配合的传动轴轴颈和轴承座孔之间的尺寸联系。《滚动轴承 配合》(GB/T 275—2015)规定了与滚动轴承相配合的轴颈、轴承座孔的常用尺寸公差带、几何公差、表面粗糙度及配合选用的基本原则。

1. 轴承配合件的公差带

滚动轴承与轴颈的配合及与轴承座孔的配合性质取决于轴颈和轴承座孔的公差带。如图 5－22 所示,《滚动轴承 配合》(GB/T 275—2015)对与 0 级滚动轴承相配合的轴承座孔规定了 16 种常用公差带,对与 0 级滚动轴承相配合的轴颈规定了 17 种常用公差带。

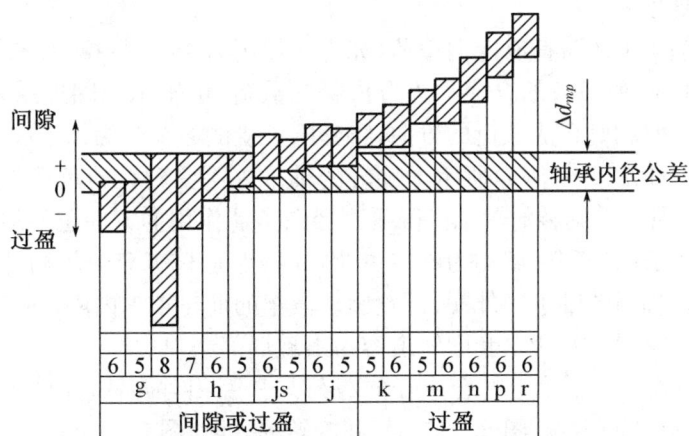

(a) 0级公差轴承与轴配合的常用公差带图

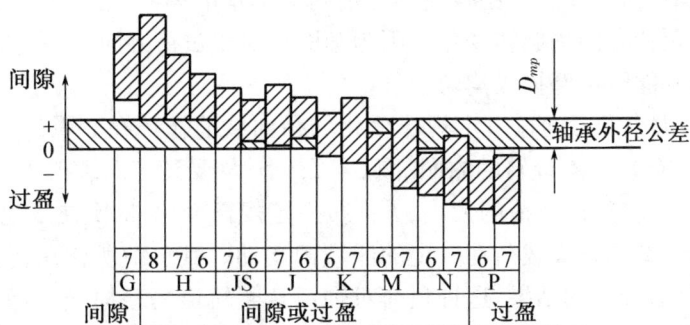

(b) 0级公差轴承与轴承座孔配合的常用公差

图 5－22　轴承与轴和轴承座孔配合的常用公差带

因孔的公差带在零线之下,而 GB/T 1801—2009 中基准孔的公差带在零线之上,所以滚动轴承的配合可以由图 5－22 中看出,圆柱公差标准中的许多间隙配合在这里已变成过渡配合,如常用配合中,g5、g6、h5、h6 的配合已变成过渡配合;而有的过渡配合在这里实际已成为过盈配合,如常用配合中,k5、k6、m5、m6 的配合已变成过盈配合,其余配合也都有所变紧。

轴承外圈与外壳孔的配合与 GB/T 1801—2009 规定的基轴制同类配合相比较,虽然尺寸公差值有所不同,但配合性质基本一致。只是由于轴承外径的公差值较小,配合也稍紧,

213

如 H6、H7、H8 已成为过渡配合。

2. 滚动轴承配合选择的基本原则

轴承的正确运转很大程度上取决于轴承与轴、孔的配合质量。为了使滚动轴承具有较高的定心精度,通常轴承内外圈的配合都偏紧。但为了防止因内圈的弹性胀大和外圈的收缩导致轴承内部间隙变小,甚至完全消除,并产生过盈,影响轴承正常运转,同时也为了避免内外圈材料产生较大的应力,致使轴承使用寿命降低,所以选择时不仅要遵循轴承与轴颈、外壳孔正确配合的一般原则,还要根据轴承负荷的性质、大小、温度条件,轴承内部游隙,材料差异性、精度等级,轴承安装、拆卸等条件综合考虑。

(1) 载荷的类型

一般作用在轴承上的载荷有定向载荷(如齿轮作用力、传动带拉力)和旋转载荷(如机械零件偏心力)两种,两种载荷的合成称为合成径向载荷,由轴承内圈外圈和滚动体来承受。根据轴承套圈工作时相对合成载荷的方向,将套圈承受的载荷分为以下三种类型:

① 固定载荷:如图 5-23(a)所示不旋转的轴承外圈受到径向负荷作用的方向始终不变;如图 5-23(b)所示不旋转的轴承内圈受到径向负荷作用的方向也始终不变。径向载荷始终作用在套圈滚道的局部区域均为固定负荷,其特点是只有套圈的局部滚道受到负荷的作用。如减速器转轴两端轴承的外圈、后轮驱动汽车的前轮轴承内圈,所承受的负荷方向均固定不变,但因为负荷集中,所以套圈轨道容易出现局部磨损。

② 循环载荷:作用于轴承上的合成径向载荷与套圈相对旋转,并依次作用在该套圈的整个圆周滚道上,旋转的内圈[图 5-23(a)]和旋转的外圈[图 5-23(b)]均受到一个作用位置依次改变的径向载荷 F_r 的作用。该套圈承受的负荷称为旋转负荷,其特点是套圈的整个圆周滚道顺次受到负荷的作用。如减速器转轴两端轴承的内圈、后轮驱动汽车的前轮轴承外圈,其所承受的负荷方向均旋转变化。因为套圈相对于负荷方向旋转,套圈承受的负荷呈周期性变化,所以套圈轨道磨损较均匀。

③ 摆动载荷:大小和方向按一定规律变化的径向载荷作用在套圈的部分滚道上,不旋转的外圈[图 5-23(c)]和不旋转的内圈[图 5-23(d)]均受到定向载荷 F_r 和较小的旋转载荷 F_c 的同时作用,这种径向负荷的大小、方向按一定规律变化,依次往复地作用在套圈轨道的某一段区域上,二者的合成载荷在一定的区域内摆动。其负荷所作用范围的大小取决于定向负荷和旋转负荷合成的结果,这种负荷对轴承套圈轨道的磨损介于局部负荷和旋转负荷之间。不旋转的套圈承受摆动负荷,旋转的套圈承受旋转负荷。

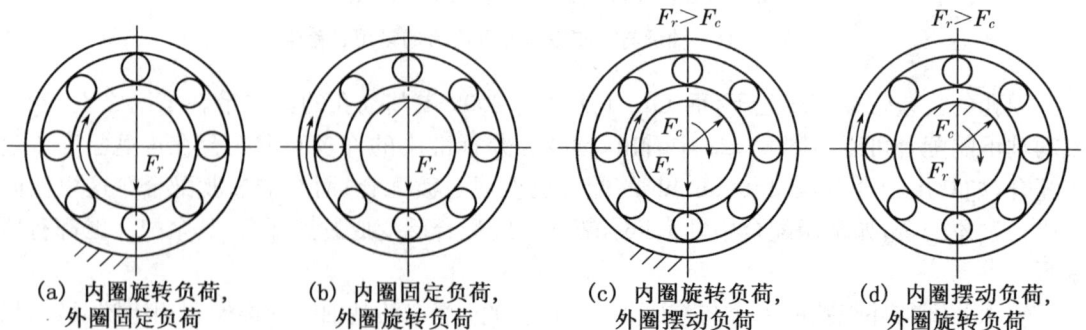

(a) 内圈旋转负荷, (b) 内圈固定负荷, (c) 内圈旋转负荷, (d) 内圈摆动负荷,
   外圈固定负荷   外圈旋转负荷   外圈摆动负荷   外圈旋转负荷

图 5-23 轴承套圈承受的负荷类型

（2）载荷的大小

滚动轴承与轴和轴承座孔的配合的选择与载荷大小有关。载荷越大,过盈量应选得越大;当承受冲击载荷或重载荷时,一般选择比正常、轻载荷时更紧的配合。

对向心轴承,载荷的大小可用径向当量动载荷 P_r 与轴承的径向额定动载荷 C_r 的比值来区分,按 GB/T 275—2015 的规定:当 $P_r \leqslant 0.06C_r$ 时,为轻载荷;当 $0.06C_r < P_r \leqslant 0.12C_r$ 时,为正常载荷;当 $P_r > 0.12C_r$ 时,为重载荷。

（3）轴承的尺寸

考虑到变形大小与基本尺寸有关,因此,随着轴承尺寸的增大,选择的过盈配合的过盈量越大,间隙配合的间隙量越大。

（4）轴承的游隙

滚动体与轴承内、外圈之间的游隙分为径向游隙 δ_1 和轴向游隙 δ_2,如图 5 - 24 所示。游隙过大,会引起转轴较大的径向跳动和轴向窜动,产生较大的振动和噪声;而游隙过小,尤其是轴承与轴颈或轴承座孔采用过盈配合时,则会使轴承滚动体与套圈产生较大的接触应力,引起轴承因摩擦而发热,以致寿命降低。轴承游隙的大小影响轴承的工作性能,因而轴承游隙的大小应适度。

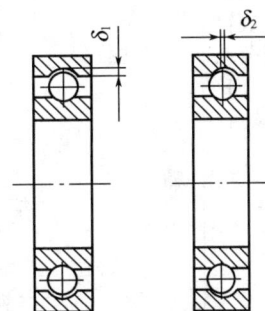

图 5 - 24　滚动轴承的游隙

轴承游隙采用过盈配合会导致轴承游隙减小,应检验安装后轴承的游隙是否满足使用要求,以便正确选择配合及轴承游隙。

（5）温度

轴承在运转时,其温度通常要比相邻零件的温度高,造成轴承内圈与轴的配合变松,外圈可能因为膨胀而影响轴承在轴承座中的轴向移动。因此,应考虑轴承与轴和轴承座的温差和热的流向。

（6）旋转精度

轴承的旋转速度越高,应选用越紧的配合。对旋转精度和运转平稳性有较高要求的场合,一般不采用间隙配合。在提高轴承公差等级的同时,轴承配合部位也应相应提高精度。与 0、6(6X)级轴承配合的轴,其尺寸公差等级一般为 IT6,轴承座孔一般为 IT7。

（7）轴和轴承座的结构和材料

对于剖分式轴承座,外圈不宜采用过盈配合。当轴承用于空心轴或薄壁、轻合金轴承座时,应采用比实心轴或厚壁钢或铸铁轴承座更紧的过盈配合。

（8）轴承的安装和拆卸

间隙配合更利于轴承的安装和拆卸。对于要求采用过盈配合且便于安装和拆卸的应用场合,可采用可分离轴承或锥孔轴承。

（9）游动端轴承的轴向移动

当以不可分离轴承做游动支承时,应以相对于载荷方向固定的套圈作为游动套圈,选择间隙或过渡配合。

3. 轴颈和轴承座孔公差带的确定

影响滚动轴承配合的因素很多,通常用计算法难以确定,在实际生产中可采用比较法选择轴承的配合。比较法确定轴颈和外壳孔的公差带时,可分别按表 5 - 10～表 5 - 13 进行选择。

表 5-10 向心轴承和轴的配合—轴的公差带(摘自 GB/T 275—2015)

载荷情况			举例	深沟球轴承、调心球轴承和角接触轴承	圆柱滚子轴承和圆锥滚子轴承	调心滚子轴承	公差带
				轴承公称内径/mm			
内圈承受旋转载荷或方向载荷		轻载荷	输送机、轻载齿轮箱	≤18 >18~100 >100~200 —	— ≤40 >40~140 >140~200	— ≤40 >40~140 >140~200	h5 j6① k6① m6①
		正常载荷	一般通用机械、电动机、泵、内燃机、正齿轮传动装置铁路机车	≤18 >18~100 >100~140 >140~200 >200~280	— ≤40 >40~140 >100~140 >140~200 >200~240 —	— ≤40 >40~65 >65~100 >100~140 >140~280 >280~500	k5② m5② m6 n6 p6 r6
		重载荷	车辆轴箱、牵引电机、破碎机等	>50~140 >140~200 >200	>50~100 >100~140 >140~200 >200		n6 p6③ r6 r7
内圈承受固定载荷	所有载荷	内圈需在轴向易移动	非旋转轴上的各种轮子	所有尺寸			f6 g6① h6 j6
		内圈不需在轴向易移动	张紧轮、绳轮				
仅有轴向载荷				所有尺寸			j6js6
圆锥孔轴承							
所有载荷		铁路机车车辆轴箱		装在退卸套上	所有尺寸		h8(IT6)⑤④
		一般机械传动		装在紧定套上	所有尺寸		h9(IT7)⑤④

注:① 凡对精度有较高要求的场合,应选用 j5、k5、m5 代替 j6、k6、m6。

② 圆锥滚子轴承、角接触球轴承配合对游隙影响不大,可用 k6、m6 代替 k5、m5。

③ 重载荷下轴承游隙应选大于 N 组。

④ 凡有较高精度或转速要求的场合,应选用 h7(IT5)代替 h8(IT6)等。

⑤ IT6、IT7 表示圆柱度公差数值。

表 5‑11　向心轴承和轴承座孔的配合—孔的公差带(摘自 GB/T 275—2015)

载荷情况		举例	其他状况	公差带[①]	
				球轴承	滚子轴承
外圈承受固定载荷	轻、正常、重	一般机械、铁路机车车辆轴箱	轴向易移动,可采用剖分式外壳	H7、G7[②]	
	冲击				
方向不定载荷	轻、正常	电机、泵、曲轴主轴承	轴向能移动,可采用整体式或剖分式外壳	J7、JS7	
	正常、重		轴向不移动,采用整体式外壳	K7	
	重、冲击	牵引电机		M7	
外圈承受旋转载荷	轻	皮带张紧轮		J7	K7
	正常	轮毂轴承		K7、M7	M7、N7
	重			—	N7、P7

注:① 并列公差带随尺寸的增大从左到右选择,对旋转精度有较高要求时,可相应提高一个公差等级。

② 不适用于利分式外壳。

表 5‑12　推力轴承和轴的配合—轴的公差带(摘自 GB/T 275—2015)

载荷情况		轴承类型	轴承公称内径/mm	公差带
仅有轴向载荷		推力球和推力圆柱滚子轴承	所有尺寸	j6、js6
径向和轴向联合载荷	轴圈承受固定载荷	推力调心滚子轴承、推力角接触球轴承、推力圆锥滚子轴承	≤250	j6
			>250	js6
	轴圈承受旋转载荷或方向不定载荷		≤200	k6[①]
			>200~400	m6
			>400	n6

注:要求较小过盈时,可分别用 j6、k6、m6 代替 k6、m6、n6 。

表 5‑13　推力轴承和轴承座孔的配合—孔的公差带(摘自 GB/T 275—2015)

载荷情况		轴承类型	公差带
仅有轴向载荷		推力球轴承	H8
		推力圆柱、圆锥滚子轴承	H7
		推力调心滚子轴承	—[①]
径向和轴向联合载荷	座圈承受固定载荷	推力角接触球轴承、推力圆锥滚子轴承、推力调心滚子轴承	H7
	座圈承受旋转载荷或方向不定载荷		K7[②]
			M7[③]

注:① 轴承座孔与座圈间隙为 $0.001D(D$ 为轴承公称外径)。

② 一般工作条件。

③ 有较大径向载荷时。

4. 配合表面及端面的几何公差

若轴颈或轴承座孔存在较大的几何误差,则轴承与它们配合安装后,套圈会因此产生变形,这就必须对轴颈和轴承座孔规定严格的圆柱度公差。轴肩和轴承座孔肩的端面是安装轴承的轴向定位面,若它们存在较大的垂直度误差,则轴承安装后会产生歪斜,因此应规定轴肩和轴承座孔肩的端面对基准轴线的端面圆跳动公差。如图 5-25 所示,为保证轴承与轴颈、轴承座孔的配合性质,国家标准规定轴颈和轴承座孔的尺寸公差和几何公差之间应遵循包容要求。轴颈、轴承座孔的几何公差可参照表 5-14 选取。同时,为保证同一根轴上两个轴颈的同轴度精度,还应规定两个轴颈的轴线分别对其公共轴线的同轴度公差。

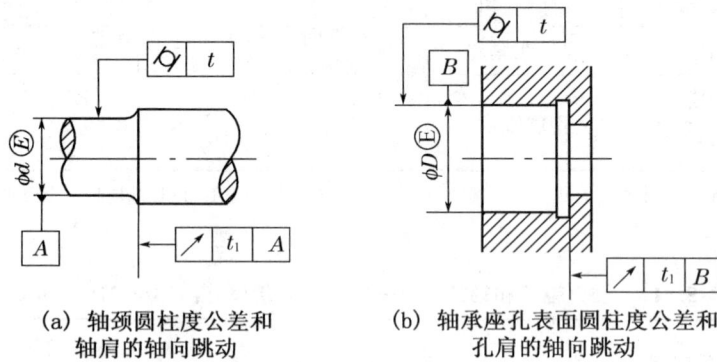

(a) 轴颈圆柱度公差和
轴肩的轴向跳动

(b) 轴承座孔表面圆柱度公差和
孔肩的轴向跳动

图 5-25 滚动轴承的游隙

表 5-14 轴和轴承座孔的几何公差(摘自 GB/T 275—2015)

基本尺寸/mm		圆柱度 $t/\mu m$				端面圆跳动 $t_1/\mu m$			
		轴颈		外壳孔		轴肩		轴承座孔肩	
		轴承公差等级							
		0	6(X)	0	6(X)	0	6(X)	0	6(X)
>	≤	公差值							
—	6	2.5	1.5	4	2.5	5	3	8	5
6	10	2.5	1.5	4	2.5	6	4	10	6
10	18	3.0	2.0	5	3.0	8	5	12	8
18	30	4.0	2.5	6	4.0	10	6	15	10
30	50	4.0	2.5	7	4.0	12	8	20	12
50	80	5.0	3.0	8	5.0	15	10	25	15
80	120	6.0	4.0	10	6.0	15	10	25	15
120	180	8.0	5.0	12	8.0	20	12	30	20
180	250	10.0	7.0	14	10.0	20	12	30	20
250	315	12.0	8.0	16	12.0	25	15	40	25
315	400	13.0	9.0	18	13.0	25	15	40	25
400	500	15.0	10.0	20	15.0	25	15	40	25

5. 配合面表面及端面的粗糙度

配合面表面粗糙度的大小不仅影响配合的性质,还会影响联接强度。因此,凡是与轴承内、外圈配合的表面,通常都对表面粗糙度提出了较高的要求。轴颈、轴承座孔配合面表面粗糙度的选用见表5-15。

表5-15　配合面表面及端面的粗糙度(摘自 GB/T 275—2015)

轴或外壳孔直径/mm		轴或轴承座孔配合面直径公差等级					
		IT7		IT6		IT5	
		表面粗糙度参数 $Ra/\mu m$					
>	≤	磨	车	磨	车	磨	车
—	80	1.6	3.2	0.8	1.6	0.4	0.8
80	500	1.6	3.2	1.6	3.2	0.8	1.6
500	1 250	3.2	6.3	1.6	3.2	1.6	3.2
端面		3.2	6.3	3.2	6.3	1.6	3.2

【任务实施】

轴承配合与表面粗糙度要求的标注

1. 负荷情况的确定

(1) 如图5-26所示,由题意给定条件,可算得 $0.06 < P_r/C_r = 0.1 < 0.12$,属于正常负荷。

(2) 根据减速器工作时的情况轴承有时会承受冲击负荷,内圈为旋转负荷,外圈为定向负荷,内圈与轴的配合应紧,外圈与外壳孔配合应较松。

2. 公差配合的确定

(1) 根据以上分析,查表5-10、5-11选用轴颈公差带为 k5,由于轴承为角接触球轴承,可用 k6 代替 k5 参见表5-10注②。轴承座孔公差带为 G7 或 H7。但由于轴的旋转精度要求较高,故选用更紧一些的配合,孔公差带为 J7(基轴制配合)较为恰当。

(2) 查表5-9得0级轴承内、外圈单一平面平均直径的上、下极限偏差,再由标准公差数值表(表2-1)和孔、轴基本偏差数值表(表A-1、表A-2)查出 50k6 和 110J7 的上、下极限偏差,从而画出轴承与轴、孔配合的公差带图,如图5-26所示。

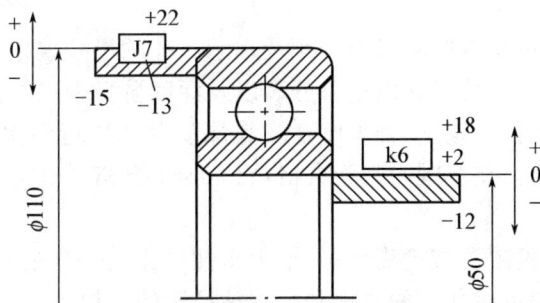

图5-26　轴承与轴、孔配合的公差带图

（3）从图 5-25 中可知，内圈与轴颈配合的 $Y_{max} = -0.030$ mm，$Y_{min} = -0.002$ mm；外圈与轴承座孔配合的 $X_{max} = +0.037$ mm，$Y_{max} = -0.013$ mm。

3. 几何公差值的确定

按表 5-8 选取几何公差值。圆柱度公差：轴颈为 0.004 mm，外壳孔为 0.010 mm；端面跳动公差：轴肩为 0.012 mm，轴承座孔肩为 0.025 mm。为了保证轴承与轴颈的配合性质应采用包容要求的零形位公差。

4. 表面粗糙度的确定

按表 5-15 选取表面粗糙度数值。轴颈尺寸为 $\phi 50$，尺寸加工精度为 IT6，加工方法选磨削，轴颈表面 $Ra \leqslant 0.8$ μm，轴肩端面 $Ra \leqslant 3.2$ μm；轴承座孔尺寸为 $\phi 110$，尺寸加工精度为 IT7，加工方法选磨削，外壳孔表面 $Ra \leqslant 1.6$ μm，轴肩端面 $Ra \leqslant 3.2$ μm。

5. 标注

将选择的上述各项公差标注在图上，如图 5-27 所示。

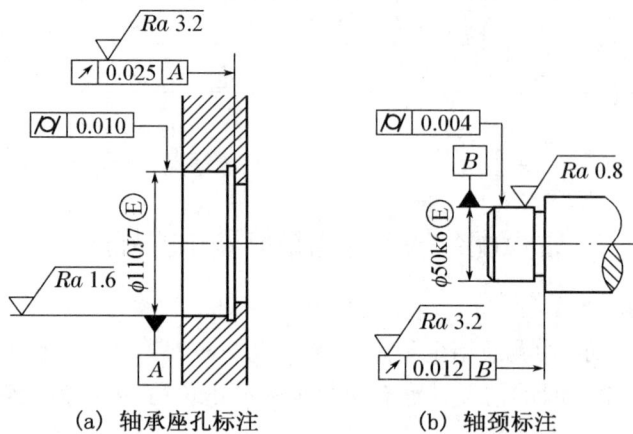

图 5-27　轴颈和轴承座孔的标注

【拓展知识】

与滚动轴承配合的轴颈及轴承座孔的精度检测

与滚动轴承配合的轴颈及轴承座孔的尺寸精度检测，通常采用直接法和相对法。

1. 直接法

直接法就是用通用量具直接测量出轴颈及轴承座孔的尺寸误差。

使用的量具：内、外径千分尺和内径百分表以及深度游标卡尺等。

测量时，对轴颈及其轴向宽度、轴承座孔及其深度尺寸进行多次测量，取其尺寸误差的平均值，若在图样标出的公差范围内则为合格，否则为不合格。

2. 相对法

相对法是用专制的极限量规检测轴颈、轴承座孔尺寸是否合格的方法。

使用的量规：检测轴承座孔用的塞规和检测轴径用的卡规。

【思考练习】

一、填空题

1. 滚动轴承的内孔作为_____孔,其直径公差带位置在零线_____。

2. 滚动轴承的内圈与轴颈的配合采用_____制,外圈与轴承座孔的配合采用_____制,这是因为滚动轴承是_____。

3. 通常情况下,轴承内圈与轴一起转动,要求配合处有_____。

4. 一般当旋转精度和旋转速度要求较高时,轴颈和轴承座孔采用较_____公差等级,且配合应较_____。

5. 某一皮带轮的轴承采用滚动轴承,若外圈旋转,则外圈承受_____负荷。内圈承受_____负荷。

二、选择题

1. 选择滚动轴承与轴颈、轴承座孔配合时,首先应考虑的因素是( )。

    A. 轴承的径向游隙

    B. 轴颈、外壳的材料和机构

    C. 轴承套圈相对于负荷方向的运转状态和所承受负荷的大小

    D. 工作温度

2. 滚动轴承的内圈与基本偏差为 r、m、n 的轴颈形成( )配合。

    A. 间隙   B. 过渡   C. 过盈

3. 滚动轴承的外圈与基本偏差为只的孔形成( )配合。

    A. 间隙   B. 过渡   C. 过盈

4. 某滚动轴承配合,如图样上标注 $\phi50k6$,则省略的是( )。

    A. $\phi50H7$

    B. 轴承孔公差带代号

    C. 轴承型号

三、简答题

1. 滚动轴承的精度共划分为几级? 代号是什么? 常用的是哪几级?

2. 滚动轴承内圈与轴、外圈与外壳孔的配合分别采用何种基准制? 有什么特点?

3. 滚动轴承的内、外径公差带的特点是什么? 与一般圆柱体的公差配合有何不同?

4. 滚动轴承承受负荷的类型与选择配合之间的关系是什么?

5. 选用滚动轴承公差等级要考虑哪些因素? 是否公差等级愈高愈好?

四、综合题

1. 已知减速箱的从动轴上装有齿轮,其两端的轴承为 0 级单列深沟球轴承(轴承内径 $d=55$ mm,外径 $D=100$ mm),承受径向当量动载荷 $p_r=2\,000$ N,额定当量动载荷 $C_r=34\,000$ N,试确定轴颈和轴承座孔的公差带代号,画出公差带图,并确定孔、轴的形位公差值和表面粗糙度参数值,将它们分别标注在装配图和零件图上。

2. 在 C616 车床主轴的后支承上,如题图 5-1 所示,装有两个单列向心球轴承,外形尺寸为 $d \times D \times B = 50 \times 90 \times 20$。试选定:(1) 轴承的精度等级;(2) 轴承与轴、轴承座孔配合。

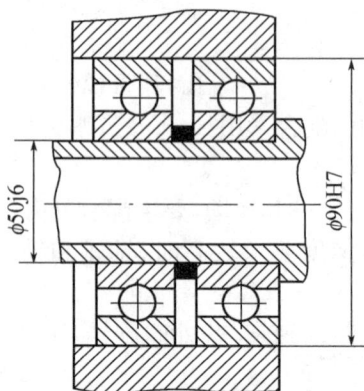

题图 5-1 C616 车床主轴的后轴承结构

任务 3 键的公差配合及检测

【教学目标】

1. 了解键的类型、作用及使用场合。
2. 掌握平键联接的公差与配合,形位公差和表面粗糙度的选用与标注。
3. 掌握矩形花键联接的公差与配合、形位公差及表面粗糙度的选用与标注。
4. 掌握矩形花键联接的定心方式及理由。
5. 了解平键与花键联接采用的基准制及理由。
6. 了解平键与花键的检测方法。

【任务引入】

问题一:如图 5-28 所示的减速器主动轴中,$\phi 56r6$ 和 $\phi 56H7$ 圆柱面分别用于安装齿轮和联轴器,它们都是通过键联接实现的,为保证使用功能要求,必须进行公差设计。

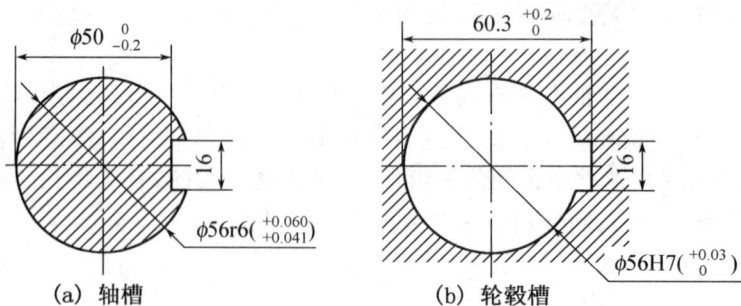

图 5-28 平键的剖面图形

问题二:如图 5 - 29 所示为矩形花键剖面图形,试确定矩形花键剖面尺寸及其公差带、形位公差和表面粗糙度,并在图样上进行标注。

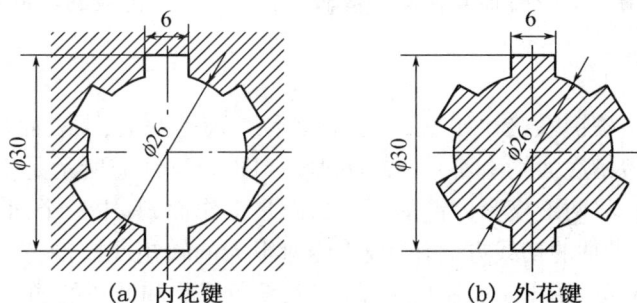

(a) 内花键　　　　　　　　(b) 外花键

图 5 - 29　花键的剖面图形

【任务分析】

键联接公差设计是保证键的精度,包括选择键联接的尺寸以及确定相应的配合公差等。

针对问题一,学生需掌握平键联接的几何参数、平键联接的极限与配合等知识;针对问题二,学生需了解矩形花键的尺寸系列、掌握矩形花键的几何参数和定心方式、矩形花键的极限与配合、矩形花键联接的形位公差与表面粗糙度要求等知识。

【相关知识】

键联接广泛用于轴与轴上传动件(如齿轮、链轮、皮带轮或联轴器等)之间的联接,以传递扭矩、运动或用于轴上传动件的导向。键联接可以分为松键联接、紧键联接和花键联接三大类。

一、键联接的种类

1. 松键联接

松键联接(图 5 - 30)所用的键有普通平键、半圆键、导向平键及滑键等。普通平键靠键和键槽侧面挤压传递转矩,键的上表面和轮毂槽底之间留有间隙,只对轴上零件做周向固定,不能承受轴向力,如果要轴向固定,则需要附加紧固螺钉或定位环等定位零件。平键联接具有结构简单、装拆方便、对中性好等优点,因而应用广泛。

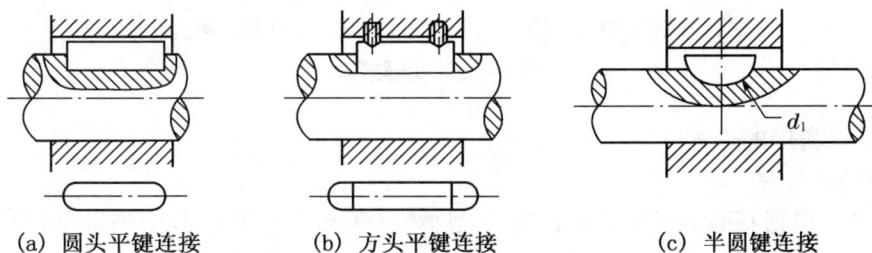

(a) 圆头平键连接　　　(b) 方头平键连接　　　(c) 半圆键连接

图 5 - 30　松键联接

导向平键和滑键均用于轮毂与轴间需要有相对滑动的动联接。导向平键用螺钉固定在轴上的键槽中,轮毂沿键的侧面做轴向滑动。滑键则是将键固定在轮毂上,随轮毂一起沿轴槽移动。导向平键用于轮毂沿轴向移动距离较小的场合,当轮毂的轴向移动距离较大时宜采用滑键联接。

2. 紧键联接

紧键联接主要指楔键联接。如图 5-31(a)所示,楔键的上、下表面都是工作面,上表面及与其相接触的轮毂槽底面均有 1:100 的斜度。图 5-31(b)所示是切向键,它是由 4 对楔键组成的,装配时,将两键楔紧。键的两个窄面是工作面,其中一个面在通过轴心的平面内,工作面上的压力沿轴的切线方向作用,能传递很大的转矩。楔键打入时,易使轴和轮毂产生偏心,因此楔键仅适用于定心精度要求不高、载荷平稳和低速的场合。

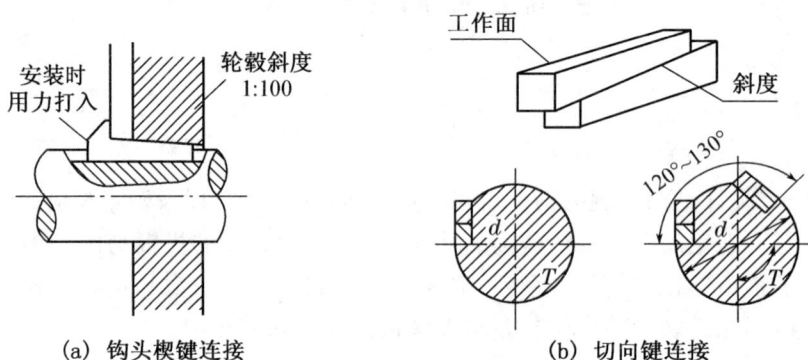

(a) 钩头楔键连接　　(b) 切向键连接

图 5-31　紧键联接

3. 花键联接

花键联接是由轴和轮毂孔上的多个键齿和键槽组成的,键齿侧面是工作面,靠键齿侧面的挤压来传递转矩。花键分为外花键和内花键,如图 5-29 所示。与单键联接比,花键联接具有较高的承载能力,定心精度高,导向性能好,可实现静联接或动联接。花键按齿形不同,分为矩形花键、渐开线花键、三角形花键等几种,其中以矩形花键应用最为广泛。如图5-32所示为矩形花键和渐开线花键齿齿形。本书只介绍矩形花键的公差及测量。

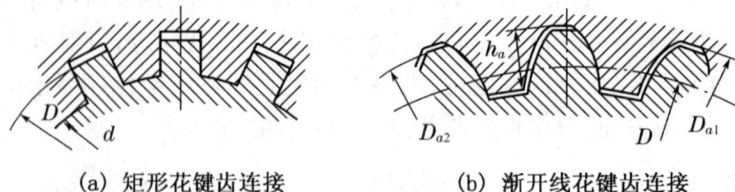

(a) 矩形花键齿连接　　(b) 渐开线花键齿连接

图 5-32　花键联接

二、平键联接的公差

1. 平键的类型

普通平键根据其两端形状又有普通 A 型平键(两端圆)、普通 B 型平键(两端平)、普通 C 型平键(一端圆一端平)三类,其中 A 型平键应用最广泛,如图 5-33 所示。

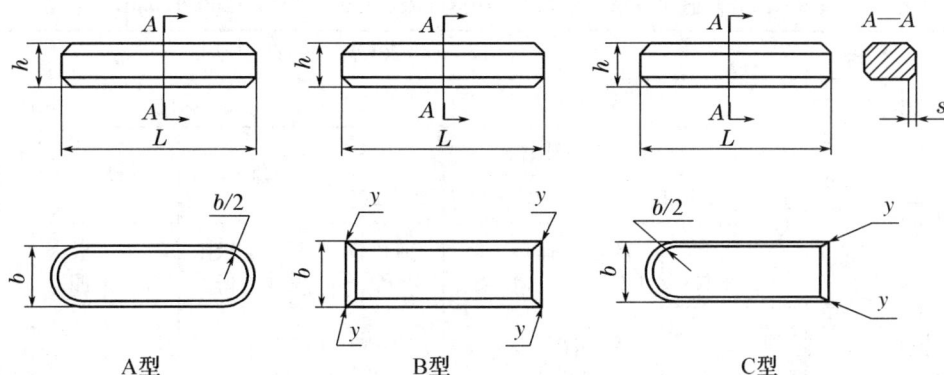

图 5‑33　普通平键的型式尺寸

2. 平键联接的特点和尺寸

平键联接是由键、轴、轮毂三个零件组成的,通过键的侧面分别与轴槽和轮毂槽的侧面相互接触来传递运动和转矩,键的上表面和轮毂槽底面留有一定的间隙,如图 5‑34 所示。因此,键和轴槽的侧面应有足够大的实际有效接触面积来承受负荷,并且键嵌入轴槽要牢固可靠,以防止松动脱落。

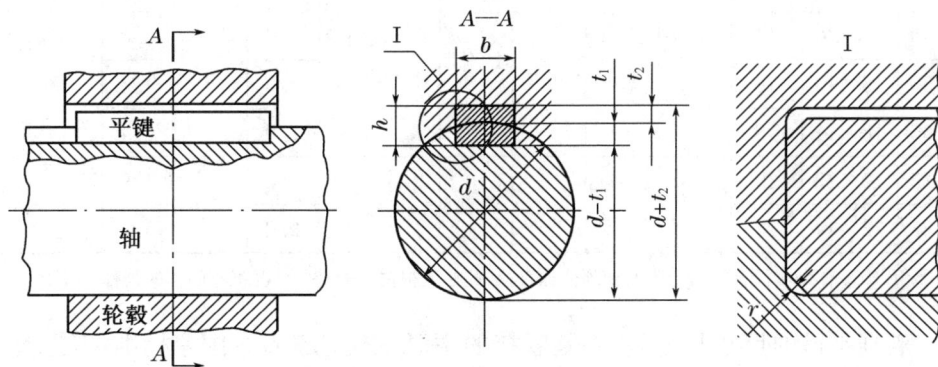

图 5‑34　平键联接的几何尺寸

平键联接中,键和键槽宽 b 是决定配合性质和配合精度的主要参数,为主要配合尺寸,公差等级要求高;而长度 L、键高 h 及轴槽深度 t_1 与轮毂槽深度 t_2 均为非配合尺寸,其精度要求较低。

3. 平键联接的公差与配合

在平键联接中,在键与键槽的配合中,键相当于广义的轴,键槽相当于广义的孔。键属于标准件,键联接相当于轴(平键)与不同基本偏差代号的孔(键槽)相配合,所以平键联接采用的是基轴制配合。在设计平键联接时,当轴颈 d 确定后,根据 d 就可确定平键的规格参数。

(1) 键槽的剖面尺寸:平键联接的剖面尺寸及公差均已标准化,在《平键　键槽的剖面尺寸》(GB/T 1095—2003)中做了规定,见表 5‑16。平键轴槽的长度公差用 H14。

表 5‑16　普通平键键槽的尺寸与公差(摘自 GB/T 1095—2003)(mm)

轴 公称直径[①] d	键 键尺寸 b×h	键槽 宽度b 基本尺寸	松联接 轴 H9	松联接 毂 D10	正常联接 轴 N9	正常联接 毂 JS9	紧密联接 轴和毂 P9	深度 轴 t_1 基本尺寸	轴 t_1 极限偏差	深度 毂 t_2 基本尺寸	毂 t_2 极限偏差	半径 r min	半径 r max
≤6~8	2×2	2	+0.025 / 0	+0.060 / +0.020	+0.004 / −0.029	±0.0125	−0.006 / −0.031	1.2	+0.1 / 0	1	+0.1 / 0	0.08	0.16
>8~10	3×3	3						1.8		1.4			
>10~12	4×4	4	+0.030 / 0	+0.078 / +0.030	0 / −0.030	±0.015	−0.012 / −0.042	2.5		1.8		0.16	0.25
>12~17	5×5	5						3.0		2.3			
>17~22	6×6	6						3.5		2.8			
>22~30	8×7	8	+0.036 / 0	+0.098 / +0.040	0 / −0.036	±0.018	−0.015 / −0.051	4.0		3.3		0.25	0.40
>30~38	10×8	10						5.0		3.3			
>38~44	12×8	12	+0.043 / 0	+0.120 / +0.050	0 / −0.043	±0.0215	−0.018 / −0.061	5.0	+0.2 / 0	3.3	+0.2 / 0		
>44~50	14×9	14						5.5		3.8			
>50~58	16×10	16						6.0		4.3			
>58~65	18×11	18						7.0		4.4			
>65~75	20×12	20	+0.052 / 0	+0.149 / +0.065	0 / −0.052	±0.026	−0.022 / −0.074	7.5		4.9		0.40	0.60
>75~85	22×14	22						9.0		5.4			

注:GB/T 1095—2003 没有给出相应的轴颈公称直径,此栏为根据一般受力情况推荐的轴的公称直径值。

　　(2) 普通平键的尺寸与公差:平键联接的主要参数是键宽。国家标准《普通型 平键》(GB/T 1096—2003)规定了平键基本尺寸及其公差(表 5‑17)。不同规格平键对应的轴径尺寸,可根据平键工作受力条件进行强度校核。

表 5‑17　平键基本尺寸及其公差(摘自 GB/T 1096—2003)(mm)

宽度 b	基本尺寸	2	3	4	5	6	8	10	12	14	16	18	20	22
	极限偏差 (h8)	0 −0.014		0 −0.018			0 −0.022		0 −0.027				0 −0.033	
高度 h	基本尺寸	2	3	4	5	6	7	8	8	9	10	11	12	14
	极限偏差 矩形 (h11)	—		—			0 −0.090				0 −0.110			
	极限偏差 方形 (h8)	0 −0.014		0 −0.018			—							
倒角或倒圆 s		0.16~0.25					0.25~0.40			0.40~0.60			0.60~0.80	

（续表）

长度 L		标准										范围
基本尺寸	极限偏差（h14）											
6	0 −0.136			—	—	—	—	—	—	—	—	—
8				—	—	—	—	—	—	—	—	—
10		标准		—	—	—	—	—	—	—	—	—
12				—	—	—	—	—	—	—	—	—
14	0 −0.43				—	—	—	—	—	—	—	—
16		长度			—	—	—	—	—	—	—	—
18					—	—	—	—	—	—	—	—
20						—	—	—	—	—	—	—
22	0 −0.52	—					—	—	—	—	—	—
25		—					—	—	—	—	—	—
28		—		范围				—	—	—	—	—

（3）普通平键联接的配合种类：根据不同的使用要求，为保证键在轴槽上紧固，同时又便于拆装，轴槽和轮毂槽可以采用不同的公差带，使其配合的松紧不同。对键宽度规定了一种公差带 h8，对轴和轮毂的键槽宽度各规定了三种公差带，构成了松联接、正常联连和紧密联接等三种不同性质的配合，如图 5‑35 所示。平键联接的配合及应用见表 5‑18。

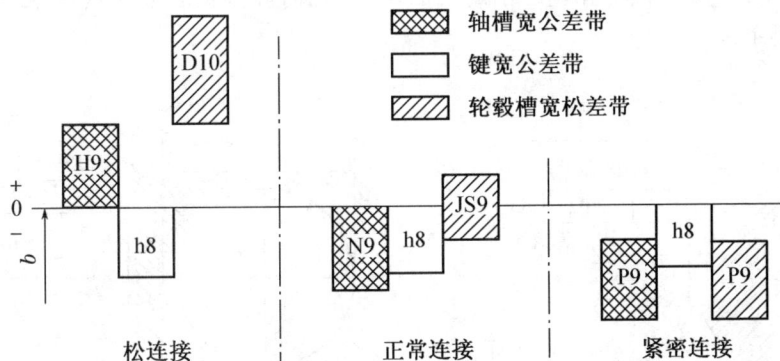

图 5‑35　平键联接宽度与三种键槽宽度公差带示意图

表 5 – 18　平键联接的三种配合及其应用场合

配合种类	尺寸 b 的公差带			配合性质及应用
	键	轴槽	轮毂槽	
松联接		H9	D9	键在轴上及轮毂中均能滑动,主要用于导向平键,轮毂可在轴上移动
正常联接	h8	N9	JS9	键在轴槽中和轮毂槽中均固定,用于载荷不大的场合
紧密联接		P9	P9	键在轴槽中和轮毂槽中均牢固地固定,比一般键联接配合更紧。用于载荷较大、有冲击和双向传递扭矩的场合

4. 平键联接的几何公差

对称度公差的主参数是键宽 b,当键长 L 与键宽 b 之比大于或等于 8 时,应对键的两工作侧面在长度方向上的平行度公差,应按 GB/T 1184—1996 的规定,当 $b<6$ mm 时,平行度公差等级取 7 级;当 $b\geqslant8\sim36$ mm 时,平行度公差等级取 6 级;当 $b\geqslant40$ mm 时,平行度公差等级取 5 级。

轴槽及轮毂槽的宽度 b 对轴及轮毂轴心线的对称度,一般可按 GB/T 1184—1996 表 B4 中对称度公差 7~9 级选取。

5. 表面粗糙度

国家标准推荐轴槽、轮毂槽的键槽宽 b 两侧面表面粗糙度 Ra 值为 $1.6\sim3.2$ μm;轴槽底面、轮毂槽底面的表面粗糙度 Ra 值为 6.3 μm。

6. 键槽在图样上的标注

为了便于测量,在图样上对轴键槽深度和轮毂键槽深度分别标注"$d+t_1$"和"$d-t_1$"(d 为孔、轴的基本尺寸)。轴槽和轮毂槽的剖面尺寸、几何公差及表面粗糙度在图样上的标注如图 5 – 36 所示。

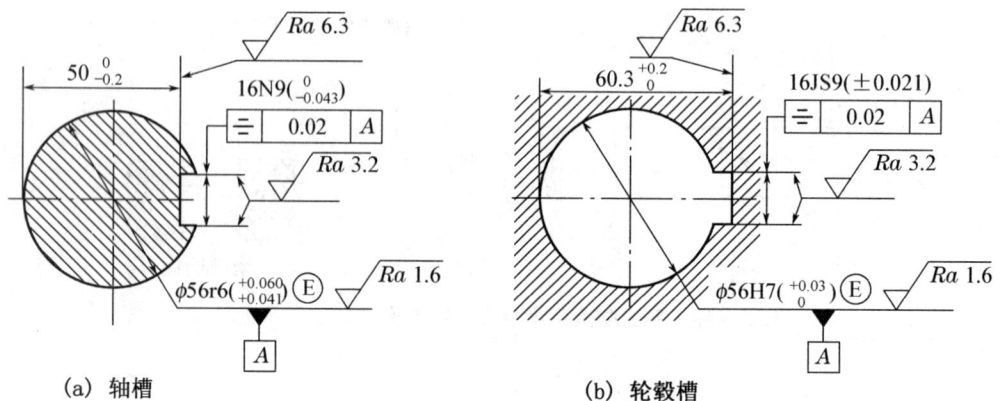

图 5 – 36　键槽尺寸、几何公差和表面粗糙度的标注

三、矩形花键联接的公差

1. 矩形花键的尺寸系列

为便于加工和测量,矩形花键的键数 N 为偶数,有 6、8、10 三种。按承载能力不同,矩形花键可分为中、轻两个系列,中系列的键高尺寸较大,承载能力高;轻系列的键高尺寸较小,承载能力相对较低。《矩形花键尺寸、公差和检验》(GB/T 1144—2001)规定了矩形花键的主要尺寸有小径 d 大径 D、键宽和键槽宽 B,如图5-37所示。

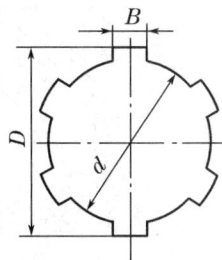

同一小径的轻系列和中系列的键数相同,键宽(键槽宽)也相同,仅大径不同。矩形花键的尺寸系列(部分)见表5-19。

图 5-37 内花键和外花键的基本尺寸

表 5-19 矩形花键的尺寸系列(摘自 GB/T 1144—2001)(mm)

小径 d	轻系列				中系列			
	规格 $N \times d \times D \times B$	键数 N	大径 D	键宽 B	规格 $N \times d \times D \times B$	键数 N	大径 D	键宽 B
23	6×23×26×6		26	6	6×23×28×6		28	6
26	6×26×30×6		30		6×26×32×6	6	32	
28	6×28×32×7	6	32	7	6×28×34×7		34	7
32	6×32×36×6		36	6	8×32×38×6		38	6
36	8×36×40×7		40	7	8×36×42×7		42	7
12	8×42×46×8		46	8	8×42×48×8		48	8
46	8×46×50×9	8	50	9	8×46×54×9	8	54	9
52	8×52×58×10		58	10	8×52×60×10		60	10
56	8×56×62×10		62		8×56×65×10		65	
62	8×62×68×12		68	12	8×62×72×12		72	12

2. 矩形花键联接的定心方式

矩形花键联接中有小径 d、大径 D 和键宽(槽宽)B 三个尺寸,有三个结合面,若要三个尺寸同时起配合定心作用,不仅困难,而且无必要。因此,为了保证满足使用要求,同时便于加工只能选择其中一个尺寸作为主要配合尺寸,对其按较高的精度制造,以保证配合性质和定心精度,该表面称为定心表面。作为次要配合尺寸或非配合尺寸,其间留有较大的间隙,以补偿几何误差的影响。

选择不同参数作为主要定心尺寸,则定心方式不同。理论上矩形花键联接的定心方式分为 3 种,即大径定心、小径定心和键宽定心,如图5-38所示。

GB/T 1144—2001 规定矩形花键联接采用小径定心,从加工工艺、加工成本和产品质量等因素综合考虑,主要原因如下:

(1) 采用小径定心,内、外矩形花键的小径可以采用磨削加工,达到较高的尺寸、形状精度。尤其是内花键的小径(内孔)热处理后的变形,只有靠磨削才能得到修正。如果以大径

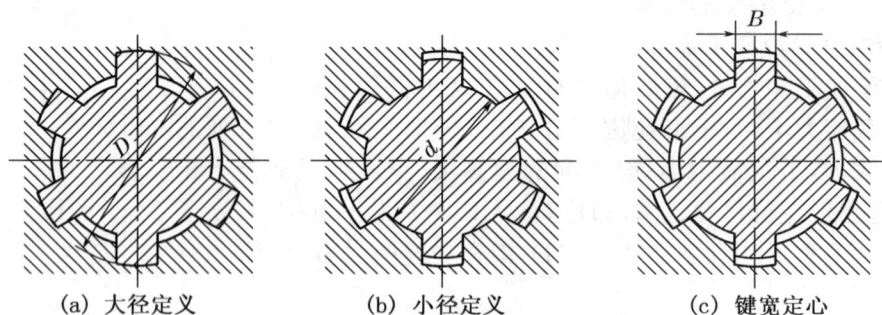

(a) 大径定义　　　　　(b) 小径定义　　　　　(c) 键宽定心

图 5-38　矩形花键联接的定心方式

定心,那么内花键的大径精度一般靠定值刀具拉(或推)切削保证,这对热处理过的孔来讲加工较困难。

(2) 采用小径定心,高精度的小径可作为传动或其他加工的基准,有利于提高零件及整机的质量,降低机器的振动和噪声。

(3) 采用小径定心,有利于齿轮精度标准的实施。花键联接常用于齿轮传动装置,齿轮内孔很多时候是加工、安装的基准孔。对于高精度的基准,只有采用小径定心才有相应的工艺保证。

因为转矩的传递是通过键和键槽侧面相互作用来实现的,所以键和键槽宽度要求有较高的尺寸精度。

3. 矩形花键联接的尺寸公差与配合

矩形花键的尺寸公差内、外花键定心小径,非定心大径和键宽(键槽宽)的尺寸公差带分一般用和精密传动用两类。矩形花键的尺寸公差带见表为减少专用刀具(拉刀)和量具的数量,花键联接采用基孔制配合。

内花键和外花键的尺寸公差带应符合 GB/T 1144 的规定,并按表 5-20 取值。对一般用的内花键槽宽规定了两种公差带,加工后不再热处理的公差带为 H9,加工后需要进行热处理的,为修正热处理变形,公差带为 H11。对于精密传动用内花键,当联接要求键侧配合间隙较小时,槽宽公差带选用 H7,一般情况下选用 H9。

表 5-20　矩形花键的尺寸公差带(摘自 GB/T 1144—2001)

内花键				外花键			装配形式
小径 d	大径 D	槽宽 B		小径 d	大径 D	键宽 B	
		拉削后不进行热处理	拉削后进行热处理				
一般用							
H7	H10	H9	H11	f7	a11	d10	滑动
				g7		f9	紧滑动
				H7		h10	固定

（续表）

内花键				外花键			装配形式
小径 d	大径 D	槽宽 B		小径 d	大径 D	键宽 B	
		拉削后不进行热处理	拉削后进行热处理				
精密传动用							
H5	H10	H7、H9		f5	a11	d8	滑动
				g5		f7	紧滑动
				h5		h8	固定
H6				f6		d8	滑动
				g6		f7	紧滑动
				h6		h8	固定

注：① 精密传动用的内花键，当需要控制键侧配合间隙时，槽宽可选用 H7，一般情况可选用 H9。
② 当内花键公差带为 H6 和 H7 时，允许与高一级的外花键配合。

对于定心直径在一般情况下，内、外花键取相同的公差等级，且比相应的大径公和键宽 B 的公差等级都高。但在有些情况下内花键允许与高一级的外花键配合。如公差带代号为 H7 的内花键可以与公差带代号为 f6、g6、h6 的外花键配合，公差带代号为 H6 的内花键可以与公差带代号为 f5、g5、h5 的外花键配合。这主要是考虑内矩形花键常用作齿轮的基准孔，有可能出现外花键的定心直径公差等级高于内花键定心直径公差等级的情况，而大径只有 H10/a11 一种配合。

4. 矩形花键尺寸公差与配合的选择

（1）矩形花键尺寸公差带的选择：传递扭矩大或定心精度要求高时，应选用精密传动用的尺寸公差带；否则，可选用一般用的尺寸公差带。

（2）矩形花键的配合形式及其选择：内、外花键的装配形式（即配合）分为滑动、紧滑动和固定三种，其中，滑动联接的间隙较大，紧滑动联接的间隙次之，固定联接的间隙最小。

当内、外花键联接只传递扭矩而无相对轴向移动时，应选用配合间隙最小的固定联接；当内、外花键联接不但要传递扭矩，还要有相对轴向移动时，应选用滑动或紧滑动联接；而当移动频繁、移动距离长时，则应选用配合间隙较大的滑动联接，以保证运动灵活，而且确保配合面间有足够的润滑油层，为保证定心精度要求，使工作表面载荷分布均匀或减少反向运转所产生的空程及其冲击，对定心精度要求高、传递的扭矩大、运转中需经常反转等的联接，则应用配合间隙较小的紧滑动联接。表 5-21 列出了几种配合应用情况，可供参考。

表 5 - 21　矩形花键配合应用

应用	固定联接		滑动联接	
	配合	特征及应用	配合	特征及应用
精密	H5/h5	紧固程度较高,可传递大扭矩	H5/g5	滑动程度较低,定心精度高,传递扭矩大
传动用	H6/h6	传递中等扭矩	H6/f6	滑动程度中等,定心稍度较高,传递中等扭矩
一般用	H7/h7	紧固程度较低,传递扭矩较小,可经常拆卸	H7/f7	移动频率高,移动长度大,定心精度要求不高

3. 矩形花键的几何公差

内、外花键是具有复杂表面的结合件,且键长与键宽的比值较大,因此还需有形位公差要求。

(1)为了保证定心表面的配合性质,为防止装配困难,内、外花键的小径(定心直径)的尺寸公差和几何公差必须采用包容原则。

(2)为保证花键(或花键槽)在圆周上分布的均匀性,应规定位置度公差;键宽的位置度公差与小径定心表面的尺寸公差关系均应符合最大实体要求。花键位置度的公差值见表 5 - 22,其在图样上的标注如图 5 - 39 所示。

表 5 - 22　矩形花键的位置度公差(摘自 GB/T 1144—2001)(mm)

键槽宽或键宽 B			3	3.5~6	7~10	12~18
t_1	键槽宽		0.010	0.015	0.020	0.025
	键宽	滑动,固定	0.010	0.015	0.020	0.025
		紧滑动	0.006	0.010	0.013	0.016

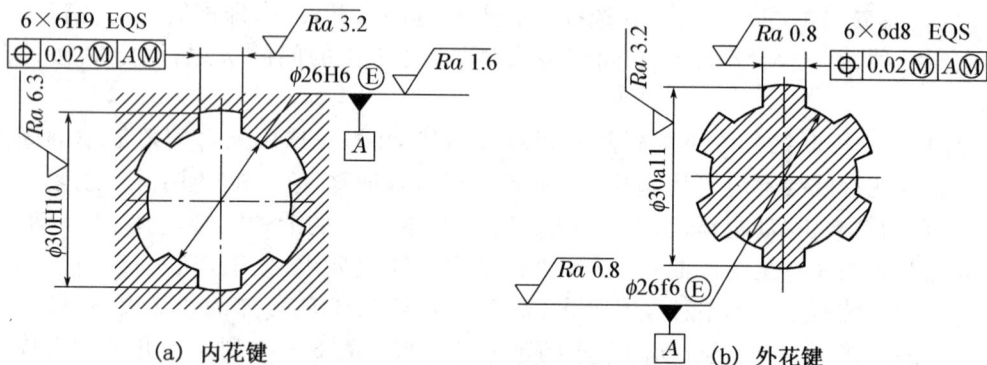

图 5 - 39　矩形花键位置度公差的图样标注

(3)当单件、小批生产时,应规定键(键槽)两侧面的中心平面对定心表面轴线的对称度和等分度。花键对称度公差的值见表 5 - 23,其在图样上的标注如图 5 - 40 所示。

表 5‑23 矩形花键的对称度公差(摘自 GB/T 1144—2001)(mm)

	键槽宽或键宽 B	3	3.5~6	7~10	12~18
t_2	一般用	0.010	0.015	0.020	0.025
	精密传动用	0.010	0.015	0.020	0.025

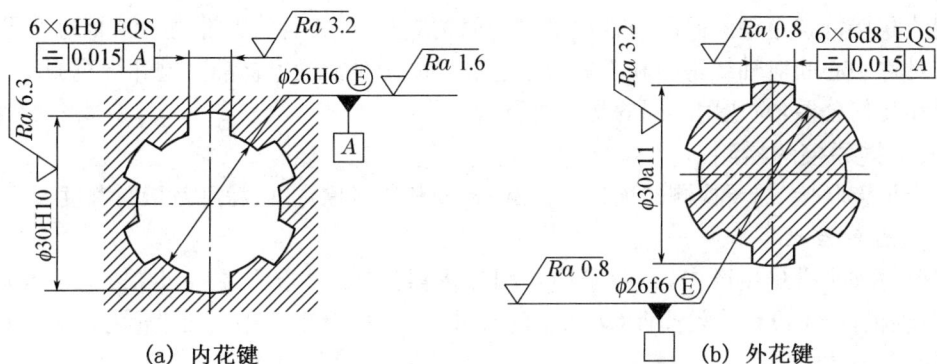

(a) 内花键　　　　　　　　　(b) 外花键

图 5‑40 矩形花键对称度公差的图样标注

(4) 当花键较长时,还可根据产品性能要求进一步控制各个键或键槽侧面对定心表面轴线的平行度。

4. 矩形花键的表面粗糙度

矩形花键的表面粗糙度参数一般是标注 Ra 的上限值要求,矩形花键各结合表面的粗糙度 Ra 值见表 5‑24。

表 5‑24 矩形花键的表面粗糙度(μm)

加工表面	内花键	外花键
	Ra 不大于	
小径	1.6	0.8
大径	6.3	3.2
槽侧	3.2	0.8

5. 矩形花键的标记

矩形花键的规格标记形式为键数 N×小径 d×大径 D×键宽(键槽宽)B。内花键基本偏差代号为大写字母,外花键基本偏差代号为小写字母。

例如,花键 N 为 6、小径 d 的配合为 23H7/f7、大径 D 的配合为 26H10/a11、键宽 B 的配合为 6H11/d10 的标注方法如下:

花键规格:6×23×26×6

花键副:6×23H7/f7×26H10/a11×6H11/d10　　　　GB/T 1144—2001

内花键:6×23H7×26H10×6H11　　　　GB/T 1144—2001

外花键:6×23f7×26a11×6d10　　　　GB/T 1144—2001

另外,在零件图上,对内、外花键除了标注尺寸公差带代号(或极限偏差)外,还应标注几何公差和公差原则要求。

【任务实施】

平键和矩形花键的检测

键的联接特点是键侧面既与轴键槽的侧面构成配合,又与轮毂键槽的侧面构成配合,而键槽的对称中心面对轴线歪斜和不重合会造成装配困难。国家标准对键和键宽规定了不同的配合和几何公差,应选用不同的量具进行检测。

一、平键联接的检测

对于平键联接,需要检测的项目有键宽,轴槽和轮毂槽宽度、深度及槽对称度。

1. 尺寸的检测

在单件和小批量生产中,一般采用通用计量器具(如千分尺、游标卡尺)测量键宽和槽宽,以及轴槽($d-t_1$)和轮毂槽深($d+t_2$)的尺寸;在大批量生产中,可用量块和极限量规来测量,如图 5 - 41 所示。

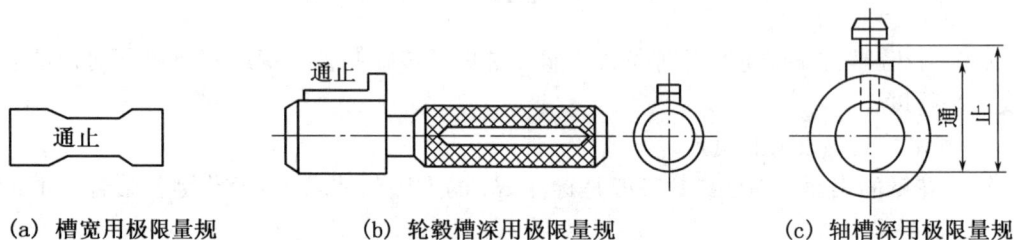

(a) 槽宽用极限量规   (b) 轮毂槽深用极限量规   (c) 轴槽深用极限量规

图 5 - 41   键槽尺寸检验极限量观

2. 对称度误差的检测

(1) 图 5 - 42(a)所示轴键槽对基准轴线的对称度公差采用独立原则。键槽对其轴线的对称度误差可采用图 5 - 42(b)所示方法进行测量。检测步骤:

① 将 V 型块放在平板上,被测零件(轴)以其基准部位放置在 V 型支承座上,以平板作为测量基准,用 V 型块模拟基准轴线,把与键槽宽相等的定位快插入键槽。

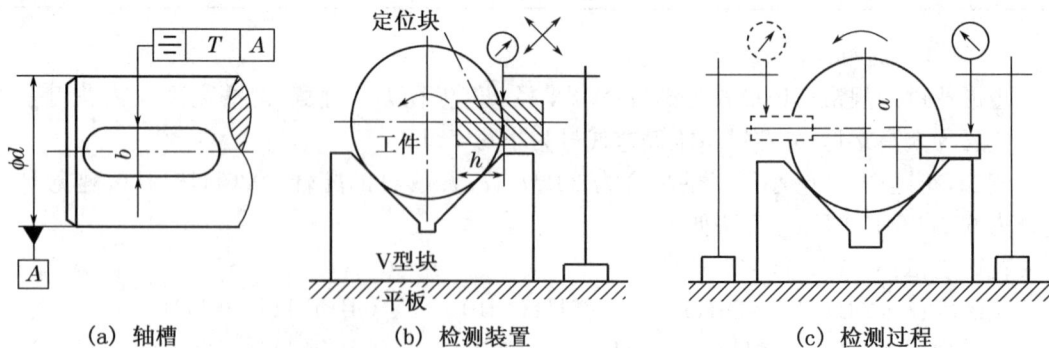

(a) 轴槽   (b) 检测装置   (c) 检测过程

图 5 - 42   轴槽对称度误差的检测

②　将带指示器(百分表)的测量架(表座)放在平板上,指示器测头与定位块上平面接触。注意:指示器测杆应调整与平板垂直,并将测头压进0.5~1.0圈。再沿被测零件的直径方向拉动测量架,并转动被测零件,使定位块上平面在直径方向上与平板工作面平行,读出指示表上的示值。

③　将被测零件旋转180°,使定位块原来朝下的平面朝上,如图5-42(c)所示虚线位置,重复步骤③,读出指示器上的示值。

注意:步骤②调好的指示器高度位置不能动;

步骤③测量位置应尽量与步骤②测量位置在同一个截面上。

这时,该截面的对称度误差为 $f_1 = ah/(d-h)$

式中:d——轴的实际直径;h——键槽深度。

④　将指示器沿被测零件的轴线方向拉动,定位块上表面在键槽的全长上指示器的最大与最小读数之差即为键槽在轴线方向上的对称度误差:$f_2 = M_{max} - M_{min}$

⑤　取 f_1、f_2 二者中的最大值作为该零件的键槽的对称度误差值。

⑥　根据零件图的技术要求判定零件的合格性。

(2)　如图5-43(a)、(c)所示,轮毂槽(轴槽)对称度公差与键槽宽度的尺寸公差及基准孔孔径的尺寸公差的关系皆采用最大实体要求。这时,键槽对称度误差可用图5-43(b)、(d)所示的量规检验。

该量规以圆柱面作为定位表面模拟体现基准轴线,来检验键槽对称度误差,若它能够同时自由通过轮毂(轴)的基准孔和被测键槽,则表示合格。

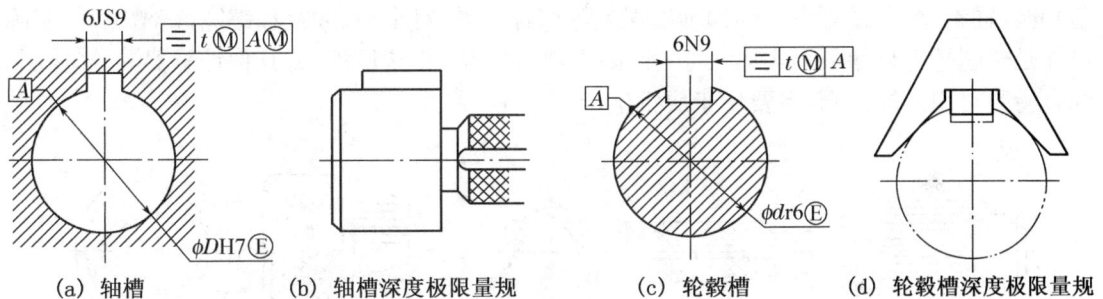

(a) 轴槽　　　　(b) 轴槽深度极限量规　　　(c) 轮毂槽　　　(d) 轮毂槽深度极限量规

图5-43　轮毂槽、轴槽对称度误差的检测

二、矩形花键的检测

花键的测量分为单项测量和综合检验,包括对定心小径、键宽、大径的三个参数检验,而每个参数都有尺寸、位置、表面粗糙度的检验。

1. 单项测量

单项测量就是对花键的单个参数小径、键宽(键槽宽)、大径等尺寸、位置、表面粗糙度的检验。单项测量的目的是控制各单项参数的精度。在单件、小批生产时,花键的单项测量通常用千分尺等通用计量器具来测量。在成批生产时,花键的单项测量用极限量规检验,如图5-44所示。当单件、小批量生产时,矩形花键小径定心表面遵循包容要求原则,各键(键槽)的对称度公差及花键各部位均遵循独立原则。

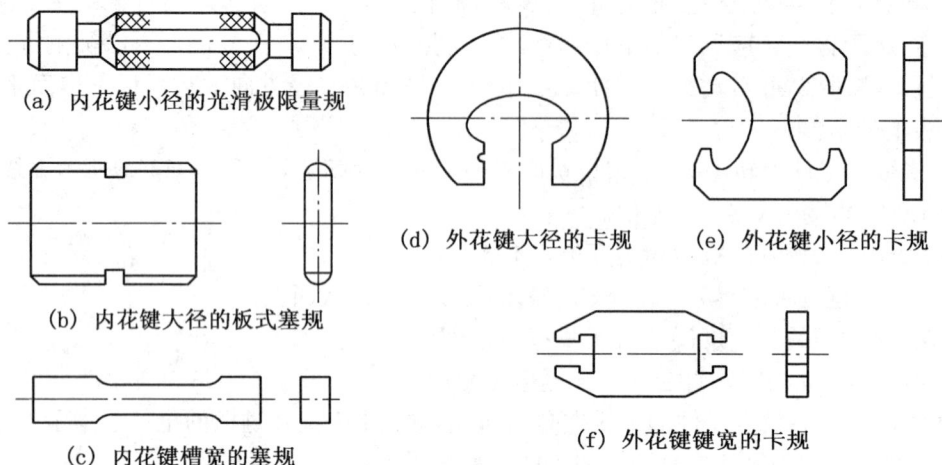

(a) 内花键小径的光滑极限量规

(b) 内花键大径的板式塞规

(c) 内花键槽宽的塞规

(d) 外花键大径的卡规

(e) 外花键小径的卡规

(f) 外花键键宽的卡规

图 5‐44　花键的极限塞规和卡规

2. 综合测量

综合检验就是对花键的尺寸、形位误差按控制最大实体实效边界要求,用综合量规进行检验,如图 5‐45 所示。

其中,用于检验内花键的为花键塞规,如图 5‐45(a)所示;用于检验外花键的为花键环规,如图 5‐45(b)所示。它们均为全形通规,作用是检验内、外花键的实际尺寸和几何误差的综合结果,即同时检验花键的小径、大径、键宽(键槽宽)实际尺寸和几何误差以及各键(键槽)的位置误差,大径对小径的同轴度误差等综合结果,对小径、大径和键宽(键槽宽)的实际尺寸是否超越各自的最小实体尺寸,则采用相应的单项止端量规(或其他计量器具)来检测。综合检测时用量规检测,主要用于成批生产。

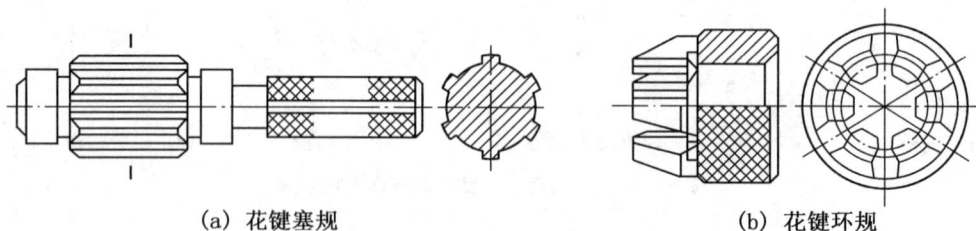

(a) 花键塞规

(b) 花键环规

图 5‐45　矩形花键综合量规

综合检测内、外花键时,若综合量规通过,单项止端量规不通过,则花键合格。当综合量规不通过,花键为不合格。

【拓展知识】

普通平键和矩形花键联接精度设计实例分析

一、普通平键联接精度设计实例分析

问题一:如图 5‐28 所示的减速器主动轴中,对普通平键联接精度设计实例分析。

（1）尺寸公差的设计：由图 5－34 所示的几何关系知 $t_1=56-50=6$ mm，$h=60.3-50=10.3$ mm，$b=16$ mm，采用正常联接，查表 5－16 得轴 N9$^{0}_{-0.043}$，毂 JS9±0.021 5 。

（2）几何公差设计：键与键槽配合的松紧程度还与它们配合表面的几何误差有关，因此应分别规定轴槽宽度的中心平面对轴的基准轴线和轮毂槽宽度的中心平面对孔的基准轴线的对称度公差。轴槽对轴线及轮毂槽对孔轴线的对称度公差按 8 级选取，公差值为 0.02 mm。

该对称度公差与键槽宽度的尺寸公差及孔、轴尺寸公差的关系可以采用独立原则或最大实体要求。

（3）表面粗糙度设计：键槽宽度 b 的两侧面的表面粗糙度 Ra 值推荐为 1.6～3.2 μm，键槽底面的 Ra 值一般取，非配合表面取为 6.3 μm。

因此得到轴键槽和轮毂键槽剖面尺寸及其公差带、键槽的形位公差和表面粗糙度并能在图样上的标注如图 5－36 所示。

二、矩形花键联接精度设计实例分析

某机床变速箱中有一个 6 级精度的滑移齿轮内孔与轴为花键联接，已知花键的规格为 $6\times26\times30\times6$，花键孔长 30 mm，花键轴长 75 mm，花键孔相对于花键轴需要移动，且定心精度要求高，大批量生产。试确定齿轮花键孔和花键轴的各主要尺寸公差代号、相应的位置度公差和各主要表面的粗糙度参数值，并把它们标注在断面图中。

矩形花键任务分析：

（1）已知矩形花键的键数为 6、小径为 26 mm、大径为 30 mm、键宽（键槽宽）为 6 mm。

（2）矩形花键联接的设计：花键孔相对于花键轴需要移动，且定心精度要求高，故采用精密传动、滑动联接。查表 5－20，小径的配合公差带为 H6/f6，大径的配合公差带为 H10/a11，键宽的配合公差带为 H9/d8。

（3）矩形花键联接的几何公差的设计：根据课题知道矩形花键的等级为 6 级，大批量生产，查表 5－22 得，键和键槽的位置度公差值为 0.015 mm。若是规定对称度公差，则应注意键宽的对称度公差与小径定心表面的尺寸公差关系则应遵守独立原则。

（4）矩形花键联接的表面粗糙度的设计：查表 5－24 得内花键表面结构特征参数 Ra，小径表面不大于 1.6 μm，键槽侧面不大于 3.2 μm，大径表面不大于 6.3 μm；外花键 Ra，小径表面不大于 0.8 μm，键槽侧面不大于 0.8 μm，大径表面不大于 3.2 μm。

因此得到矩形花键剖面尺寸及其公差带、键槽的形位公差和表面粗糙度并在图样上的标注，如图 5－39 和图 5－40 所示为矩形花键的标注。

【思考练习】

一、填空题

1. 内外花键的尺寸公差带分为＿＿＿＿＿＿＿＿和＿＿＿＿＿＿＿＿两种。

2. 对于平键，键和键槽宽度配合采用＿＿＿＿＿＿制。

3. 普通平键有三种配合，分别是＿＿＿＿＿＿＿、＿＿＿＿＿＿＿、＿＿＿＿＿＿＿。

4. 花键联接采用＿＿＿＿＿＿制。

5. 装配图中，矩形花键的标注为 $6\times23H7/f7\times26H10/a11\times H11/d10$，6 键，＿＿＿＿＿

定心,内键配合为_____,键宽配合为_____,外径配合为_____。

二、选择题

1. 平键联接中宽度尺寸 b 的不同配合是依靠改变(　　)公差带的位置来获得。

    A. 轴槽和轮毂槽宽度　　　B. 键宽　　　C. 轴槽宽度　　　D. 轮毂槽宽度

2. 平键的(　　)是配合尺寸。

    A. 键宽和槽宽　　　　　　　　　　B. 键高和槽深

    C. 键长和槽长　　　　　　　　　　D. 没有配合尺寸

3. 轴槽和轮毂槽对轴线的(　　)误差将直接影响平键联接的可装配性和工作接触情况。

    A. 平行度　　　　　B. 对称度　　　　　C. 位置度

4. 键槽中心平面对基准轴线的对称度公差值为 0.06 mm,则允许该中心平面对基准轴线的最大偏离量为(　　)mm。

    A. 0.06　　　　　B. 0.12　　　　　C. 0.03　　　　　D. 0.24

5. 平键联接的键宽公差带为 h9,在采用一般联接,用于载荷不大的一般机械传动的固定联接时,其键槽宽的公差带为(　　)。

    A. 轴槽 H9,毂槽 D10　　　　　　B. 轴槽 N9,毂槽 JS10

    C. 轴槽 P9,毂槽 P10　　　　　　D. 轴槽 H9,毂槽 E10

6. 花键的分度误差一般用(　　)公差来控制。

    A. 平行度　　　　　B. 位置度　　　　　C. 对称度　　　　　D. 同轴度

7. 国家标准规定,花键的定心方式采用(　　)定心。

    A. 大径　　　　　B. 小径　　　　　C. 键宽

三、综合题

1. 有一齿轮与轴用平键联接以传递扭矩。平键尺寸 $b=10$ mm,$L=28$ mm。齿轮与轴的配合为 $\phi35$H7/h6,平键采用一般联接。试查出键槽尺寸偏差、几何公差和表面粗糙度,并分别标注在轴和齿轮的横剖面上。

2. 某机床变速箱中有 6 级精度齿轮的花键孔与花键轴联接,花键规格为 $6\times23\times26\times6$,花键孔 30 mm 长,花键轴长 75 mm,齿轮花键孔经常需要相对花键轴做轴向移动,要求定心精度较高,试确定齿轮花键孔和花键轴的公差带代号,计算小径、大径、键(键槽)宽的极限尺寸并分别写出在装配图上和零件图上的标记。

任务4　圆柱齿轮的公差配合及检测

【学习目标】

1. 了解齿轮传动的使用要求及其加工误差的来源与分类。
2. 熟悉齿轮精度等级的规定,学会齿轮精度在图样上的标注。
3. 掌握单个齿轮的评定指标及其检测。
4. 掌握齿轮副的评定指标及其检测。

5. 掌握渐开线圆柱齿轮精度标准及其评定方法。

6. 能合理确定齿轮公差或极限偏差。

【任务引入】

理解齿轮齿数、模数、齿形角的概念,掌握渐开线圆柱齿轮的径、跳动、公法线长度偏差、齿廓总偏差、螺旋线总偏差等的概念。齿轮结构如图 5-46 所示。

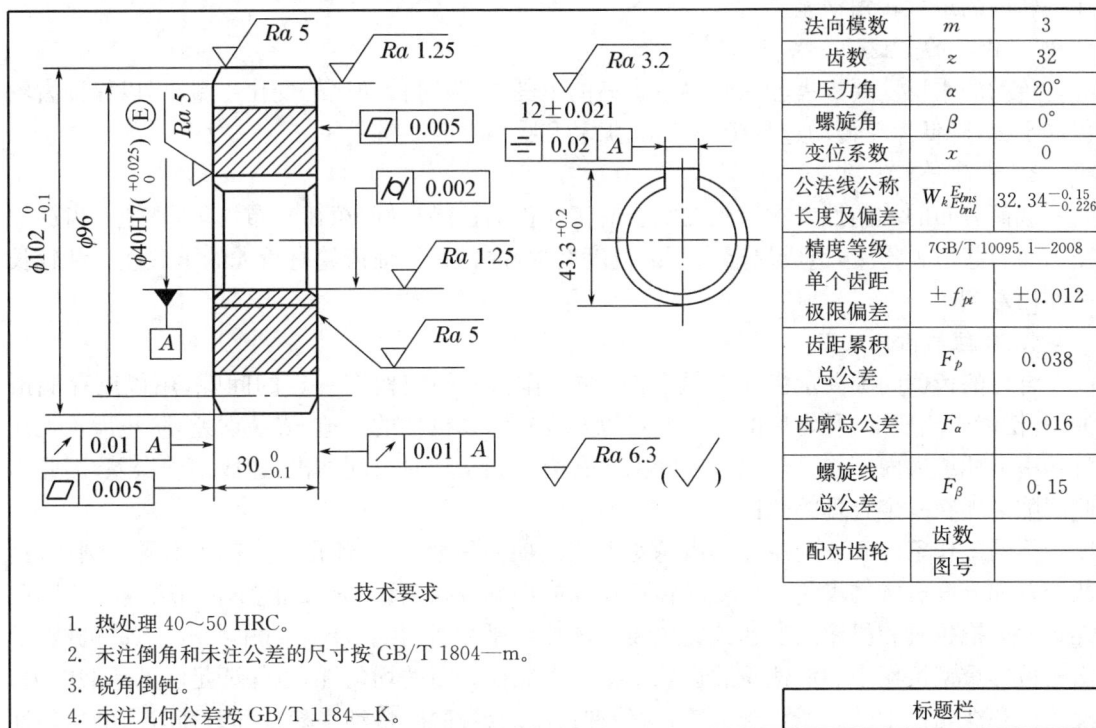

法向模数	m	3
齿数	z	32
压力角	α	20°
螺旋角	β	0°
变位系数	x	0
公法线公称长度及偏差	$W_k{}_{E_{ni}}^{E_{ns}}$	$32.34_{-0.226}^{-0.15}$
精度等级		7GB/T 10095.1—2008
单个齿距极限偏差	$\pm f_{pt}$	±0.012
齿距累积总公差	F_p	0.038
齿廓总公差	F_α	0.016
螺旋线总公差	F_β	0.15
配对齿轮	齿数	
	图号	

技术要求

1. 热处理 40~50 HRC。
2. 未注倒角和未注公差的尺寸按 GB/T 1804—m。
3. 锐角倒钝。
4. 未注几何公差按 GB/T 1184—K。

标题栏

图 5-46　齿轮结构

【任务分析】

学生需掌握齿轮传动的使用要求、齿轮加工误差的来源及分类等内容;要求掌握单个齿轮的评定指标及其检测;了解轴线的平行度偏差,掌握齿轮副的中心距偏差和齿轮副的接触斑点检测等内容;需了解齿轮副侧隙,掌握齿轮偏差及精度、齿坯精度和齿轮表面粗糙度、齿轮精度的标注代号字等内容。

【相关知识】

一、齿轮传动的基本要求

齿轮是传递运动和动力,具有高精度传动机构的零件,其精度直接影响机器工作的质量、效率和使用寿命。一般对齿轮传动有四个方面的要求：

1. 传递运动的准确性

传递运动的准确性要求齿轮在一转范围内传动比的变化尽量小，以保证从动齿轮与主动齿轮的相对运动协调一致。当主动齿轮转过一个角度 ϕ_1 时，从动齿轮根据齿轮的传动比 i 转过相应的角度 $\phi_2 = i\phi_1$。根据齿廓啮合基本定律，齿轮传动比 i 应为一个常数，但由于齿轮加工和安装误差，使得齿轮在传动过程中每一瞬时的传动比都不相同，从而造成了从动齿轮的实际转角偏离理论值而产生转角误差。为了保证齿轮传递运动的准确性，应限制齿轮在一转内的最大转角误差。

2. 传动的平稳性

传动的平稳性要求齿轮在转过一个齿的范围内，瞬时传动比的变化尽量小，以保证齿轮传动平稳，降低齿轮传动过程中的冲击、振动和噪声。

3. 载荷分布的均匀性

载荷分布的均匀性要求齿轮在啮合时工作齿面接触良好，载荷分布均匀，避免轮齿局部受力而引起应力集中，造成局部齿面的过度磨损和折齿，保证齿轮有较大的承载能力和较长的使用寿命。

4. 合理的齿侧间隙

合理的齿侧间隙要求齿轮副啮合时，非工作齿面间应留有一定的间隙，用以储存润滑油，补偿齿轮热变形、受力后的弹性变形以及齿轮传动机构的制造、安装误差，防止齿轮工作过程中卡死或齿面烧伤。但过大的间隙会在启动和反转时引起冲击，造成回程误差，因此齿侧间隙必须在一个合理的范围内。

不同工作条件和不同用途的齿轮对上述四项使用要求的侧重点会有所不同。例如，读数装置和分度机构的齿轮主要要求传递运动的准确性，以保证从动轮与主动轮运动的协调性；汽车、拖拉机和机床的变速齿轮主要要求传动平稳性，以减小振动和噪声；起重机械、矿山机械等重型机械中的低速重载齿轮主要要求载荷分布的均匀性，以保证足够的承载能力；汽轮机和涡轮机中的高速重载齿轮，对传递运动的准确性、传动平稳性和载荷分布的均匀性均有较高的要求，同时还应具有较大的间隙，以储存润滑油和补偿受力产生的变形。对于齿侧间隙，要根据使用条件确定一个合理的数值，以保证齿轮传动的使用要求。

二、齿轮的加工误差及其分类

1. 齿轮加工方法

齿轮加工通常采用展成法，如滚齿、插齿、磨齿等。如图 5-47 所示为滚齿机。齿轮加工误差来源于组成工艺系统的机床、夹具、刀具和齿坯本身的误差及安装、调整误差。

2. 加工误差的主要来源

（1）几何偏心

滚齿加工时由于齿坯定位孔与机床心轴之间的间隙等原因，会造成齿坯孔基准轴线与机床工作台回转轴线不重合，产生几何偏心（如图 5-47 所示中的 e_1）。几何偏心使加工过程中齿轮相对于滚刀的径向距离发生变动，引起齿轮径向误差。

（2）运动偏心

滚齿加工时机床分度蜗轮与工作台中心线有安装偏心（如图 5-47 所示中的 e_2）和轴向窜动（如图 5-47 所示中的 e_4）时，就会使齿轮在加工过程中出现蜗轮蜗杆中心距周期性的变化,产生运动偏心,引起齿轮切向误差。

几何偏心和运动偏心产生的误差在齿轮一转中只出现一次,属于长周期误差,其主要影响齿轮传递运动的准确性。

（3）滚刀误差

滚刀误差包括制造误差与安装误差(如图 5 - 47 所示中的 e_3)。滚刀本身的齿距、齿形、基节有制造误差时,会将误差反映到被加工齿轮上,从而使齿轮基圆半径发生变化,产生基节偏差和齿形误差。

齿轮加工中,滚刀的径向跳动使得齿轮相对滚刀的径向距离发生变动,引起齿轮径向误差。滚刀的轴向窜动使得齿还相对滚刀的转速不均匀,产生切向误差。滚刀安装误差破坏了滚刀和齿坯之间的相对运动关系,从而使被加工齿轮产生基圆误差,导致基节偏差和齿廓偏差。

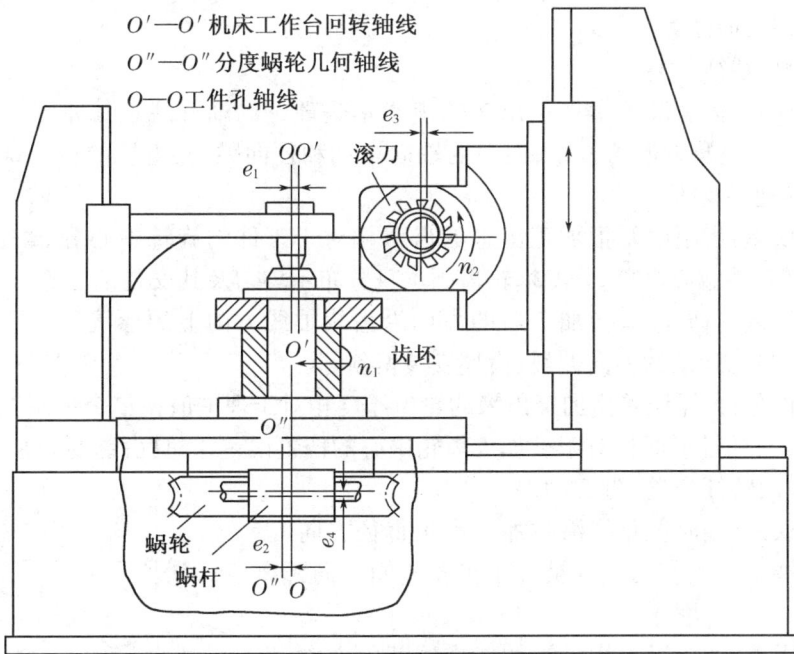

$O'-O'$ 机床工作台回转轴线
$O''-O''$ 分度蜗轮几何轴线
$O-O$ 工件孔轴线

图 5 - 47　滚齿加工示意图

（4）机床传动链误差

当机床的分度蜗杆存在安装误差和轴向窜动时,蜗轮转速发生周期性的变化,使被加工齿轮出现齿距偏差和齿廓偏差,产生切向误差。机床分度蜗杆造成的误差在齿轮一转中重复出现,是短周期误差。

无论几何偏心还是运动偏心,都会使齿轮在加工中产生长周期(一转)误差。分度蜗杆的转速误差、滚刀的齿形角度误差、滚刀的进刀方向与轮齿的理想方向不一致造成的误差、滚刀的径向进刀量误差等因素都会引起齿轮的短周期(一齿)误差。齿轮传动精度的影响因素见表 5 - 25。

表 5 - 25　齿轮传动精度的影响因素

齿轮传动的使用要求	影响使用要求的因素
传递运动的准确性	长周期误差,包括几何偏心和运动偏心分别引起的径向和切向长周期(一转)误差。两种偏心同时存在,可能叠加,也可能抵消。这类误差用齿轮上的长周期偏差作为评定指标
齿轮传动的使用要求	影响使用要求的因素
传动的平稳性	短周期(一齿)误差,包括齿轮加工过程中的刀具误差、机床传动链的短周期误差。这类误差用齿轮上的短周期偏差作为评定指标
载荷分布的均匀性	齿坯轴线歪斜、机床刀架导轨的误差等。这类误差用轮齿同侧齿面轴向偏差来评定
侧隙的合理性	影响侧隙的主要因素是齿轮副的中心距偏差和齿厚偏差

3. 加工误差的分类

（1）按表现特征分类

① 齿廓误差:齿廓误差指加工出来的齿廓不是理论的渐开线。其原因主要有刀具本身的刀刃轮廓误差及齿形角偏差、滚刀的轴向窜动和径向跳动、齿坯的径向跳动以及在每一齿距角内转速不均等。

② 齿距误差:齿距误差指加工出来的齿廓相对于工件的旋转中心分布不均匀。其原因主要有齿坯安装偏心、机床分度蜗轮齿廓本身分布不均匀及其安装偏心等。

③ 齿向误差:齿向误差指加工后的齿面沿齿轮轴线方向上的形状和位置误差。其原因主要有刀具进给运动的方向偏斜、齿坯安装偏斜等。

④ 齿厚误差:齿厚误差指加工出来的轮齿厚度相对于理论值在整个齿圈上下不致。其原因主要有刀具的铲形面相对于被加工齿轮中心的位置误差、刀具齿廓的分布不均匀等。

（2）按方向特征分类（图 5 - 48）

① 径向误差:径向误差指沿被加工齿轮直径方向（齿高方向）的误差。由切齿刀具与被加工齿轮之间径向距离的变化引起。

② 切向误差:切向误差指沿被加工齿轮圆周方向（齿厚方向）的误差。由切齿刀具与被加工齿轮之间分齿滚切运动误差引起。

③ 轴向误差:轴向误差指沿被加工齿轮轴线方向（齿向方向）的误差。由切齿刀具沿被加工齿轮轴线移动的误差引起。

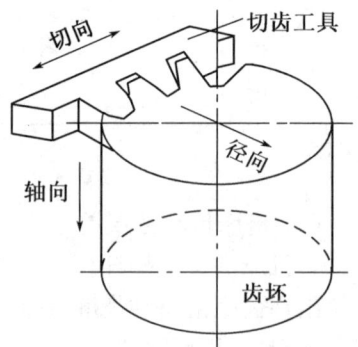

图 5 - 48　滚齿加工示意图

（3）按误差出现的频率

① 长周期（低频）误差:齿轮回转一周出现一次的周期性误差称为长周期（低频）误差,如图 5 - 49(a)所示。齿轮加工过程中几何偏心和运动偏心引起的误差属于长周期误差,它是以齿轮的一转为周期,对齿轮一转内传递运动的准确性产生影响。高速时,还会影响齿轮传动的平稳性。

② 短周期（高频）误差:齿轮转动一个齿距角的过程中出现一次或多次的周期性误差称

为短周期(高频)误差,如图 5－49(b)所示。产生误差的原因主要是机床的传动链和滚刀的制造和安装误差引起的,以分度蜗杆的一转或齿轮的一齿为周期,在一转中多次出现,影响齿轮传动的平稳性。

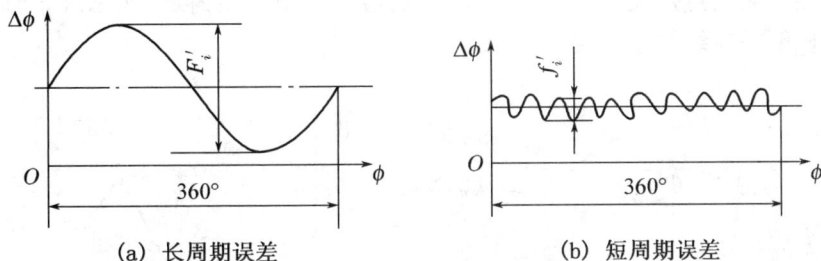

（a）长周期误差　　　　　　　（b）短周期误差

图 5－49　齿轮的周期性误差

三、圆柱齿轮偏差项目的评定及检测

按误差对齿轮传动性能的影响,可将评定参数分为三个组:影响齿轮传动准确性的偏差、影响齿轮传动平稳性的偏差和影响齿轮传动载荷分布均匀性。

各种轮齿要素的检验,需要多种测量操作,首先,必须保证在涉及齿轮旋转的所有测量中,齿轮实际工作的轴线应与测量过程中旋转轴线相重合。

在检验中,测量全部轮齿要素的偏差既不经济也没有必要,如单个齿距、齿距累积、齿廓、螺旋线、切向和径向综合偏差、径向跳动、表面粗糙度等,因为其中有些要素对于特定齿轮的功能并没有明显的影响,另外,有些测量项目可以代替另一些项目,例如切向综合偏差检验能代替齿距偏差检验,径向综合偏差检验能代替径向跳动检验。对于质量控制测量项目的减少,必须由供需双方协商确定。

1. 影响传递运动准确性的误差项目

影响齿轮传递运动准确性的主要误差是由几何偏心和运动偏引起的长周期误差。

（1）齿距累积偏差（F_{pk}）

任意 k 个齿距的实际弧长与理论弧长的代数差（图 5－50）。理论上它等于这 k 齿距的各单个齿距偏差的代数和。除非另有规定,F_{pk} 的计值仅限于不超过圆周 1/8 的弧段内。因此,偏差 F_{pk} 的允许值适用于齿距数 k 为 2 到 $z/8$ 的弧段内。通常,F_{pk} 取 $k \approx z/8$ 就足够了,如果对于特殊的应用(如高速齿轮)还需检验较小弧段,并规定相应的 k 值。

扫码见"齿距累积误差"动画

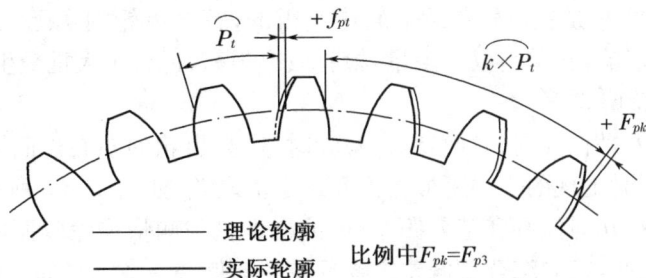

理论轮廓
实际轮廓
比例中 $F_{pk}=F_{p3}$

图 5－50　齿距偏差与齿距累积偏差

测量齿距累积误差通常用相对法,如用万能测齿仪或齿距仪进行测量,由于是逐齿逐点测,不如切向综合总偏差 F_i'(在连续运转中测量)测得全面,但因测量成本较低,故较常用。

(2)齿距累积总偏差(F_p)

齿轮同侧齿面任意弧段($k=1$ 至 $k=z$)内的最大齿距累积偏差。如图 5-51 所示,它表现为齿距累积偏差曲线的总幅值。

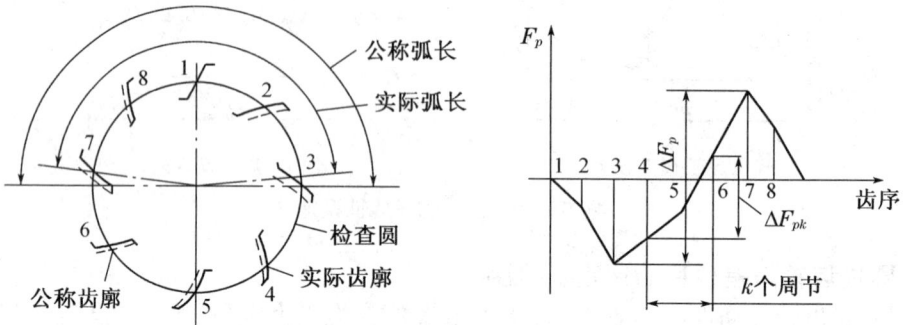

图 5-51 齿距累积偏差

(3)切向综合总偏差(F_i')

被测齿轮与测量齿轮单面啮合检验时,被测齿轮一转内,齿轮分度圆上实际圆周位移与理论圆周位移的最大差值。在检测过程中,只有同侧齿面单面接触,如图 5-52 所示。

扫码见"齿轮切向综合误差"动画

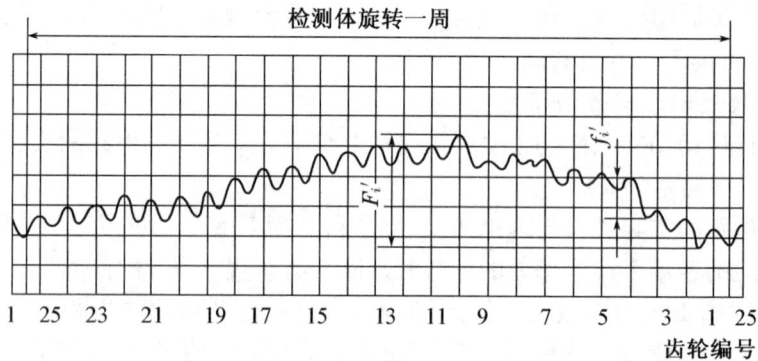

图 5-52 切向综合总偏差

切向综合总偏差 F_i' 是在齿轮连续运转中测得的,符合齿轮的实际工作状态,反映了多种加工误差的综合影响,在单啮仪上测量,检验效率很高,适合于大批量生产。

(4)径向综合总偏差 F_i''

径向综合总偏差是在径向(双面)综合检验时,产品齿轮的左右齿面同时与测量的齿轮接触,并转过一整圈时出现的中心距最大值和最小值之差,如图 5-53 所示。

当被测齿轮存在几何偏心和基节偏差时,被测齿轮与测量齿轮双面啮合传动时的中心距就会发生变化,因此,径向综合总偏差主要反映几何偏心造成的径向长周期误差和齿廓偏差、基节偏差等短周期误差。如图 5-53(b)所示,用双啮仪测量中心距的变动量,所反映齿廓的双面误差与齿轮实际工作状态不符,不能全面地反映运动的准确性,但由于其测量过程与切齿时的啮合过程相似,且双啮仪结构简单、操作方便,故广泛用于批量生产中一般精度齿轮的测量。

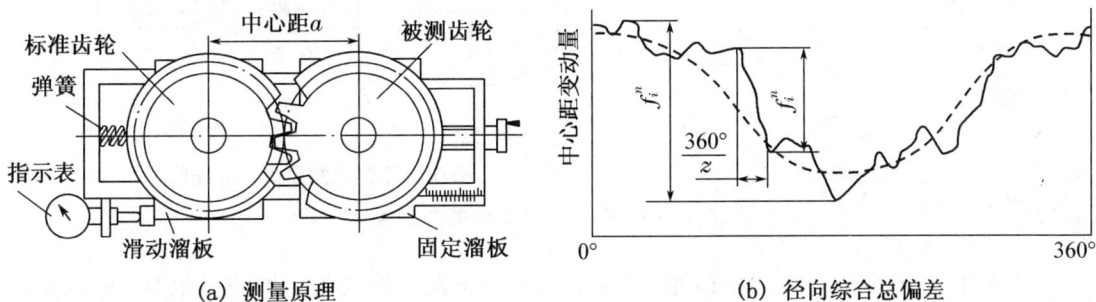

(a) 测量原理　　　　　　　　(b) 径向综合总偏差

图 5 - 53　用双啮仪测径向综合偏差

(5) 径向跳动(F_r)

齿轮径向跳动为测头(球形、圆柱形、砧形)相继置于每个齿槽内时,从它到齿轮轴线的最大和最小径向距离之差。检查中,测头在近似齿高中部与左右齿面接触,如图 5 - 54 所示。

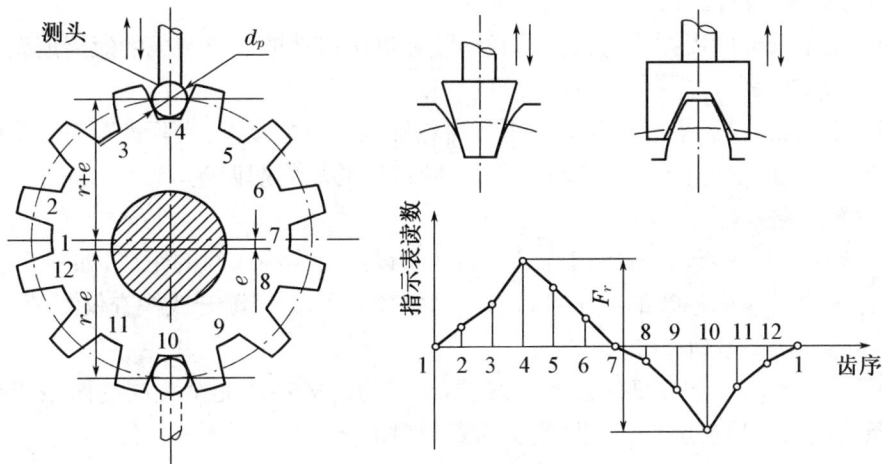

图 5 - 54　齿圈的径向跳动

偏差来源于几何偏心、齿坯端面跳动、打表误差等,主要反映由于齿坯偏心引起的齿轮径向长周期误差,可用齿圈径向跳动检查仪测量。

(6) 公法线长度变动量(E_{bn})

公法线长度变动量是指在齿轮旋转一整周内,实际公法线长度最大值与最小值之差。即

$$E_{bn} = W_{k\max} - W_{k\min}$$

用公法线千分尺测量,如图 5 - 55 所示。

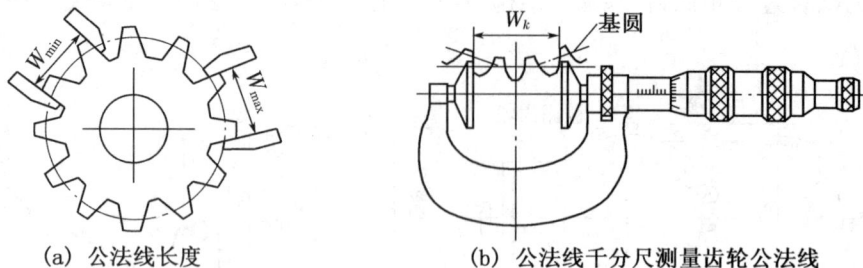

（a）公法线长度　　　　　　　（b）公法线千分尺测量齿轮公法线

图 5－55　公法线长度偏差及测量

测量时，对于标准直齿圆柱齿轮，其相继齿距数 k 及公法线长度取应满足 W_k 应满足：

$$W=m[1.476(2n-1)+0.014z]$$

式中：m—齿轮模数（mm）；z—齿轮齿数；k—继齿距数，取 $k=\dfrac{z}{9}+0.5$ 的整数。

由于检测成本低，常代替 F_i' 或与 F_p 与 F_r 组合使用。公法线长度变动误差产生的原因主要是：机床分度蜗轮偏心，使齿坯转速不均匀，引起齿面左、右切削不均匀，造成齿轮切向的长周期误差。

2. 影响传动平稳性的误差项目

影响传动平稳性的误差主要是由刀具误差和机床传动链误差造成的短周期误差。

（1）单个齿距偏差（f_{pt}）

在端平面上，在接近齿高中部的一个与齿轮轴线同心的圆上，实际齿距与理论齿距的代数差，如图 5－50 所示，而单个齿距偏差 f_{pt} 反映齿轮的短周期误差。

（2）齿廓总偏差（F_α）

在计算范围 L_α 内，包容实际齿廓迹线的两条设计齿廓迹线间的距离，如图 5－56（a）所示。最低点做设计齿廓迹线的两条平行直线间距离为 F_α。用渐开线检查仪测量。

（3）齿廓形状偏差（$f_{f\alpha}$）

在计算范围 L_α 内，包容实际齿廓迹线的，与平均齿廓迹线完全相同的两条迹线间的距离，且两条曲线与平均齿廓迹线的距离为常数，如图 5－56（b）所示。

（4）齿廓倾斜偏差（$f_{H\alpha}$）

在计算范围 L_α 内，两端与平均齿廓迹线相交的两条设计齿廓迹线间的距离，如图 5－56（c）所示。

齿形偏差反映实际齿形与理论齿形的偏离程度，由于齿轮的齿面偏离了正确的渐开线，使齿轮传动中瞬时传动比不稳定，影响齿轮的工作平稳性。

齿形误差主要是由于齿轮滚刀的制造刃磨误差及滚刀的安装误差等原因造成的。

（5）一齿切向综合偏差（f_i'）

f_i' 指在一个齿距内的切向综合偏差。如图 5－49 所示，在一个齿距角内，过偏差曲线的最高、最低点作与横坐标平行的两条直线，此平行线间的距离。

一齿切向综合偏差主要反映滚刀和机床分度传动链的制造及安装误差所引起的齿廓偏差、齿距误差，是切向短周期误差和径向短周期误差的综合结果，是评定传动平稳性较为完善的指标。在单啮仪上测量切向综合总偏差的同时可测出一齿切向综合偏差。

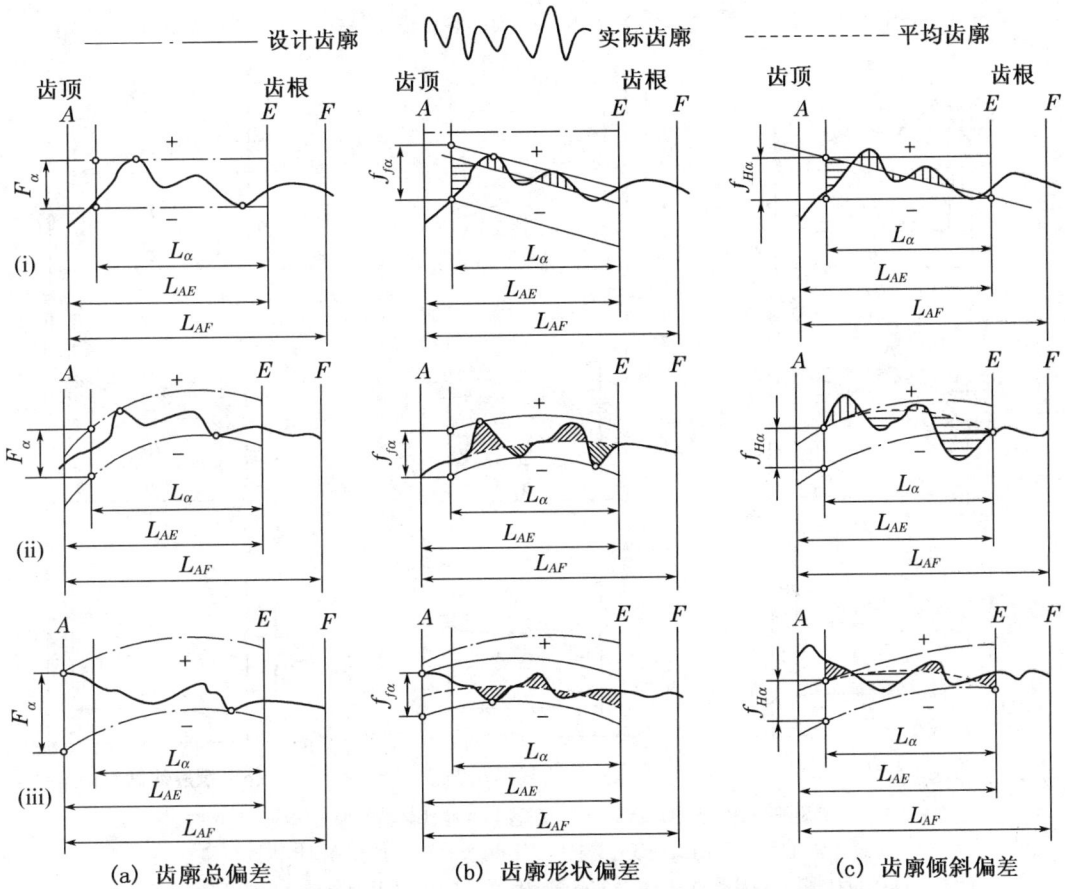

(i) 设计齿廓:未修形的渐开线;实际齿廓:在减薄区内具有偏向体内的负偏差。
(ii) 设计齿廓:修形的渐开线;实际齿廓:在减薄区内具有偏向体内的负偏差。
(iii) 设计齿廓:修形的渐开线;实际齿廓:在减薄区内具有偏向体外的正偏差。

图 5 - 56 齿廓偏差图

（6）一齿径向综合偏差（f_i''）

一齿径向综合偏差是当产品齿轮啮合一整圈时,对应一个齿距（$360°/z$）的径向综合偏差值。产品齿轮所有轮齿的 f_i'' 的最大值不应超过规定的允许值,如图 5 - 53(b)所示。误差主要来源于齿坯偏心、刀具安装和调整误差。

3. 影响载荷分布均匀性的误差项目

由于齿轮的制造和安装误差,一对齿轮在啮合过程中沿齿长方向和齿高方向都不是全齿接触,实际接触线只是理论接触线的一部分,影响了载荷分布的均匀性。

（1）螺旋线总偏差（F_β）

是指在计值范围 L_β 内,包容实际螺旋线迹线的两条设计螺旋线迹线间的距离,如图 5 - 57(a) 所示。

（2）螺旋线形状偏差（$f_{f\beta}$）

在计值范围 L_β 内,包容实际螺旋线迹线的,与平均螺旋线迹线完全相同的两条曲线间的距离,且两条曲线与平均螺旋线迹线的距离为常数,如图 5 - 57(b)所示。平均螺旋线迹

247

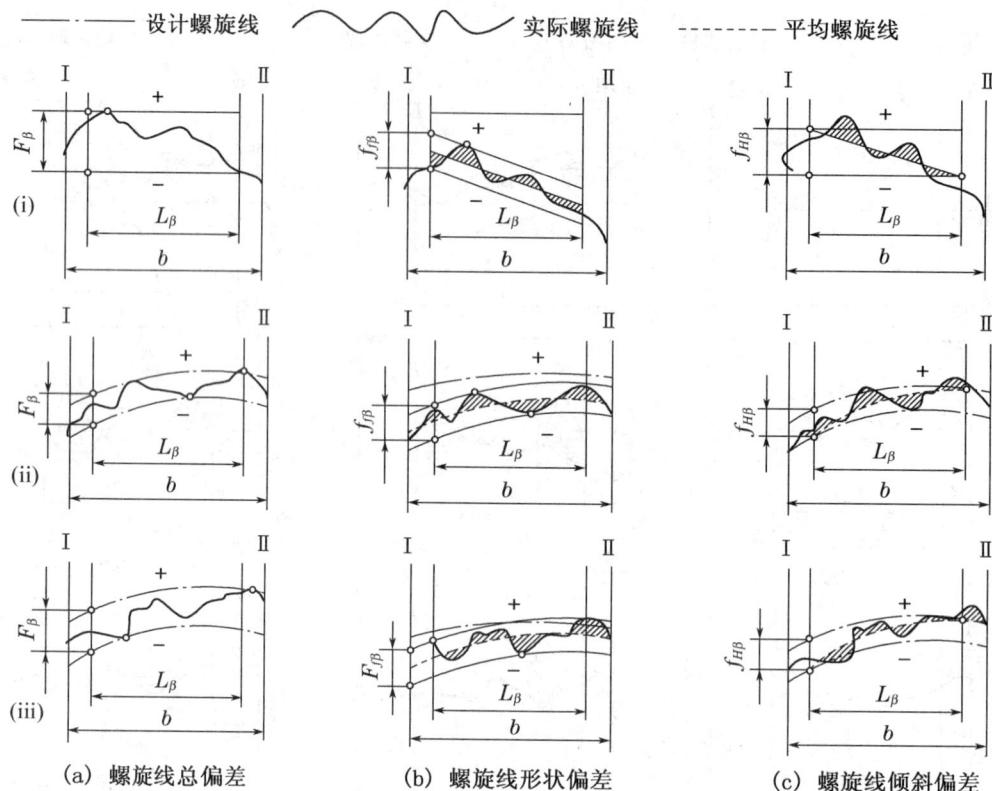

—— 设计螺旋线　　〜〜〜 实际螺旋线　　------- 平均螺旋线

(a) 螺旋线总偏差　　　(b) 螺旋线形状偏差　　　(c) 螺旋线倾斜偏差

(i) 设计螺旋线:未修形的螺旋线;实际螺旋线:在减薄区具有偏向体内的负偏差。
(ii) 设计螺旋线:修形的螺旋线;实际螺旋线:在减薄区内具有偏向体内的负偏差。
(iii) 设计螺旋线:修形的螺旋线;实际螺旋线:在减薄区内具有偏向体外的正偏差。

图 5 - 57　螺旋线偏差图

线是在计值范围内,按最小二乘法确定。

（3）螺旋线倾斜偏差（$f_{H\beta}$）

在计值范围 L_β 的两端与平均螺旋线迹线相交的两条设计螺旋线迹线间的距离,如图 5 - 57(c)所示。有时将齿轮设计成修形螺旋线,此时设计螺旋线迹线不再是直线,此时 F_β、$f_{f\beta}$、$f_{H\beta}$ 的取值方法见 GB/T 10095.1—2008。对于直齿圆柱齿轮,螺旋角 $\beta=0$,此时 F_β 称为齿向偏差。

螺旋线偏差来源于机床导轨倾斜产生的误差、夹具和齿坯安装误差、刀具制造与安装误差、机床进给链误差及测量仪器误差。

4. 影响传动侧隙的误差项目

适当的传动侧隙是齿轮副正常工作的必要条件,为了保证齿轮副的传动侧隙,一般用改变齿轮副中心距的大小或把齿轮轮齿减薄来获得。

对于单个齿轮来说,影响侧隙大小和不均匀性的主要因素是实际齿厚的大小及其变动量,即通过控制轮齿的齿厚(减薄量)来保证适当的侧隙,而齿轮轮齿的减薄量可由齿厚偏差和公法线长度偏差来控制。

（1）齿厚偏差（f_{sn}）

248

在分度圆柱上法向平面的"法向齿厚"是指齿厚理论值,该齿厚与具有理论齿厚的相配齿轮在理论中心距之下的啮合是无侧隙的,如图 5-58 所示。

公称齿厚的计算公式分别为:

内齿轮:$s_n = m_n + 2\tan\alpha_n x$

外齿轮:$s_n = m_n - 2\tan\alpha_n x$

式中,m_n 为齿轮的法向模数;x 为齿轮的变位系数;α_n 为齿轮法向角度。

对斜齿轮 s_n 值应在法向平面内测量。

齿厚的"最大和最小极限"s_{ns} 和 s_{ni} 是指齿厚的两个极端的允许尺寸,齿厚的实际尺寸应该位于这两个极端尺寸之间(含极端尺寸)。由于侧隙的要求,齿厚偏差多为负值,实际齿厚一是指通过测量确定的齿厚,通过齿厚的极限偏差可限制实际齿厚偏差,即 $E_{sni} \leqslant f_{sn} \leqslant E_{sns}$。

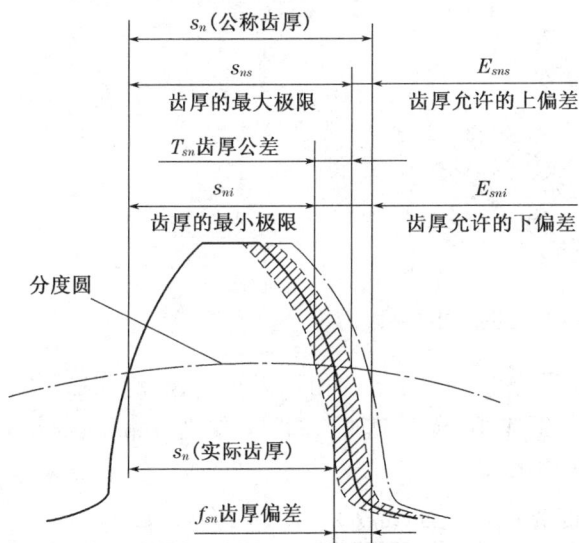

图 5-58　齿厚偏差

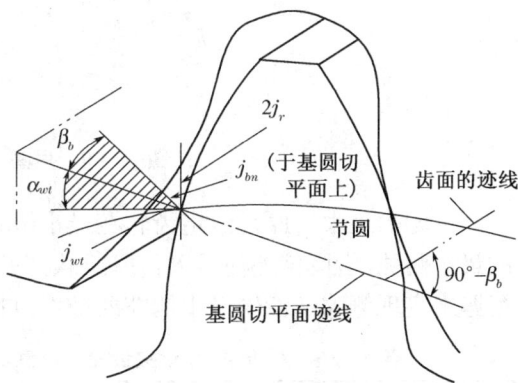

图 5-59　齿厚侧隙

(2) 侧隙的定义及分类

"侧隙"是两个相配齿轮的工作齿面相接触时,在两个非工作齿面之间所形成的间隙,如图 5-59 所示。也就是在节圆上齿槽宽度超过相啮合轮齿齿厚的量,侧隙可以在法向平面上或沿啮合线测量,但是它是在端平面上或啮合平面(基圆切平面)上计算和规定的。

圆周侧隙:是当固定两个相啮合齿轮中的一个时,另一个齿轮所能转过的节圆弧长的最大值。

法向侧隙 j_{bn}:是当两个齿轮的工作齿面相互接触时,其非工作齿面之间的最短距离。它与圆周侧隙的关系如下:$j_{bn} = j_{wt} \cos\alpha_{wt} \cos\beta_b$

式中:α_{wt}——端面压力角;β_b——法向螺旋角。

径向侧隙 j_r:将两个相配齿轮的中心距缩小,直到左侧齿面和右侧齿面都接触时,这个缩小的量即为径向侧隙。它与圆周侧隙 j_{wt} 的关系:$j_r = \dfrac{j_{wt}}{2\tan\alpha_{wt}}$

最小侧隙 $j_{wt\min}$ 是节圆上的最小圆周侧隙,即当具有最大允许实效齿厚的轮齿与也具有最大允许实效齿厚相配轮齿相啮合时,在静态条件下在最紧允许中心炬时的圆周侧隙。

所谓最紧中心距,对外齿轮来说是指最小的工作中心距,而对内齿轮来说是指最大的工作中心距。

最大侧隙 j_{wtmax} 是节圆上的最大圆周侧隙,即当具有最小允许实效齿厚的轮齿与也具有最小允许实效齿厚相配轮齿相啮合时,在静态条件下在最松允许中心距时的圆周侧隙。

所有相互啮合的齿轮必定都有些侧隙。必须要保证非工作齿面不会相互接触。在一个已定的啮合中,在齿轮传动中侧隙会随着速度、温度、负载等的变化而变化。在静态可测量的条件下,必须有足够的侧隙,以保证在带负载运行于最不利的工作条件下仍有足够的侧隙。需要的侧隙量与齿轮的大小、精度、安装和应用情况有关。

(3) 最小法向侧隙的确定

单个齿轮并没有侧隙,它只有齿厚,相啮齿的侧隙是由一对齿轮运行时的中心距以及每个齿轮的实效齿厚所控制,如图 5-60 所示。

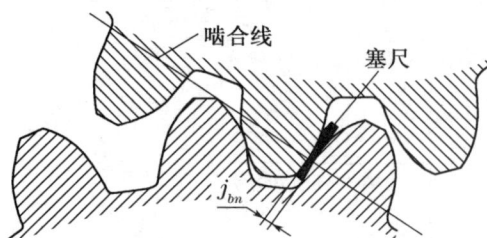

图 5-60 用塞尺测量侧隙(法向平面)

齿轮的最大齿厚是假定齿轮在最小中心距时与一个理想的相配齿轮啮合,能存在所需的最小侧隙,齿厚偏差使最大齿厚或从其最大值减小,从而增加了侧隙。制造者常常以减小齿厚来实现侧隙。齿轮最小侧隙的推荐值见表 5-26。

表 5-26 对于中、大模数齿轮最小侧隙的推荐值(摘自 GB/Z 18620.2—2008)(mm)

m_n	最小中心距 a_i					
	50	100	200	400	800	1600
1.5	0.09	0.11	—	—	—	—
2	0.10	0.12	0.15	—	—	—
3	0.12	0.14	0.17	0.24	—	—
5	—	0.18	0.21	0.28	—	—
8	—	0.24	0.27	0.34	0.47	—
12	—	—	0.35	0.42	0.55	—
18	—	—	—	0.54	0.67	0.94

最小法向侧隙是当一个齿轮的轮齿以最大允许实效齿厚与一个也具有最大允许实效齿厚的相配齿在最紧的允许中心距相啮合时,在静态条件下存在的最小允许侧隙。这是设计者所提供的传统"允许间隙",以补偿下列情况。

① 箱体、轴和轴承的偏斜。

② 由于箱体的偏差和轴承的间隙导致齿轮轴线的不对准。

③ 由于箱体的偏差和轴承的间隙导致齿轮轴线的歪斜。

④ 安装误差,例如,轴的偏心。

⑤ 轴承径向跳动。

⑥ 温度影响(箱体与齿轮零件的温度差、中心距和材料差异所致)。

⑦ 旋转零件的离心胀大。

⑧ 其他因素,例如,由于润滑剂的允许污染以及非金属齿轮材料的溶胀。

四、齿轮副的精度的评定指标

而齿轮传动总是成对(齿轮副)出现的,即是以齿轮副的形式实现功能的。

1. 轴线的平行度偏差

轴线平行度与其向量的方向有关,所以规定了轴线平面内的平行度偏差 $f_{\Sigma\delta}$ 和垂直平面上的平行度偏差 $f_{\Sigma\beta}$。如果一对啮合的圆柱齿轮的两条轴线不平行,形成了空间的异面(交叉)直线,则将影响齿轮的接触精度,因此必须加以控制,如图 5-61 所示。

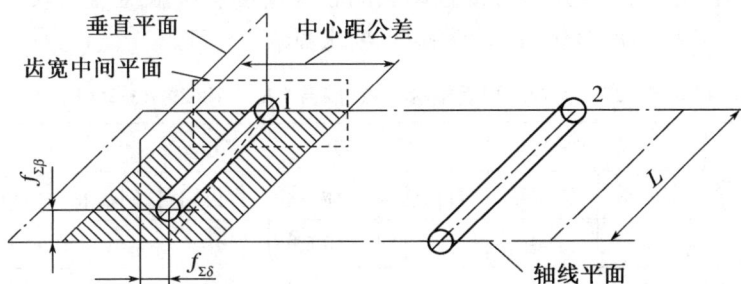

图 5-61　轴线的平行度偏差

(1) 轴线平面内的平行度偏差是在两轴线的公共平面上测量的,此公共平面是用两轴承跨距中较长的一个和另一根轴上的一个轴承来确定的。如果两个轴承的跨距相同,则用小齿轮轴和大齿轮轴的一个轴承确定。

$f_{\Sigma\delta}$ 的最大推荐值为:$f_{\Sigma\delta}=2f_{\Sigma\beta}$

(2) 垂直平面上的平行度偏差是在与轴线公共平面相垂直的平面上测量的。

$f_{\Sigma\beta}$ 的最大推荐值为:$f_{\Sigma\beta}=\dfrac{L}{2b}F_{\beta}$

式中:L——轴承跨距(mm);b——齿宽(mm)。

轴线平行度偏差将影响螺旋线啮合偏差。垂直平面上的偏差所导致的啮合偏差要比同样大小的轴线平面内偏差导致的啮合偏差大 2~3 倍。

2. 齿轮副的中心距允许偏差

中心距公差是指设计者规定的允许偏差,公称中心距是在考虑了最小侧隙及两齿轮的齿顶和其相啮的非渐开线齿廓齿根部分的干涉后确定的。中心距偏差是指在齿轮副的齿宽中间平面内,实际中心距与公称中心距之差。

它影响侧隙和齿轮的重合度,在控制运动用的齿轮中,其侧隙必须控制,见表 5-26。

3. 齿轮副的接触斑点

齿轮副的接触斑点是指安装好的齿轮副,在轻微制动下运转后,齿面上分布的接触擦亮痕迹。如图 5-62 所示。

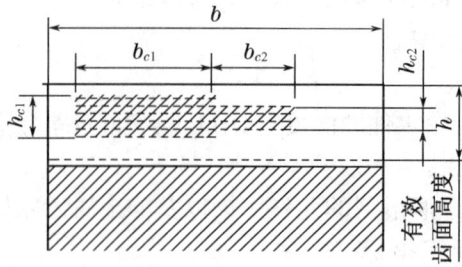

图 5 - 62 接触斑点分布图

齿面上分布的接触斑点大小,可用于评估齿面接触精度。也可以将被测齿轮安装在机架上与测量齿轮在轻载下测量接触斑点,评估装配后齿轮螺旋线精度和齿廓精度。接触斑点的大小由齿高方向和齿长方向的百分数表示,图中 b_{c1}、b_{c2} 分别为接触斑点的较大长度和接触斑点的较小长度,h_{c1}、h_{c2} 分别为接触斑点的较大高度和接触斑点的较小高度。用 b 表示齿宽,则齿轮在不同精度时轮齿的接触斑点要求见表 5 - 27。

表 5 - 27 齿轮装配后接触斑点(摘自 GB/Z 18620.4—2008)

精度等级 GB/Z 10095—2008	$b_{c1}/b\times100\%$		$h_{c1}/h\times100\%$		$b_{c2}/b\times100\%$		$h_{c2}/h\times100\%$	
	直齿轮	斜齿轮	直齿轮	斜齿轮	直齿轮	斜齿轮	直齿轮	斜齿轮
4 级及更高	50	50	70	50	40	40	50	30
5 和 6	45	45	50	40	35	35	30	20
7 和 8	35	35	50	40	35	35	30	20
9 至 12	25	25	50	40	25	25	30	20

接触斑点的检测方法主要有两种方法:

(1)静态方法:通过小齿轮和大齿轮之间一层薄薄的涂层转移来完成,不加载荷,一般用手转动。

接触斑点检测,使一个齿轮的齿上的规定厚皮的印痕涂料转移到相配齿轮的齿上,将接触斑点检测的结果与规定的斑点做比较。这规定斑点是分析想要的无载荷接触状况得出的,或按类似齿轮副的经验得出的,这技术与精密仪器和精密机床的接触表面的手工配合或刮研相类似。

(2)动态方法:需要可控制的递增适当的载荷并按设计规定的运转速度来完成。接触斑点是靠受载区域的啮合齿面涂层被磨掉来显示的,观察和记录随着载荷增加短期转动后的斑点。典型载荷递增量为 5%、25%、50%、75% 和 100%,用所得到的接触斑点进行比较,以保证在规定工作条件下,观察到轮齿逐渐发展的接触面积达到设计的接触面大小。

五、渐开线圆柱齿轮精度标准及其应用

1. 渐开线圆柱齿轮的精度等级

《圆柱齿轮 精度制 第 1 部分:齿轮同侧齿面偏差的定义和允许值》(GB/T 10095.1—2008)、《圆柱齿轮 精度制 第 2 部分:径向综合偏差与径向跳动的定义和允许值》(GB/T 10095.2—2008)、《圆柱齿轮 检验实施规范》(GB/T 18620.1～4—2008)给出了齿轮评定项目允许值并规定了齿轮精度检测的实施规范。其中规定了 14 项偏差要素,可划分为单项偏差(10 项)和综合偏差(14 项)。

其中:0 级精度最高,依次降低,12 级精度最低;5 级精度为基本等级,是计算其他等级偏差允许值的基础;0~2 级精度目前加工工艺尚不能达到,是为将来发展特别精密的齿轮而规定的;3~5 级为高精度;6~8 级为中等精度;9~12 级为低精度(粗糙)。

5 级为齿轮偏差的基本精度等级,它是计算其他等级偏差允许值的基础。齿轮偏差项目和 5 级精度的齿轮偏差允许值的计算式见表 5‑28。

表 5‑28　齿轮偏差项目和 5 级精度的齿轮偏差允许值的计算式

偏差项目				5 级精度的齿轮偏差允许值的计算式	精度等级
轮齿同侧齿面	单项偏差	齿距偏差	单个齿距偏差(±)	$f_{pt}=0.3(m_n+0.4\sqrt{d})+4$	0~12 级,共 13 级,0 级最高,12 级最低(5 级为基础级)
			齿距累积偏差(±)	$F_{pk}=f_{pt}+1.6\sqrt{(k-1)m_n}$	
			齿距累积总偏差	$F_p=0.3m_n+1.25\sqrt{d}+7$	
		齿廓偏差	齿廓总偏差	$F_\alpha=3.2\sqrt{m_n}+0.22\sqrt{d}+0.7$	
			齿廓形状偏差	$f_{f\alpha}=2.5\sqrt{m_n}+0.17\sqrt{d}+0.5$	
			齿廓倾斜偏差(±)	$f_{H\alpha}=2\sqrt{m_n}+0.14\sqrt{d}+0.5$	
		螺旋线偏差	螺旋线总偏差	$F_\beta=0.1\sqrt{d}+0.63\sqrt{b}+4.2$	
			螺旋线形状偏差	$f_{f\beta}=0.07\sqrt{d}+0.45\sqrt{b}$	
			螺旋线倾斜偏差(±)	$f_{H\beta}0.07\sqrt{d}+0.45\sqrt{b}+3$	
	径向		径向跳动	$F_r=0.8F_p=0.24m_n+1.0\sqrt{d}+5.6$	
轮齿同侧齿面	综合偏差	切向综合偏差	切向综合总偏差	$F_i'=F_p+f_i'$	4~12 级,共 9 级
			一齿切向综合偏差	$f_i'=K(9+0.3m_n+3.2\sqrt{m_n}+0.34\sqrt{d})$ 当 $\varepsilon_r<4$ 时,$K=0.2\left(\dfrac{\varepsilon_r+4}{\varepsilon_r}\right)$; 当 $\varepsilon_r\geqslant4$ 时,$K=0.4$	
径向		径向综合偏差	径向综合总偏差	$F_i''=0.3m_n+1.01\sqrt{d}+6.4$	
			一齿径向综合偏差	$f_i''=2.96m_n+0.01\sqrt{d}+0.8$	

2. 齿坯精度

齿坯是在加工轮齿前供制造齿轮的工件,齿坯的尺寸偏差、几何误差、表面结构会影响齿轮的加工精度、安装精度及齿轮副的接触条件、运转状况,因此必须控制齿坯精度,使加工的齿轮更容易满足使用要求。

(1)基准轴线与工作轴线

齿轮的轮齿精度(齿廓偏差、相邻齿距偏差等)的参数的数值,只有明确其特有的旋转轴线才有意义。

基准轴线是由基准面中心确定的,是加工或检验人员对单个齿轮确定轮齿几何形状的轴线。齿轮依此轴线来确定各项参数及检测项目,确定齿距、齿廓和螺旋线的偏差更是如此。工作轴线是齿轮在工作时绕其旋转的轴线,它由工作安装面的中心确定。

（2）确定基准轴线的方法

齿轮的加工、检验和装配,应尽量采取基准统一的原则。通常将基准轴线与工作轴线重合,即将安装面作为基准面。一般采用齿坯内孔和端面作为基准,因此,基准轴线的确定有以下三种基本方法。

① 基准轴线是用两个"短的"圆柱或圆锥形基准面上设定的两个圆的圆心来确定轴线上的两点。如图 5 - 63(a)所示,A 和 B 是预定的轴承安装表面。

② 用一个"长的"圆柱或圆锥形的面来同时确定轴线的位置和方向。孔的轴线可用与之相匹配且正确装配的工作芯轴的轴线来代表。如图 5 - 63(b)所示,

③ 轴线的位置用一个"短的"圆柱形基准面上的一个圆的圆心来确定,而其方向则用垂直于此轴线的一个基准端面来确定。如图 5 - 63(c)所示。

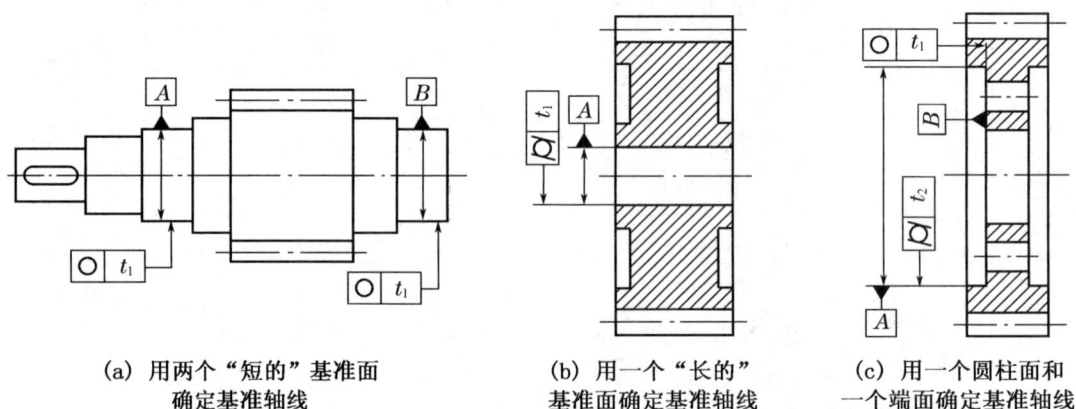

（a）用两个"短的"基准面 确定基准轴线	（b）用一个"长的" 基准面确定基准轴线	（c）用一个圆柱面和 一个端面确定基准轴线

图 5 - 63　确定基准轴线的方法

（3）中心孔的应用

在制造和检测时,对和轴做成一体的小齿轮,最常用的也是最满意的工艺基准是轴两端的中心孔,通过中心孔将轴安装在顶尖上。这样,两个中心孔就确定了它的基准轴线,齿轮公差及(轴承)安装面的公差均须相对于此轴线来规定(如图 5 - 64 所示),且安装面相对于中心孔的跳动公差必须规定很紧的公差值。

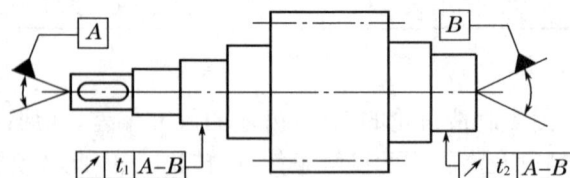

图 5 - 64　用中心孔确定基准轴线

（4）基准面、工作及制造安装面的形状公差

基准面的精度要求必须在零件图上规定,齿坯尺寸公差见表 5 - 29;基准面的形状公差、工作安装面的形状公差也不应大于下表所示规定的数值,见表 5 - 30。如果采用其他的制造安装面时,应采用同样的限制。

表 5‑29　齿坯尺寸公差

齿轮精度等级		5	6	7	8	9	10	11	12
孔	尺寸公差	IT5	IT6	IT7		IT8		IT9	
轴		IT5		IT6		IT7		IT8	
齿顶圆直径偏差		$\pm 0.05 m_n$							

注:当顶圆不作为测量基准时,其尺寸公差按 IT11 给定,但不大于 $0.1 m_n$。

表 5‑30　基准面与安装面的形状公差(摘自 GB/T 18620.3—2008)

确定轴线的基准面	公差项目		
	圆度	圆柱度	平面度
两个短的圆柱或圆锥形基准面	$0.04(L/b)F_\beta$ 或者 $0.1F_p$,(取两者中之小值)	—	—
一个长的圆柱或圆锥形基准面	—	$0.04(L/b)F_\beta$ 或者 $0.1F_p$,(取两者中之小值)	—
一个短的圆柱面和一个端面	$0.06F_p$	—	$0.06(D_d/b)F_\beta$

注:① 齿轮坯的公差应减至能经济地制造的最小值。

② L 为较大的轴承跨距,D_d 为基准面直径,b 为齿宽。

(5)工作安装面的跳动公差

当基准轴线与工作轴线不重合时,跳动公差不应大于表 5‑31 规定的数值。

表 5‑31　齿坯安装面的跳动公差(摘自 GB/T 18620.3—2008)

确定轴线的基准面	跳动量(总的指示幅度)	
	径向	轴向
仅指圆柱或圆锥形基准面	$0.15(L/b)F_\beta$ 或者 $0.3F_p$,(取两者中之小值)	—
一个圆柱基准面和一个端面基准	$0.3F_p$	$0.2(D_d/b)F_\beta$

(6)齿顶圆柱面

设计者应适当选择齿顶圆直径的公差,以保证最小的设计重合度,同时又具有足够的顶隙。如果把齿顶圆柱面作为基准面,表 5‑29 所示数值可用作尺寸公差,而其形状公差不应大于表 5‑30 所示数值。

3. 齿面粗糙度

轮齿齿面的表面粗糙度对齿轮的传动精度(噪声和振动)、表面承载能力(点蚀、胶合和磨损)和弯曲强度(齿根过渡曲面状况)等都会产生很大的影响,应规定相应的表面粗糙度。齿轮各基准面的粗糙度 Ra 的推荐值见表 5‑32,齿面的粗糙度见表 5‑33,Ra 与 Rz 不应在同一部分使用。

表 5-32　齿轮各基准面的粗糙度 *Ra* 的推荐值(μm)

齿轮精度等级	5	6	7	8	9	
齿面加工方法	磨齿	磨或珩齿	剔或珩齿	精滚精插	插或滚齿	滚齿	铣齿
齿轮基准孔	0.32~0.63	1.25	1.25~2.5		5	
齿轮轴基准轴颈	0.32	0.63	1.25		2.5	
齿轮基准端面	1.5~2.5	2.5~5			3.2~5	
齿轮顶圆	1.25~2.5	3.2~5				

表 5-33　齿面的粗糙度(摘自 GB/T 18620.3—2008)(μm)

齿轮精度等级	*Ra*			*Rz*		
	$m \leqslant 6$	$6 < m \leqslant 25$	$25 < m$	$m \leqslant 6$	$6 < m \leqslant 25$	$25 < m$
5	0.5	0.63	0.8	3.2	4.0	5.0
6	0.8	1.00	1.25	5.0	6.3	8.0
7	1.25	1.60	2.0	8.0	10	12.5
8	2.0	1.5	3.2	12.5	16	20
9	3.2	4.0	5.0	20	25	32
10	5.0	6.3	8.0	32	40	50
11	10.0	12.5	16	63	80	100
12	20	25	32	125	160	200

4. 齿轮精度等级的选择方法

齿轮精度等级的确定要考虑齿轮传动的用途、使用要求、工作条件等因素,在满足使用要求的前提下,应尽量选择较低的精度等级,以降低加工成本。确定齿轮精度等级的方法有计算法和类比法。

(1) 计算法

依据齿轮传动链的精度要求,通过运动误差计算确定齿轮的精度等级,或依据传动中允许的振动和噪声指标通过动力学计算确定齿轮精度等级,也可根据齿轮的承载要求,通过强度和寿命计算确定齿轮精度,再按其他方面要求做适当协调,来确定其他使用要求下的精度等级。计算法一般用于高精度齿轮精度等级的确定。

(2) 类比法

类比法是依据以往产品设计、性能试验以及使用过程中所积累的经验,以及较可靠的各种齿轮精度等级选择的技术资料,经过与所设计的齿轮在用途、工作条件及技术性能上做对比后,再选定其精度等级。各种机械采用的齿轮的精度等级参见表 5-34。圆柱齿轮精度等级的适用范围参见表 5-35。

表 5 - 34　各类机械中齿轮精度等级的应用范围

应用范围	精度等级	应用范围	精度等级	应用范围	精度等级
测量齿轮	2~5	轻型汽车	5~8	拖拉机	6~10
透平机减速器	3~6	内燃或电气机车	6~8	轧钢机	6~10
精密切削机床	3~7	载重汽车	6~9	起重机	7~10
一般切削机床	5~8	通用减速器	6~9	地质矿用绞车	8~10
航空发动机	4~7	客车底盘	5~7	农业机械	8~11

表 5 - 35　齿轮精度等级与圆周速度的应用范围

精度等级	圆周速度/m·s⁻¹		齿面的终加工	工作条件
	直齿	斜齿		
3 级（极精密）	0~40	0~75	特别精密的磨削和研齿：用精密滚刀或单边剃齿后大多数不经淬火的齿轮	要求特精密或在最平稳且无噪声的特高速下工作的齿轮传动；特别精密机构中的齿轮；特别高速传动（透平齿轮）；检测 5~6 级齿轮用的测量齿轮
4 级（特别精密）	0~35	0~70	精密磨齿：用精密滚刀 和挤齿或单边剃齿后的大多数齿轮	特别精密分度机构中或在最平稳且无噪声的极高速下工作的齿轮传动；特别精密分度机构中的齿轮；高速透平传动；检测 7 级齿轮用的测量齿轮
5 级（高精密）	0~20	0~40	精密磨齿：大多数用精密滚刀加工,进而挤齿或剃齿的齿轮	精密分度机构中或要求极平稳且无噪声的高速工作的齿轮传动；精密机构用齿轮；透平齿轮；检测 8 级和 9 级齿轮用测量齿轮
6 级（高精密）	0~16	0~30	精密磨齿或剃齿	要求最高效率且无噪声的高速下平稳工作的齿轮传动或分度机构的齿轮传动；特别重要的航空、汽车齿轮；读数装置用特别精密传动的齿轮
7 级（精密）	0~10	0~15	无须热处理仅用精确刀具加工的齿轮；至于淬火齿轮必须精整加工（磨齿、挤齿、珩齿等）	增速和减速用齿轮传动；金属切削机床送刀机构用齿轮；高速减速器用齿轮；航空、汽车用 齿轮；读数装置用齿轮
8 级（中等精密）	0~6	0~10	不磨齿,必要时光整加 工或对研	无须特别精密的一般机械制造用齿轮；包括 在分度链中的机床传动齿轮；飞机、汽车制造业中的不重要齿轮；起重机构用齿轮；农业机械中的重要齿轮；通用减速器齿轮
9 级（较低精度）	0~2	0~4	无须特殊光整工作	用于粗糙工作的齿轮

【任务实施】

齿轮的检测

一、检测项目的选用

检验中,没有必要测量全部轮齿要素的偏差,GB/T 10095.1—2008、GB/T 13924—2008 规定有些测量项目可以代替另一些项目。

评定齿轮精度等级的必检项目有:同侧齿面的齿距累积总偏差 F_p、齿距累积偏差 F_{pk}、单个齿距偏差 f_{pt}、齿廓总偏差 F_α、螺旋线总偏差 F_β、齿厚偏差 E_{sn} 或公法线长度极限偏差 E_{bn};其余的非必检项目由采购方和供货方协商确定。

选择检测指标时考虑以下几个因素:

(1)齿轮加工方式:如滚齿选公法线偏差、磨齿选齿距累积误差。

(2)齿轮精度:精度要求高时应进行综合检测;精度要求低的齿轮,可不检,其精度由机床保证。

(3)检验目的:终结检验考虑采用综合检测指标;工艺检验采用单项检测指标。

(4)齿轮规格:齿轮公称直径 $d \leqslant 400$ mm 时将齿轮放在固定仪器上检测,$d > 400$ mm 时直接在齿轮上检测。

(5)生产规模:大批生产时,考虑采用综合检测指标;小批生产时,考虑单项检测指标。

(6)设备条件及习惯:考虑充分利用现有设备条件和生产使用习惯选用检测指标。一般,对于单个齿轮,检测单个齿距偏差、齿距累积总偏差、齿廓总偏差、螺旋线总偏差。齿距累积偏差用于高速齿轮的检测;当检测切向综合偏差时,可不检测单个齿距和齿距累积总偏差。

二、用万能测齿仪检测齿轮齿距偏差 f_{pt} 及齿距累积误差 F_p

1. 测量原理

测量单个齿距偏差 f_{pt} 及齿距累积误差 F_p 有两种方法:直接法和相对法。通常采用相对测量法,用齿距仪或万能测齿仪进行测量。

相对测量法是以被测齿轮回转轴线为基准(或以齿顶圆为基准),A、B 两个测头,在接近齿高中部分别与相邻同侧齿面(或相邻的几个齿面)接触,并处于齿轮轴线同心圆及同一端截面上。测量时,以任一齿距(或 k 个齿距)作为相对标准。A、B 测头依次测量每个齿距(或 k 个齿距)的相对差值,经数据处理后得出单个齿距偏差 f_{pt} 和齿距累积偏差 F_p。

2. 测量步骤

万能测齿仪是应用比较广泛的齿轮测量仪器,除测量圆柱齿轮的齿距、基节、齿圈径向跳动和齿厚外,还可以测量圆锥齿轮和蜗轮。其测量基准是内孔。

图 5-65 所示为万能测齿仪的外形。万能测齿仪的测量范围为模数 $m = 0.5 \sim 10.0$ mm,最大直径为 150 mm,指示表的分度值 $i = 0.001$ mm。弧形支架上的顶针可装齿轮心轴,工作台支架可以在水平面内做纵向和横向移动。工作台上的滑板能够做径向移动,借助锁紧装置可固定在任意位置上。松开锁紧装置,靠弹簧的作用,滑板能匀速移到测量位置,进行逐齿测量。滑板上的测量装置上带有测量头和指示表。

| (a) 万能测齿仪外形 | (b) 万能测齿仪测距简图 |

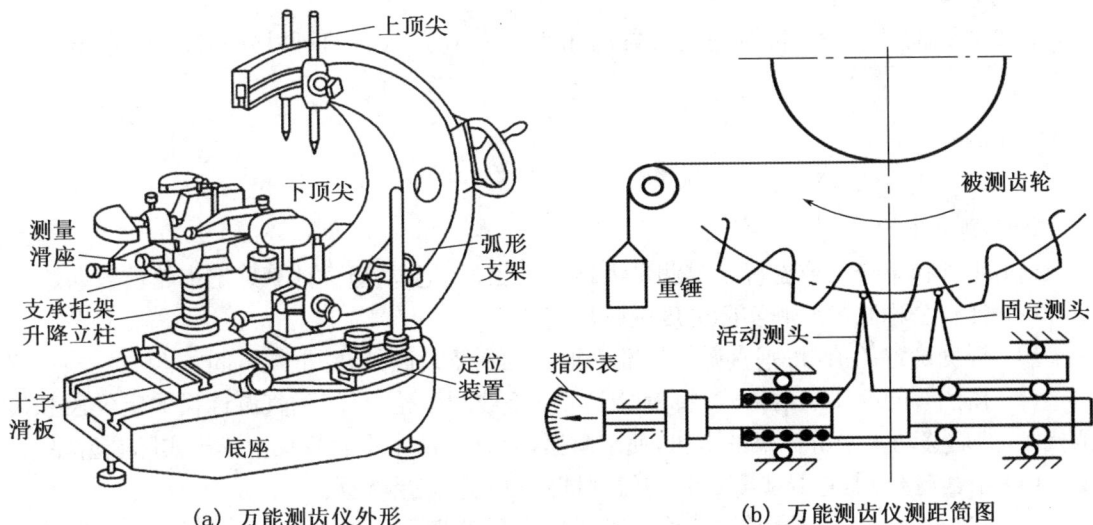

图 5-65　万能测齿仪齿距偏差相对法测量原理图

　　用万能测齿仪测量时,将套在心轴上的齿轮装在仪器上、下顶尖之间,调节测量滑架使活动测量头与固定测量头沿齿轮径向大致位于分度圆附近,将仪器指示表调零,重锤保证齿面和测量头接触稳定可靠,测完一齿后,将测量滑架沿径向退出,使齿轮转过一齿后再进入齿间,直到测完一周回复到测量基准齿,此时仪器指示表仍指在零。必须注意,由于重锤的作用,每次将测量滑架退出时要用手将齿轮扶住,以免损坏测量头。

三、用齿厚游标卡尺检测齿厚偏差

齿厚的测量方法有直接法和间接法。间接法又可分为三种:公法线平均长度偏差 E_{wm}、基本齿廓位移 E_H(固定弦齿厚偏差)、跨棒测量距 M_d 偏差的测量。

　　直接法(测量齿厚偏差 E_{sn})的测量仪器有齿厚游标卡尺、光学测齿卡尺等。也可在万能工具显微镜等仪器上测量。

扫码见"分度圆弦齿厚测量"动画

1. 齿厚偏差 E_{sn}

　　以被测齿轮回转轴线为基准(一般用齿轮外圆代替),测量齿轮分度圆柱上同一齿左右齿面之间的弧长或弦长,实测值与公称值之差即为齿厚偏差。各齿中最大齿厚与公称齿厚之差为齿厚上偏差 E_{sns},最小齿厚与公称齿厚之差为齿厚下偏差 E_{sni}。为了得到齿侧间隙,齿厚偏差应为负值。

　　图 5-66 所示为测量齿厚偏差的齿轮游标卡尺(又称齿厚游标卡尺),分度值 0.02 mm,可测最模数为 1~16 的齿轮。它由两套互相垂立的游标尺组成,其原理以及读数方法与普通游标卡尺相同,垂直游标尺用于控制测量部分(分度圆至齿顶圆)的弦齿高,水平游标尺用于测量所测部位(分度

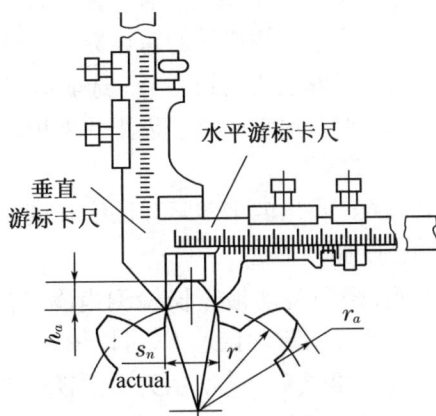

图 5-66　齿厚游标卡尺测量齿厚

圆)的弦齿厚 s(实际值)。

标准直齿圆柱齿轮分度圆的弦齿高 h_a 和弦齿厚 s_n 的公称值可以分别按下式求出：

$$h_a = m\left[1 + \frac{z}{2}\left(1 - \cos\frac{90°}{z}\right)\right]$$

$$s_n = mz\sin\frac{90°}{z} = 2r\sin\frac{90°}{z}$$

齿厚测量步骤：

（1）用外径千分尺或游标卡尺测量齿顶圆直径，并记录；通过计算确定齿轮模数 m。

（2）计算公称弦齿厚和实际分度圆弦齿高。

（3）根据确定的值，将垂直游标尺准确地定位到弦齿高处，并把螺钉固紧。

（4）按图 5-65 所示的形式，将齿厚卡尺置于被测齿轮上，使垂直游标尺的定位尺和齿顶接触，然后移动水平游标尺的卡脚，使卡脚紧靠齿廓，从水平游标尺上读出实际弦齿厚。

（5）沿齿轮外圆，重复步骤（4），均匀测量 6～8 点，记录数据。

（6）将分度圆实际齿厚减去公称齿厚即为分度圆齿厚偏差。

用齿轮游标卡尺测量齿厚偏差较方便，但测量精度较低，故适用较低精度或模数较大的齿轮测量，对精度较高的齿轮，可测公法线平均长度偏差。

2. 公法线平均长度偏差 E_{wm} 的测量

公法线平均长度偏差指在齿轮旋转一周内，公法线平均长度与设计值之差。

由于齿轮加工的运动偏心会使得公法线长度不均匀，而齿厚变化必然引起公法线长度的相应变化，故用公法线平均长度反映齿厚的变化，用公法线平均长度偏差控制齿侧间隙的大小。

测量公法线 W_k 的仪器有：公法线千分尺、公法线指示千分尺、公法线指示卡规、万能工齿仪以及万能工具显微镜等。公法线千分尺是在普通千分尺上安装两个大平面测头，其读数方法与普通千分尺相同。

如图 5-55 所示为用公法线千分尺测量公法线长度。测量时，两个跨一定齿数的具有平行量面的量爪，大约在被测齿轮的齿高中部与两异侧齿面相切，逐齿测量，其最大差值即为公法线变动量 E_{bn}，沿圆周均匀分布的四个位置上进行测量，其平均值与设计值之差为公法线平均长度偏差 E_{wm}。

测量公法线平均长度偏差的步骤如下：

（1）确定被测齿轮的跨齿数 k 并计算公法线的公称长度（即设计长度）。

（2）根据公法线长度 W_k 选取适当规格的公法线千分尺并校对零位。

（3）根据选定的相继齿距数 k 用公法线千分尺测量沿被测齿轮圆周均布的四条公法线长度。

（4）计算出四个实际公法线长度的平均值，然后用其减去公称公法线长度即为公法线平均长度偏差 E_{wm}。

四、径向跳动检查仪检测齿圈径向跳动 F_r

齿圈径向跳动误差 F_r 可以用齿圈径向跳动检查仪，也可用万能测齿仪等具有顶针架的仪器量。如图 5-67 所示为齿圈径向跳动检查仪外形图。心轴装入被测齿轮后，安装在左右顶针之间，两顶针架在滑板上。转动手轮可使滑板及其上承载物一起左右移动。在底座后方螺旋立柱上有一表架，百分表装在表架前弹性夹头中。拨动抬升器可使百分表测头放入齿槽或退出齿槽,齿圈径向跳动检查仪附有不同直径的测头,用于测量各种模数的齿轮。另外它附有各种杠杆,用于测量锥齿轮和内齿轮的齿圈径向跳动。

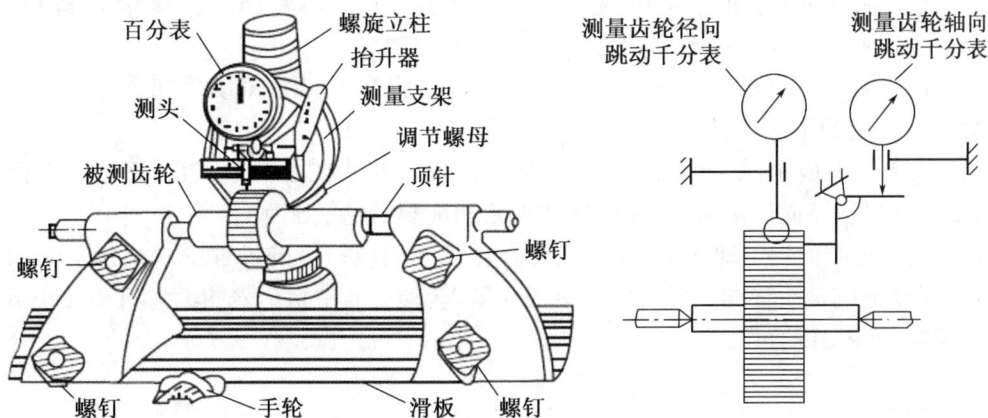

图 5‒67　齿圈径向跳动检查仪

测量步骤如下:

(1) 根据被测齿轮的模数选取合适的测头,并将测头装在百分表测杆的下端。

(2) 将被测齿轮套在心轴上(零间隙),并装在齿圈跳动检查仪两顶针之间,松紧合适(无轴向窜动,又能转动自如),锁紧螺钉。

(3) 转动手轮,移动滑板,使被测齿轮齿宽中间处于百分表测头的位置,锁紧螺钉。压下抬升器,然后转动调节螺母,调节表架高度,但勿让表架转位,放下抬升器,使测头与齿槽双面接触,并压表 0.2~0.2 mm,然后将表调至零位。

(4) 压下抬升器,使百分表测头离开齿槽,然后将被测齿轮转过一齿,放下抬升器,读出百分表的数值并记录。

(5) 重复步骤(4),逐齿测量并记录。

(6) 将数据中的最大值减去最小值即为齿圈径向跳动。

五、用双面啮合仪检测齿轮径向综合总偏差 F_i''

径向综合偏差的检验包括径向综合总偏差 F_i'' 和一齿径向综合偏差 f_i'' 的检验。

直接法测量原理如图 5‒68 所示,以被测齿轮回转轴线为基准,通过径向拉力弹簧使被测齿轮与量齿轮作无侧隙的双面啮合传动,啮合中心距的连续变动通过测量滑架和测微装置反映出来,其交动量即为径向综合偏差。将这种变动按被测齿轮回转一周(360°)排列,记录成径向综合偏差曲线(图 5‒53),在该曲线上按偏差定义取出 F_i'' 和 f_i''。

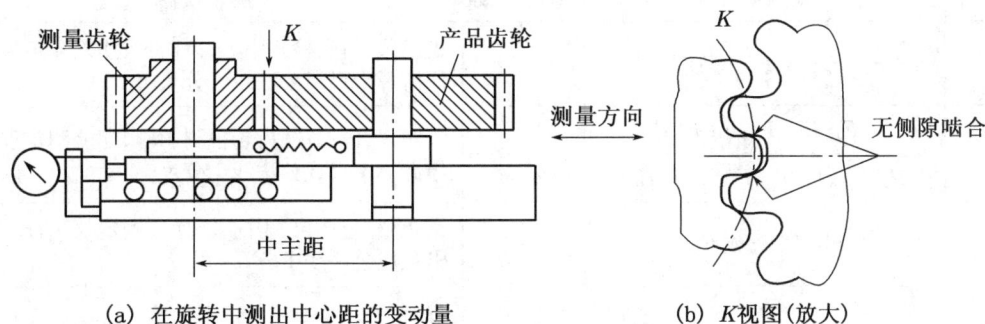

(a) 在旋转中测出中心距的变动量　　　　(b) K视图(放大)

图 5‒68　双面啮合仪测量径向综合偏差的工作原理

测量径向综合偏差的步骤如下：

（1）将仪器各工作表面、被测齿轮、理想精确或标准齿轮擦净，待安装。

（2）把控制浮动滑板的手柄拨到正上方，装上指示表，使指针转过一圈后用螺钉紧固，并调整百分表使指针与零线重合，然后将手柄拨到左边。

（3）转动偏心手轮把固定滑板调整到两齿轮的理论中心距（刻度尺和游标尺的示值），再用固定滑板前的手柄锁紧。

（4）安装标准齿轮，并固定齿轮螺母，将被测齿轮安装在心轴上，然后将锁紧手柄拨到右侧，使浮动滑板靠向固定滑板，保证标准齿轮和被测齿轮紧密啮合。

（5）用手轻微而均匀地转动被测齿轮，在转动一周或一齿的过程中观察指示表的示值变化，该变化量就是一转或一齿内中心距变动量，转动一周中指示表的最大值和最小值之差即为该齿轮的径向综合误差。

【拓展知识】

齿轮精度设计

一、齿轮的检测项目

齿轮的常规检测项目分为三组，每组均有多项指标，在评定齿轮精度时，不必每个指标都测量，根据齿轮传动的用途、生产及检测条件，在其中选择项目进行检测即可。

第一组检测项目主要用于保证传递运动的准确性，包括：切向综合总偏差 F_i'、齿距累积总偏差 F_p、齿距累积偏差 F_{pk}、径向综合总偏差 F_i''、齿圈径向跳动 F_r、公法线变动偏差 E_{bn}。

第二组检测项目主要用于保证传递运动的平稳性，控制噪声和振动，其项目包括：齿廓总偏差 F_α、齿廓倾斜偏差 $f_{H\alpha}$、齿廓形状偏差 $f_{f\alpha}$、一齿切向综合偏差 f_i'、单个齿距极限偏差 f_{pt}、一齿径向综合偏差 f_i''。

第三组检测项目主要是保证载荷分布的均匀性，其项目包括：螺旋线总偏差 F_β、螺旋线形状偏差 f_β、螺旋线倾斜偏差 $f_{H\beta}$。

以上指标加上齿侧间隙指标构成齿轮检测项目的检测组。选择检测组时，应根据齿轮的规格、用途、生产规模、精度等级、齿轮加工方式、现有计量仪器、检验目的等因素综合分析、合理选择检验指标。使用时推荐的齿轮检测组可参见表 5-36。常用精度偏差数值见表 5-37～5-39。

表 5-36　推荐的齿轮检测组

检测组	检测项目	适用等级	测量仪器
1	F_p、F_α、F_β、F_r、E_{sn} 或 E_{bn}	3～9	齿距仪、齿轮检测中心、齿向仪、摆差测定仪、齿厚游标卡尺或公法线千分尺
2	F_p 与 F_{pk}、F_α、F_β、F_r、E_{sn} 或 E_{bn}	3～9	齿距仪、齿形仪、齿轮检测中心、摆差测定仪、齿厚游标卡尺或公法线千分尺
3	F_p、f_{pt}、F_α、F_β、F_r、E_{sn} 或 E_{bn}	3～9	齿距仪、齿形仪、齿向仪、摆差测定仪、齿厚游标卡尺或公法线千分尺
4	F_i''、f_i''、E_{sn} 或 E_{bn}	6～9	齿距仪、齿形仪、齿向仪、摆差测定仪、齿厚游标卡尺或公法线千分尺

(续表)

检测组	检测项目	适用等级	测量仪器
5	f_{pt}、F_r、E_{sn} 或 E_{bn}	10~12	双面啮合检查仪、齿厚游标卡尺或公法线千分尺
6	F_i'、f_i'、F_β、E_{sn} 或 E_{bn}	3~6	单面啮合检查仪、齿轮测量中心、齿厚游标卡尺或公法线千分尺

表 5－37　$\pm f_{pt}$、F_p、F_r、F_w 的数值（摘自 GB/T 10095—2008）（μm）

分度圆直径 d/mm	模数 m/mm	$\pm f_{pt}$				F_p				F_r				F_w			
		5	6	7	8	5	6	7	8	5	6	7	8	5	6	7	8
5≤d≤20	0.5≤m≤2	4.7	6.5	9.5	15	11	16	23	32	9	13	18	25	10	14	20	29
	2<m≤3.5	5	7.5	10	13	12	17	23	33	9.5	13	19	27				
20<d≤50	0.5≤m≤2	5	7	10	14	14	20	29	41	11	16	23	32	12	17	23	32
	2<m≤3.5	5.5	7.5	11	15	15	21	30	42	12	17	24	34				
	3.5<m≤6	6	8.5	12	17	15	22	31	44	12	17	25	36				
50<d≤125	0.5≤m≤2	5.5	7.5	11	15	18	26	37	52	15	21	29	42	14	19	27	37
	2<m≤3.5	6	8.5	12	17	19	27	38	53	15	21	30	43				
	3.5<m≤6	6.5	9.1	13	18	19	28	39	55	16	22	31	44				
125<d≤280	0.5≤m≤2	6	8.5	12	17	24	35	49	69	20	28	39	55	16	22	31	
	2<m≤3.5	6.5	9	13	18	25	35	50	70	20	28	40	56				
	3.5<m≤6	7	10	14	20	25	36	51	72	20	29	41	58				

表 5－38　F_α、$f_{f\alpha}$、$\pm f_{H\alpha}$、f_i' 的数值（摘自 GB/T 10095—2008）（μm）

分度圆直径 d/mm	模数 m/mm	F_α				$f_{f\alpha}$				$\pm f_{H\alpha}$				f_i'/k			
		5	6	7	8	5	6	7	8	5	6	7	8	5	6	7	8
5≤d≤20	0.5≤m≤2	4.6	6.5	9	13	3.5	5	7	10	2.9	4.2	6	8.5	14	19	27	38
	2<m≤3.5	6.5	9.5	13	19	5	7	10	14	4.2	6	8.5	12	16	23	32	45
20<d≤50	0.5≤m≤2	5	7.5	10	15	4	5.5	8	11	3.3	4.6	6.5	9.5	14	20	29	41
	2<m≤3.5	7	10	14	20	5.5	8	11	16	4.5	6.5	9	13	17	24	34	48
	3.5<m≤6	9	12	18	25	7	9.5	14	19	5.5	8	11	16	19	27	38	54
50<d≤125	0.5≤m≤2	6	8.5	12	17	4.5	6	9	13	3.7	5.5	7.5	11	16	22	31	44
	2<m≤3.5	8	11	16	22	6	8.5	12	17	5	7	10	14	18	25	36	51
	3.5<m≤6	9.5	13	19	27	7.5	10	15	21	6	8.5	12	17	20	29	40	57

（续表）

分度圆直径 d/mm	模数 m/mm	F_α				$f_{f\alpha}$				$\pm f_{H\alpha}$				f_i'/k			
		精度等级															
		5	6	7	8	5	6	7	8	5	6	7	8	5	6	7	8
$125<d\leqslant280$	$0.5\leqslant m\leqslant2$	7	10	14	20	5.5	7.5	11	15	4.4	6	9	12	17	24	34	49
	$2<m\leqslant3.5$	9	13	18	25	7	9.5	14	19	5.5	8	11	16	20	28	39	56
	$3.5<m\leqslant6$	11	15	21	30	8	12	16	23	6.5	9.5	13	19	22	31	44	62

表 5-39　F_β、$f_{f\beta}$、$\pm f_{H\beta}$ 的数值（摘自 GB/T 10095—2008）（µm）

偏差项目		螺旋线总偏差 F_β				螺旋线形状偏差 f_β 螺旋线倾斜偏差 $\pm f_{H\beta}$			
分度圆直径 d/mm	齿宽 b/mm	精度等级							
		5	6	7	8	5	6	7	8
$5\leqslant d\leqslant20$	$4\leqslant b\leqslant10$	6	8.5	12	17	4.4	6	8.5	12
	$10<b\leqslant20$	7	9.5	14	19	4.9	7	10	12
$20<d\leqslant50$	$4\leqslant b\leqslant10$	6.5	9	13	18	4.5	6.5	9	13
	$10<b\leqslant20$	7	10	14	20	5	7	10	14
	$20<b\leqslant40$	8	11	16	23	6	8	12	16
$50<d\leqslant125$	$4\leqslant b\leqslant10$	6.5	9.5	13	19	4.8	6.5	9.5	13
	$10<b\leqslant20$	7.5	11	15	21	5.5	7.5	11	15
	$20<b\leqslant40$	8.5	12	17	24	6	8.5	12	17
	$40<b\leqslant80$	10	14	20	28	7	10	14	20
$125<d\leqslant280$	$4\leqslant b\leqslant10$	7	10	14	20	5	7	10	14
	$10<b\leqslant20$	8	11	16	22	5.5	8	11	16
	$20<b\leqslant40$	9	13	18	25	6.5	9	13	18
	$40<b\leqslant80$	10	15	21	29	7.5	10	15	21
	$80<b\leqslant160$	12	17	25	35	8.5	12	17	25

表 5 - 40 F''_i、f''_i 的数值(摘自 GB/T 10095—2008)(μm)

偏差项目		F''_i				f''_i			
分度圆直径 d/mm	法向模数 m_n/mm	精度等级							
		5	6	7	8	5	6	7	8
5≤d≤20	0.2≤m_n≤0.5	11	15	21	30	2	2.5	3.5	5
	0.5≤m_n≤0.8	12	16	23	33	2.5	4	5.5	7.5
	0.8≤m_n≤1	12	18	25	35	3.5	5	7	10
	1<m_n≤1.5	14	19	27	38	4.5	6.5	9	13
20<d≤50	0.2≤m_n≤0.5	13	19	26	37	2	2.5	3.5	5
	0.5≤m_n≤0.8	14	20	28	40	2.5	4	5.5	7.5
	0.8≤m_n≤1	15	21	30	42	3.5	5	7	10
	1<m_n≤1.5	16	23	32	45	4.5	6.5	9	13
	1.5<m_n≤2.5	18	26	37	52	6.5	9.5	13	19
50<d≤125	1<m_n≤1.5	19	27	39	55	4.5	6.5	9	13
	1.5<m_n≤2.5	22	31	43	61	6.6	9.5	13	19
	2.5<m_n≤4	25	36	51	72	10	14	20	29
	4<m_n≤6	31	44	62	88	15	22	31	44
	6<m_n≤10	40	57	80	114	24	34	48	67
125<d≤280	1<m_n≤1.5	24	34	48	68	4.5	6.5	9	13
	1.5<m_n≤2.5	26	37	53	75	6.5	9.5	13	19
	2.5<m_n≤4	30	43	61	86	10	15	21	29
	4<m_n≤6	36	51	72	102	15	22	48	67
	6<m_n≤10	45	64	90	127	24	34	48	67

二、直齿圆柱齿轮精度等级、检验项目及允许值的确定

齿轮的精度设计是一个复杂的过程,需要借助相关经验的总结才能正确地设计。

齿轮精度设计的方法与步骤为确定齿轮的精度等级,选择齿轮的检验组及确定公差值,计算齿轮副侧隙和齿厚偏差,确定齿轮坯公差和表面粗糙度,公法线极限平均长度极限偏差的换算,绘制齿轮零件图。

1. 任务描述

某通用减速器中有一对直齿齿轮,模数 $m=3$ mm,齿数 $z_1=32$,$z_2=56$,齿形角 $\alpha=20°$,齿宽 $b=30$ mm,两轴承中间距离 $L=200$ mm,传递的最大功率为 5 kW,转速 $n=1\,280$ r/min,小齿轮内孔直径为 $\phi30$ mm,齿厚上、下偏差通过计算分别确定为 -0.160 mm 和 -0.240 mm,生产条件为小批生产。要求确定小齿轮的精度等级、检验项目及其允许值,并绘制齿轮工作图。

2. 任务分析

进行齿轮精度设计步骤如下。

(1) 确定齿轮精度等级

由表 5-34 知,通用减速器齿轮精度等级范围为 6～9 级,又由于齿轮圆周速度 $V=\pi dn/1\,000\times60=\pi mzn/60\,000=3.14\times3\times32\times1\,280/60\,000=6.4$ m/s,查表 5-35 确定齿轮精度等级为 7 级,齿轮精度表示为 7GB/T 10095.1—2008。

(2) 确定检验项目及其公差

选 F_p(或 F_w、F_r)、F_α(或 $\pm f_{pt}$)、F_β 为检验项目。

分度圆直径:$d=mz=3\times32=96$ mm

查表 5-37,$F_p=0.038$ mm、$\pm f_{pt}=\pm0.012$ mm、$F_w=0.027$ mm、$F_r=0.03$ mm;查表 5-38,$F_\alpha=0.016$ mm;查表 5-39,$F_\beta=0.015$ mm

(3) 确定侧隙评定指标

选公法线平均长度偏差作为侧隙评定指标。

$$K=z/9+0.5=32/9+0.5=4.05,\text{取 } K=4。$$

$W_k=m[2.952(K-0.5)+0.014\times z]=3[2.952\times(4-0.5)+0.014\times32]=32.34$ mm

上极限偏差:$E_{bns}=E_{sns}\cos\alpha=-0.16\times\cos20°=-0.015$ mm

下极限偏差:$E_{bni}=E_{sni}\cos\alpha=-0.24\times\cos20°=-0.226$ mm

故公法线平均长度及偏差:$W_k=32.34_{-0.226}^{-0.015}$ mm

(4) 确定齿坯精度

① 确定内孔尺寸

前面已查得齿轮精度等级为 7 级,查表 5-29 知齿轮内孔尺寸公差为 IT7,采用基孔制包容要求,孔尺寸要求为 $\phi30_{0}^{+0.021}$ Ⓔ。

② 确定齿顶圆直径偏差

齿顶圆直径:$d_a=m(z+2)=3\times(32+2)$ mm $=102$ mm

由表 5-29,取齿顶圆直径偏差为 $\pm0.05\,m_n$,因此

$$\pm T_{da}/2=\pm0.05\,m_n=\pm0.05\times3\text{ mm}=\pm0.15\text{ mm}$$

则:$d_a=102\pm0.15$ mm

③ 确定齿坯基准面几何公差

由表 5-30,内孔圆柱度公差 t_1:取 $0.04(L/b)F_\beta$ 或 $0.1F_p$ 较小值(L 为支承轴承的跨距,b 为齿宽),有:

$$0.1F_p=0.1\times0.038\text{ mm}\approx0.004\text{ mm};$$

$0.04(L/b)F_p=0.04\times(200/30)\times0.015$ mm ≈0.004 mm,取 $t_1=0.004$ mm

端面圆跳动公差 t_2:由表 5-31 查得:

$$t_2=0.2(D_d/b)F_\beta=0.2\times(120/30)\times0.015\text{ mm}=0.01\text{ mm}$$

齿顶圆径向圆跳动公差 t_3:由表 5-31 查得:

$t_3=0.3F_p=0.3\times0.038$ mm $=0.011$ mm,齿顶圆不做测量基准时可不要求。

④ 确定齿坯表面粗糙度

由表 5-32 查得齿坯内孔 Ra 上限值为 $1.6\ \mu m$,端面 Ra 上限值为 $5\ \mu m$,顶圆 Ra 上限值为 $5\ \mu m$,其余表面的表面粗糙度 Ra 上限值为 $6.3\ \mu m$;由表 5-33 查得齿面 Ra 上限值为

1. 25 μm。

（5）确定其他技术要求

齿厚取 $30_{-0.1}^{0}$ mm，轮毂键槽技术要求参项目五任务 3，未注尺寸公差、未注几何公差的标注参项目二、项目三。

（6）标注有关技术要求

绘制齿坯零件图，并在齿轮零件图上标注有关技术要求，如图 5-46 所示。

【思考练习】

一、填空题

1. 传动平稳性的综合指标有＿＿＿＿＿＿＿和＿＿＿＿＿＿。

2. 齿坯在滚齿机上安装偏心，会影响指标＿＿＿＿＿＿误差大小，若滚齿机分度机构有误差，会影响指标＿＿＿＿＿的误差大小 。

3. 齿轮副侧隙的作用是＿＿＿＿＿＿＿＿＿。

4. 载荷分布均匀件的评定指标有＿＿＿＿＿＿、＿＿＿＿＿。

5. 公法线变动量是指在＿＿＿＿＿范围内，实际公法线长度最大值与最小值之差。

二、判断题

1. 齿轮传动的平稳性要求是指齿轮旋转一整周时最大转角误差在一定的范围内。（ ）

2. 高速动力齿轮对传动平稳性和载荷分布均匀性都要求很高。（ ）

3. 齿轮传动的振动和噪声是由齿轮传递运动的不平稳引起的。（ ）

4. 精密仪器中的齿轮对传递运动的准确性要求很高，而对传动的平稳性要求不高。

（ ）

5. 齿轮的一齿切向综合偏差是评定齿轮传动平稳性的项目。（ ）

6. 齿形误差是用来评定齿轮传动平稳性的综合指标。（ ）

7. 齿轮的精度越高，则齿轮副的侧隙就越小。（ ）

8. 齿厚上极限偏差只需要保证齿轮副传动所需要的最小极限侧隙。（ ）

9. 齿轮副的接触斑点是评定齿轮副载荷分布均匀性的综合指标。（ ）

10. 齿厚上极限偏差一定是负值。（ ）

三、简答题

1. 齿轮传动有哪些使用要求？

2. 影响齿轮传递运动准确性的偏差项目有哪些？

3. 影响齿轮传动平稳性的偏差项目有哪些？

4. 影响齿轮载荷分布均匀性的偏差项目有哪些？

5. 如何保证齿轮副齿侧间隙？测量齿侧间隙的方法有哪些？

四、综合题

某减速器中的一标准渐开线直齿圆柱齿轮，已知模数 $m=4$ mm，$\alpha=20°$，齿数 $z=40$，齿宽 $b=60$ mm，齿轮的精度等级代号为 8H，中小批量生产，试选择其检验项目，并查表确定齿轮的各项公差与极限偏差的数值。

项目综合知识技能 ——工程案例与分析

齿轮偏差测量

检测设备：三坐标测量机。

齿轮参数：$Z=45,3$ mm，压力角 $\beta=22°$，分度圆直径大小 $d=\Phi134$ mm，齿轮的精度等级大小为7。

检测指标：检测精度指标值的是单个齿偏差（f_{pt}）和累积齿轮偏差（F_{pk}）。

判定合格条件：全部 F_{pk} 都在累积极限偏差值的 $\pm H$ 范围内，即 $-H \leqslant F_{pk} \leqslant +H$；

全部的 f_{pt} 的在单个齿轮极限偏差都在 $\pm M$ 范围内，即 $-M \leqslant f_{pt} \leqslant +M$。

一、测量齿轮偏差原理

针对单个齿轮存在偏差（f_{pt}）的测量，可以在极坐标的环境下，对齿轮分度圆依次展开踩点测量，所有的点都应当与同侧齿轮面与分度圆点的交点。对于单个齿轮存在的偏差情况，可以依据公式(1)完成相应的计算。

$$f_{pt}=L(A-A_0) \qquad (1)$$

A 表示的在测量过程中所有测点极角实际值的大小，L 表示的每度圆心角对应的弧的长度，A_0 则表示经过测量过获取到的每个极角的理论值大小。

针对齿轮累积总偏差的计算可以依据公式(2)进行：

$$F_p=f_{ptmax}-f_{ptminx} \qquad (2)$$

在采点过程中，确保侧头采点方向的准确性，采点方向应当为测头球中心沿着齿廓方向（通过目前极坐标体系的三个不同方向上的余弦表示），如案例图 5-1 所示。

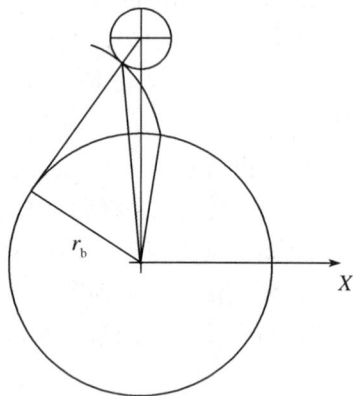

案例图 5-1　测头采点的正确方向

二、齿轮偏差测量

通过对齿轮硬件精度指标的极限偏差和精度指标公差进行查阅，单个齿轮的极限偏差大小为 $f_{pt}=\pm12.8$ μm，累积总公差大小 $F_p=49.8$ μm，齿廓总公差 $F_\beta=17.8$ μm。

通过量测可以发现，在分度圆上，每度圆心角向对应的弧长大小 $L=1.1498$ mm。被测齿轮对单个理论齿距对应的圆心角的大小为 $8.2107°$。

依据三坐标测量机对各个点的极角 A 进行准确记录，然后，依据公式(1)完成对单个齿轮偏差 f_{pt} 的计算，齿轮累积总偏差的大小为 F_p。被测齿轮各齿轮单个齿距偏差测量的具体数据实际情况见案例表 5.1。

案例表 5-1　单个出轮距偏差 f_{pt} 的测量数据结果

齿序号	1	2	3	4	5	6	7
$f_{pt}(\mu m)$	0	−1.58	0.48	−2.08	−3.81	−4.71	−5.21
齿序号	8	9	10	11	12	⋯	45
$f_{pt}(\mu m)$	−7.31	−2.81	−6.61	−11.51	−10.12	⋯	−5.12

　　通过案例表 5-1 中的数据，可以确定每个单个齿轮存在的偏差值，然后依据公式（2）完成对齿距累积偏差的误差的计算。

　　创新意识和创新精神：新技术、新工艺、新方法的改革探索

附　录

本书引用标准索引

1.《产品几何技术规范(GPS)线性尺寸公差 ISO 代号体系第 1 部分:公差、偏差和配合的基础》(GB/T 1800.1—2020)

2.《产品几何技术规范(GPS)线性尺寸公差 ISO 代号体系第 2 部分:标准公差带代号和孔、轴的极限偏差表》(GB/T 1800.2—2020)

3.《一般公差　未注公差的线性和角度尺寸的公差》(GB/T 1804—2000)

4.《产品几何技术规范(GPS)几何公差形状、方向、位置和跳动公差标注》(GB/T 1182—2018)

5.《产品几何技术规范(GPS)表面结构轮廓法、术语、定义及表面结构参数》(GB/T 3505—2009)

6.《产品几何技术规范(GPS)技术产品文件中表面结构的表示法》(GB/T 131—2006)

7.《产品几何技术规范(GPS)几何公差　检测与验证》(GB/T 1958—2017)

8.《产品几何技术规范(GPS)表面结构轮廓法表面粗糙度参数及其数值》(GB/T 1031—2009)

9.《平键键槽的剖面尺寸》(GB/T 1095—2003)

10.《矩形花键尺寸、公差和检验》(GB/T 1144—2001)

11.《普通螺纹　公差》(GB/T 197—2018)

12.《普通螺纹　基本牙型》(GB/T 192—2003)

13.《普通螺纹　基本尺寸》(GB/T 196—2003)

14.《光滑极限量规　工作条件》(GB/T 1957—2006)

15.《滚动轴承　配合》(GB/T 275—2015)

16.《滚动轴承 通用技术规则》(GB/T 307.3—2017)

17.《渐开线圆柱齿轮　精度制　第 1 部分:齿轮同侧齿面偏差的定义和允许值》(GB/T 10095.1—2008)

18.《渐开线圆柱齿轮　精度制　第 2 部分:径向综合偏差与径向跳动的定义和允许值》(GB/T 10095.2—2008)

19.《渐开线圆柱齿轮　检验实施规范　第 1 部分:轮齿同侧齿面的检验》(GB/Z 18620.1—2008)

20.《渐开线圆柱齿轮　检验实施规范　第 2 部分:径向综合偏差、径向跳动、齿厚和齿侧隙的检验》(GB/Z 18620.2—2008)

21.《渐开线圆柱齿轮　检验实施规范　第 2 部分:齿轮坯、轴中心距和轴线平行度的检验》(GB/Z 18620.3—2008)

22.《渐开线圆柱齿轮　检验实施规范　第 2 部分:表面结构和轮齿接触斑点的检验》(GB/Z 18620.3—2008)

参考文献

［1］苏采兵,等.公差配合与测量技术［M］.北京:北京邮电大学出版社,2013.

［2］张晓红.互换性与测量技术［M］.北京:北京理工大学出版社,2016.

［3］熊永康,等.公差配合与测量技术［M］.武汉:华中科技大学出版社,2013.

［4］韩凤霞,等.互换性与测量技术［M］.北京:北京理工大学出版社,2013.

［5］徐秀娟.互换性与测量技术［M］.北京:北京理工大学出版社,2009.

［6］高莉莉,等.互换性与测量技术［M］.北京:航空工业出版社,2011.

［7］孙海军.尺寸公差在生产中的使用与优化探讨［J］.中国设备工程,2020 (06).

［8］王立广,等.基于三坐标测量机的刹车盘同轴度测量［J］.标准科学,2019 (12).

［9］纪处安.高能压力机螺杆摩擦面粗糙度选用和抛光［J］.机械工程师. 2009 (04).

［10］王欣,等.三坐标测量机在齿轮偏差测量中的应用［J］.低碳世界,2017 (06).